全国一级建造师
## 建筑工程管理与实务
## 核心考点突破+案例精讲

兰定筠　主　编

杨莉琼　吴学伟　赵诣深　副主编

中国建筑工业出版社

图书在版编目（CIP）数据

全国一级建造师建筑工程管理与实务核心考点突破＋案例精讲 / 兰定筠主编；杨莉琼，吴学伟，赵诣深副主编． -- 北京：中国建筑工业出版社，2025.5． -- ISBN 978-7-112-31096-8

Ⅰ．TU71

中国国家版本馆 CIP 数据核字第 20254UK958 号

责任编辑：李笑然　牛　松
责任校对：芦欣甜

**全国一级建造师建筑工程管理与实务核心考点突破＋案例精讲**
兰定筠　主　编
杨莉琼　吴学伟　赵诣深　副主编

\*

中国建筑工业出版社出版、发行（北京海淀三里河路9号）
各地新华书店、建筑书店经销
北京建筑工业印刷有限公司制版
北京君升印刷有限公司印刷

\*

开本：787 毫米×1092 毫米 1/16　印张：$23\frac{1}{2}$　字数：537 千字
2025 年 4 月第一版　2025 年 4 月第一次印刷
定价：86.00 元
ISBN 978-7-112-31096-8
（44751）

**版权所有　翻印必究**
如有内容及印装质量问题，请与本社读者服务中心联系
电话：（010）58337283　QQ：2885381756
（地址：北京海淀三里河路9号中国建筑工业出版社604室　邮政编码：100037）

# 前　言

一级建造师执业资格考试"建筑工程管理与实务"科目考试特点鲜明：试卷总分160分，单项选择题和多项选择题合计40分；案例题中，实务操作与改错题约20分，计算题约20分，简答题约80分。考试合格分数线为96分。从题型难度分析，除简答题外的其他题目分值合计约80分，因答题思路相对明确，较容易得分，但简答题对知识点的理解深度要求较高，得分难度较大。因此，考试通过的关键是：保证非简答题部分获得高分，即70分左右，而简单题目获得40~50分。本书的编写按上述得分思路展开，通过"核心考点突破"帮助考生精准把握重点，搭配"案例精讲"强化应试能力，帮助考生轻松过关。

本书的特点如下：

### 1. 工程图片与构造做法及规律性的总结

本书结合工程图片、细部构造与做法图示、表格等，阐述《建筑工程管理与实务》考试用书的内容，对核心考点进行注释并提炼出口诀，进行逐项突破，从而使考生容易先理解内容，再掌握其正确应用，减少死记硬背。其次，采用通用表格做好相关知识的规律性总结，提高应试能力。

### 2. 改错题目与实务操作题目的案例精讲

（1）施工技术和施工质量。本书将考试用书中涉及施工技术和施工质量的各章进行系统地梳理、整合，形成整体的知识体系，方便考生正确理解与应用；并结合实际工程图片、细部构造与做法等，深度解析建筑工程施工技术的核心考点，借助表格对相关知识的规律性进行归纳与总结，提高改错题的应试能力。

（2）实务操作题目涉及的范围有：钢筋进场检验批的复验；现浇混凝土检验批的取样、检测；建筑砂浆检验批的取样、检测；脚手架等。

上述改错题目与实务操作题目均结合历年真题进行案例精讲。

### 3. 计算题目的案例精讲

本书针对施工组织、工程合同管理、施工进度管理、施工安全管理四章内容的计算题目进行案例精讲。计算题目的范围、类型、方式等是有规律的，本书编写的计算题案例精讲涵盖的范围如下：

（1）绿色建筑评价的计算；施工安全评分表的计算；施工现场临时用水的计算；材料、机械、劳动力的计算。

（2）工程造价计算、工程进度款（起扣点）计算、竣工结算计算。

（3）施工成本的计算、施工成本分析的计算。

（4）施工进度的计算、索赔计算等。

上述计算题目均结合历年真题进行案例精讲，引导考生熟悉考试命题特点与规律。同时，本书编写的新题目，其计算难度与历年真题相当。

当提高案例题中实务操作题、改错题、计算题作答的应试能力后，考生只需要投入少量备考时间即可获得该类题目的高分。

### 4. 简答题目列出备考知识点

历年真题简答题的特点是：20字以内的占比为60%～70%，20～50字的占比约为30%。历年真题的简答题很少重复已考过的知识点，因此，本书列出的简单题目按上述思路进行编写，并注明该考点在哪年真题考过，使得备考心里有数。同时，将内容近似的简答题，进行对比总结，减少记忆量。针对简答题的记忆，本书也提供相关思路、范例，引导备考人员自己主动地善于归纳与总结其记忆技巧及口诀。

特别提醒考生：简答题的备考点多，即需要记忆的考点多，在整个备考过程中，需要多次循环重复性的记忆，应合理安排备考时间，不能仅在考前1个月才开始记忆。

最后预祝广大考生顺利通过考试！

# 目　　录

## 第 1 篇　建筑工程技术与相关标准

### 第 1 章　建筑工程设计技术 ………………………………………………………… 2
#### 1.1　建筑物的构成与设计要求 …………………………………………………… 2
　　1.1.1　建筑物的分类与构成及设计程序 ……………………………………… 2
　　1.1.2　建筑室内物理环境技术要求 …………………………………………… 5
　　1.1.3　建筑隔震减震设计构造要求 …………………………………………… 6
#### 1.2　建筑构造设计的基本要求 …………………………………………………… 13
　　1.2.1　楼地面与墙体的基本构造要求 ………………………………………… 13
　　1.2.2　楼电梯与门窗及屋面的基本构造要求 ………………………………… 14
　　1.2.3　装饰装修基本构造要求 ………………………………………………… 18
　　1.2.4　变形缝基本构造要求 …………………………………………………… 19
#### 1.3　建筑结构体系和设计作用（荷载） ………………………………………… 19
　　1.3.1　结构可靠性要求 ………………………………………………………… 19
　　1.3.2　常用建筑结构体系和结构设计荷载 …………………………………… 23
#### 1.4　建筑结构设计构造基本要求 ………………………………………………… 26
　　1.4.1　混凝土结构设计构造基本要求 ………………………………………… 26
　　1.4.2　砌体结构设计构造基本要求 …………………………………………… 28
　　1.4.3　钢结构设计构造基本要求 ……………………………………………… 29
#### 1.5　装配式建筑设计基本要求 …………………………………………………… 30

### 第 2 章　主要建筑工程材料的性能和应用 ………………………………………… 33
#### 2.1　结构工程材料 ………………………………………………………………… 33
　　2.1.1　建筑钢材的性能和应用 ………………………………………………… 33
　　2.1.2　水泥的性能与应用 ……………………………………………………… 35
　　2.1.3　混凝土及组成材料的性能和应用 ……………………………………… 37
　　2.1.4　砌体材料的性能和应用 ………………………………………………… 43

2.2 建筑装饰装修工程材料 …………………………………………………… 46
2.3 建筑功能材料 ……………………………………………………………… 52

## 第3章 建筑工程施工技术 …………………………………………………… 56

3.1 施工测量 …………………………………………………………………… 56
 3.1.1 常用工程测量仪器的性能与应用 …………………………………… 56
 3.1.2 施工测量的内容和方法及要求 ……………………………………… 57
 3.1.3 建筑施工期间的变形测量 …………………………………………… 60

3.2 土石方工程施工 …………………………………………………………… 62
 3.2.1 基坑支护工程施工 …………………………………………………… 62
 3.2.2 基坑监测 ……………………………………………………………… 69
 3.2.3 人工降排水 …………………………………………………………… 70
 3.2.4 土石方工程与回填施工 ……………………………………………… 71
 3.2.5 基坑验槽要求 ………………………………………………………… 73

3.3 地基与基础工程施工 ……………………………………………………… 74
 3.3.1 常用地基处理方法与施工 …………………………………………… 74
 3.3.2 桩基础施工 …………………………………………………………… 76
 3.3.3 混凝土基础施工 ……………………………………………………… 80
 3.3.4 土石方工程与地基基础施工的总结 ………………………………… 84

3.4 主体结构工程施工 ………………………………………………………… 85
 3.4.1 混凝土结构工程施工 ………………………………………………… 85
 3.4.2 砌体结构工程施工 …………………………………………………… 95
 3.4.3 钢结构工程施工 ……………………………………………………… 101
 3.4.4 装配式混凝土结构工程施工 ………………………………………… 106
 3.4.5 钢-混凝土组合结构工程施工 ………………………………………… 112

3.5 屋面与防水工程施工 ……………………………………………………… 112
 3.5.1 屋面工程构造与施工 ………………………………………………… 112
 3.5.2 地下室防水工程施工 ………………………………………………… 119
 3.5.3 室内与外墙防水工程施工 …………………………………………… 124
 3.5.4 墙体保温隔热工程 …………………………………………………… 125
 3.5.5 屋面与防水工程施工的总结 ………………………………………… 128

3.6 装饰装修工程施工 ………………………………………………………… 129
 3.6.1 轻质隔墙工程施工 …………………………………………………… 129
 3.6.2 吊顶工程施工 ………………………………………………………… 131
 3.6.3 地面工程施工 ………………………………………………………… 132
 3.6.4 墙体饰面工程施工 …………………………………………………… 133
 3.6.5 建筑幕墙工程施工 …………………………………………………… 134

- 3.7 门窗节能工程施工 ... 137
- 3.8 季节性施工技术 ... 137
  - 3.8.1 冬期施工技术 ... 137
  - 3.8.2 雨期施工技术 ... 139
  - 3.8.3 高温天气施工技术 ... 140
  - 3.8.4 季节性施工技术 ... 141
- 3.9 施工脚手架 ... 141
  - 3.9.1 施工脚手架的分类与设计 ... 141
  - 3.9.2 作业脚手架的构造要求 ... 142
  - 3.9.3 脚手架的搭设、检查验收与拆除 ... 147

## 第4章 相关法规与标准 ... 150
- 4.1 相关法规 ... 150
- 4.2 相关标准 ... 153
  - 4.2.1 《建设工程消防设计审查验收管理暂行规定》（住房城乡建设部令第51号）有关规定 ... 153
  - 4.2.2 《民用建筑工程室内环境污染控制标准》GB 50325—2020有关规定 ... 154
  - 4.2.3 《建筑与市政地基基础通用规范》GB 55003—2021有关规定 ... 156
  - 4.2.4 《建筑地基基础工程施工规范》GB 51004—2015有关地基处理规定 ... 158
  - 4.2.5 《建筑基坑支护技术规程》JGJ 120—2012有关规定 ... 159
  - 4.2.6 《混凝土结构通用规范》GB 55008—2021有关规定 ... 159
  - 4.2.7 《砌体结构通用规范》GB 55007—2021有关规定 ... 160
  - 4.2.8 《钢结构通用规范》GB 55006—2021有关规定 ... 161
  - 4.2.9 《建筑装饰装修工程质量验收标准》GB 50210—2018有关规定 ... 161
  - 4.2.10 《建筑设计防火规范（2018年版）》GB 50016—2014有关规定 ... 162
  - 4.2.11 《建筑内部装修防火施工及验收规范》GB 50354—2005有关规定 ... 163
  - 4.2.12 《绿色建筑评价标准（2024年版）》GB/T 50378—2019有关规定 ... 164

## 第5章 项目管理实务 ... 167
- 5.1 建筑工程企业资质与施工组织 ... 167
  - 5.1.1 建筑工程企业资质 ... 167
  - 5.1.2 施工组织设计 ... 167
  - 5.1.3 施工平面布置 ... 168
  - 5.1.4 施工临时用电 ... 170
  - 5.1.5 施工检验与试验 ... 172
  - 5.1.6 工程施工资料 ... 175
- 5.2 工程招标投标与合同管理 ... 176

  5.2.1 工程招标投标 ········································· 176
  5.2.2 合同管理 ············································· 178
  5.2.3 工程计价方式应用 ····································· 179
  5.2.4 工程造价构成与编制 ··································· 181
 5.3 施工进度管理 ················································ 185
 5.4 施工质量管理 ················································ 188
  5.4.1 项目质量计划管理 ····································· 188
  5.4.2 项目施工质量检查与检验 ······························· 189
  5.4.3 工程质量验收管理 ····································· 191
 5.5 施工安全管理 ················································ 200
  5.5.1 施工安全生产管理计划 ································· 200
  5.5.2 施工安全生产检查 ····································· 202
  5.5.3 施工安全生产管理要点 ································· 206
  5.5.4 主要施工机具安全管理要点 ····························· 216
  5.5.5 常见施工安全生产事故及预防 ··························· 218
  5.5.6 施工安全管理的总结 ··································· 219
 5.6 施工现场环境管理与施工资源管理 ······························ 221
  5.6.1 施工现场环境管理 ····································· 221
  5.6.2 施工资源管理 ········································· 222

## 第 2 篇　案例分析题

### 第 6 章　绿色建筑安全检查与资源管理案例分析题 ················ 228
 6.1 绿色建筑评价的案例分析题 ···································· 228
 6.2 安全检查评分的案例分析题 ···································· 229
 6.3 施工资源管理的案例分析题 ···································· 233
  6.3.1 ABC 分类的案例分析题 ································ 233
  6.3.2 施工机械设备选择方法的案例分析题 ····················· 236
  6.3.3 劳动力投入量的案例分析题 ····························· 236
 6.4 施工临时用水的案例分析题 ···································· 237
 6.5 建筑碳排放的案例分析题 ······································ 241

### 第 7 章　工程造价与施工成本案例分析题 ························ 242
 7.1 工程造价的案例分析题 ········································ 242
  7.1.1 工程造价按费用要素划分的案例分析题 ··················· 242
  7.1.2 工程造价按造价形成划分的案例分析题 ··················· 243
  7.1.3 调整综合单价的案例分析题 ····························· 246

## 7.2 合同管理的案例分析题 · 247
### 7.2.1 合同的预付款与进度款的案例分析题 · 247
### 7.2.2 合同竣工结算的案例分析题 · 249
## 7.3 施工成本管理的案例分析题 · 251
### 7.3.1 施工成本核算及目标成本的案例分析题 · 251
### 7.3.2 因素分析法等成本分析法的案例分析题 · 252
### 7.3.3 价值工程控制工程成本的案例分析题 · 254
### 7.3.4 挣值法（赢得值法）控制工程成本的案例分析题 · 256

# 第8章 施工进度管理与索赔案例分析题 · 259
## 8.1 流水施工进度计划的案例分析题 · 259
### 8.1.1 流水施工进度计划横道图的基础知识 · 259
### 8.1.2 流水施工进度计划横道图的案例分析题 · 263
## 8.2 网络计划的案例分析题 · 266
### 8.2.1 网络图计划的基础知识 · 266
### 8.2.2 根据工作的逻辑关系绘制双代号网络图的案例分析题 · 272
### 8.2.3 根据双代号网络图计算某工作的自由时差和总时差的案例分析题 · 275
### 8.2.4 利用前锋线比较法分析某工作的拖后对计划总工期影响的案例分析题 · 278
### 8.2.5 按题目要求增加虚工作，分析调整后的网络图的案例分析题 · 281
### 8.2.6 工期优化与费用优化的案例分析题 · 286
## 8.3 索赔与现场签证的案例分析题 · 289
### 8.3.1 费用索赔与工期索赔计算方法的案例分析题 · 289
### 8.3.2 工程变更的索赔的案例分析题 · 292
### 8.3.3 不可抗力作用的索赔的案例分析题 · 294
### 8.3.4 业主违约的索赔的案例分析题 · 295
### 8.3.5 材料检验试验费和总承包服务费的索赔的案例分析题 · 295
### 8.3.6 现场签证的案例分析题 · 296

# 第3篇 实务操作题

# 第9章 钢筋与混凝土工程及砌体工程实务操作题 · 300
## 9.1 钢筋工程 · 300
### 9.1.1 钢筋进场检验与钢筋加工 · 300
### 9.1.2 钢筋连接与钢筋安装 · 303
### 9.1.3 钢筋机械连接的质量检查与验收 · 305
## 9.2 混凝土工程 · 307
### 9.2.1 混凝土的材料与配合比的要求 · 307

  9.2.2 混凝土的搅拌、输送与浇筑 ······ 308
  9.2.3 混凝土试件的留置与强度检验 ······ 311
  9.2.4 结构实体混凝土回弹-取芯法强度检验 ······ 315
  9.2.5 混凝土的外观缺陷与处理 ······ 316
  9.2.6 装配式混凝土结构工程 ······ 318
 9.3 砌体工程与砌体填充墙 ······ 319
  9.3.1 砌体工程与填充墙的检验批与砌筑砂浆的强度 ······ 319
  9.3.2 砌体填充墙 ······ 322

## 第10章 地下与屋面工程及施工脚手架实务操作题 ······ 326
 10.1 地下防水工程 ······ 326
 10.2 屋面工程 ······ 327
 10.3 民用建筑室内环境污染物控制 ······ 329
 10.4 钢结构工程 ······ 331
 10.5 施工平面图与临时用电 ······ 332
  10.5.1 施工平面图 ······ 332
  10.5.2 施工临时用电 ······ 334
 10.6 施工现场消防 ······ 336
  10.6.1 施工现场防火与消防管理 ······ 336
  10.6.2 在建工程的室内消防 ······ 337
 10.7 施工脚手架工程 ······ 339
  10.7.1 作业落地脚手架 ······ 339
  10.7.2 模板支架及支撑架 ······ 340

## 第4篇 案例简答题

## 第11章 建筑施工技术简答题 ······ 346
 11.1 简答题对策 ······ 346
 11.2 施工测量与土石方工程及基础工程施工 ······ 347
 11.3 主体结构工程施工 ······ 348
 11.4 屋面与防水及装饰工程施工 ······ 349
 11.5 智能建造新技术 ······ 349

## 第12章 项目管理实务简答题 ······ 350
 12.1 相关法规与标准 ······ 350
 12.2 企业资质与施工组织 ······ 351
 12.3 工程招标投标与合同管理 ······ 353

12.4 施工成本管理 …………………………………………………… 354
12.5 施工进度管理 …………………………………………………… 354
12.6 施工质量管理 …………………………………………………… 355
12.7 施工安全管理 …………………………………………………… 356
12.8 绿色建造与施工现场环境管理 ………………………………… 358
12.9 施工资源管理 …………………………………………………… 360

# 第1篇

# 建筑工程技术与相关标准

# 第1章 建筑工程设计技术

## 1.1 建筑物的构成与设计要求

### 1.1.1 建筑物的分类与构成及设计程序

**1. 建筑物的分类**

1）按建筑物的用途分类

按建筑物的用途分类为：民用建筑、工业建筑和农业建筑，见表 1.1-1。（口诀："农民工"）

按建筑物的用途分类　　　　　　　　表 1.1-1

| 类别 | | 举例 |
| --- | --- | --- |
| 民用建筑 | 居住建筑 | 分为如下两类：<br>（1）住宅类居住建筑。<br>（2）非住宅类居住建筑，如：宿舍类建筑、民政建筑 |
| | 公共建筑 | 教育、办公科研、商业服务、公众活动、交通、医疗、社会民生服务、综合类等 |
| 工业建筑（也称为厂房建筑） | | 生产车间、辅助车间、动力用房、仓储建筑等 |
| 农业建筑 | | 温室、畜禽饲养场、粮食和饲料加工站、农机修理站等 |

2）按建筑物的层数或高度分类

（1）根据《民用建筑设计统一标准》GB 50352—2019，民用建筑按地上层数或高度（应符合防火规范）分类划分见表 1.1-2，$H$ 为建筑高度。

按《民用建筑设计统一标准》GB 50352—2019 分类　　　　　　　　表 1.1-2

| 名称 | 超高层建筑 | 高层建筑 | 低、多层建筑 |
| --- | --- | --- | --- |
| 住宅建筑 | $H>100m$ | $100m \geqslant H>27m$ | $H \leqslant 27m$ |
| 公共建筑 | $H>100m$ | $100m \geqslant H>24m$ 的非单层公共建筑 | （1）$H>24m$ 的单层公共建筑。<br>（2）$H \leqslant 24m$ 的其他公共建筑 |

**注意**：一般地，住宅建筑的层高为 3m，9 层及以下为低、多层建筑，$3 \times 9 = 27m$，因此按 27m 进行划分。

一般地，公共建筑的层高为 4m，6 层及以下为低、多层建筑，$4 \times 6 = 24m$，因此按 24m 进行划分。同时，$H>24m$ 的单层公共建筑也属于低层建筑。

（2）根据《建筑设计防火规范（2018 年版）》GB 50016—2014，民用建筑根据其高度和层数分为单、多层民用建筑和高层民用建筑。高层民用建筑又根据其建筑高度、使用功能和楼层的建筑面积分为一类和二类，见表1.1-3，$H$为建筑高度。

按《建筑设计防火规范（2018年版）》GB 50016—2014 分类　　表1.1-3

| 名称 | 高层民用建筑 | | 单、多层民用建筑 |
| --- | --- | --- | --- |
|  | 一类 | 二类 |  |
| 住宅建筑 | $H>54\mathrm{m}$的住宅建筑（包括设置商业服务网点的住宅建筑） | $54\mathrm{m}\geqslant H>27\mathrm{m}$的住宅建筑（包括设置商业服务网点的住宅建筑） | $H\leqslant 27\mathrm{m}$的住宅建筑（包括设置商业服务网点的住宅建筑） |
| 公共建筑 | （1）$H>50\mathrm{m}$的公共建筑。<br>（2）$H>24\mathrm{m}$以上部分任一楼层建筑面积大于1000m²的商店、展览、电信、邮政、财贸金融建筑和其他多种功能组合的建筑。<br>（3）医疗建筑、重要公共建筑、独立建造的老年人照料设施。<br>（4）省级及以上的广播电视和防灾指挥调度建筑、网局级和省级电力调度建筑。<br>（5）藏书超过100万册的图书馆、书库 | 除一类高层公共建筑外的其他高层公共建筑 | （1）$H>24\mathrm{m}$的单层公共建筑。<br>（2）$H\leqslant 24\mathrm{m}$的其他公共建筑 |

**注意**：公共建筑的一类、二类高层建筑是指建筑高度$H>24\mathrm{m}$的非单层公共建筑。

**2. 建筑高度的计算**

（1）平屋顶建筑高度应按室外设计地坪至建筑物女儿墙顶点的高度计算，无女儿墙的建筑应按至其屋面檐口顶点的高度计算。

（2）坡屋顶建筑应分别计算檐口及屋脊高度，檐口高度应按室外设计地坪至屋面檐口或坡屋面最低点的高度计算（图1.1-1、图1.1-2），屋脊高度应按室外设计地坪至屋脊的高度计算。

（3）当同一座建筑有多种屋面形式，或多个室外设计地坪时，建筑高度应分别计算后取其中最大值。

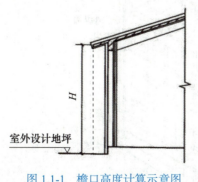

图1.1-1　檐口高度计算示意图
$H$—檐口高度

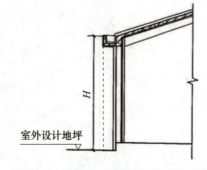

图1.1-2　有檐沟时檐口高度计算示意图
$H$—檐口高度

（4）机场、广播电视、电信、微波通信、气象台、卫星地面站、军事要塞等设施的技术作业控制区内及机场航线控制范围内的建筑，建筑高度应按建筑物室外设计地坪至建

（构）筑物最高点计算。

（5）历史建筑、历史文化名城名镇名村、历史文化街区、文物保护单位、风景名胜区、自然保护区的保护规划区内的建筑，建筑高度应按建筑物室外设计地坪至建（构）筑物最高点计算。

（6）第（4）条、第（5）条规定以外的建筑，屋顶设备用房及其他局部突出屋面用房的总面积不超过屋面面积的1/4时，不应计入建筑高度。

（7）建筑的室内净高应满足各类型功能场所空间净高的最低要求，地下室、局部夹层、公共走道、建筑避难区、架空层等有人员正常活动的场所最低处室内净高不应小于2.00m。

**注意**：建筑高度大于100m的公共建筑和住宅建筑应设置避难层。

### 3. 建筑物的构成

建筑物由结构体系、围护体系和设备体系组成（图1.1-3）。

（1）结构体系：结构体系承受竖向荷载和侧向荷载，并将这些荷载安全地传至地基。一般将其分为上部结构和地下结构。上部结构是指基础以上部分的建筑结构，包括墙、梁、柱、板、屋盖等；地下结构指建筑物的基础结构。

（2）围护体系：建筑物的围护体系由屋面、外墙、门、窗等组成。屋面、外墙围护成内部空间，能够遮蔽外界恶劣气候的侵袭，同时也起到隔声的作用。

（3）设备体系：设备体系通常包括给水排水系统、供电系统和供热通风系统。其中，供电系统分为强电系统和弱电系统两部分，强电系统指供电、照明等，弱电系统指通信、信息、探测、报警等。

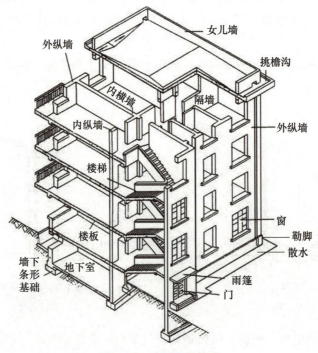

图1.1-3　建筑物的构成

**4. 建筑设计程序与要求**

1）建筑设计程序

建筑设计的程序一般可分为方案设计、初步设计和施工图设计三个阶段。

（1）方案设计

深度：应满足编制初步设计文件和控制概算的需要。

内容：设计说明书，总平面以及相关建筑设计图纸，设计委托或设计合同中规定的透视图、鸟瞰图、模型等。

（2）初步设计

深度：应满足编制施工招标文件、主要设备材料订货和编制施工图设计文件的需要。

内容：设计说明书、有关专业的设计图纸、主要设备或材料表、工程概算书、有关专业计算书等。

（3）施工图设计

深度：应满足设备材料采购、非标准设备制作和施工需要。

内容：合同要求所涉及的所有专业的设计图纸、工程预算书、各专业计算书等。

（4）专项设计

建设单位另行委托相关单位承担项目专项设计（包括二次设计）时，主体建筑设计单位应提出专项设计的技术要求并对主体结构和整体安全负责。

专项设计工程有：建筑装饰工程、建筑智能化系统设计、建筑幕墙工程、基坑工程、轻型房屋钢结构工程、风景园林工程、消防设施工程、环境工程、照明工程、预制混凝土构件加工图设计等。

2）建筑设计要求

建筑设计除了满足相关的建筑标准、规范等要求之外，还应符合以下要求：

（1）满足建筑功能要求：是建筑设计的首要任务。

（2）符合总体规划要求：规划设计是有效控制城市发展的重要手段。

（3）采用合理的技术措施：能为建筑物安全、有效地建造和使用提供基本保证。

（4）考虑建筑美观要求。

（5）具有良好的经济效益。

## 1.1.2 建筑室内物理环境技术要求

**1. 室内光环境**

（1）采光系数和室内天然光照度为采光设计的评价指标。

（2）住宅建筑的卧室、起居室（厅）、厨房应有直接采光。

（3）采光设计时，应采取以下有效的节能措施：

① 大跨度或大进深的建筑宜采用顶部采光或导光管系统采光。

② 在地下空间，无外窗及有条件的场所，可采用导光管采光系统。

③ 侧面采光时，可加设反光板、棱镜玻璃或导光管系统，改善进深较大区域的采光。

**2. 室内声环境**

（1）室内允许噪声级采用 A 声级作为评价量。

（2）室内允许噪声级应为关窗状态下昼间和夜间时段的标准值。昼间和夜间时段所对应的时间：昼间，6：00—22：00 时；夜间，22：00—6：00 时。

（3）对安静要求较高的民用建筑，宜设置于本区域主要噪声源夏季主导风向的上风侧。

（4）在选择住宅建筑的体形、朝向和平面布置时，应符合下列规定：

① 在住宅平面设计时，应使分户墙两侧的房间和分户楼板上下的房间属于同一类型。

② 宜使卧室、起居室（厅）布置在背噪声源的一侧。

③ 对进深有较大变化的平面布置形式，应避免相邻户的窗口之间产生噪声干扰。

**3. 室内热工环境**

建筑热工设计区划分为两级。一级区包括 5 个热工分区：严寒、寒冷、夏热冬冷、夏热冬暖、温和地区。

1）围护结构保温设计

（1）提高墙体热阻值可采取的措施：

① 采用轻质高效保温材料与主墙体材料组成复合保温墙体构造。

② 采用低导热系数的新型墙体材料。

③ 采用带有封闭空气间层的复合墙体构造设计。

（2）严寒地区、寒冷地区建筑应采用木窗、塑料窗、铝木复合门窗、铝塑复合门窗、钢塑复合门窗和断热铝合金门窗。严寒地区建筑采用断热金属门窗时宜采用双层窗。

（3）有保温要求的门窗、玻璃幕墙、采光顶采用的玻璃系统应为中空玻璃、Low-E 中空玻璃、充惰性气体 Low-E 中空玻璃等。

（4）地下室外墙热阻、地面层热阻的计算只计入结构层、保温层和面层。

2）围护结构隔热设计

屋面隔热可采用的措施：

（1）采用浅色外饰面。

（2）采用通风隔热屋面。

（3）采用有热反射材料层的空气间层隔热屋面。

（4）采用蓄水屋面。

（5）采用种植屋面。

（6）采用淋水被动蒸发屋面。

（7）采用带老虎窗的通气阁楼坡屋面。

### 1.1.3 建筑隔震减震设计构造要求

**1. 地震的震级与烈度**

地震的震级是按照地震本身强度而定的等级标度，用符号 $M$ 表示。$M<2$ 的地震称为

无感地震或微震，$M = 2\sim 5$ 的地震称为有感地震，$M > 5$ 的地震称为破坏性地震，$M > 7$ 的地震称为强烈地震或大震，$M > 8$ 的地震称为特大地震。

地震烈度是指某一地区的地面及建筑物遭受一次地震影响的强弱程度。距震中越远，地震影响越小，烈度就越小；反之，距震中越近，烈度就越高。

抗震设防烈度是指为了进行建筑结构的抗震设计，按国家规定的权限批准作为一个地区抗震设防的地震烈度。

**2. 抗震设防分类和设防标准**

1）抗震设防分类

抗震设防的各类建筑与市政工程，均应根据其遭受地震破坏后可能造成的人员伤亡、经济损失、社会影响程度，及其在抗震救灾中的作用等因素划分为甲、乙、丙、丁四个抗震设防类别，见表1.1-4。

抗震设防类别表　　　　　　　　　　　　表1.1-4

| 抗震设防类别 | 定义 |
| --- | --- |
| 甲类（特殊设防类） | 使用上有特殊要求的设施，涉及国家公共安全的重大建筑与市政工程，地震时可能发生严重次生灾害等特别重大灾害后果，需要进行特殊设防的建筑与市政工程 |
| 乙类（重点设防类） | 地震时使用功能不能中断或需尽快恢复的生命线相关建筑与市政工程，以及地震时可能导致大量人员伤亡等重大灾害后果，需要提高设防标准的建筑与市政工程 |
| 丙类（标准设防类） | 除甲类、乙类、丁类以外按标准要求进行设防的建筑与市政工程 |
| 丁类（适度设防类） | 使用上人员稀少且震损不致产生次生灾害，允许在一定条件下适度降低设防要求的建筑与市政工程 |

**注意**：大量的民用建筑、工业建筑均属于丙类（标准设防类）。

2）抗震设防标准

各抗震设防类别建筑的抗震设防标准，见表1.1-5。

抗震设防标准表　　　　　　　　　　　　表1.1-5

| 抗震设防类别 | 抗震措施 | 地震作用 |
| --- | --- | --- |
| 甲类（特殊设防类） | （1）应按本地区抗震设防烈度提高一度的要求加强其抗震措施。<br>（2）抗震设防烈度为9度时应按比9度更高的要求采取抗震措施 | 应按批准的地震安全性评价的结果且高于本地区抗震设防烈度的要求确定其地震作用 |
| 乙类（重点设防类） |  | 应按本地区抗震设防烈度确定其地震作用 |
| 丙类（标准设防类） | 应按本地区抗震设防烈度确定其抗震措施 | 应按本地区抗震设防烈度确定其地震作用 |
| 丁类（适度设防类） | （1）允许比本地区抗震设防烈度的要求适当降低其抗震措施。<br>（2）抗震设防烈度为6度时不应降低 | 一般情况下，仍应按本地区抗震设防烈度确定其地震作用 |

**注意**：对表1.1-5的理解与记忆：与丙类进行比较，甲类的抗震措施和地震作用均

提高；乙类的抗震措施提高，但地震作用不提高；丁类的抗震措施降低，但地震作用不降低。

当工程场地为Ⅰ类时，对特殊设防类和重点设防类工程，允许按本地区设防烈度的要求采取抗震构造措施；对标准设防类工程，抗震构造措施允许按本地区设防烈度降低一度，但不得低于6度的要求采用。注意：Ⅰ类场地属于对建筑抗震有利的场地。

### 3. 抗震体系的规定

（1）结构体系应具有足够的牢固性和抗震冗余度。

（2）楼、屋盖应具有足够的面内刚度和整体性。采用装配整体式楼、屋盖时，应采取措施保证楼、屋盖的整体性及其与竖向抗侧力构件的连接。注意："面内刚度"。

（3）基础应具有良好的整体性和抗转动能力。

（4）构件连接的设计与构造应能保证节点或锚固件的破坏不先于构件或连接件的破坏。口诀："强节点弱构件"。

### 4. 抗震措施

混凝土结构房屋：

（1）框架梁和框架柱的潜在塑性铰区应采取箍筋加密措施；抗震墙结构、部分框支抗震墙结构、框架-抗震墙结构等结构的墙肢和连梁、框架梁、框架柱以及框支框架等构件的潜在塑性铰区和局部应力集中部位应采取延性加强措施。

（2）框架-核心筒结构、筒中筒结构等筒体结构，外框架应有足够刚度，确保结构具有明显的双重抗侧力体系特征。注意：双重抗侧力体系是指两道抗侧力体系，如框架-核心筒结构，在抵抗水平地震作用时，其第一道抗震防线是核心筒，第二道抗震防线是框架。

（3）对钢筋混凝土结构，当施工中需要不同规格或型号的钢筋替代原设计中的纵向受力钢筋时，应按照钢筋受拉承载力设计值相等的原则换算，并符合规范的抗震构造要求。

### 5. 砌体结构房屋

1）砌体结构房屋应设置现浇钢筋混凝土圈梁、构造柱或芯柱：

（1）构造柱、芯柱、圈梁及其他各类构件的混凝土强度等级不应低于C25。

（2）对于砌体抗震墙，其施工应先砌墙后浇构造柱、框架梁柱。

2）其他抗震措施，见表1.1-6。

砌体结构房屋的抗震措施  表1.1-6

| 项目 | 抗震措施 |
|---|---|
| 楼、屋盖 | （1）楼板在墙上或梁上应有足够的支承长度。<br>（2）装配式钢筋混凝土楼板或屋面板，应采取有效的拉结措施。<br>（3）楼、屋盖的梁或屋架应与墙、柱（包括构造柱）或圈梁可靠连接。不得采用独立砖柱。跨度≥6m的大梁，其支承构件应采用组合砌体等。 |
| 楼梯间 | （1）不应采用悬挑式踏步或踏步竖肋插入墙体的楼梯，8度、9度时不应采用装配式楼梯段。<br>（2）装配式楼梯段应与平台板的梁可靠连接。<br>（3）楼梯栏板不应采用无筋砖砌体。<br>（4）楼梯间及门厅内墙阳角处的大梁支承长度不应小于500mm。 |

续表

| 项目 | 抗震措施 |
|---|---|
| 楼梯间 | （5）顶层及出屋面的楼梯间，构造柱应伸到顶部，与顶部圈梁连接，墙体应设置通长拉结钢筋网片。<br>（6）顶层以下楼梯间墙体应在休息平台或楼层半高处设置钢筋混凝土带或配筋砖带，与构造柱连接 |

### 6. 多层和高层钢结构房屋

（1）钢结构房屋需要设置防震缝时，缝宽应不小于相应钢筋混凝土结构房屋的1.5倍。

（2）一、二级的钢结构房屋，宜设置偏心支撑、带竖缝钢筋混凝土抗震墙板、内藏钢支撑钢筋混凝土墙板、屈曲约束支撑等消能支撑或筒体。**注意**：一、二级是指一级、二级抗震等级。

（3）钢结构房屋的楼盖应符合下列要求：

① 宜采用压型钢板现浇钢筋混凝土组合楼板或钢筋混凝土楼板，并应与钢梁有可靠连接。

② 对6、7度时不超过50m的钢结构，尚可采用装配整体式钢筋混凝土楼板，也可采用装配式楼板或其他轻型楼盖。

（4）梁与柱的连接构造应符合下列要求：

① 梁与柱的连接宜采用柱贯通型。

② 柱在两个互相垂直的方向都与梁刚接时宜采用箱形截面，并在梁翼缘连接处设置隔板。当柱仅在一个方向与梁刚接时，宜采用工字形截面，并将柱腹板置于刚接框架平面内。

（5）框架柱的接头距框架梁上方的距离，可取1.3m和柱净高一半二者的较小值。上下柱的对接接头应采用全熔透焊缝。

### 7. 建筑消能减震措施

1）一般规定

（1）消能器与支撑、连接件之间宜采用高强度螺栓连接或销轴连接，也可采用焊接。消能器与节点板、预埋件的连接可采用高强度螺栓、焊接、销轴（图1.1-4）。

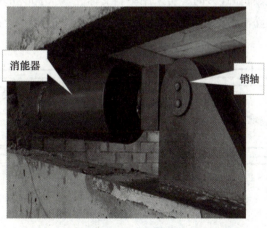

图1.1-4 销轴连接

（2）支撑及连接件一般采用钢构件，也可采用钢管混凝土或钢筋混凝土构件。

（3）钢筋混凝土构件作为消能器的支撑构件时，其混凝土强度等级不应低于C30。

（4）预埋件、支撑和支墩、剪力墙及节点板应具有足够的刚度、强度和稳定性。

2）安装与连接形成及构造要求

（1）消能部件的安装可在主体结构完成后进行或在主体结构施工时进行。

（2）消能器与主体结构的连接一般分为：门架式、墙型、柱型、腋撑型和支撑型等（图1.1-5）。

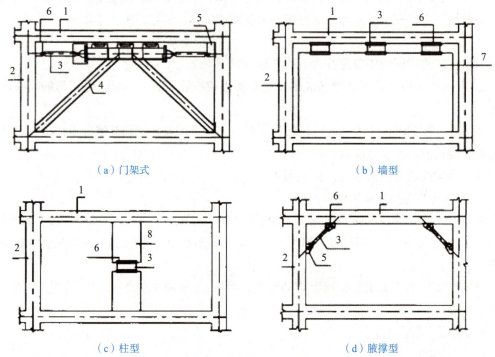

图1.1-5 消能器布置形式

1—梁；2—柱或墙；3—消能器；4—支撑；5—节点板；6—预制板；7—剪力墙；8—柱或支墩

（3）当消能器采用支撑型连接时，可采用单斜支撑、"V"字形和人字形等布置（图1.1-6），不宜采用"K"字形布置（图1.1-7）。

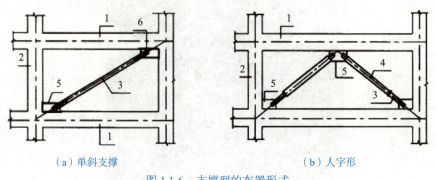

图1.1-6 支撑型的布置形式

1—梁；2—柱或墙；3—消能器；4—支撑；5—节点板；6—预制板

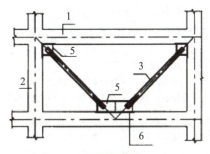

(c)"V"字形

图1.1-6 支撑型的布置形式(续)

1—梁;2—柱或墙;3—消能器;4—支撑;5—节点板;6—预制板

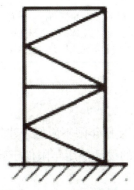

图1.1-7 "K"字形布置

(4)消能器与结构连接的构造要求:预埋件的锚筋应与钢板牢固连接,锚筋的锚固长度宜大于20倍锚筋直径,且不应小于250mm。剪力墙、支墩沿长度方向全截面箍筋应加密,并配置网状钢筋。

消能器布置的实体图如图1.1-8所示。

(a)门架型

(b)人字形支撑型

图1.1-8 消能器布置的实体图

3)消能部件的施工安装顺序

消能部件的施工安装顺序,见表1.1-7。

消能部件的施工安装顺序 表 1.1-7

| 类别 | 内容 |
|---|---|
| 施工安装顺序 | （1）划分结构的施工流水段。<br>（2）确定结构的消能部件及主体结构构件的总体施工顺序，并编制总体施工安装顺序表。<br>（3）确定同一部位各消能部件及主体结构构件的局部安装顺序，并编制安装顺序表 |
| 总体施工顺序 | （1）钢结构：消能部件和主体结构构件的总体安装顺序宜采用平行安装法，平面上应从中部向四周开展，竖向应从下向上逐渐进行。<br>（2）现浇混凝土结构：消能部件和主体结构构件的总体安装顺序宜采用后装法进行 |
| 局部安装顺序 | （1）确定同一部位各消能部件的现场安装单元、安装连接顺序。<br>（2）编制同一部位各消能部件的局部安装连接顺序，包括消能器、支撑、支墩、连接件的类型、规格和数量。 |
| 现场安装单元顺序及局部安装连接顺序 | （1）同一部位消能部件的制作单元超过一个时，宜先将各制作单元及连接件在现场地面拼装为扩大安装单元后，再与主体结构进行连接。<br>（2）消能部件的现场安装单元或扩大安装单元与主体结构的连接，宜采用现场原位连接 |

**8. 建筑隔震措施**

1）隔震支座

（1）隔震层中隔震支座的设计使用年限不应低于建筑结构的设计使用年限，且不宜低于 50 年。当隔震层中的其他装置的设计使用年限低于建筑结构的设计使用年限时，在设计中应注明并预设可更换措施。

（2）隔震结构宜采用的隔震支座类型，主要包括天然橡胶支座、铅芯橡胶支座、高阻尼橡胶支座、弹性滑板支座、摩擦摆支座及其他隔震支座。

大跨屋盖建筑中的隔震支座宜采用隔震橡胶支座、摩擦摆隔震支座或弹性滑板支座。

（3）隔震层采用的隔震支座产品和阻尼装置应通过型式检验和出厂检验。型式检验除应满足相关的产品要求外，检验报告有效期不得超过 6 年。出厂检验报告只对采用该产品的项目有效，不得重复使用。

（对比：涉及建筑节能效果的定型产品、预制构件及采用成套技术在现场施工的工程，相关单位应提供型式检验报告。当无明确规定时，型式检验报告的有效期不应超过 2 年）

（4）隔震层中的隔震支座应在安装前进行出厂检验，并应符合下列规定：

① 特殊设防类、重点设防类建筑，每种规格产品抽样数量应为 100%。

② 标准设防类建筑，每种规格产品抽样数量不应少于总数的 50%；有不合格试件时，应 100% 检测。

③ 每项工程抽样总数不应少于 20 件，每种规格的产品抽样数量不应少于 4 件，当产品少于 4 件时，应全部进行检验。

（5）隔震支座外露的预埋件应有可靠的防锈措施。隔震支座外露的金属部件表面应进行防腐处理。

2）隔震缝

（1）上部结构与周围固定物之间应设置完全贯通的竖向隔震缝以避免罕遇地震作用下

可能的阻挡和碰撞，隔震缝宽度不应小于隔震支座在罕遇地震作用下最大水平位移的1.2倍，且不应小于300mm（图1.1-9）。对相邻隔震结构之间的隔震缝，缝宽取最大水平位移值之和，且不应小于600mm。对特殊设防类建筑，隔震缝宽度尚不应小于隔震支座在极罕遇地震下最大水平位移值。

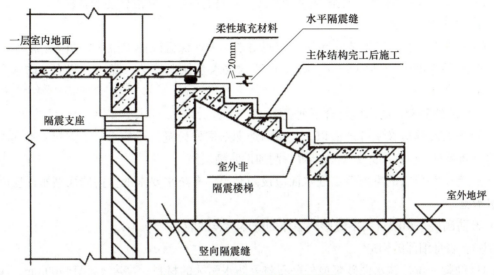

图1.1-9 竖向隔震缝和水平隔震缝

（2）上部结构与下部结构或室外地面之间应设置完全贯通的水平隔震缝，水平隔震缝高度不宜小于20mm，并应采用柔性材料填塞，进行密封处理。

## 1.2 建筑构造设计的基本要求

### 1.2.1 楼地面与墙体的基本构造要求

#### 1. 楼面构造

（1）楼面、地面应根据建筑使用功能，满足隔声、保温、防水、防火等要求，其铺装面层应平整、防滑、耐磨、易清洁。

（2）建筑内的厕所、浴室、盥洗室等受水或非腐蚀性液体经常浸湿的楼地面应采取防水、防滑的构造措施，并设排水坡坡向地漏。

（3）不发火（防爆的）面层采用的碎石应选用大理石、白云石或其他石料加工而成，并以金属或石料撞击时不发生火花为合格；水泥应采用普通硅酸盐水泥，其强度等级不应小于42.5级。

#### 2. 地面构造

（1）有给水设备或有浸水可能的楼地面，其面层和结合层应采用不透水材料构造。

（2）地面应根据需要采取防潮、防止地基土冻胀或膨胀、防止不均匀沉陷等措施。

（3）存放食品、食料或药物等房间地面，楼面、地面面层应采用无污染、无异味、符合卫生防疫条件的环保材料。

（4）受较大荷载或有冲击力作用的地面，应根据使用性质及场所选用由板、块材料及混凝土等组成的易于修复的刚性构造，或由粒料、灰土类等组成的柔性材料。

（5）幼儿园建筑中乳儿室、活动室、寝室及音体活动室宜为暖性、弹性地面。幼儿经常出入的通道应为防滑地面。卫生间应为易清洗、不渗水并防滑的地面。

（6）机动车库的楼面、地面应采用高强度且具有耐磨、防滑性能的材料。

### 3. 墙体建筑构造

（1）外墙应根据气候条件和建筑使用要求，采取保温隔热、隔声、防火、防水、防潮和防结露等措施。（对比记忆：非承重墙的要求是保温隔热、隔声、防火、防水、防潮等）

（2）墙体防潮、防水应符合下列规定：

① 砌筑墙体应在室外地面以上、室内地面垫层处设置连续的水平防潮层，室内相邻地面有高差时，应在高差处贴邻土壤一侧加设防潮层。

② 有防潮要求的室内墙面迎水面应设防潮层，有防水要求的室内墙面迎水面应采取防水措施。

③ 防潮层采用的材料不应影响墙体的整体抗震性能。

（3）墙身细部的构造

① 勒脚部位外抹水泥砂浆或外贴石材等防水耐久的材料，高度不小于700mm，应与散水、墙身水平防潮层形成闭合的防潮系统。

② 散水（明沟）：

a. 散水的宽度宜为600~1000mm；当采用无组织排水时，散水的宽度可按檐口线放出200~300mm。

b. 散水的坡度可为3%~5%。当散水采用混凝土时，宜按20~30m间距设置伸缩缝。

c. 散水与外墙之间宜设缝，缝宽可为20~30mm，缝内应填弹性膨胀防水材料。

③ 水平防潮层：在建筑底层内墙脚、外墙勒脚部位设置连续的防潮层。水平防潮层的位置：做在墙体内、高于室外地坪、位于室内地层密实材料垫层中部、室内地坪（±0.000）以下60mm处。

④ 女儿墙与屋顶交接处必须做泛水，高度不小于250mm。

## 1.2.2 楼电梯与门窗及屋面的基本构造要求

### 1. 楼梯的建筑构造

#### 1）防火、防烟、疏散的要求

（1）楼梯间前室和封闭楼梯间的内墙上，除在同层开设通向公共走道的疏散门外，不应开设其他的房间门窗（住宅除外）。

（2）楼梯间及其前室内不应附设烧水间，可燃材料储藏室，垃圾道，可燃气体管道，甲、乙、丙类液体管道等。

（3）室外疏散楼梯和每层出口处平台，均应采取不燃材料制作。平台的耐火极限不应低于1h，楼梯段的耐火极限应不低于0.25h。在楼梯周围2m内的墙面上，除疏散门外，不应设其他门窗洞口。疏散出口的门应采用乙级防火门，且门必须向外开，并不应设置门槛。

（4）室内疏散楼梯的最小净宽度，见表1.2-1（按最小净宽度由小到大排序，只需记忆最小值、最大值）。

室内疏散楼梯的最小净宽度　　　　　　　　　　　　　　　表1.2-1

| 建筑类别 | 疏散楼梯的最小净宽度（m） |
| --- | --- |
| 居住建筑 | 1.10 |
| 其他建筑 | 1.20 |
| 医院病房楼 | 1.30 |

2）楼梯的空间尺度要求

（1）供日常交通用的公共楼梯的梯段最小净宽应根据建筑物使用特征，按人流股数和每股人流宽度0.55m确定，并不应少于2股人流的宽度。

（2）住宅套内楼梯的梯段净宽，当一边临空时，不应小于0.75m；当两侧有墙时，不应小于0.90m。套内楼梯的踏步宽度不应小于0.22m，高度不应大于0.20m。

（3）当梯段改变方向时，楼梯休息平台的最小宽度不应小于梯段净宽，并不应小于1.20m。

（4）公共楼梯休息平台上部及下部过道处的净高不应小于2.00m，梯段净高不应小于2.20m。公共楼梯每个梯段的踏步一般不应超过18级，亦不应少于2级。公共楼梯应至少于单侧设置扶手，梯段净宽达3股人流的宽度时应两侧设扶手。

（5）室内楼梯扶手高度自踏步前缘线量起不宜小于0.90m。

（6）踏步面应采用防滑措施。

（7）楼梯踏步的高宽比的规定，见表1.2-2（按最大高度由小到大的顺序记忆）。

楼梯踏步最小宽度和最大高度（m）　　　　　　　　　　　　表1.2-2

| 楼梯类别 | 最小宽度 | 最大高度 |
| --- | --- | --- |
| 中（小）学校楼梯 | 0.28（0.26） | 0.16（0.15） |
| 以楼梯作为主要垂直交通的公共建筑、非住宅类居住建筑的楼梯 | 0.26 | 0.165 |
| 住宅建筑公共楼梯、以电梯作为主要垂直交通的多层公共建筑和高层建筑裙房的楼梯 | 0.26 | 0.175 |
| 以电梯作为主要垂直交通的高层和超高层建筑楼梯 | 0.25 | 0.180 |

注：表中公共建筑及非住宅类居住建筑不包括托儿所、幼儿园、中小学及老年人照料设施。

楼梯的空间尺度如图1.2-1所示。

**2. 电梯的设置**

电梯的设置规定，见表1.2-3。

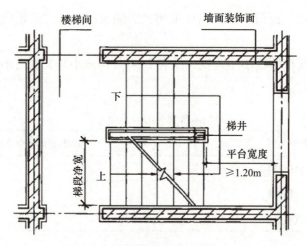

（a）楼梯梯段、平台、梯井

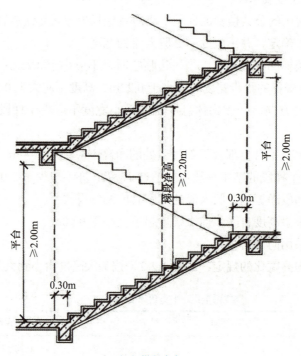

（b）梯段净高

图 1.2-1　楼梯的空间尺度

电梯的设置规定　　　　　　　　　　　　　　　　　　　表 1.2-3

| 类别 | 设置规定 |
|---|---|
| 自动扶梯、自动人行道 | （1）出入口畅通区的宽度从扶手带端部算起不应小于 2.50m。<br>（2）自动扶梯的梯级、自动人行道的踏板或传送带上空，垂直净高不应小于 2.30m |
| 电梯 | （1）高层公共建筑和高层非住宅类居住建筑的电梯台数不应少于 2 台。<br>（2）建筑内设有电梯时，应设置至少 1 台无障碍电梯。<br>（3）电梯井道和机房与有安静要求的用房贴邻布置时，应采取隔振、隔声措施。<br>（4）电梯机房应采取隔热、通风、防尘等措施 |

**3. 门和窗基本构造要求**

（1）全玻璃的门和落地窗应选用安全玻璃，并应设防撞提示标识。

**注意**：对比记忆：安全玻璃包括钢化玻璃、均质钢化玻璃、防火玻璃和夹层玻璃。

（2）民用建筑（除住宅外）临空窗的窗台距楼地面的净高低于0.80m时应设置防护设施，防护高度由楼地面（或可踏面）起计算不应小于0.80m。

（3）开向公共走道的窗扇开启不应影响人员通行，其底面距走道地面的高度不应小于2.00m。

（4）采光天窗应采用防破碎坠落的透光材料，当采用玻璃时，应使用夹层玻璃或夹层中空玻璃。

（5）防火门、防火窗和防火卷帘构造要求：

① 防火门、防火窗分为甲、乙、丙三级。其耐火极限：甲级为1.50h，乙级为1.00h，丙级为0.50h。

② 防火门应为向疏散方向开启的平开门，并在关闭后应能从其内外两侧手动开启。

③ 用于疏散的走道、楼梯间和前室的防火门，应具有自行关闭的功能。双扇防火门，还应具有按顺序关闭的功能。

④ 常开的防火门，当发生火灾时，应具有自行关闭和信号反馈的功能。

⑤ 设在变形缝处附近的防火门，应设在楼层数较多的一侧，且门开启后门扇不应跨越变形缝。

⑥ 在设置防火墙确有困难的场所，可采用防火卷帘作防火分区分隔。

⑦ 设在疏散走道上的防火卷帘应在卷帘的两侧设置启闭装置，并应具有自动、手动和机械控制的功能。

**4. 室外疏散楼梯、防火门、钢结构防火涂料和防火玻璃的耐火极限**

室外疏散楼梯、防火门、钢结构防火涂料和防火玻璃的耐火极限，见表1.2-4。

室外疏散楼梯、防火门、钢结构防火涂料和防火玻璃的耐火极限　　　表1.2-4

| 类别 | | 耐火极限 |
|---|---|---|
| 室外疏散楼梯 | 平台 | ≥1.00h |
| | 梯段 | ≥0.25h |
| 防火门 | 甲 | 1.50h |
| | 乙 | 1.00h |
| | 丙 | 0.50h |
| 钢结构防火涂料 | | 0.50h、1.00h、1.50h、2.00h、2.50h、3.00h |
| 防火玻璃 | | 0.50h、1.00h、1.50h、2.00h、3.00h |

**5. 屋面坡度**

屋面排水坡度应根据屋顶结构形式、屋面基层类别、防水构造形式、材料性能、使用环境等条件确定。屋面最小坡度，按最小坡度由小到大的顺序排列，见表1.2-5。

屋面最小坡度　　　　　　　　　　　　　　　　表1.2-5

| 屋面类型 | 最小坡度（%） |
|---|---|
| 平屋面、种植屋面 | 2 |
| 玻璃采光顶、压型金属板、金属夹芯板 | 5 |
| 波形瓦屋面 | 20 |
| 块瓦屋面 | 30 |

### 1.2.3 装饰装修基本构造要求

**1. 住宅室内装饰装修设计要求**

（1）不得减少共用部分安全出口的数量和增加疏散距离。

（2）不得拆除室内原有的安全防护设施，且更换的防护设施不得降低安全防护的要求。

（3）不得封堵、扩大、缩小外墙窗户或增加外墙窗户、洞口。

**2. 吊顶的装修构造及施工要求**

（1）吊杆长度大于1.5m时，应设置反支撑或钢制转换层，增加吊顶的稳定性。

（2）重量大于3kg的物体，以及有振动的设备应直接吊挂在建筑承重结构上。

（3）龙骨在短向跨度上应根据材质适当起拱。

（4）大面积吊顶或在吊顶应力集中处应设置分缝，留缝处龙骨和面层均应断开。

（5）石膏板等面层抹灰类吊顶，板缝须进行防开裂处理。

（6）重型灯具、电扇、风道及其他重型设备严禁安装在吊顶工程的龙骨上。

**3. 外墙饰面砖构造设计**

（1）外墙饰面砖伸缩缝间距不宜大于6m，宽度宜为20mm。伸缩缝应采用耐候密封胶嵌缝。

（2）外墙饰面砖接缝的宽度不应小于5mm，缝深不宜大于3mm，也可为平缝。

**4. 墙体裱糊工程**

混凝土或抹灰基层含水率不得大于8%；木材基层含水率不得大于12%。

**5. 涂饰工程**

（1）新建筑物的混凝土或抹灰基层在涂饰涂料前应涂刷抗碱封闭底漆。

（2）厨房、卫生间、地下室墙面必须使用耐水腻子。

涂饰工程不同基层和涂料，其含水率的要求，见表1.2-6。

涂饰工程的含水率　　　　　　　　　　　　　　　表1.2-6

| 分类 | | 含水率 |
|---|---|---|
| 混凝土或抹灰基层 | 溶剂型涂料 | ≤8% |
| | 乳液型涂料 | ≤10% |
| 木材基层 | | ≤12% |

### 6. 地面装修构造

（1）地面由面层、结合层和基层组成。

（2）面层分为：整体面层、板块面层和木竹面层。

（3）基层从上往下包括：填充层、隔离层、找平层、垫层和基土。

（4）垫层。常用的有：灰土垫层、砂垫层和砂石垫层、碎石垫层和碎砖垫层、三合土垫层、炉渣垫层、水泥混凝土垫层等。

## 1.2.4 变形缝基本构造要求

### 1. 变形缝设置

变形缝包括伸缩缝、沉降缝和抗震缝。

变形缝不应穿过厕所、卫生间、盥洗室和浴室等用水的房间，也不应穿过配电间等严禁有漏水的房间。

### 2. 按照变形缝装置使用特点分为五种类型

（1）普通型：除下列各种特殊类型外均归为普通型。

（2）防滑型：适用缝宽为 50～200mm。可用于有防滑要求的楼地面。

（3）封缝型：适用缝宽为 50～300mm。双重密封，抗风防水，变形量大。可用于外墙及有抗震设防要求的外墙部位。

（4）抗震型：适用缝宽为 50～500mm。变形量大，接缝平整，隐蔽性好。可用于有抗震设防要求的地区及有较高变形要求的部位。

（5）承重型：适用缝宽为 30～350mm。选用时应注明所承受的荷载，厂家据此制作。

**注意**：按上述顺序，方便记忆。

### 3. 变形缝的设计、选用原则

（1）工程设计人员根据项目设计中变形缝所在部位确定选用类型；根据设计缝宽确定选用规格，确定伸缩量；最后根据装饰效果、连接方式确定选用型号。

（2）为保持整齐美观，在同一项工程中，内墙与顶棚应尽量选用同一产品。地面与墙面应选用宽度相同的产品。

# 1.3 建筑结构体系和设计作用（荷载）

## 1.3.1 结构可靠性要求

### 1. 结构可靠性与结构体系及设计工作年限

结构可靠性与结构体系要求的内容总结，见表1.3-1。

结构可靠性与结构体系要求的内容总结　　　　表1.3-1

| 类别 | 内容 | 备注（口诀） |
| --- | --- | --- |
| 结构可靠性要求 | 适用性、耐久性、安全性 | 谐音"施耐庵" |
| 混凝土结构体系满足的性能要求 | 承载能力、刚度、延性 | — |

续表

| 类别 | 内容 | 备注（口诀） |
|---|---|---|
| 装配式钢结构的结构体系要求 | 承载能力、刚度、耗能能力 | — |
| 结构混凝土强度等级的选用要求 | 承载能力、刚度、耐久性 | — |

房屋建筑的结构设计工作年限，见表1.3-2。

房屋建筑的结构设计工作年限　　　　　　　　表1.3-2

| 类别 | 设计工作年限（年） |
|---|---|
| 临时性建筑结构 | ≥5 |
| 普通房屋和构筑物 | ≥50 |
| 特别重要的建筑结构 | ≥100 |

**2. 安全等级**

结构、基坑侧壁等安全等级的总结，见表1.3-3。

结构、基坑侧壁等安全等级的总结　　　　　　表1.3-3

| 类别 | 安全等级划分 | 备注 |
|---|---|---|
| 结构或结构构件 | 一级、二级、三级 | — |
| 钢-混凝土组合结构 | 一级、二级 | 无三级 |
| 基坑侧壁 | 一级、二级、三级 | |
| 支护（挡）结构 | 一级、二级、三级 | 土钉墙、水泥土重力式围护墙的安全等级仅有二级、三级 |
| 脚手架 | Ⅰ级、Ⅱ级 | — |

安全等级一级、二级、三级的破坏后果的严重性分别对应：很严重、严重、不严重。

**3. 结构工程的适用性**

建筑结构适用性的要求，在设计中称为正常使用极限状态。它是指对应于结构或结构构件达到正常使用的某项规定限值的状态。它包括：构件在正常使用条件下产生过度变形，导致影响正常使用或建筑外观；构件过早产生裂缝或裂缝发展过宽；在动力荷载作用下结构或构件产生过大的振幅等。

超过正常使用极限状态会使结构不能正常工作，影响结构的耐久性等。

1）杆件刚度与梁的位移计算

限制过大变形的要求即为刚度要求，或称为正常使用下的极限状态要求。

梁的变形主要是弯矩引起的，叫弯曲变形。剪力引起的变形很小，可以忽略不计。

如图1.3-1所示，悬臂梁的竖向位移$f$按下式计算：

$$f = \frac{ql^4}{8EI} \quad (1.3\text{-}1)$$

式中：$q$ 为线荷载，$l$ 为跨度，$E$ 为材料的弹性模量，$I$ 为截面的惯性矩。

**注意**：$EI$ 称为梁的刚度或者抗弯刚度。

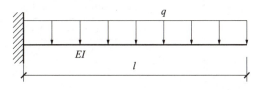

图 1.3-1　悬臂梁

影响梁的竖向位移变形因素除荷载外，还有：

（1）构件的跨度：与跨度 $l$ 的 4 次方成正比，此因素影响最大。

（2）材料性能：与材料的弹性模量 $E$ 成反比。

（3）构件的截面：与截面的惯性矩 $I$ 成反比。

2）混凝土结构的裂缝控制

裂缝控制主要针对受弯构件（如混凝土梁）及受拉构件，裂缝控制分为三个等级：

（1）构件不出现拉应力。

（2）构件虽有拉应力，但不超过混凝土的抗拉强度。

（3）允许出现裂缝，但裂缝宽度不超过允许值。

对（1）、（2）等级的混凝土构件，一般只有预应力构件才能达到。

## 4. 结构工程的耐久性

结构的耐久性是指结构在规定的工作环境中，在预期的使用年限内，在正常维护条件下不需进行大修就能完成预定功能的能力。

1）混凝土结构耐久性的环境类别与环境作用等级

结构所处环境按其对钢筋和混凝土材料的腐蚀机理，可分为五类，见表 1.3-4。

环境类别　　　　　　　　　　　　　　　　　　　　　　　表 1.3-4

| 环境类别 | 名称 | 劣化机理 |
| --- | --- | --- |
| Ⅰ | 一般环境 | 正常大气作用引起钢筋锈蚀 |
| Ⅱ | 冻融环境 | 反复冻融导致混凝土损伤 |
| Ⅲ | 海洋氯化物环境 | 氯盐侵入引起钢筋锈蚀 |
| Ⅳ | 除冰盐等其他氯化物环境 | 氯盐侵入引起钢筋锈蚀 |
| Ⅴ | 化学腐蚀环境 | 硫酸盐等化学物质对混凝土的腐蚀 |

一般环境与冻融环境下对配筋混凝土结构的作用程度见表 1.3-5。当结构构件受到多种环境类别共同作用时，应分别满足每种环境类别单独作用下的耐久性要求。

一般环境、冻融环境对配筋混凝土结构的作用程度　　　　　表 1.3-5

| 环境类别 | 环境作用等级 | | | | | |
| --- | --- | --- | --- | --- | --- | --- |
|  | A 轻微 | B 轻度 | C 中度 | D 严重 | E 非常严重 | F 极端严重 |
| 一般环境 | Ⅰ-A | Ⅰ-B | Ⅰ-C | | | |

续表

| 环境类别 | 环境作用等级 | | | | | |
|---|---|---|---|---|---|---|
| | A 轻微 | B 轻度 | C 中度 | D 严重 | E 非常严重 | F 极端严重 |
| 冻融环境 | | | Ⅱ-C | Ⅱ-D | Ⅱ-E | |

2）混凝土结构耐久性的要求

（1）混凝土最低强度等级

结构构件的混凝土强度等级应同时满足耐久性、刚度和承载能力的要求，一般环境下配筋混凝土结构满足耐久性要求的混凝土最低强度等级要求见表 1.3-6。

一般环境下配筋混凝土结构满足耐久性要求的混凝土最低强度等级　　表 1.3-6

| 环境类别与作用等级 | 设计使用年限 | | |
|---|---|---|---|
| | 100 年 | 50 年 | 30 年 |
| Ⅰ-A | C30 | C25（基准） | C25 |
| Ⅰ-B | C35 | C30 | C25 |
| Ⅰ-C | C40 | C35 | C30 |

注意表 1.3-6 的规律，以设计使用年限为 50 年，环境类别与作用等级为 Ⅰ-A 时，混凝土最低强度等级为 C25 为基准：当设计使用年限为 50 年，环境类别与作用等级为 Ⅰ-B、Ⅰ-C 时，混凝土最低强度等级依次递增一个等级，即 C30、C35；当设计使用年限为 100 年，环境类别与作用等级为 Ⅰ-A 时，混凝土最低强度等级增大一个等级，即 C30。

（2）混凝土材料与钢筋最小保护层要求

一般环境中的配筋混凝土结构构件，其普通钢筋的最小保护层厚度与相应的混凝土强度等级、最大水胶比的要求见表 1.3-7。

**注意**，面形构件、条形构件，**口诀**："面条"。在相同条件下，"面"的钢筋最小保护层厚度小于"条"的钢筋最小保护层厚度。

大截面混凝土墩柱在加大钢筋混凝土保护层厚度的前提下，其混凝土强度等级可低于表 1.3-7 的要求，但降低幅度不应超过两个强度等级，且设计使用年限为 100 年和 50 年的构件，其强度等级不应低于 C25 和 C20。

当采用的混凝土强度等级比表 1.3-7 的规定低一个等级时，混凝土保护层厚度应增加 5mm；当低两个等级时，混凝土保护层厚度应增加 10mm。

一般环境中普通钢筋最小保护层厚度与相应的混凝土强度等级、最大水胶比　　表 1.3-7

| 环境类别与作用等级 | | 设计使用年限 | | | | | | | | |
|---|---|---|---|---|---|---|---|---|---|---|
| | | 100 年 | | | 50 年 | | | 30 年 | | |
| | | 混凝土强度等级 | 最大水胶比 | 最小保护层厚度（mm） | 混凝土强度等级 | 最大水胶比 | 最小保护层厚度（mm） | 混凝土强度等级 | 最大水胶比 | 最小保护层厚度（mm） |
| 板、墙等面形构件 | Ⅰ-A | ≥C30 | 0.55 | 20 | ≥C25 | 0.60 | 20 | ≥C25 | 0.60 | 20 |

续表

| 环境类别与作用等级 | | 设计使用年限 | | | | | | | | |
|---|---|---|---|---|---|---|---|---|---|---|
| | | 100年 | | | 50年 | | | 30年 | | |
| | | 混凝土强度等级 | 最大水胶比 | 最小保护层厚度（mm） | 混凝土强度等级 | 最大水胶比 | 最小保护层厚度（mm） | 混凝土强度等级 | 最大水胶比 | 最小保护层厚度（mm） |
| 梁、柱等条形构件 | I-A | C30<br>≥C35 | 0.55<br>0.50 | 25<br>20 | C25<br>≥C30 | 0.60<br>0.55 | 25<br>20 | ≥C25 | 0.60 | 20 |

注：1. I-A环境中使用年限低于100年的板、墙，当混凝土骨料最大公称粒径不大于15mm时，保护层最小厚度可降为15mm，但最大水胶比不应大于0.55。
2. 年平均气温大于20℃且年平均温度大于75%的环境，除I-A环境中的板、墙构件外，混凝土最低强度等级应比表中规定提高一级，或将保护层最小厚度增大5mm。
3. 直接接触土体浇筑的构件，其混凝土保护层厚度不应小于70mm；有混凝土垫层时，可按表中确定。
4. 处于流动水中或同时受水中泥沙冲刷的构件，其保护层厚度宜增加10～20mm。
5. 预制构件的保护层厚度可比表中规定减少5mm。
6. 当胶凝材料中粉煤灰和矿渣等掺量小于20%时，表中水胶比低于0.45的，可适当增加。

以表1.3-7中，50年、I-A、"面""条"的钢筋最小保护层厚度为基准，去理解与记忆其他情况。此外，需注意表1.3-7中注1～6的规定。

### 1.3.2 常用建筑结构体系和结构设计荷载

**1. 结构体系与应用**

1）混合结构

混合结构房屋一般是指楼盖和屋盖采用钢筋混凝土或钢木结构，而墙和柱采用砌体结构建造的房屋（图1.1-3），大多用在住宅、办公楼、教学楼建筑中。住宅建筑最适合采用混合结构，一般在6层以下。

2）框架结构

它是利用梁、柱组成的纵、横两个方向的框架形成的结构体系。常用于公共建筑、工业厂房等（图1.3-2）。

图1.3-2 框架结构

主要优点：建筑平面布置灵活，可形成较大的建筑空间，建筑立面处理较方便。

主要缺点：侧向刚度较小，当层数较多时，会产生过大的侧移，易引起非结构性构件（如隔墙、装饰等）的破坏，进而影响使用。

3）剪力墙结构

它是利用建筑物的墙体（内墙和外墙）做成剪力墙，既承受垂直荷载，也承受水平荷载，墙体既受剪又受弯，所以称为剪力墙。多应用于住宅建筑，不适用于大空间的公共建筑（图 1.3-3）。

主要优点：侧向刚度大，水平荷载作用下侧移小。

主要缺点：剪力墙的间距小，结构建筑平面布置不灵活，结构自重也较大。

4）框架－剪力墙结构

它是在框架结构中设置适当剪力墙的结构。在框架－剪力墙结构中，剪力墙主要承受水平荷载，竖向荷载主要由框架承担（图 1.3-4）。**注意：剪力墙主要承受水平荷载**。其内涵：框架也承担部分水平荷载。竖向荷载主要由框架承担，其内涵：剪力墙也承担部分竖向荷载。

框架－剪力墙结构具有框架结构平面布置灵活、空间较大的优点，又具有侧向刚度较大的优点。它适用于不超过 170m 高的建筑。

图 1.3-3　剪力墙结构　　　　　图 1.3-4　框架－剪力墙结构

5）筒体结构

在高层建筑中，特别是在超高层建筑中，水平荷载越来越大，起着控制作用。筒体结构便是抵抗水平荷载最有效的结构体系，可分为：框架-核心筒结构、筒中筒结构、多筒结构等。它适用于高度不超过 300m 的建筑。

6）桁架结构

桁架是由杆件组成的结构体系。桁架结构的优点是可利用截面较小的杆件组成截面较大的构件。如：单层厂房的屋架常选用桁架结构。

7）网架结构

网架是由许多杆件按照一定规律组成的网状结构。网架结构可分为平板网架和曲面网架。平板网架采用较多，其优点是：空间受力体系，杆件主要承受轴向力，受力合理，节约材料，整体性能好，刚度大，抗震性能好。杆件类型较少，适于工业化生产。平板网架可分为交叉桁架体系和角锥体系两类（图 1.3-5）。角锥体系受力更为合理，刚度更大。

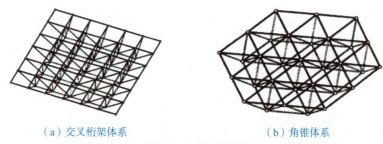

（a）交叉桁架体系　　　　　　　　　（b）角锥体系

图 1.3-5　平板网架

8）拱式结构

拱是一种有推力的结构，它的主要内力是轴向压力，可利用抗压性能良好的混凝土建造大跨度的拱式结构。它适用于体育馆、展览馆等。

9）悬索结构

它的主要承重构件是受拉的钢索，用高强度钢绞线或钢丝绳制成。悬索结构可分为单曲面与双曲面两类。它是比较理想的大跨度结构形式之一，主要用于体育馆、展览馆中，在桥梁中被广泛应用。

**2. 工程结构设计要求**

（1）涉及人身安全以及结构安全的极限状态应作为承载能力极限状态。

（2）涉及结构或结构单元的正常使用功能、人员舒适性、建筑外观的极限状态应作为正常使用极限状态。当结构或结构构件出现下列状态之一时，应认为超过了正常使用极限状态：

① 影响外观、使用舒适性或结构使用功能的变形。

② 造成人员不舒适或者结构使用功能受限的振动。

③ 影响外观、耐久性或结构使用功能的局部损坏。

**注意：** 理解与记忆"超过了正常使用极限状态"的三种情况，其他情况则属于"超过了承载能力极限状态"。

**3. 作用（荷载）的分类**

（1）直接作用（亦称荷载）：它是指直接施加在结构上的各种力（荷载）。它包括：永久作用（如结构自重、土压力、预加应力等），可变作用（如楼面和屋面活荷载、起重机荷载、雪荷载和覆冰荷载、风荷载等），偶然作用（如爆炸、撞击、火灾、地震等）。

（2）间接作用：它指在结构上引起外加变形和约束变形的其他作用。它包括：温度作用、混凝土收缩、徐变等。

确定可变作用代表值时应采用统一的设计基准期。当结构采用的设计基准期不是 50 年时，应按照可靠指标一致的原则，对规范规定的可变作用量值进行调整。

**4. 结构作用的规定**

结构作用的规定，见表 1.3-8。

结构作用的规定　　　　　　　　　　　　　　　表 1.3-8

| 类别 | 规定 |
| --- | --- |
| 永久作用 | （1）结构自重的标准值应按结构构件的设计尺寸与材料密度计算确定。对于自重变异较大的材料和构件，对结构不利时自重的标准值取上限值，对结构有利时取下限值（**注意**：上限值是指最大值，下限值是指最小值）。<br>（2）位置固定的永久设备自重应采用设备铭牌重量值；当无铭牌重量时，应按实际重量计算。<br>（3）隔墙自重作为永久作用时，应符合位置固定的要求；位置可灵活布置的轻质隔墙自重应按可变荷载考虑。<br>（4）土压力应按设计埋深与土的单位体积自重计算确定。土的单位体积自重应根据计算水位分别取不同容重进行计算。<br>（5）预加应力应考虑时间效应影响，采用有效预应力 |
| 楼面和屋面活荷载 | （1）采用等效均布活荷载方法时，应保证其产生的荷载效应与最不利堆放情况等效。<br>（2）一般地，民用建筑楼面均布活荷载的标准值及其组合值系数、频遇值系数和准永久值系数的取值，不应小于规范规定。<br>（3）地下室顶板施工活荷载标准值不应小于 5.0kN/m²，当有临时堆积荷载以及有重型车辆通过时，施工组织设计中应按实际荷载验算并采取相应措施。<br>（4）将动力荷载简化为静力作用时，应将活荷载乘以动力系数，动力系数不应小于 1.1 |
| 雪荷载 | （1）屋面水平投影面上的雪荷载标准值应为屋面积雪分布系数和基本雪压的乘积。<br>（2）基本雪压应按 50 年重现期计算。对雪荷载敏感的结构，应按照 100 年重现期雪压和基本雪压的比值，提高其雪荷载取值 |
| 风荷载 | （1）垂直于建筑物表面上的风荷载标准值，应在基本风压、风向影响系数、地形修正系数、风荷载体型系数、风压高度变化系数的乘积基础上，考虑风荷载脉动的增大效应加以确定。<br>（2）基本风压应根据基本风速值进行计算，且不得低于 0.3kN/m² |
| 偶然作用 | 当以偶然作用作为结构设计的主导作用时，应考虑偶然作用发生时和偶然作用发生后两种工况 |

## 1.4 建筑结构设计构造基本要求

### 1.4.1 混凝土结构设计构造基本要求

#### 1. 混凝土结构体系

（1）混凝土结构体系设计应符合下列规定：

① 不应采用混凝土结构构件与砌体结构构件混合承重的结构体系。

② 房屋建筑结构应采用双向抗侧力结构体系。

**注意**：双向抗侧力结构体系是指建筑结构体系能抵抗横向或纵向水平风荷载（或水平地震作用）的能力，即结构承受两个不同方向的风荷载或水平地震作用。双向抗侧力结构体系与前面的双重抗侧力体系是不同的概念。

③ 抗震设防烈度为 9 度的高层建筑，不应采用带转换层的结构、带加强层的结构、错层结构和连体结构。

（2）房屋建筑的混凝土楼盖应满足楼盖竖向振动舒适度要求；混凝土结构高层建筑应满足 10 年重现期水平风荷载作用的振动舒适度要求。

## 2. 结构构件混凝土的最低强度等级

结构混凝土强度等级的选用应满足工程结构的承载力、刚度及耐久性需求。

对设计工作年限为50年的混凝土结构，其混凝土最低强度等级要求，见表1.4-1。

混凝土最低强度等级要求　　　　　　　　　　　　　　　　表1.4-1

| 混凝土最低强度等级 | 对象 | 备注 |
|---|---|---|
| C20 | 素混凝土结构构件 | 不包括垫层 |
| C25 | 钢筋混凝土结构构件 | — |
|  | 构造柱、芯柱、圈梁等构件 | 砌体结构 |
| C30 | 承受重复荷载作用的钢筋混凝土结构构件 | — |
|  | 抗震等级不低于二级的钢筋混凝土结构构件 | — |
|  | 采用500MPa及以上等级钢筋的钢筋混凝土结构构件 | — |
|  | 框支梁、框支柱 | — |
|  | 钢－混凝土组合结构构件 | 组合结构 |
|  | 消能器的钢筋混凝土支撑构件 | 消能减震 |
|  | 预应力混凝土楼板结构 | 预应力结构 |
| C40 | 除楼板外，其他预应力混凝土结构构件 | 预应力结构 |

## 3. 混凝土结构构造

（1）混凝土结构构件应根据受力状况分别进行正截面、斜截面、扭曲截面、受冲切和局部受压承载力计算；对于承受动力循环作用的混凝土结构或构件，尚应进行构件的疲劳承载力验算。**注意**：如钢筋混凝土吊车梁还应进行疲劳承载力验算。

（2）混凝土结构构件的最小截面尺寸应满足结构承载力极限状态、正常使用极限状态的计算要求，并应满足结构耐久性、防水、防火、配筋构造及混凝土浇筑施工要求。还应符合下列规定：

① 矩形截面框架梁的截面宽度不应小于200mm。

② 矩形截面框架柱的边长不应小于300mm，圆形截面柱的直径不应小于350mm。

③ 高层建筑剪力墙的截面厚度不应小于160mm，多层建筑剪力墙的截面厚度不应小于140mm。

④ 现浇钢筋混凝土实心楼板的厚度不应小于80mm，实心屋面板的厚度不应小于100mm，现浇空心楼板的顶板、底板厚度均不应小于50mm。

⑤ 预制钢筋混凝土实心叠合楼板的预制底板及后浇混凝土厚度均不应小于50mm。

## 4. 结构钢筋

（1）普通钢筋锚固长度取值构造要求：

① 受拉钢筋锚固长度应根据钢筋的直径、钢筋及混凝土抗拉强度、钢筋的外形、钢筋锚固端的形式、结构或结构构件的抗震等级进行计算。

② 受拉钢筋锚固长度不应小于 200mm。

③ 对受压钢筋，当充分利用其抗压强度并需锚固时，其锚固长度不应小于受拉钢筋锚固长度的 70%。

(2) 混凝土结构中的普通钢筋、预应力筋应设置混凝土保护层，混凝土保护层厚度应符合下列规定：

① 满足普通钢筋、有粘结预应力筋与混凝土共同工作性能要求。

② 满足混凝土构件的耐久性能及防火性能要求。

③ 不应小于普通钢筋的公称直径，且不应小于 15mm。

### 1.4.2 砌体结构设计构造基本要求

砌体结构房屋的静力计算，根据房屋的空间工作性能分为：刚性方案、刚弹性方案和弹性方案。

**1. 填充墙的构造要求**

(1) 填充墙砌筑砂浆的强度等级不宜低于 M5（Mb5、Ms5）。

(2) 填充墙墙体墙厚不应小于 90mm。

(3) 填充墙砌体与梁、柱或混凝土墙体结合的界面处（包括内、外墙），宜在粉刷前设置钢丝网片，网片宽度可取 400mm，并沿界面缝两侧各延伸 200mm，或采取其他有效的防裂、盖缝措施。

**2. 圈梁的构造要求**

(1) 圈梁宜连续地设在同一水平面上，并形成封闭状；当圈梁被门窗洞口截断时，应在洞口上部增设相同截面的附加圈梁。附加圈梁与圈梁的搭接长度不应小于其中到中垂直间距的 2 倍，且不得小于 1m（图 1.4-1）。

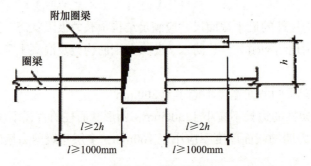

图 1.4-1 附加圈梁

(2) 刚弹性和弹性方案房屋，圈梁应与屋架、大梁等可靠连接。

(3) 圈梁宽度不应小于 190mm，高度不应小于 120mm，配筋不应少于 4φ12，箍筋间距不应大于 200mm。

(4) 圈梁兼作过梁时，过梁部分的钢筋应按计算面积另行增配。

**3. 其他设计构造要求**

(1) 在砌体中留槽洞及埋设管道时，不应在截面长边小于 500mm 的承重墙体、独立柱内埋设管线。

（2）承重的独立砖柱截面尺寸不应小于240mm×370mm。当有振动荷载时，墙、柱不宜采用毛石砌体。

（3）当梁跨度大于或等于下列数值时，其支承处宜加设壁柱，或采取其他加强措施：

① 对240mm厚的砖墙为6m。

② 对180mm厚的砖墙为4.8m。

### 1.4.3 钢结构设计构造基本要求

**1. 钢结构体系**

常用的钢结构体系，见表1.4-2。

常用的钢结构体系　　　　　　　　　表1.4-2

| 类别 | | 结构体系 |
|---|---|---|
| 单层 | | 框架、支撑结构 |
| 多高层 | | 框架、支撑结构、框架-支撑、框架-剪力墙板、筒体结构、巨型结构等 |
| 大跨度 | 平面结构 | 桁架、拱、预应力结构 |
| | 空间结构 | 薄壳结构、网架结构、网壳结构、预应力结构 |

**2. 钢结构构造**

1）焊缝与螺栓

焊缝与螺栓的构造，见表1.4-3。

焊缝与螺栓的构造　　　　　　　　　表1.4-3

| 类别 | 构造 |
|---|---|
| 焊缝 | （1）受力和构造焊缝可采用：对接焊缝、角接焊缝、对接与角接组合焊缝、塞焊焊缝、槽焊焊缝。<br>（2）重要连接或有等强要求的对接焊缝应为熔透焊缝，较厚板件或无需焊透时可采用部分熔透焊缝。<br>（3）在次要构件或次要焊接连接中，可采用断续角焊缝。腐蚀环境中不宜采用断续角焊缝 |
| 螺栓 | （1）直接承受动力荷载构件的螺栓连接规定要求：<br>①抗剪连接时应采用摩擦型高强度螺栓。<br>②普通螺栓受拉连接时应采用双螺帽或其他能防止螺帽松动的有效措施。<br>（2）当型钢构件拼接采用高强度螺栓连接时，其拼接件宜采用钢板 |

2）节点

（1）梁柱连接节点可采用螺栓连接、焊接连接、栓焊混合连接（图1.4-2）、端板连接（图1.4-3）、顶底角钢连接等构造。

（2）铸钢节点与相邻构件可采取焊接、螺纹、销轴等连接方式。铸钢节点适用于几何形式复杂、杆件汇交密集、受力集中的部位。

（3）矩形钢管混凝土柱与钢梁连接节点可采用隔板贯通节点、内隔板节点、外环板节点和外肋环板节点。

（4）圆形钢管混凝土柱与钢梁连接节点可采用外加强环节点、内加强环节点、钢梁穿心式节点、牛腿式节点和承重销式节点。

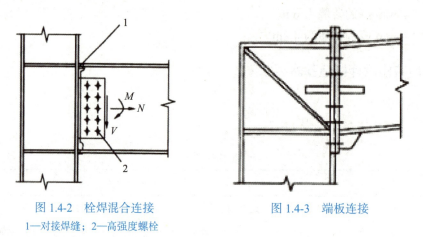

图 1.4-2　栓焊混合连接
1—对接焊缝；2—高强度螺栓

图 1.4-3　端板连接

3）其他构造要求

（1）钢管混凝土柱进行施工阶段的承载力验算时，应采用空钢管截面，空钢管柱在施工阶段的轴向应力，不应大于其抗压强度设计值的60%，并满足稳定性要求。

（2）柱内隔板上应设置混凝土浇筑孔和透气孔，混凝土浇筑孔孔径不应小于200mm，透气孔孔径不宜小于25mm。

（3）构件采用防火涂料进行防火保护时，其高强度螺栓连接处的涂层厚度不应小于相邻构件的涂料厚度。**注意**：该措施是保证高强度螺栓后失效，即强节点弱构件。

4）钢结构防腐蚀可选择以下防腐蚀方案或其组合

（1）防腐蚀涂料。

（2）各种工艺形成的锌、铝等金属保护层。

（3）阴极保护措施。

（4）耐候钢。

5）耐候钢和外包混凝土

对处于严重腐蚀的使用环境且仅靠涂装难以有效保护的主要承重钢结构构件，宜采用耐候钢或外包混凝土。

## 1.5　装配式建筑设计基本要求

### 1. 装配式混凝土建筑设计基本要求

装配式混凝土建筑是建筑工业化最重要的方式，具有提高质量、缩短工期、节约能源、减少消耗、清洁生产等优点。

构件的装配方法一般有现场后浇叠合层混凝土、钢筋锚固后浇混凝土连接等，钢筋连接可采用套筒灌浆连接、焊接、机械连接、预留孔洞搭接连接等做法。

1）高层装配整体式结构规定

（1）宜设置地下室，地下室宜采用现浇混凝土。

（2）剪力墙结构底部加强部位的剪力墙宜采用现浇混凝土。

（3）框架结构首层柱宜采用现浇混凝土，顶层宜采用现浇楼盖结构。

**注意**：为了保证结构的整体性，顶层宜采用现浇楼盖结构。

2）后浇混凝土与坐浆材料的强度等级

预制构件节点及接缝处后浇混凝土强度等级不应低于预制构件的混凝土强度等级。

多层剪力墙结构中墙板水平接缝用坐浆材料的强度等级值应大于被连接构件的混凝土强度等级值。

3）剪力墙结构设计要求

（1）预制剪力墙宜采用一字形，也可采用 L 形、T 形或 U 形；开洞预制剪力墙洞口宜居中布置，洞口两侧的墙肢宽度不应小于 200mm，洞口上方连梁高度不宜小于 250mm。

（2）当预制外墙采用夹心墙板时，应满足下列要求：

① 外叶墙板厚度不应小于 50mm，且外叶墙板应与内叶墙板可靠连接。

② 夹心外墙板的夹层厚度不宜大于 120mm。

③ 当作为承重墙时，内叶墙板应按剪力墙进行设计。

（3）预制剪力墙底部接缝宜设置在楼面标高处，并应符合规定：接缝高度宜为 20mm；接缝宜采用灌浆料填实；接缝处后浇混凝土上表面应设置粗糙面。

（4）上下层预制剪力墙的竖向钢筋，当采用套筒灌浆连接和浆锚搭接连接时，应符合下列规定：

① 边缘构件竖向钢筋应逐根连接。

② 预制剪力墙的竖向分布钢筋仅部分连接时，被连接的同侧钢筋间距不应大于 600mm。

③ 一级抗震等级剪力墙以及二、三级抗震等级底部加强部位，剪力墙的边缘构件竖向钢筋宜采用套筒灌浆连接。

**注意**：一级抗震等级剪力墙的边缘构件竖向钢筋沿全高宜采用套筒灌浆连接。二、三级抗震等级底部加强部位仅指剪力墙底部高度范围，不是沿全高。

**2. 装配式钢结构建筑设计基本要求**

（1）结构体系应具有适宜的承载能力、刚度及耗能能力。

（2）结构布置应考虑温度作用、地震作用或不均匀沉降等效应的不利影响，当设置伸缩缝、防震缝或沉降缝时，应满足相应的功能要求。

（3）可选用的结构体系有：钢框架结构、钢框架－支撑结构、钢框架延性墙板结构、筒体结构、巨型结构、交错桁架结构、门式刚架结构、低层冷弯薄壁型钢结构。

（4）外墙系统与结构系统的连接形式可采用内嵌式、外挂式、嵌挂结合式等，并宜分层悬挂或承托；并可选用预制外墙、现场组装骨架外墙、建筑幕墙等类型。

**3. 装配式装饰装修设计基本要求**

（1）装配式装饰装修设计流程宜按照技术策划、方案设计、部品集成与选型、深化设计四个阶段进行。

（2）装配式装饰装修设计应采用易维护、易拆换的技术和部品，对易损坏和经常更换的部位按照可逆安装的方式进行设计。

（3）应按照设备管线与结构分离的原则进行集成设计。

（4）集成设计宜选用通用化部品进行多样化组合，满足个性化要求。

（5）集成设计宜优先确定功能复杂、空间狭小、管线集中的建筑空间的部品选型和布置。

# 第 2 章  主要建筑工程材料的性能和应用

## 2.1  结构工程材料

### 2.1.1  建筑钢材的性能和应用

**1. 建筑钢材的主要钢种**

1）钢材按化学成分分为碳素钢和合金钢两大类

碳素钢根据含碳量可分为：低碳钢（含碳量小于0.25%）、中碳钢（含碳量为0.25%～0.6%）和高碳钢（含碳量大于0.6%）。

合金钢按合金元素的总含量可分为：低合金钢（总含量小于5%）、中合金钢（总含量为5%～10%）和高合金钢（总含量大于10%）。

注意：记忆"中碳钢的含碳量""中合金钢的总含量"，就能区别其他情况。

2）建筑钢材的主要钢种有碳素结构钢、优质碳素结构钢和低合金高强度结构钢

（1）碳素结构钢。碳素结构钢的牌号由代表屈服强度的字母Q、屈服强度数值、质量等级符号、脱氧方法符号四个部分按顺序组成。例如，Q235-AF表示屈服强度为235MPa的A级沸腾钢。它为一般结构和工程用钢，适用于生产各种型钢、钢板、钢筋、钢丝等。

（2）优质碳素结构钢。按冶金质量等级分为优质钢、高级优质钢（牌号后加"A"）和特级优质钢（牌号后加"E"）。它一般用于生产预应力混凝土用钢丝、钢绞线、锚具，以及高强度螺栓、重要结构的钢铸件等。

（3）低合金高强度结构钢。它的牌号与碳素结构钢类似，其质量等级分为B、C、D、E、F五级，牌号有Q355、Q390、Q420、Q460几种。它主要用于轧制各种型钢、钢板、钢管及钢筋，广泛用于钢结构和钢筋混凝土结构中，特别适用于各种重型结构、高层结构、大跨度结构及桥梁工程等。

**2. 钢筋混凝土结构用钢筋**

热轧钢筋是建筑工程中用量最大的钢材品种之一，主要用于钢筋混凝土结构和预应力混凝土结构的配筋。我国热轧钢筋的品种、强度标准值见表2.1-1。

热轧钢筋的品种、强度标准值    表2.1-1

| 品种 | 牌号 | 屈服强度 $f_{yk}$（MPa）不小于 | 极限强度 $f_{stk}$（MPa）不小于 |
|---|---|---|---|
| 光圆钢筋 | HPB300 | 300 | 420 |
| 带肋钢筋 | HRB400、HRBF400、HRB400E、HRBF400E | 400 | 540 |

续表

| 品种 | 牌号 | 屈服强度 $f_{yk}$（MPa）不小于 | 极限强度 $f_{stk}$（MPa）不小于 |
|---|---|---|---|
| 带肋钢筋 | HRB500、HRBF500、HRB500E、HRBF500E | 500 | 630 |
| | HRB600 | 600 | 730 |

注：HPB 属于热轧光圆钢筋，HRB 属于普通热轧钢筋，HRBF 属于细晶粒热轧钢筋。

热轧光圆钢筋强度较低，与混凝土的粘结强度也较低，主要用作板的受力钢筋、箍筋以及构造钢筋。

热轧带肋钢筋与混凝土之间的握裹力大，共同工作性能较好，其中的 HRB400 级钢筋是钢筋混凝土用的主要受力钢筋，是目前工程中常用的钢筋牌号。

有较高要求的抗震结构适用的钢筋，钢筋牌号为：在表 2.1-1 中已有带肋钢筋牌号后加 E 的钢筋（如 HRB400E）。该类钢筋除满足表 2.1-1 中的强度标准值外，还应满足以下要求：

（1）抗拉强度实测值与屈服强度实测值的比值不应小于 1.25。（简称：强屈比≥1.25）
（2）屈服强度实测值与屈服强度标准值的比值不应大于 1.30。（简称：超强比≤1.30）
（3）最大力总延伸率实测值不应小于 9%。

国家标准还规定，热轧带肋钢筋应在其表面轧上牌号标志、生产企业序号（许可证后 3 位数字）和公称直径毫米数字，还可轧上经注册的厂名（或商标）。

### 3. 钢结构用钢

（1）钢结构用钢主要是热轧成型的钢板和型钢等。薄壁轻型钢结构中主要采用薄壁型钢、圆钢和小角钢。钢材所用的母材主要是普通碳素结构钢及低合金高强度结构钢。

（2）钢结构常用的热轧型钢有：工字钢、H 型钢、T 型钢、槽钢、等边角钢、不等边角钢等。型钢是钢结构中采用的主要钢材。

（3）钢板材包括钢板、花纹钢板、建筑用压型钢板和彩色涂层钢板等。钢板分厚板（厚度大于 4mm）和薄板（厚度不大于 4mm）两种。厚板主要用于结构，薄板主要用于屋面板、楼板和墙板等。

### 4. 钢管混凝土结构用钢管

钢管混凝土结构用钢管可采用直缝焊接管、螺旋形缝焊接管和无缝钢管。钢管焊接必须采用对接焊缝，并达到与母材等强的要求。

### 5. 建筑钢材的力学性能

钢材的主要性能包括力学性能和工艺性能。其中，工艺性能表示钢材在各种加工过程中的行为，包括弯曲性能和焊接性能等。

力学性能是钢材最重要的使用性能，包括：拉伸性能、冲击性能、疲劳性能等。

（1）拉伸性能。反映建筑钢材拉伸性能的指标，包括屈服强度、抗拉强度和伸长率。

钢材在受力破坏前可以经受永久变形的性能，称为塑性。钢材的塑性指标通常用伸长率表示。伸长率越大，说明钢材的塑性越大。热轧钢筋有最大力总伸长率指标要求。

（2）冲击性能。钢的冲击性能受温度的影响较大，冲击性能随温度的下降而减小；当降到一定温度范围时，冲击值急剧下降，从而可使钢材出现脆性断裂，这种性质称为钢的冷脆性，这时的温度称为脆性临界温度。脆性临界温度的数值越低，钢材的低温冲击性能越好。

（3）疲劳性能。受交变荷载反复作用时，钢材在应力远低于其屈服强度的情况下突然发生脆性断裂破坏的现象，称为疲劳破坏。疲劳破坏是在低应力状态下突然发生的，故危害极大。钢材的疲劳极限与其抗拉强度有关，一般抗拉强度高，其疲劳极限也较高。

建筑钢材的力学性能的总结，见表2.1-2。

建筑钢材的力学性能的总结　　　　表2.1-2

| 分类 | 内容 | 备注（口诀） |
|---|---|---|
| 力学性能 | 拉伸性能、冲击性能、疲劳性能 | "拉击疲" |
| 拉伸性能 | 屈服强度、抗拉强度、伸长率 | — |
| 工艺性能 | 弯曲性能、焊接性能 | — |
| 钢材的强度取值依据 | 屈服强度 | — |
| 评价钢材使用可靠性参数 | 强屈比 | — |
| 强屈比 | 强屈比越大越安全，但太大，不经济 | — |

### 6. 钢材化学成分对钢材性能的影响

钢材化学成分对钢材性能的影响，见表2.1-3。

钢材化学成分对钢材性能的影响　　　　表2.1-3

| 分类 | 元素 | 备注（口诀） |
|---|---|---|
| 决定钢材性能的最重要元素 | 碳（C） | — |
| 我国钢筋用钢材中的主要添加元素 | 硅（Si） | — |
| 钢材有害元素 | 磷（P）、氧（O）、硫（S） | POS |
| 可降低钢材的可焊性 | 磷（P）、氧（O）、硫（S）；含碳量大于3%，降低可焊性 | POS＋C |
| 使钢材强度提高，但塑性降低 | 氮（N）、碳（C）、磷（P） | NCP（新冠肺炎英文缩写） |
| 增加钢材的冷脆性 | 氮（N）、碳（C）、磷（P） | NCP |
| 增加钢材的热脆性 | 氧（O）、硫（S） | — |

## 2.1.2　水泥的性能与应用

### 1. 水泥的分类

水泥为无机水硬性胶凝材料，按其主要水泥的水硬性矿物物质名称主要分为：硅酸盐水泥、铝酸盐水泥、硫铝酸盐水泥、氟铝酸盐水泥、磷酸硅酸盐水泥等。**注意**：水硬性胶凝材料是指既能在空气中，也能更好地在水中凝结硬化，并发展其强度。

建筑工程中常用的是通用硅酸盐水泥，它是以硅酸盐水泥熟料和适量的石膏及规定的混合材料制成的水硬性胶凝材料。通用硅酸盐水泥的代号和强度等级，见表2.1-4。

通用硅酸盐水泥的代号和强度等级　　　　表2.1-4

| 水泥名称 | 代号 | 代号的记忆 | 强度等级 |
| --- | --- | --- | --- |
| 硅酸盐水泥 | P·Ⅰ、P·Ⅱ | 硅酸盐水泥（Portland） | 42.5、42.5R、52.5、52.5R、62.5、62.5R |
| 普通硅酸盐水泥 | P·O | 普通（Ordinary） | |
| 矿渣硅酸盐水泥 | P·S·A、P·S·B | 矿渣（Slag） | 32.5、32.5R、42.5、42.5R、52.5、52.5R |
| 火山灰质硅酸盐水泥 | P·P | 火山灰（Pozzolan） | |
| 粉煤灰硅酸盐水泥 | P·F | 粉煤灰（Fly-ash） | |
| 复合硅酸盐水泥 | P·C | 复合（Composite） | 42.5、42.5R、52.5、52.5R |

注：强度等级中，R表示早强型。

**2. 常用水泥的技术要求**

1）水泥的凝结时间

水泥的凝结时间分为初凝时间和终凝时间。

初凝时间是从水泥加水拌合起至水泥浆开始失去塑性所需的时间。

终凝时间是从水泥加水拌合起至水泥浆完全失去塑性并开始产生强度所需的时间。

六大常用水泥的初凝时间均不应小于45min，硅酸盐水泥的终凝时间不应大于6.5h，其他五类常用水泥的终凝时间不应大于10h。

2）水泥的安定性

水泥的安定性是指水泥在凝结硬化过程中，体积变化是否均匀。如果水泥安定性不良，就会使水泥制品或混凝土构件产生膨胀性裂缝。施工中必须使用安定性合格的水泥。水泥安定性试验方法采用沸煮法和压蒸法。

3）水泥强度及强度等级

水泥强度分为抗压强度、抗折强度和抗拉强度三种。民用建筑工程中，通常不涉及水泥制品或混凝土构件的抗拉性能，水泥强度的判定只包含抗压强度和抗折强度。国家标准规定采用胶砂法来测定水泥的3d和28d的抗压强度和抗折强度。通用硅酸盐水泥不同龄期的强度要求，见表2.1-5。

通用硅酸盐水泥不同龄期的强度要求　　　　表2.1-5

| 强度等级 | 抗压强度（MPa） | | 抗折强度（MPa） | |
| --- | --- | --- | --- | --- |
| | 3d | 28d | ≥3d | 28d |
| 32.5 | ≥12.0 | ≥32.5 | ≥3.0 | ≥5.5 |
| 32.5R | ≥17.0 | | ≥4.0 | |
| 42.5 | ≥17.0 | ≥42.5 | ≥4.0 | ≥6.5 |
| 42.5R | ≥22.0 | | ≥4.5 | |

续表

| 强度等级 | 抗压强度（MPa） | | 抗折强度（MPa） | |
|---|---|---|---|---|
| | 3d | 28d | ≥ 3d | 28d |
| 52.5 | ≥ 27.0 | ≥ 52.5 | ≥ 4.5 | ≥ 7.0 |
| 52.5R | ≥ 27.0 | | ≥ 5.0 | |
| 62.5 | ≥ 27.0 | ≥ 62.5 | ≥ 5.0 | ≥ 8.0 |
| 62.5R | ≥ 32.0 | | ≥ 5.5 | |

**4）其他技术要求**

其他技术要求包括水泥中水溶性铬、放射性核素限量、水泥细度、碱含量与化学要求等。水泥的细度、碱含量属于选择性指标，由买卖双方协商确定。化学要求包括不溶物、烧失量、三氧化硫、氧化镁和氯离子。

### 3. 常用水泥的特性

常用水泥的主要特性，见表2.1-6。

常用水泥的主要特性　　　　　表2.1-6

| 硅酸盐水泥 | 普通硅酸盐水泥 | 矿渣硅酸盐水泥 | 火山灰质硅酸盐水泥 | 粉煤灰硅酸盐水泥 | 复合硅酸盐水泥 |
|---|---|---|---|---|---|
| ① 凝结硬化快、早期强度高；<br>② 水化热大；<br>③ 抗冻性好；<br>④ 耐蚀性差 | ① 凝结硬化较快、早期强度较高；<br>② 水化热较大；<br>③ 抗冻性较好；<br>④ 耐蚀性较差 | ① 凝结硬化慢、早期强度低，后期强度增长较快；<br>② 水化热较小；<br>③ 抗冻性差；<br>④ 耐蚀性较好 | | | 其他性能与所掺入的两种或两种以上混合材料的种类、掺量有关 |
| 耐热性差 | 耐热性较差 | 耐热性好 | 耐热性较差 | 耐热性较差 | |
| 干缩性较小 | 干缩性较小 | 干缩性较大 | 干缩性较大 | 干缩性较小 | |
| — | — | 抗渗性差 | 抗渗性较好 | — | |
| — | — | — | — | 抗裂性较高 | |

口诀："矿热、山渗、粉裂、粉缩"

### 4. 常用水泥包装及标志

水泥可以散装或袋装，包装形式由买卖双方协商确定。水泥包装袋上应清楚标明：本文件编号、水泥品种、代号、强度等级、生产者名称、生产许可证标志（QS）及编号、出厂编号、包装日期、净含量。

## 2.1.3 混凝土及组成材料的性能和应用

### 1. 混凝土组成材料的技术要求

**1）水泥**

水泥强度等级应与混凝土的设计强度等级相适应。一般以水泥强度等级为混凝土强度等级的1.5～2.0倍为宜，对于高强度等级混凝土可取0.9～1.5倍。

2）细骨料

公称粒径在 4.75mm 以下的骨料称为细骨料，在普通混凝土中指的是砂。砂可分为天然砂、机制砂和混合砂三类。

（1）颗粒级配与粗细程度

砂的颗粒级配和粗细程度，常采用筛分析的方法进行测定。根据 0.63mm 筛孔的累计筛余量，将砂可分成Ⅰ、Ⅱ、Ⅲ三个级配区。用所处的级配区来表示砂的颗粒级配状况。

**注意**：Ⅰ区为级配良好的粗砂，Ⅱ区为级配良好的中砂，Ⅲ区为细砂。

用细度模数表示砂的粗细程度。细度模数越大，表示砂越粗。砂，按细度模数可分为粗砂、中砂、细砂、特细砂四级。

在选择混凝土用砂时，砂的颗粒级配和粗细程度应同时考虑。配制混凝土时宜优先选用Ⅱ区砂。当采用Ⅰ区砂时，应提高砂率，并保持足够的水泥用量，以满足混凝土的和易性要求；当采用Ⅲ区砂时，宜适当降低砂率，以保证混凝土的强度。对于泵送混凝土，宜选用中砂。

（2）有害杂质和碱活性

砂中所含有的泥块、石粉、有害杂质（云母、轻物质、有机物、硫化物及硫酸盐、氯化物、贝壳），都会对混凝土性能产生不利的影响，需要控制其含量。重要工程混凝土所使用的砂，还应进行碱活性检验，以确定其适用性。

（3）坚固性

砂的坚固性用硫酸钠溶液检验，试样经 5 次循环后其质量损失应符合规定。

3）粗骨料

公称粒径大于 4.75mm 的岩石颗粒称为粗骨料。普通混凝土常用的粗骨料分为碎石和卵石，类别分为Ⅰ类、Ⅱ类、Ⅲ类。

（1）颗粒级配及最大粒径

普通混凝土用碎石或卵石的颗粒级配情况有连续粒级和单粒粒级两种。

粗骨料中公称粒级的上限称为最大粒径。当骨料粒径增大时，其比表面积减小，混凝土的水泥用量也减少，故在满足技术要求的前提下，粗骨料的最大粒径应尽量选大一些。

在钢筋混凝土结构中，粗骨料的最大粒径不得超过结构截面最小尺寸的 1/4，同时不得大于钢筋间最小净距的 3/4。对于混凝土实心板，可允许采用最大粒径达 1/3 板厚的骨料，但最大粒径不得超过 40mm。对于采用泵送的混凝土，碎石的最大粒径应不大于输送管径的 1/3，卵石的最大粒径应不大于输送管径的 1/2.5。

（2）强度和坚固性

碎石或卵石的强度可用岩石抗压强度和压碎指标两种方法表示。当混凝土强度等级≥C60 时，应进行岩石抗压强度检验。用于制作粗骨料的岩石的抗压强度与混凝土强度等级之比不应小于 1.5。对经常性的生产质量控制则可用压碎指标值来检验。

有抗冻要求的混凝土所用粗骨料，要求测定其坚固性。

（3）有害杂质和针、片状颗粒

粗骨料中所含的泥块、淤泥、细屑、硫酸盐、硫化物和有机物等是有害物质，其含量应符合规定。粗骨料中严禁混入煅烧过的白云石或石灰石块。

重要工程混凝土所使用的碎石或卵石，还应进行碱活性检验，以确定其适用性。

**4）水**

企业设备洗刷水不宜用于预应力混凝土、装饰混凝土、加气混凝土和暴露于腐蚀环境的混凝土，不得用于使用碱活性或潜在碱活性骨料的混凝土。

未经处理的海水严禁用于钢筋混凝土和预应力混凝土。在无法获得水源的情况下，海水可用于素混凝土，但不宜用于装饰混凝土。

混凝土养护用水的水质检验项目包括：pH值、$Cl^-$、$SO_4^{2-}$、碱含量（采用碱活性骨料时检验），可不检验的项目：不溶物和可溶物、水泥凝结时间和水泥胶砂强度。

**5）外加剂**

外加剂掺量一般不大于水泥质量的5%（特殊情况除外）。混凝土外加剂的技术要求包括受检混凝土性能指标和匀质性指标。其中，受检混凝土性能指标包括：① 推荐性指标，如：减水率、泌水率比、含气量、凝结时间之差、1h经时变化量；② 强制性指标，如：抗压强度比、收缩率比、相对耐久性（200次）。

匀质性指标包括：氯离子含量、总碱量、含固量、含水率、密度、细度、pH值和硫酸钠含量。

**6）矿物掺合料**

混凝土掺合料分为活性矿物掺合料和非活性矿物掺合料。非活性矿物掺合料基本不与水泥组分起反应，如磨细石英砂、石灰石、硬矿渣等材料。**注意**：带有"两个石"为非活性。

活性矿物掺合料如粉煤灰、粒化高炉矿渣粉、硅灰、沸石粉等本身不硬化或硬化速度很慢，但能与水泥水化生成的$Ca(OH)_2$起反应，生成具有胶凝能力的水化产物。

拌制混凝土和砂浆用粉煤灰的技术要求包括：细度、需水量比、烧失量、含水量、三氧化硫、游离氧化钙、安定性、放射性、碱含量和均匀性。按细度、需水量比和烧失量，拌制混凝土和砂浆用粉煤灰可分为Ⅰ、Ⅱ、Ⅲ三个等级，其中Ⅰ级品质最好。

**2. 混凝土的技术性能**

**1）混凝土拌合物的和易性（亦称工作性）**

和易性是一项综合的技术性质，包括黏聚性、流动性和保水性。口诀："黏流水"，对比砌筑砂浆的质量三大指标："强度、流动性、保水性"，即"强流水"。

施工现场常用坍落度试验来测定混凝土拌合物的坍落度或坍落扩展度（图2.1-1），作为流动性指标，坍落度或坍落扩展度越大表示流动性越大。对坍落度值小于10mm的干硬性混凝土拌合物，则用维勃稠度（s）测定其稠度作为流动性指标，稠度值越大表示流动性越小（图2.1-2）。

混凝土拌合物的黏聚性和保水性主要通过目测结合经验进行评定。

影响混凝土拌合物和易性的主要因素有：单位体积用水量、砂率、组成材料的性质、时间和温度等。其中，单位体积用水量决定胶凝材料浆体的数量和稠度，它是影响混凝土和易性的最主要因素。组成材料的性质包括水泥的需水量和泌水性、骨料的特性、外加剂和掺合料的特性等。

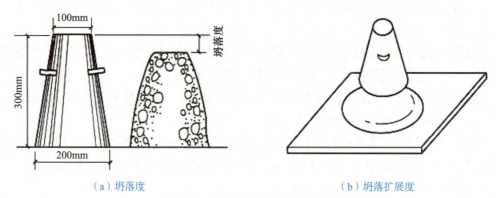

（a）坍落度　　　　　　　　　　　　　（b）坍落扩展度

图 2.1-1　坍落度和坍落扩展度试验

图 2.1-2　维勃稠度试验示意图

**2）混凝土强度**

混凝土立方体抗压强度是指按国家标准制作边长为 150mm×150mm×150mm 的立方体试件，在标准养护条件（温度 20℃±2℃，相对湿度 95% 以上）下，养护到 28d 龄期时，测得的抗压强度值，以 $f_{cu}$ 表示，单位为 N/mm² 或 MPa。

混凝土的强度与强度等级，见表 2.1-7。

混凝土的强度与强度等级　　　　　表 2.1-7

| 类别 | 规定 |
| --- | --- |
| 混凝土立方体抗压标准强度<br>（或称立方体抗压强度标准值） | 是指按标准方法制作和养护的边长为 150mm 的立方体试件，在 28d 龄期，用标准试验方法测得的抗压强度总体分布中具有不低于 95% 保证率的抗压强度值，以 $f_{cu,k}$ 表示 |
| 混凝土强度等级 | （1）它是按混凝土立方体抗压标准强度来划分的，采用符号 C 与立方体抗压强度标准值（单位为 MPa）表示。C30 即表示混凝土立方体抗压强度标准值 30MPa≤$f_{cu,k}$＜35MPa。<br>（2）普通混凝土划分为 14 个等级 |
| 轴心抗压强度 | （1）它的测定采用 150mm×150mm×300mm 棱柱体作为标准试件。<br>（2）在立方体抗压强度 $f_{cu}$ = 10～55MPa 的范围内，轴心抗压强度 $f_c$ =（0.70～0.80）$f_{cu}$ |

续表

| 类别 | 规定 |
|---|---|
| 混凝土抗拉强度 | （1）它只有抗压强度的 1/20～1/10，且随着混凝土强度等级的提高，比值有所降低。<br>（2）它是确定混凝土抗裂度的重要指标，有时也用它来间接衡量混凝土与钢筋的粘结强度等。<br>（3）我国采用立方体的劈裂抗拉试验来测定混凝土的劈裂抗拉强度 $f_{ts}$，并可换算得到混凝土的轴心抗拉强度 $f_t$。 |

混凝土和砂浆等抗压强度的试件与标准养护条件的总结，见表 2.1-8。

混凝土和砂浆等抗压强度的试件与标准养护条件的总结　　表 2.1-8

| 分类 | 试件尺寸 | 标准养护条件 |
|---|---|---|
| 混凝土立方体抗压强度 | 150mm×150mm×150mm | 温度 20℃±2℃，相对湿度 95% 以上 |
| 混凝土轴心抗压强度 | 150mm×150mm×300mm | — |
| 砂浆立方体抗压强度 | 70.7mm×70.7mm×70.7mm | 温度 20℃±2℃，相对湿度 90% 以上 |
| 水泥强度 | 40mm×40mm×160mm | — |
| 混凝土预制构件的坐浆料强度 | 70.7mm×70.7mm×70.7mm | — |
| 混凝土预制构件的灌浆料强度 | 40mm×40mm×160mm | — |

影响混凝土强度的因素主要有：

（1）原材料方面的因素，包括水泥强度与水胶比，骨料的种类、质量和数量，外加剂和掺合料。

（2）生产工艺方面的因素，包括搅拌与振捣，养护的温度和湿度，龄期。

3）混凝土的变形性能

混凝土的变形主要分为两大类：

（1）非荷载型变形指物理化学因素引起的变形，包括化学收缩、碳化收缩、干湿变形、温度变形等。

（2）荷载作用下的变形，可分为在短期荷载作用下的变形和长期荷载作用下的徐变。

4）混凝土的耐久性

混凝土的耐久性是一个综合性概念，包括抗渗、抗冻、抗侵蚀、碳化、碱骨料反应，以及混凝土中的钢筋锈蚀等性能。混凝土的耐久性，见表 2.1-9。

混凝土的耐久性　　表 2.1-9

| 类别 | 内容 |
|---|---|
| 抗渗性 | （1）混凝土的抗渗性用抗渗等级表示，分为 P4、P6、P8、P10、P12 和 >P12 共六个等级。<br>（2）混凝土的抗渗性主要与其密实度及内部孔隙的大小和构造有关。<br>（3）混凝土的抗渗性直接影响到混凝土的抗冻性和抗侵蚀性 |
| 抗冻性 | （1）混凝土的抗冻性用抗冻等级表示，分为 F50、F100、F150、F200、F250、F300、F350、F400 和 >F400 共九个等级。<br>（2）抗冻等级 F50 以上的混凝土简称抗冻混凝土 |

续表

| 类别 | 内容 |
|---|---|
| 抗侵蚀性 | 侵蚀性介质包括软水、硫酸盐、镁盐、碳酸盐、一般酸、强碱、海水等 |
| 混凝土的碳化（中性化） | （1）混凝土的碳化是环境中的二氧化碳与水泥石中的氢氧化钙作用，生成碳酸钙和水。<br>（2）碳化使混凝土的碱度降低，削弱混凝土对钢筋的保护作用，可能导致钢筋锈蚀。<br>（3）碳化显著增加混凝土的收缩，使混凝土抗压强度增大（**注意：抗压强度增大**），但可能产生细微裂缝，而使混凝土抗拉、抗折强度降低 |
| 碱骨料反应 | 它是指水泥中的碱性氧化物含量较高时，会与骨料中所含的活性二氧化硅发生化学反应，在骨料表面生成碱－硅酸凝胶，吸水后会产生较大的体积膨胀，导致混凝土胀裂 |

### 3. 混凝土外加剂的功能、种类与应用

**1）外加剂的分类**

外加剂按其主要使用功能分为四类，见表 2.1-10。

外加剂类别　　　　　　　　　　　　　　　　　表 2.1-10

| 类别 | 内容 | 备注（口诀） |
|---|---|---|
| 改善混凝土拌合物流动性的外加剂 | 减水剂、引气剂和泵送剂等 | "流动：减气泵" |
| 调节混凝土凝结时间、硬化性能的外加剂 | 缓凝剂、早强剂和速凝剂等 | — |
| 改善混凝土耐久性的外加剂 | 防水剂、引气剂和阻锈剂等 | "耐久：水气锈" |
| 改善混凝土其他性能的外加剂 | 膨胀剂、防冻剂和着色剂等 | — |

减水剂可分为：

（1）高性能减水剂（早强型、标准型、缓凝型）。

（2）高效减水剂（标准型、缓凝型）。

（3）普通减水剂（早强型、标准型、缓凝型）。

**2）外加剂的使用范围**

（1）早强剂可加速混凝土硬化和早期强度发展，缩短养护周期，加快施工进度，提高模板周转率。多用于冬期施工或紧急抢修工程。

（2）缓凝剂主要用于高温季节混凝土、大体积混凝土、泵送与滑模方法施工以及远距离运输的商品混凝土等，不宜用于日最低气温在5℃以下环境施工的混凝土，也不宜用于有早强要求的混凝土和蒸汽养护的混凝土。

（3）混凝土中掺入减水剂：① 若不减少拌合用水量，能显著提高拌合物的流动性；② 当减水而不减少水泥时，可提高混凝土强度；③ 若减水的同时适当减少水泥用量，则可节约水泥。同时，混凝土的耐久性也能得到显著改善。

（4）引气剂可改善混凝土拌合物的和易性，减少泌水离析，并能提高混凝土的抗渗性和抗冻性。同时，含气量增加，混凝土弹性模量降低，对提高混凝土的抗裂性有利。由于大量微气泡的存在，混凝土的抗压强度会有所降低。**注意：混凝土含气量提高，混凝土有效受力面积减小，故混凝土的抗压强度会有所降低。**

引气剂适用于抗冻、防渗、抗硫酸盐、泌水严重的混凝土等。

(5)膨胀剂主要有硫铝酸钙类、氧化钙类、金属类等。膨胀剂适用于补偿收缩混凝土、填充用膨胀混凝土、灌浆用膨胀砂浆、自应力混凝土等。含硫铝酸钙类、硫铝酸钙-氧化钙类膨胀剂的混凝土（砂浆）不得用于长期环境温度为80℃以上的工程；含氧化钙类膨胀剂配制的混凝土（砂浆）不得用于海水或有侵蚀性水的工程。

(6)防冻剂：

含亚硝酸盐、碳酸盐的防冻剂严禁用于预应力混凝土结构。

含有六价铬盐、亚硝酸盐等有害成分的防冻剂，严禁用于饮水工程、与食品相接触的工程。

含有硝铵、尿素等产生刺激性气味的防冻剂，严禁用于办公、居住等建筑工程。

## 2.1.4 砌体材料的性能和应用

### 1. 块体的种类及强度等级

块体分为砖、砌块和石材。

#### 1）砖

砖分为烧结砖、蒸压砖和混凝土砖三类。

（1）烧结砖

烧结砖有烧结普通砖（实心砖）、烧结多孔砖和烧结空心砖等（图2.1-3）。

(a) 烧结普通砖　　(b) 烧结多孔砖　　(c) 烧结空心砖　　(d) 烧结空心砖砌筑

图 2.1-3　烧结砖

烧结普通砖的强度等级分为五级：MU30、MU25、MU20、MU15、MU10。统一外形公称尺寸为 240mm×115mm×53mm。

烧结多孔砖孔洞率≥28%，烧结多孔砌块孔洞率≥33%。孔的尺寸小而数量多，主要用于承重部位，砌筑时孔洞垂直于受压面，如图2.1-3（b）所示。根据抗压强度分为MU30、MU25、MU20、MU15、MU10五个强度等级。

烧结空心砖就是孔洞率≥40%，孔的尺寸大而数量少的烧结砖，主要用于框架填充墙和自承重隔墙。按抗压强度分为MU10.0、MU7.5、MU5.0、MU3.5四个强度等级。

（2）蒸压砖

蒸压砖依据主要材料不同分为灰砂砖和粉煤灰砖，其尺寸规格与实心黏土砖相同。这种砖不能用于长期受热200℃以上、受急冷急热或有酸性介质腐蚀的建筑部位。按抗压强度分为 MU30、MU25、MU20、MU15、MU10 五个强度等级。

**注意**：烧结普通砖、烧结多孔砖、蒸压砖均分为五个强度等级。

（3）混凝土砖

混凝土实心砖，按抗压强度分为 MU40、MU35、MU30、MU25、MU20、MU15 六个强度等级；混凝土多孔砖，按强度等级分为 MU30、MU25、MU20、MU15、MU10 五个强度等级。

2）砌块

（1）普通混凝土小型空心砌块强度等级有 MU20、MU15、MU10、MU7.5 和 MU5 五个强度等级；轻骨料混凝土小型空心砌块强度等级有 MU15、MU10、MU7.5、MU5 和 MU3.5 五个强度等级（图 2.1-4）。

（2）蒸压加气混凝土制成的砌块，可用作承重、自承重或保温隔热材料。其强度等级有 A2.5、A3.5、A5.0、A7.5 四个强度等级。

（a）普通混凝土小型空心砌块　　（b）轻骨料混凝土小型空心砌块　　（c）蒸压加气混凝土砌块

图 2.1-4　砌块

3）石材

砌体结构中，常用的天然石材为无明显风化的花岗岩、砂岩和石灰岩等。石材的抗压强度高，耐久性好，多用于房屋基础、勒脚部位。

**2. 砂浆的种类**

衡量砂浆质量的三大重要指标是强度、流动性和保水性。**口诀**："强流水"，对比混凝土拌合物和易性包括黏聚性、流动性和保水性，**口诀**："黏流水"。

砂浆的种类，见表 2.1-11。

砂浆的种类　　　　　　　　　　　　表 2.1-11

| 类别 | 特点 |
| --- | --- |
| 水泥砂浆 | （1）强度高、耐久性好，但流动性、保水性均较差。<br>（2）一般用于房屋防潮层以下的砌体或对强度有较高要求的砌体 |
| 混合砂浆 | （1）根据掺合料的不同，又分为水泥石灰砂浆、水泥黏土砂浆等。<br>（2）水泥石灰砂浆是应用最广的，具有一定的强度和耐久性，且流动性、保水性均较好，易于砌筑，是一般墙体中常用的砂浆 |
| 砌块专用砂浆 | 专门用于砌筑混凝土砌块的砌筑砂浆 |
| 蒸压砖专用砂浆 | 专门用于砌筑蒸压灰砂砖砌体或蒸压粉煤灰砖砌体，且砌体抗剪强度不应低于烧结普通砖砌体取值的砂浆 |

### 3. 砂浆的强度等级

将砂浆做成 70.7mm×70.7mm×70.7mm 的立方体试块，标准养护 28d（温度 20℃±2℃，相对湿度 90% 以上）。每组取 3 个试块进行抗压强度试验，砂浆的抗压强度试验结果确定原则：

（1）应以三个试件测值的算术平均值作为该组试件的砂浆立方体试件抗压强度平均值，精确至 0.1MPa。

（2）当三个测值的最大值或最小值中如有一个与中间值的差值超过中间值的 15% 时，则把最大值及最小值一并舍去，取中间值作为该组试件的抗压强度值。

（3）当两个测值与中间值的差值均超过中间值的 15% 时，则该组试件的试验结果为无效。

口诀："一超取中、两超无效、无超取平均"。

不同种类的砌筑砂浆不得混合使用。砂浆的强度等级与适用砌体，见表 2.1-12。

砂浆的强度等级与适用砌体　　表 2.1-12

| 砂浆 | 强度等级 | 适用砌体 |
|---|---|---|
| 普通砂浆 | M15、M10、M7.5、M5、M2.5 | 烧结普通砖、烧结多孔砖、蒸压灰砂普通砖和蒸压粉煤灰普通砖砌体 |
| 蒸压砖专用砂浆 | Ms15、Ms10、Ms7.5、Ms5 | 蒸压灰砂普通砖和蒸压粉煤灰普通砖砌体 |
| 砌块专用砂浆 | Mb20、Mb15、Mb10、Mb7.5、Mb5 | 混凝土普通砖、混凝土多孔砖、单排孔混凝土砌块和煤矸石混凝土砌块砌体 |
| 轻集料砌块专用砂浆 | Mb10、Mb7.5、Mb5 | 双排孔或多排孔轻集料混凝土砌块砌体 |
| 蒸压加气混凝土砌块用砌筑砂浆 | Ma7.5、Ma5.0、Ma2.5 | 蒸压加气混凝土砌块砌体 |

**注意**：各类砂浆的强度等级的代号，如：普通砂浆，用 M；蒸压砖专用砂浆，用 Ms；蒸压加气混凝土砌块用砌筑砂浆，用 Ma；砌块专用砂浆，用 Mb。

### 4. 砌体结构材料的应用

砌体结构的环境类别分为 5 类，分别是：1 类干燥环境，2 类潮湿环境，3 类冻融环境，4 类氯侵蚀环境，5 类化学侵蚀环境。

对于设计使用年限为 50 年的砌体结构，从其耐久性的角度出发，对材料提出了如下相应要求：

（1）地面以下或防潮层以下的砌体、潮湿房间的墙，所用材料的最低强度等级应符合表 2.1-13 的规定。

地面以下或防潮层以下的砌体、潮湿房间的墙所用材料的最低强度等级　　表 2.1-13

| 潮湿程度 | 混凝土砌块 | 烧结普通砖 | 混凝土普通砖、蒸压普通砖 | 石材 | 水泥砂浆 |
|---|---|---|---|---|---|
| 稍湿的 | MU7.5 | MU15 | MU20 | MU30 | M5 |
| 很潮湿的 | MU10 | MU20 | MU20 | MU30 | M7.5 |

续表

| 潮湿程度 | 混凝土砌块 | 烧结普通砖 | 混凝土普通砖、蒸压普通砖 | 石材 | 水泥砂浆 |
|---|---|---|---|---|---|
| 含水饱和的 | MU15 | MU20 | MU25 | MU40 | M10 |

注：对安全等级为一级或设计使用年限大于50年的房屋，表中材料强度等级应至少提高一级。

**注意**：表2.1-13适用设计使用年限为50年的砌体结构；当大于50年时，应按表2.1-13注的规定。

（2）处于环境3～5类，有侵蚀性介质的砌体材料应符合下列规定：

① 不应采用蒸压灰砂普通砖、蒸压粉煤灰普通砖。

② 应采用实心砖（烧结砖、混凝土砖），砖的强度等级不应低于MU20，水泥砂浆的强度等级不应低于M10。

③ 混凝土砌块的强度等级不应低于MU15，灌孔混凝土的强度等级不应低于Cb30，砂浆的强度等级不应低于Mb10。

## 2.2 建筑装饰装修工程材料

### 1. 天然花岗石与天然大理石

1）天然花岗石

花岗石构造致密、强度高、密度大、吸水率极低、质地坚硬、耐磨，属酸性硬石材。其耐酸、抗风化、耐久性好，使用年限长，但不耐火。**注意**：花岗石所含石英在高温下会发生晶变，体积膨胀而开裂，故不耐火。

按其表面加工程度可分为细面板（YG）、镜面板（JM）、粗面板（CM）三类。

花岗石板材主要应用于大型公共建筑或装饰等级要求较高的室内外装饰工程。粗面和细面板材常用于室外地面、墙面、柱面、勒脚、基座、台阶；镜面板材主要用于室内外地面、墙面、柱面、台面、台阶等。

2）天然大理石

大理石质地较密实、抗压强度较高、吸水率低、质地较软，属碱性中硬石材。大理石容易发生腐蚀，所以除少数大理石，如汉白玉、艾叶青等耐久的品种可用于室外，绝大多数大理石品种只宜用于室内。

天然大理石板材是装饰工程的常用饰面材料。一般用于宾馆、展览馆、剧院、商场、图书馆、机场、车站、办公楼、住宅等工程的室内墙面、柱面、服务台、栏板、电梯间门口等部位。**注意**：不能用于台阶。

### 2. 天然花岗石与大理石等的分类

天然花岗石与大理石等的A、B、C级划分，见表2.2-1。

天然花岗石与大理石等的A、B、C级划分　　表2.2-1

| 项目 | | 分类 |
|---|---|---|
| 天然花岗石 | 按质量等级分类 | A级 | 优等品 |

续表

| 项目 | | | 分类 |
|---|---|---|---|
| 天然花岗石 | 按质量等级分类 | B级 | 一等品 |
| | | C级 | 合格品 |
| | 按放射比活度和外照射指数的限值分类 | A类 | 产销与使用范围不受限制 |
| | | B类 | 不可用于Ⅰ类民用建筑的内饰面，但可用于Ⅰ类民用建筑的外饰面及其他一切建筑物的内、外饰面 |
| | | C类 | 只可用于一切建筑物的外饰面 |
| 天然大理石 | 按质量等级分类 | A级 | 优等品 |
| | | B级 | 一等品 |
| | | C级 | 合格品 |
| 陶瓷砖 | 按成型方法分类 | A类 | 挤压砖 |
| | | B类 | 干压砖 |
| 防火玻璃 | 按耐火性能分类 | A类 | 隔热型防火玻璃 |
| | | C类 | 非隔热型防火玻璃 |

### 3. 木材的特性与应用

1）树木的分类

一般地，可将树木分为针叶树和阔叶树两大类。

（1）针叶树。其树干通直，易得大材，强度较高、体积密度小、胀缩变形小、木质较软，易于加工，常称为软木材，包括松树、杉树和柏树等，为建筑工程中主要应用的木材。

（2）阔叶树。其体积密度较大、胀缩变形大、易翘曲开裂，其木质较硬，加工较困难，常称为硬木材，包括榆树、桦树、水曲柳、檀树等。由于阔叶树大部分具有美丽的天然纹理，故特别适用于室内装修或制造家具及胶合板、拼花地板等装饰材料。

2）木材的纤维饱和点和平衡含水率

纤维饱和点是木材仅细胞壁中的吸附水达到饱和而细胞腔和细胞间隙中无自由水存在时的含水率。只有当含水率小于纤维饱和点时，表明水分都吸附在细胞壁的纤维上，它的增加或减少才能引起木材的湿胀干缩。

湿胀干缩将影响木材的使用。干缩会使木材翘曲、开裂、接榫松动、拼缝不严。湿胀可造成表面鼓凸。所以木材在加工或使用前应预先进行干燥，使其接近于与环境湿度相适应的平衡含水率。平衡含水率是木材和木制品使用时避免变形或开裂而应控制的含水率指标。

由于木材构造的不均匀性，木材的变形在各个方向上也不同，如图2.2-1所示，顺纹方向最小，径向较大，弦向最大。口诀："小顺子、大弦子"。

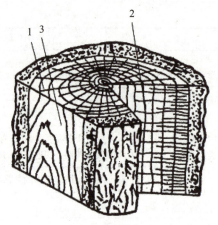

图 2.2-1　木材的宏观构造
1—横切面；2—径切面；3—弦切面

木材按受力状态分为抗拉、抗压、抗弯和抗剪四种强度，而抗拉、抗压和抗剪强度又有顺纹和横纹之分。

**4. 木制品的特性与应用**

1）实木地板

实木地板具有质感强、弹性好、脚感舒适、美观大方等特点。板材材质可以是松、杉等软木材，也可选用柞、榆等硬木材。实木地板长度一般不小于 250mm，宽度一般不小于 40mm，厚度不小于 8mm，接口可做成平接、榫接，榫舌宽度不小于 3mm。

实木地板适用于体育馆、练功房、舞台、住宅等地面装饰。

2）人造地板

人造地板分为：实木复合地板、浸渍纸层压木质地板（即强化木地板）、软木地板。

（1）实木复合地板

结构组成特点使其既有普通实木地板的优点，又有效地调整了木材之间的内应力，不易翘曲开裂；适合普通地面、地热采暖地板铺设。面层木纹自然美观，可避免天然木材的疵病，安装简便。

实木复合地板适用于家庭居室、客厅、办公室、宾馆等中高档地面铺设。

（2）浸渍纸层压木质地板

规格尺寸大、花色品种较多；表面耐磨性高，有较高的阻燃性能，耐污染腐蚀能力强，抗压、抗冲击性能好。便于清洁、不易起拱。铺设方便，可直接铺装在防潮衬垫上。价格较便宜，但密度较大、脚感较生硬、可修复性差。

它适用于办公室、写字楼、商场、健身房、车间等的地面铺设。

（3）软木地板

绝热、隔振、防滑、防潮、阻燃、耐水、不霉变、不易翘曲和开裂、脚感舒适有弹性。栓皮栎橡树的树皮可再生，属于绿色建材。

商用软木地板适用于商店、走廊、图书馆等人流大的地面铺设，家用软木地板适用于家庭居室。

3）人造板

（1）胶合板常用作隔墙、顶棚、门面板、墙裙等。

（2）中密度纤维板在装饰工程中广泛应用，分为普通型、家具型和承重型。

（3）刨花板的密度小，材质均匀，但易吸湿，强度不高，用于保温、吸声或室内装饰。

（4）细木工板的构造均匀、尺寸稳定、幅面较大、厚度较大。除可用作表面装饰外，也可直接兼作构造材料。

**5. 建筑玻璃的特性与应用**

1）平板玻璃

3～5mm 的平板玻璃一般直接用于有框门窗的采光，8～12mm 的平板玻璃可用于隔断、橱窗、无框门。

平板玻璃常作为钢化、夹层、镀膜、中空等深加工玻璃的原片。

2）装饰玻璃

装饰玻璃包括彩色平板玻璃、釉面玻璃、压花玻璃、喷花玻璃、乳花玻璃、刻花玻璃、冰花玻璃。

3）安全玻璃

安全玻璃的分类及其应用，见表 2.2-2。

安全玻璃　　　　　　　　　　　　　　　　　　　表 2.2-2

| 类别 | 应用 |
| --- | --- |
| 钢化玻璃 | 玻璃内部存在硫化镍（NiS）结石是造成钢化玻璃自爆的主要原因。通过对钢化玻璃进行均质处理，可大大降低钢化玻璃的自爆率。这种经过特定工艺条件处理过的钢化玻璃就是均质钢化玻璃（简称 HST） |
| 防火玻璃 | （1）按结构分：复合防火玻璃（FFB）、单片防火玻璃（DFB）。<br>（2）按耐火性能分：<br>① 隔热型防火玻璃（A 类）：亦称复合型防火玻璃。<br>② 非隔热型防火玻璃（C 类）：亦称耐火玻璃，为单片结构，可分为夹丝玻璃、耐热玻璃、微晶玻璃。<br>（3）按耐火极限可分为五个等级：0.50h、1.00h、1.50h、2.00h、3.00h。<br>（4）主要用于有防火隔热要求的建筑幕墙、隔断等 |
| 夹层玻璃 | （1）由于粘结用中间层（PVB 胶片等）的粘合作用，玻璃破碎时，碎片也不会散落伤人。<br>（2）用于高层建筑的门窗、天窗、楼梯栏板和有抗冲击作用要求的商店、银行、橱窗、隔断及水下工程等安全性能高的场所或部位等。<br>（3）夹层玻璃不能切割，需要选用定型产品或按尺寸定制 |

4）节能装饰型玻璃

节能装饰型玻璃，见表 2.2-3。

节能装饰型玻璃　　　　　　　　　　　　　　　　表 2.2-3

| 类别 | 应用 |
| --- | --- |
| 着色玻璃 | （1）吸收太阳辐射热、可见光、太阳紫外线，具有一定的透明度。<br>（2）一般多用作建筑物的门窗或玻璃幕墙 |

续表

| 类别 | 应用 |
|---|---|
| 镀膜玻璃 | （1）阳光控制镀膜玻璃：亦称单反玻璃，单面镀膜玻璃在安装时，应将膜层面向室内，以保证提高膜层的使用寿命和节能最大效果。可用作建筑物的门窗或玻璃幕墙。<br>（2）低辐射镀膜玻璃（Low-E玻璃）：对太阳可见光、近红外光有较高的透过率，阻止紫外线透射，阻挡热射线；它一般不单独使用，幕墙规范规定：<br>① 幕墙采用单片低辐射镀膜玻璃时，应使用在线热喷涂低辐射镀膜玻璃。<br>② 离线镀膜的低辐射镀膜玻璃宜加工成中空玻璃使用，且镀膜面应朝向中空气体层 |
| 中空玻璃 | （1）光学性能良好、保温隔热、防结露、具有良好的隔声性能。<br>（2）使用寿命一般不少于15年。<br>（3）主要用于保温隔热、隔声等功能要求较高的建筑物，如宾馆、住宅、医院、商场、写字楼等 |

**6. 涂饰与裱糊材料的特性与应用**

1）建筑腻子

建筑腻子主要作用是填补墙体基层的缺陷、对基层进行找平，达到增加基层平整程度的目的，还有抗裂、防水以及各种装饰造型等特殊功能。

（1）按包装形式，可分为单组份腻子和双组份腻子。

（2）按功能，可分为一般找平腻子、拉毛腻子、弹性腻子、防水腻子等。

（3）按使用部位，可分为外墙腻子和内墙腻子，见表2.2-4。

外墙腻子和内墙腻子 表2.2-4

| 类别 | | 内容 |
|---|---|---|
| 外墙腻子 | 特性 | 单道施工厚度≤1.5mm的，称为薄涂腻子；单道施工厚度＞1.5mm的，称为厚涂腻子；初期干燥抗裂性（6h） |
| | 应用 | （1）普通型：适用于普通外墙涂饰工程（除外墙外保温涂饰工程外）。<br>（2）柔性：适用于普通外墙、外墙外保温等有抗裂要求的外墙涂饰工程。<br>（3）弹性：适用于抗裂要求较高的外墙涂饰工程 |
| 内墙腻子 | 特性 | 单道施工厚度＜2mm的，称为薄涂腻子；单道施工厚度≥2mm的，称为厚涂腻子；初期干燥抗裂性（6h） |
| | 应用 | （1）一般型：适用于一般室内装饰工程。<br>（2）柔韧型：适用于有一定抗裂要求的室内装饰工程。<br>（3）耐水型：适用于要求耐水、高粘结强度场所的室内装饰工程 |

2）建筑涂料

建筑涂料按涂料成膜物质的性质分类：

（1）有机涂料：溶剂型涂料、水性涂料（水溶性涂料、乳液型涂料）。

业界使用最为普遍的品类是水溶性内墙涂料，例如：聚醋酸乙烯乳液、苯丙乳液、乙丙乳液、纯丙乳液和氯偏乳液等。

Ⅰ类，用于涂刷浴室、厨房内墙；Ⅱ类，用于涂刷建筑物室内的一般墙面。

（2）无机涂料：水溶性硅酸盐系（碱金属硅酸盐）、硅溶胶系、有机硅及无机聚合物系等。

（3）复合涂料：两类涂料在品种上的复合、两类涂料涂层的复合。

3）裱糊用壁纸

按壁纸材质分为：纯纸壁纸、纯无纺纸壁纸、纸基壁纸、无纺纸基壁纸和布基壁纸等。

壁纸产品不应使用回收原料。

纯无纺纸壁纸原纸中合成纤维含量占总纤维含量的比例应≥15%，无纺纸基壁纸原纸中合成纤维含量占总纤维含量的比例应≥5%。

**7. 建筑金属材料的特性与应用**

1）装饰装修用钢材

（1）普通热轧型钢。

（2）冷弯型钢。

（3）不锈钢制品。装饰装修用不锈钢制品主要有板材和管材，其中板材应用最为广泛。

① 板材：按反光率分为镜面板、亚光板和浮雕板。常用装饰不锈钢板的厚度为0.35～2mm（薄板）。

② 管材：按截面可分为等径圆管和变径花形管。按壁厚可分为薄壁管（小于2mm）或厚壁管（大于4mm）。按其表面光泽度可分为抛光管、亚光管和浮雕管。

（4）彩色涂层钢板。

发挥金属材料与有机材料各自的特性。有较高的强度、刚性、良好的可加工性，多变的色泽和丰富的表面质感，且涂层耐腐蚀、耐湿热、耐低温。

它可作为各类建筑物的外墙板、屋面板、室内的护壁板、吊顶板，还可作为排气管道、通风管道和有耐腐蚀要求的构件及设备，也常用作家用电器的外壳。

（5）彩色压型钢板。

建筑用压型钢板分为屋面用板、墙面用板与楼盖用板三类，其型号由压型代号、用途代号与板型特征代号三部分组成。

它广泛用于屋面、外墙、吊顶及夹芯保温板材的面板等。

（6）轻钢龙骨。

龙骨按使用场合分为墙体龙骨（代号Q）和吊顶龙骨（代号D）两种类别，按断面形状分为U、C、CH、T、H、V和L形七种形式。

2）装饰装修用铝合金

装饰装修用铝合金，见表2.2-5。

装饰装修用铝合金　　表2.2-5

| 类别 | 应用 |
| --- | --- |
| 花纹板 | （1）广泛用于车辆、船舶、飞机等内墙装饰和楼梯、踏板等防滑部位。<br>（2）铝质浅花纹板是我国特有的，可用于室内和车厢、飞机、电梯等内饰面 |
| 铝质波纹板和压型板 | 广泛应用于厂房、车间等建筑物的屋面和墙体饰面 |

续表

| 类别 | 应用 |
|---|---|
| 铝及铝合金穿孔吸声板 | 广泛应用于宾馆、饭店、观演建筑、播音室和中高级民用建筑及各类厂房、机房、人防地下室的吊顶、墙面作为降噪、改善音质的措施 |
| 蜂窝芯铝合金复合板 | 作为高级饰面材料，可用于各种建筑的幕墙系统，也可用于室内墙面、屋顶、顶棚、包柱等部位 |
| 铝合金龙骨 | 适用于医院、学校、写字楼、厂房、商场等吊顶工程 |
| 铝合金门窗 | 为广泛应用的新型门窗材料 |

## 2.3 建筑功能材料

**1. 建筑防水材料的特性与应用**

1）防水卷材

防水卷材主要包括改性沥青防水卷材和高分子防水卷材两大系列。

（1）改性沥青防水卷材

改性沥青防水卷材主要有：弹性体（SBS）改性沥青防水卷材、塑性体（APP）改性沥青防水卷材、沥青复合胎柔性防水卷材、自粘橡胶改性沥青防水卷材、改性沥青聚乙烯胎防水卷材等。

SBS 卷材适用于工业与民用建筑的屋面及地下防水工程，尤其适用于较低气温环境的建筑防水。

APP 卷材适用于工业与民用建筑的屋面及地下防水工程，以及道路、桥梁等工程的防水，尤其适用于较高气温环境的建筑防水。

（2）高分子防水卷材

高分子防水卷材分为：橡胶类、树脂类和橡塑共混。

常见的高分子防水卷材有：三元乙丙、聚氯乙烯、氯化聚乙烯、氯化聚乙烯-橡胶共混及三元丁橡胶防水卷材。

（3）防水卷材的主要性能

① 防水性：常用不透水性、抗渗透性等指标表示。

② 机械力学性能：常用拉力、拉伸强度和断裂伸长率等指标表示。

③ 温度稳定性：常用耐热度、耐热性、脆性温度等指标表示。

④ 大气稳定性：常用耐老化性、老化后性能保持率等指标表示。

⑤ 柔韧性：常用柔度、柔性、低温弯折性等指标表示。

**注意**：低温弯折性是指防水材料暴露在低温下弯折的性能，故属于柔韧性。

2）防水涂料

（1）按照使用部位可分为：屋面防水涂料、地下防水涂料和道桥防水涂料。

（2）按照成型类别分为：挥发型、反应型和反应挥发型。

（3）按照主要成膜物质种类进行分类：丙烯酸类、聚氨酯类、有机硅类、改性沥青类和其他防水涂料。

防水涂料特别适用于各种复杂、不规则部位的防水，广泛适用于屋面防水工程、地下室防水工程和地面防潮、防渗等。

### 3）建筑密封材料

（1）建筑密封材料分为定型和非定型密封材料。定型密封材料包括各种止水带、止水条、密封条等；非定型密封材料包括指密封膏、密封胶、密封剂等黏稠状的密封材料。

（2）按照应用部位可分为：玻璃幕墙密封胶、结构密封胶、中空玻璃密封胶、窗用密封胶、石材接缝密封胶。

（3）按照主要成分可分为：丙烯酸类、硅酮类、改性硅酮类、聚硫类、聚氨酯类、改性沥青类、丁基类等。

### 4）建筑堵漏灌浆材料

（1）堵漏灌浆材料主要分为颗粒性灌浆材料（水泥）和无颗粒化学灌浆材料。

（2）按主要成分可分为：丙烯酸胺类、甲基丙烯酸酯类、环氧树脂类和聚氨酯类等。

**2. 建筑防火材料的特性与应用**

### 1）钢结构防火涂料

钢结构防火涂料的耐火极限分为：0.50h、1.00h、1.50h、2.00h、2.50h 和 3.00h。

钢结构防火涂料的技术要求：

（1）应能采用规定的分散介质进行调和、稀释。

（2）应能采用喷涂、抹涂、刷涂、辊涂、刮涂等方法施工，并能在正常的自然环境条件下干燥固化，涂层实干后不应有刺激性气味。

（3）复层涂料应相互配套，底层涂料应能同防锈漆配合使用，或者底层涂料自身具有防锈性能。

（4）膨胀型钢结构防火涂料的涂层厚度不应小于1.5mm，非膨胀型钢结构防火涂料的涂层厚度不应小于15mm。

### 2）防火堵料

防火堵料的分类与应用，见表2.3-1。

防火堵料的分类与应用　　　　　　表2.3-1

| 类别 | 组成 | 特性与应用 |
|---|---|---|
| 有机防火堵料（又称可塑性防火堵料）（图2.3-1） | 以有机高分子材料为胶粘剂 | （1）在使用过程中长期不硬化，可塑性好，容易封堵各种不规则形状的孔洞，能够重复使用。遇火时发泡膨胀，因此具有优异的防火、水密、气密性能。<br>（2）施工操作和更换较为方便，因此尤其适合需经常更换或增减电缆、管道的场合 |
| 无机防火堵料（又称速固型防火堵料） | 以快干水泥为胶凝材料 | （1）具有无毒无味、固化快速，耐火极限与力学强度较高，能承受一定重量，又有一定可拆性的特点。有较好的防火和水密、气密性能。<br>（2）主要用于封堵后基本不变的场合 |
| 防火包（又称耐火包或阻火包）（图2.3-2） | 将阻燃材料用织物包裹形成 | （1）使用时通过垒砌、填塞等方法封堵孔洞。<br>（2）适合于较大孔洞的防火封堵或电缆桥架防火分隔 |

图 2.3-1 有机防火堵料

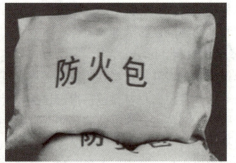
图 2.3-2 防火包

3）防火玻璃

相关内容，见前述安全玻璃。

4）防火板材

防火板材主要有纤维增强硅酸钙板、耐火纸面石膏板、纤维增强水泥平板（TK 板）、GRC 板、泰柏板、GY 板、滞燃型胶合板、难燃铝塑建筑装饰板、矿物棉防火吸声板、膨胀珍珠岩装饰吸声板等。

防火板材广泛用于建筑物的顶棚、墙面、地面等多种部位。

**3. 建筑保温隔热材料的特性与应用**

导热系数＜0.23W/（m·K）的材料称为绝热材料，导热系数＜0.14W/（m·K）的材料称为保温材料；导热系数≤0.05W/（m·K）的材料称为高效保温材料。

建筑物保温的材料要求是：密度小、导热系数小、吸水率低、尺寸稳定性好、保温性能可靠、施工方便、环境友好、造价合理。

1）分类

（1）按材质可分为：无机保温材料、有机保温材料和复合保温材料三大类。

（2）按形态分为：纤维状、多孔（微孔、气泡）状、层状等。

① 纤维状保温材料：岩棉、矿渣棉、玻璃棉、硅酸铝棉等。

② 多孔状保温材料：泡沫玻璃、玻化微珠、膨胀蛭石以及加气混凝土等。

③ 泡沫塑料类：聚苯乙烯泡沫塑料、聚苯乙烯泡沫塑料、聚氨酯泡沫塑料、酚醛泡沫塑料、脲醛泡沫塑料等。

④ 层状保温材料：铝箔、金属或非金属镀膜玻璃以及织物为基材制成的镀膜制品。

2）影响保温隔热材料导热系数的因素

（1）材料的性质。导热系数以金属最大，非金属次之，液体较小，气体更小。

（2）表观密度与孔隙特征。表观密度小的材料，导热系数小。孔隙率相同时，孔隙尺寸越大，导热系数越大。

（3）湿度。材料吸湿受潮后，导热系数就会增大。水的导热系数比空气的导热系数大20 倍。冰的导热系数更大。

（4）温度。材料的导热系数随温度的升高而增大，但温度在 0～50℃时并不显著，只有对处于高温和负温下的材料，才要考虑温度的影响。

（5）热流方向。当热流平行于纤维方向时，保温性能减弱；而当热流垂直于纤维方向时，保温材料的阻热性能发挥最好。

### 3）常用保温隔热材料

常用保温隔热材料，见表 2.3-2。

常用保温隔热材料　　　　　　　　　　表 2.3-2

| 类别 | 特性与应用 |
| --- | --- |
| 聚氨酯泡沫塑料 | （1）性能特点有：保温性能好、防水性能优异、防火阻燃性能好、使用温度范围广、耐化学腐蚀性好、使用方便。<br>（2）喷涂型硬泡聚氨酯按其用途分为Ⅰ型、Ⅱ型、Ⅲ型三个类型，分别适用于屋面和外墙保温层、屋面复合保温防水层、屋面保温防水层。<br>（3）硬泡聚氨酯板材广泛应用于屋面和墙体保温，具有一材多用的功效 |
| 改性酚醛泡沫塑料 | （1）性能特点有：绝热性、耐化学溶剂腐蚀性、吸音性能、吸湿性、抗老化性、阻燃性、抗火焰穿透性。<br>（2）应用于防火保温要求较高的工业建筑和民用建筑 |
| 聚苯乙烯泡沫塑料 | （1）分为：模塑聚苯乙烯泡沫塑料（EPS）和挤塑聚苯乙烯泡沫塑料（XPS）。<br>（2）性能特点有：具有重量轻、隔热性能好、隔声性能优、耐低温性能强，具有一定弹性、低吸水性和易加工等优点。<br>（3）应用于建筑外墙外保温和屋面的隔热保温系统 |
| 岩棉、矿渣棉制品 | （1）岩棉、矿渣棉为不燃材料。<br>（2）性能特点有：优良的绝热性、使用温度高、防火不燃、较好的耐低温性、长期使用稳定性、吸音、隔声、对金属无腐蚀性等 |
| 玻璃棉制品 | （1）玻璃棉为不燃材料。<br>（2）性能特点有：体积密度小、热导率低、吸音性好、不燃、耐热、抗冻、耐腐蚀、不怕虫蛀、化学性能稳定。<br>（3）玻璃棉毡、卷毡、板主要用于建筑物的隔热、隔声等；玻璃棉管套主要用于通风、供热供水、动力等设备管道的保温 |
| 中空玻璃微珠保温隔热材料 | （1）由底涂、中空玻璃微珠中间层和面涂组成。<br>（2）还具有耐沾污性、耐气候老化性和反射隔热等性能 |

# 第3章 建筑工程施工技术

## 3.1 施工测量

### 3.1.1 常用工程测量仪器的性能与应用

**1. 水准仪**

水准仪主要由望远镜、水准器和基座三个主要部分组成,是为水准测量提供水平视线和对水准标尺进行读数的一种仪器(图3.1-1)。

水准仪有高精密、精密、普通等几种不同精度的仪器。高精密水准仪主要用于国家一等水准测量及地震水准测量。

精密水准仪用于国家二等水准测量及其他精密水准测量。

普通水准仪用于国家三、四等水准测量及一般工程水准测量。

水准仪的主要功能是测量两点间的高差 $h$,它不能直接测量待定点的高程 $H$,但可由控制点的已知高程来推算测点的高程。

利用视距测量原理,水准仪还可以测量两点间的水平距离 $D$,但精度不高。

激光水准仪是在水准仪的望远镜上加装一支气体激光器而成。在平坦地区做长距离高差测量时,测站数较少,提高了测量的效率。在大面积的楼、地面抄平工作中,架设一次仪器可以测量很大一块面积的高差。

**2. 经纬仪**

经纬仪由照准部、水平度盘和基座三部分组成,是对水平角和竖直角进行测量的一种仪器(图3.1-2)。经纬仪有 DJ07、DJ1、DJ2、DJ6 等,通常在书写时省略字母"D"。**注意:07、1、2、6 分别为该经纬仪一测回方向观测中的误差值:0.7s、1s、2s 和 6s。**

图 3.1-1 水准仪　　　　图 3.1-2 经纬仪

J07、J1 和 J2 型经纬仪属于精密经纬仪。J6 型经纬仪属于普通经纬仪。

在建筑工程中，常用的还是 J2 和 J6 型光学经纬仪。

经纬仪的主要功能是测量两个方向之间的水平夹角 $\beta$；其次，它还可以测量竖直角 $\alpha$；借助水准尺，利用视距测量原理，它还可以测量两点间的水平距离 $D$ 和高差 $h$。

经纬仪使用时应对中、整平、水平度盘归零。

激光经纬仪是在光学经纬仪的望远镜上加装一只激光器而成。它与一般工程经纬仪相比，其特点与特别适合的场所，见表 3.1-1。

激光经纬仪的特点与特别适合的场所　　　　　表 3.1-1

| 项目 | 内容 |
| --- | --- |
| 特点 | （1）望远镜旋转时，发射的激光可扫描形成垂直（或水平）的激光平面，在这两个平面上被观测的目标，任何人都可以清晰地看到。<br>（2）一般经纬仪如仰角大于 50°，就无法观测，激光经纬仪主要依靠发射激光束来扫描定点，可不受场地狭小的影响。<br>（3）可向天顶发射一条垂直的激光束，不受风力的影响，施测方便、准确、可靠、安全。<br>（4）能在夜间或黑暗的场地进行测量工作 |
| 特别适合的场所 | （1）高层建筑及烟囱、塔架等高耸构筑物施工中的垂度观测和准直定位。<br>（2）结构构件及机具安装的精密测量和垂直度控制测量。<br>（3）管道铺设及隧道、井巷等地下工程施工中的轴线测设及导向测量工作 |

**3. 全站仪**

全站仪由电子经纬仪、光电测距仪和数据记录装置组成。

全站仪在测站上一经观测，必要的观测数据如斜距、天顶距（竖直角）、水平角等均能自动显示，而且几乎是在同一瞬间内得到平距、高差、点的坐标和高程。

全站仪一般用于大型工程的场地坐标测设及复杂工程的定位和细部测设。

### 3.1.2　施工测量的内容和方法及要求

**1. 施工测量的基本工作**

施工测量的基本工作是测角、测距和测高差。施工测量现场主要工作有：长度的测设、角度的测设、建筑物细部点的平面位置和高程位置的测设、倾斜线的测设等。

平面控制测量必须遵循"由整体到局部"的组织实施原则，以避免放样误差的积累。

大中型的施工项目，应先建立场区控制网，再分别建立建筑物施工控制网，以建筑物平面控制网的控制点为基础，测设建筑物的主轴线，根据主轴线再进行建筑物的细部放样。

**2. 施工测量的内容**

1）施工控制网的建立

（1）场区控制网，应充分利用勘察阶段的已有平面和高程控制网。原有平面控制网的边长，应投影到测区的相应施工高程面上，并进行复测检查。精度满足施工要求时，可作为场区控制网使用。否则，应重新建立场区控制网。新建场区控制网，可利用原控制网中的点组（由三个或三个以上的点组成）进行定位。小规模场区控制网，也可选用原控制网中一个点的坐标和一个边的方位进行定位。

（2）建筑物施工控制网，应根据场区控制网进行定位、定向和起算；控制网的坐标轴，应与工程设计所采用的主副轴线一致；建筑物的±0.000高程面，应根据场区水准点测设。

（3）建筑方格网点的布设，应与建筑物的设计轴线平行，并构成正方形或矩形格网（图3.1-3）。方格网的测设方法，可采用布网法或轴线法。当采用布网法时，宜增测方格网的对角线；当采用轴线法时，长轴线的定位点不得少于3个。

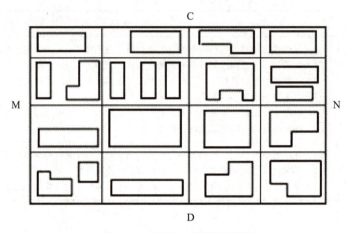

图3.1-3 建筑方格网点的布设

2）建筑物定位、基础放线及细部测设

在拟建的建筑物或构筑物外围，应建立线板或控制桩。线板应注记中心线编号，并测设标高。线板和控制桩应做好保护，该控制桩将作为未来施工轴线校核的依据。

依据控制桩和已经建立的建筑物施工控制网及图纸给定的细部尺寸进行轴线控制和细部测设。

3）竣工图的绘制

竣工总图的实测，应在已有的施工控制点（桩）上进行。

依据施工控制点将有变化的细部点位在竣工图上重新设定，竣工图应符合相关规定的要求。

**3. 施工测量的方法**

1）已知长度的测设

精密丈量距离，同时测定量距时的温度及各尺段高差，经尺长、温度及倾斜改正后，求出丈量的结果。

2）已知角度的测设

3）建筑物细部点平面位置的测设

确定一点的平面位置的方法很多，要根据控制网的形式及分布、放线精度要求及施工现场条件来选择测设方法，见表3.1-2。

点的平面位置的测设方法　　　　　　　　　　　表 3.1-2

| 方法 | 适用场景 |
|---|---|
| 直角坐标法 | （1）当建筑场地的施工控制网为方格网或轴线形式时，该方法最为方便。<br>（2）只需要按其坐标差数量取距离和测设直角，用加减法计算即可，工作方便，便于检查，测量精度亦较高 |
| 极坐标法 | （1）适用于测设点靠近控制点，便于量距的地方。<br>（2）根据测定点与控制点的坐标，计算出它们之间的夹角（极角 $\beta$）与距离（极距 $s$），即可将给定的点位定出 |
| 角度前方交会法 | （1）适用于不便量距或测设点远离控制点的地方。<br>（2）也用于一般小型建筑物或管线的定位 |
| 距离交会法 | （1）适用于从控制点到测设点的距离，若不超过测距尺的长度时，可用距离交会法测定。<br>（2）不需要使用仪器，但精度较低 |
| 方向线交会法 | （1）测定点由相对应的两已知点或两定向点的方向线交会而得。<br>（2）方向线的设立可以用经纬仪，也可以用细线绳 |

4）建筑物细部点高程位置的测设

（1）地面上点的高程测设

如图 3.1-4 所示，设 B 为待测点，其设计高程为 $H_B$，A 为水准点，已知其高程为 $H_A$。先测出 $a$（即后视尺读数或者后视读数），按下式计算 $b$：

$$b = H_A + a - H_B \qquad (3.1\text{-}1)$$

当前视尺读数等于 $b$ 时，沿尺底在桩测或墙上画线（标记），即为 B 点高程。

**注意**：先读取后视尺读数，沿前进方向，再读取前视尺读数。

（2）高程传递

① 用水准测量法传递高程

图 3.1-5 是用水准测量法，由地面向低处传递高程。坑内临时水准点 B 的高程 $H_B$ 按下式计算：

$$H_B = H_A + a - (b - c) - d \qquad (3.1\text{-}2)$$

式中：$(b-c)$ 为通过钢尺传递的高差，如高程传递的精度要求较高时，对 $(b-c)$ 之值应进行尺长改正、温度改正。

② 用钢尺直接丈量垂直高度传递高程

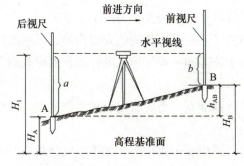

图 3.1-4　高程测设示意图

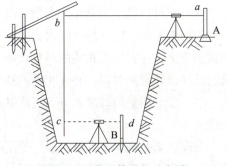

图 3.1-5　高程传递法示意图

施工层标高的传递，宜采用悬挂钢尺代替水准尺的水准测量方法进行，并应对钢尺读数进行温度、尺长和拉力改正，层数较多时，过程中应进行误差修正。

注意：长度的测设、用水准测量法传递高程、用钢尺直接丈量垂直高度传递高程，其钢尺改正具有不同内容。

### 3.1.3 建筑施工期间的变形测量

**1. 施工期间变形监测的对象与内容**

建筑物施工期间的变形监测是施工单位负责完成的。

1）在施工期间应对以下对象进行变形监测

（1）安全设计等级为一级、二级的基坑。

（2）地基基础设计等级为甲级，或软弱地基上的地基基础设计等级为乙级的建筑。

（3）长大跨度或体形狭长的工程结构。

（4）重要基础设施工程。

（5）工程设计或施工要求检测的其他对象。

2）施工期间变形监测内容应符合的规定

（1）对1）中各对象应进行沉降观测。

（2）对基坑工程，应进行基坑及其支护结构变形监测和周边环境变形监测。

（3）对高层和超高层建筑、体形狭长的工程结构，应进行水平位移监测、垂直度和倾斜观测、挠度监测、日照变形监测、风振变形监测。

（4）重要基础设施工程，应进行水平位移监测及垂直度、倾斜观测。

（5）长大跨度的工程结构，应进行挠度监测、日照变形监测、风振变形监测。

（6）对隧道、涵洞等拱形设施，应进行收敛变形监测。

**2. 建筑变形测量的平面坐标系统和高程基准及时间基准**

（1）建筑变形测量可采用独立的平面坐标系统及高程基准。对大型或有特殊要求的项目，宜采用2000国家大地坐标系统及1985国家高程基准或项目所在城市使用的平面坐标系统及高程基准。

（2）建筑变形测量采用公历纪元、北京时间作为统一时间基准。

**3. 变形测量精度等级与基准点**

（1）建筑变形测量精度等级分为特等、一等、二等、三等、四等共五级。

变形测量应以中误差作为衡量精度的指标，并以2倍中误差作为极限误差。

各期变形测量应在短时间内完成。对不同期测量，应采用相同的观测网形、观测线路和观测方法，并宜使用相同的测量仪器设备。对于特等和一等变形观测，尚宜固定观测人员、选择最佳观测时段，并在相近的环境条件下观测。

（2）变形测量的基准点分为沉降基准点和位移基准点，需要时可设置工作基点。设置要求有：

沉降观测基准点，在特等、一等沉降观测时，不应少于4个；其他等级沉降观测时不应少于3个；基准之间应形成闭合环。

位移观测基准点,对水平位移观测、基坑监测和边坡监测,在特等、一等观测时,不应少于4个,其他等级观测时不应少于3个。

**4. 建筑施工期间变形测量的要求**

建筑施工期间变形测量包括基坑工程变形测量、在建建筑物的变形测量、相邻既有建筑地基的沉降测量,如图3.1-6所示。

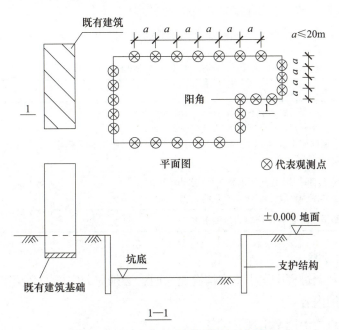

图3.1-6 施工期间变形测量的示意图

1）基坑工程变形测量

基坑工程变形观测分为基坑支护结构变形观测和基坑回弹观测。监测点布置要求有:

（1）基坑围护墙或基坑边坡顶部变形观测点沿基坑周边布置,周边中部、阳角处（图3.1-6）、邻近被保护对象的部位应设监测点;监测点水平间距不宜大于20m,且每边监测点不宜少于3个;水平和垂直监测点宜共用同一点。

（2）基坑围护墙或土体深层水平位移监测点宜布置在围护墙的中间部位、阳角处及有代表性的部位,监测点水平间距20~60m,每侧边不应少于1个。

2）在建建筑物的变形测量

民用建筑基础及上部结构沉降观测点布设位置有:

（1）建筑的四角、核心筒四角、大转角处及沿外墙每10~20m处或每隔2~3根柱基上。

（2）高低层建筑、新旧建筑和纵横墙等交接处的两侧。

（3）对于宽度大于或等于15m的建筑,应在承重内隔墙中部设内墙点,并在室内地面中心及四周设地面点。

（4）框架结构及钢结构建筑的每个或部分柱基上或沿纵横轴线上。

（5）筏形基础、箱式基础底板或接近基础的结构部分之四角处及其中部位置。

(6)超高层建筑和大型网架结构的每个大型结构柱监测点不宜少于2个,且对称布置。

3)相邻地基的沉降测量

在基础施工期间,相邻地基的沉降观测,在基坑降水时和基坑开挖过程中应每天观测1次。混凝土底板浇筑完成10d以后,可2~3d观测1次,直至地下室顶板完成和水位恢复。

**5. 建筑施工期沉降、水平位移和倾斜的观测周期**

建筑施工期沉降、水平位移和倾斜的观测周期,见表3.1-3。

建筑施工期沉降、水平位移和倾斜的观测周期　　　　表3.1-3

| 项目 | 观测周期 | 备注 |
| --- | --- | --- |
| 沉降观测 | 在基础完工后和地下室砌完后开始观测;<br>民用高层建筑宜以每加高2~3层观测1次;<br>若暂时停工、停工时及重新开工时要各测1次,停工期间每隔2~3月测1次 | 涉及层数按2~3层观测1次;<br>除停工期外,按每1~2月观测1次 |
| 水平位移观测 | 施工期间可在建筑每加高2~3层观测1次;<br>主体结构封顶后每1~2月观测1次 | |
| 倾斜观测 | 根据倾斜速率每1~2月观测1次 | |

**6. 实施安全预案**

当建筑变形观测过程中发生下列情况之一时,必须立即实施安全预案,同时应提高观测频率或增加观测内容:

(1)变形量或变形速率出现异常变化。

(2)变形量或变形速率达到或超出预警值。

(3)周边或开挖面出现塌陷、滑坡情况。

(4)建筑本身、周边建筑及地表出现异常。

(5)由于地震、暴雨、冻融等自然灾害引起的其他异常变形情况。

## 3.2　土石方工程施工

### 3.2.1　基坑支护工程施工

**1. 浅基坑支护**

浅基坑支护的类型与适用对象:

(1)斜柱支撑:适于开挖较大型、深度不大的基坑或使用机械挖土时使用。

(2)锚拉支撑:适于开挖较大型、深度较深的基坑或使用机械挖土,不能安设横撑时使用。

(3)型钢桩横挡板支撑:适于地下水位较低、深度不很大的一般黏性土层或砂土层中使用。

(4)短桩横隔板支撑:适于开挖宽度大的基坑,当部分地段下部放坡不够时使用。

(5)临时挡土墙支撑:适于开挖宽度大的基坑,当部分地段下部放坡不够时使用。

（6）挡土灌注桩支护：适于开挖较大、较浅（小于5m）的基坑，邻近有建筑物，不允许背面地基有下沉、位移时采用。

（7）叠袋式挡墙支护：适于一般黏性土、面积大、开挖深度应在5m以内的浅基坑支护。

### 2. 深基坑支护结构的类型与基坑侧壁安全等级及混凝土强度等级

深基坑支护结构的类型与基坑侧壁安全等级，见表3.2-1。

深基坑支护结构的类型与基坑侧壁安全等级　　　　表3.2-1

| 深基坑支护结构的类型 | 基坑侧壁安全等级 | 备注（口诀） |
|---|---|---|
| 灌注桩排桩围护墙、地下连续墙、板桩围护墙、咬合桩围护墙、型钢水泥土搅拌墙 | 一级、二级、三级 | 混凝土＋钢筋，水泥土＋型钢 |
| 土钉墙、水泥土重力式围护墙 | 二级、三级 | — |

支护结构的混凝土最低强度等级的要求，见表3.2-2。

支护结构的混凝土最低强度等级的要求　　　　表3.2-2

| 混凝土最低强度等级 | 内容 | 备注 |
|---|---|---|
| ≥C25 | （1）排桩支护结构的桩身。<br>（2）混凝土内支撑结构 | 与上部结构的混凝土最低强度等级相区别 |

### 3. 基坑支护结构的选型应考虑的因素

（1）基坑深度。

（2）土的性状及地下水条件。

（3）基坑周边环境对基坑变形的承受能力及支护结构失效的后果。

（4）主体地下结构和基础形式及其施工方法、基坑平面尺寸及形状。

（5）支护结构施工工艺的可行性。

（6）施工场地条件及施工季节。

（7）经济指标、环保性能和施工工期。

### 4. 灌注桩排桩支护

灌注桩排桩支护的施工要求（图3.2-1）：

（1）灌注桩排桩应采取间隔成桩的施工顺序，已完成浇筑混凝土的桩与邻桩间距应大于4倍桩径，或间隔施工时间应大于36h。

（2）灌注桩外截水帷幕宜采用单轴、双轴或三轴水泥土搅拌桩；截水帷幕与灌注桩排桩间的净距宜小于200mm；采用高压旋喷桩时，应先施工灌注桩，再施工高压旋喷截水帷幕。**注意**：当采用水泥土搅拌桩时，应先施工水泥土搅拌桩，再施工灌注桩。

基坑开挖后，排桩的桩间土防护可采用钢丝网混凝土护面、砖砌等处理方法；当桩间渗水时，应在护面设泄水孔。当基坑面在实际地下水位以上且土质较好、暴露时间较短时，可不对桩间土进行防护处理。

（a）冠梁　　　　　　　　　　　　　　（b）冠梁、腰梁和内支撑

图 3.2-1　灌注桩排桩支护

### 5. 地下连续墙

1）地下连续墙的施工工艺顺序

钢筋混凝土导墙→成槽开挖→钢筋笼起吊→钢筋笼入槽→浇筑墙体混凝土（图3.2-2）。

（a）钢筋混凝土导墙　　　　　　　　　　（b）成槽开挖

（c）钢筋笼起吊　　　（d）钢筋笼入槽　　　（e）浇筑墙体混凝土

图 3.2-2　地下连续墙的施工工艺顺序

地下连续墙施工应设置现浇钢筋混凝土导墙，如图 3.2-3 所示。混凝土强度等级不应低于C20，厚度不应小于200mm；导墙顶面应高于地面100mm，高于地下水位0.5m以上。

导墙底部应进入原状土 200mm 以上；导墙高度不应小于 1.2m；导墙内净距应比地下连续墙设计厚度加宽 40mm。

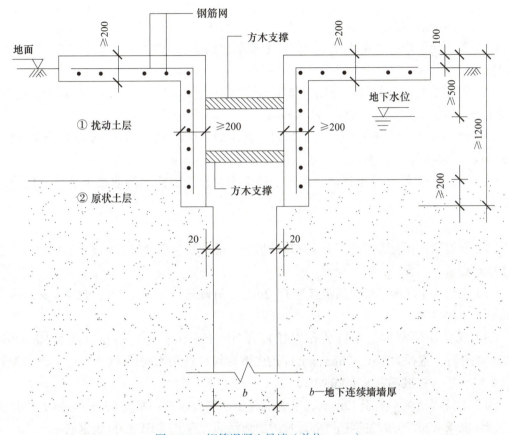

图 3.2-3 钢筋混凝土导墙（单位：mm）

2）其他施工要求

（1）地下连续墙单元槽段长度宜为 4~6m。槽内泥浆面不应低于导墙面 0.3m，同时应高于地下水位 0.5m 以上。

（2）水下混凝土应采用导管法连续浇筑。导管水平布置距离不应大于 3m，距槽段端部不应大于 1.5m，导管下端距槽底宜为 300~500mm；钢筋笼吊放就位后应及时浇筑混凝土，间隔不宜大于 4h。

（3）混凝土达到设计强度后方可进行墙底注浆。注浆管应采用钢管；单元槽段内不少于 2 根，槽段长度大于 6m 时宜增加注浆管；注浆管下端应伸到槽底 200~500mm；注浆压力应控制在 2MPa 以内，注浆总量达到设计要求或注浆量达到 80% 以上，压力达到 2MPa 可终止注浆。

3）其他要求

地下连续墙的槽段接头：

（1）地下连续墙宜采用圆形锁口管接头、波纹管接头、楔形接头、工字形钢接头或混凝土预制接头等柔性接头。

（2）当地下连续墙作为主体地下结构外墙，且需要形成整体墙体时，宜采用刚性接头；刚性接头可采用一字形或十字形穿孔钢板接头、钢筋承插式接头等。

### 6. 土钉墙

1）土钉墙的分类与适用对象

（1）单一土钉墙：适用于地下水位以上或降水的非软土基坑，且 $H \leqslant 12m$（$H$ 为基坑深度）。

（2）微型桩复合土钉墙：适用于地下水位以上或降水的基坑；用于非软土基坑时，$H \leqslant 12m$；用于淤泥质土基坑时，$H \leqslant 6m$。

（3）水泥土桩复合土钉墙：用于非软土基坑时，$H \leqslant 12m$；用于淤泥质土基坑时，$H \leqslant 6m$；不宜在高水位的碎石土、砂土层中使用。

（4）预应力锚杆复合土钉墙：适用于地下水位以上或降水的非软土基坑，且 $H \leqslant 15m$。

2）土钉墙的构造要求

（1）土钉墙、预应力锚杆复合土钉墙的坡比（墙面垂直高度与水平宽度的比值）不宜大于 1∶0.2。

（2）土钉水平间距和竖向间距宜为 1～2m；土钉倾角宜为 5°～20°。**注意**：区分土钉与锚杆布置的不同点。

（3）成孔注浆型钢筋土钉成孔直径宜为 70～120mm；土钉钢筋宜选用 HRB400、HRB500 钢筋，直径为 16～32mm；土钉孔注浆材料可选用水泥浆（0.4～0.5）或水泥砂浆（1∶2～3），强度不宜低于 20MPa。

（4）土钉墙高度不大于 12m 时，喷射混凝土面层要求有：厚度 80～100mm，设计强度等级不低于 C20；应配置钢筋网和通长的加强钢筋，宜采用 HPB300 级钢筋。

3）土钉墙的施工要求

（1）基坑挖土分层厚度应与土钉竖向间距协调同步，逐层开挖并施工土钉，禁止超挖。土钉墙施工必须遵循"超前支护、分层分段、逐层作业、限时封闭、严禁超挖"的原则要求。

每层土钉墙施工后，应按要求抽查土钉的抗拔力。应对土钉的抗拔承载力进行检测，土钉检测数量不宜少于土钉总数的 1%，且同一土层中的土钉检测数量不应少于 3 根。

（2）开挖后应及时封闭临空面，应在 24h 内完成土钉安放和喷射混凝土面层，在淤泥质土层开挖时，应在 12h 内完成土钉安放和喷射混凝土面层。

（3）上一层土钉完成注浆 48h 后，才可开挖下层土方。

（4）成孔注浆型钢筋土钉应采用两次注浆工艺施工。第一次注浆宜为水泥砂浆，注浆量不应小于钻孔体积的 1.2 倍，第一次注浆初凝后，方可进行二次注浆；第二次压注纯水泥浆，注浆量为第一次注浆量的 30%～40%。注浆压力宜为 0.4～0.6MPa。

（5）钢筋网宜在喷射一层混凝土后铺设，采用双层钢筋网时，第二层钢筋网应在第一层钢筋网被混凝土覆盖后铺设。

（6）喷射混凝土的骨料最大粒径不应大于 15mm。作业应分段分片依次进行，同一分段内应自下而上，一次喷射厚度不宜大于120mm。

（7）土钉筋体保护层厚度不应小于25mm。

土钉墙的施工工艺顺序如图3.2-4所示。

（a）成孔　　　　　　　　　　　（b）安装土钉

（c）土钉两次注浆　　　　　（d）安装钢筋网　　　　　　（e）喷射混凝土

图3.2-4　土钉墙的施工工艺顺序

**7. 水泥土重力式围护墙**

水泥土重力式围护墙施工，钢管、钢筋和毛竹插入时，应采取可靠的定位措施，并应在成桩后16h内完成。

**注意**：对比水泥土重力式围护墙的土钉和钢管完成时间、土钉墙的土钉完成时间的不同。

**8. 锚杆（索）**

1）锚杆布置

（1）锚杆上下排垂直间距不宜小于2.0m，水平间距不宜小于1.5m。

（2）锚杆锚固体上覆土层厚度不宜小于4.0m。

（3）锚杆倾角α宜为15°～25°，且不应大于45°，不应小于10°（图3.2-5）。

2）锚杆（索）施工要求

（1）施工前应通过试成锚验证设计指标和施工工艺。

（2）锚固段强度大于15MPa并达到设计强度的75%后方可进行张拉。

（3）锚杆正式张拉前，对锚杆预张拉1～2次。正式张拉时，锚杆张拉到$1.05～1.10N_t$时，岩层、砂土层应保持10min，黏性土层应保持15min，然后卸载至设计锁定值。

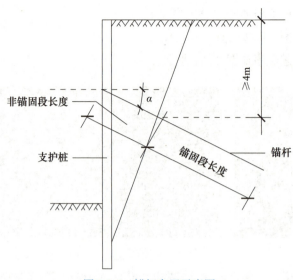

图 3.2-5 锚杆布置示意图

### 9. 混凝土浇筑高出桩顶设计标高的总结

混凝土浇筑高出桩顶设计标高的总结,见表 3.2-3。

混凝土浇筑高出桩顶设计标高的总结　　　　表 3.2-3

| 项目 | 内容 | 高出桩顶设计标高 |
| --- | --- | --- |
| 灌注桩排桩支护 | 桩顶泛浆 | 500mm |
| 地下连续墙支护 | 混凝土浇筑面 | 高出设计标高 300～500mm |
| 泥浆护壁灌注桩基础 | 超灌高度 | 1m 以上 |
| 水泥土搅拌桩地基 | 停浆面 | 300～500mm |

### 10. 提高混凝土强度等级和抗渗等级的总结

提高混凝土强度等级和抗渗等级的总结,见表 3.2-4。

提高混凝土强度等级和抗渗等级的总结　　　　表 3.2-4

| 项目 | | 提高混凝土的强度等级 |
| --- | --- | --- |
| 灌注桩排桩支护 | 混凝土强度等级 | 水下灌注混凝土时混凝土强度应比设计桩身强度提高一个强度等级进行配制 |
| 地下连续墙支护 | | 水下混凝土强度等级应比设计强度提高一级进行配制 |
| 泥浆护壁灌注桩基础 | | 水下混凝土强度等级应按比设计强度提高等级配置<br>(注意:不是比设计强度提高一级) |
| 后浇带 | | 可采用微膨胀混凝土、强度等级比原结构强度提高一级,并保持至少 14d 的湿润养护 |
| 防水混凝土 | 混凝土抗渗等级 | 其抗渗等级不得小于 P6。其试配混凝土的抗渗等级应比设计要求提高 0.2MPa |

### 3.2.2 基坑监测

基坑工程施工前,应由建设方委托具备相应能力的第三方对基坑工程实施现场监测。

《建筑基坑工程监测技术标准》GB 50497—2019 规定:监测单位应编制监测方案,监测方案应经建设方、设计方等认可,必要时还应与基坑周边环境涉及的有关管理单位协商一致后方可实施。

**1. 应实施监测的基坑工程**

(1)基坑设计安全等级为一、二级的基坑。

(2)开挖深度大于或等于 5m 的下列基坑:

① 土质基坑。

② 极软岩基坑、破碎的软岩基坑、极破碎的岩体基坑。

③ 上部为土体,下部为极软岩、破碎的软岩、极破碎的岩体构成的土岩组合基坑。

(3)开挖深度小于 5m,但现场地质情况和周围环境较复杂的基坑工程。

**2. 基坑工程监测的基本要求**

(1)基坑工程监测,应符合下列规定:

① 基坑工程施工前,应编制基坑工程监测方案。

② 应根据基坑工程安全等级、周边环境条件、支护类型及施工场地等确定基坑工程监测项目、监测点布置、监测方法、监测频率和监测预警。

③ 应至少进行围护墙顶部水平位移、沉降以及周边建筑、道路等沉降监测,并应根据项目技术设计条件对围护墙或土体深层水平位移、支护结构内力、土压力、孔隙水压力等进行监测。

④ 监测点应沿基坑围护墙顶部周边布设,周边中部、阳角处应布点。

⑤ 基坑降水应对水位降深进行监测,地下水回灌施工应对回灌量和水质进行监测。

⑥ 逆作法施工应全过程进行监测。

(2)基坑工程在整个施工期内,每天均应有专人进行巡视检查。巡视检查应包括的主要内容:支护结构、施工状况、周边环境、监测设施及其他巡视检查内容。

巡视检查的方法以目测为主,可辅以锤、钎、量尺、放大镜等工器具以及摄像、摄影等设备进行。

(3)基坑工程监测工作应贯穿于基坑工程和地下工程施工全过程。监测工作应从基坑工程施工前开始,直至地下工程完成为止。

(4)基坑工程的危险报警:

当出现下列情况之一时,必须立即进行危险报警,并应通知有关各方对基坑支护结构和周边环境保护对象采取应急措施。

① 基坑支护结构的位移值突然明显增大或基坑出现流沙、管涌、隆起或陷落等。

② 基坑支护结构的支撑或锚杆体系出现过大变形、压屈、断裂、松弛或拔出的迹象。

③ 基坑周边建筑的结构部分出现危害结构的变形裂缝。

④ 基坑周边地面出现较严重的突发裂缝或地下裂缝、地面下陷。
⑤ 基坑周边管线变形突然明显增长或出现裂缝、泄漏等。
⑥ 冻土基坑经受冻融循环时,基坑周边土体温度显著上升,发生明显的冻融变形。
⑦ 出现其他危险需要报警的情况。

### 3.2.3 人工降排水

**1. 地下水控制技术方案选择**

（1）施工中地下水位应保持在基坑底面以下 0.5~1.5m。

（2）在软土地区开挖深度浅时,可边开挖边用排水沟和集水井进行集水明排；当基坑开挖深度超过 3m,一般就要用井点降水。当因降水而危及基坑及周边环境安全时,宜采用截水或回灌方法。

（3）当基坑底为隔水层且层底作用有承压水时,应进行坑底突涌验算。必要时可采取水平封底隔渗或钻孔减压措施（图 3.2-6）,保证坑底土层稳定,避免突涌的发生。

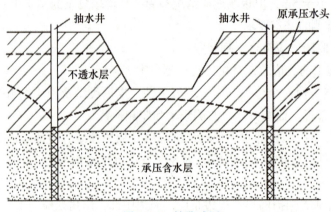

图 3.2-6 钻孔减压

**2. 降水施工技术**

轻型井点、喷射井点、电渗井点、真空降水管井适用于填土、黏性土、粉土和砂土。降水管井不宜用于填土,但又适合于碎石土和黄土。

井点降水深度与特点,见表 3.2-5。**注意：降水深度的计算是从地面开始起算。**

井点降水深度与特点　　　　表 3.2-5

| 井点类型 | | 降水深度（地面以下） | 特点 |
| --- | --- | --- | --- |
| 轻型井点 | 单级轻型井点 | 6m 以内 | 机具简单,使用灵活,装拆方便,降水效果好,可防止流沙现象发生,提高边坡稳定,费用较低 |
| | 多级轻型井点 | 6~10m | |
| 喷射井点 | | 8~20m | 降水设备较简单,排水深度大,比多级轻型井点降水设备少,土方开挖量少,施工快,费用低 |
| 真空降水井、非真空降水井 | | >6m | 设备较为简单,排水量大,降水较深,较轻型井点具有更好的降水效果,水泵设在地面,易于维护 |

### 3. 截水与回灌

1）截水

截水帷幕常用高压喷射注浆、地下连续墙、小齿口钢板桩、深层水泥土搅拌桩等。

落底式竖向截水帷幕，应插入不透水层。当地下含水层渗透性较强、厚度较大时，可采用悬挂式竖向截水与坑内井点降水相结合或采用悬挂式竖向截水与水平封底相结合的方案。

2）回灌

井点回灌是将抽出的地下水（或工业水），通过回灌井点持续地再灌入地基土层内，使地下降水的影响半径不超过回灌井点的范围（图3.2-7）。这样，回灌井点就似一道隔水帷幕。

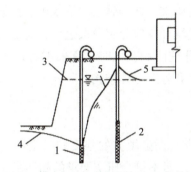

图 3.2-7 回灌井点布置

1—降水井点；2—回灌井点；3—原水位线；4—基坑内降低后的水位线；5—回灌后水位线

### 3.2.4 土石方工程与回填施工

#### 1. 土方开挖

土方开挖的顺序、方法必须与设计要求相一致，并遵循"开槽支撑、先撑后挖、分层开挖、严禁超挖"的原则。

1）浅基坑的开挖

（1）基坑开挖应尽量防止对地基土的扰动。当用人工挖土，基坑挖好后不能立即进行下道工序时，应预留150～300mm一层土不挖，待下道工序开始再挖至设计标高。采用机械开挖基坑时，为避免破坏基底土，应在基底标高以上预留200～300mm厚土层人工挖除。

（2）在地下水位以下挖土，将水位降低至坑底以下500mm以上，以利于挖方进行。降水工作应持续到基础（包括地下水位下回填土）施工完成。

（3）抽水系统的使用期应满足主体结构的施工要求。当主体结构有抗浮要求时，停止降水的时间应满足主体结构施工期的抗浮要求。

2）深基坑的开挖

深基坑工程的挖土方案，主要有放坡挖土、盆式挖土、中心岛式（也称墩式）挖土和逆作法挖土，如图3.2-8所示。放坡挖土无支护结构，后三种皆有支护结构。

(a) 盆式挖土　　　　　　　　　　　　(b) 中心岛式挖土

图 3.2-8　盆式挖土和中心岛式挖土

（1）分层厚度宜控制在 3m 以内。

（2）多级放坡开挖时，坡间平台宽度不小于 3m。

（3）边坡防护可采用水泥砂浆、挂网砂浆、混凝土、钢筋混凝土等方法。

（4）采用土钉墙支护的基坑开挖应分层分段进行，每层分段长度不宜大于 30m。

（5）采用逆作法的基坑开挖面积较大时，宜采用盆式开挖，先形成中部结构，再分块、对称、限时开挖周边土方和施工主体结构。

**2. 土方回填**

1）土料要求

填方土料应符合设计要求，保证填方的强度和稳定性。一般不能选用淤泥、淤泥质土、有机质大于 5% 的土、含水量不符合压实要求的黏性土。填方土应尽量采用同类土。

2）土方填筑与压实

（1）填土应从场地最低处开始，由下而上在整个宽度分层铺填。每层需铺厚度应根据夯实机械确定，一般情况下分层厚度，见表 3.2-6。

填土施工分层厚度及压实遍数　　　　　表 3.2-6

| 压实机具 | 分层厚度（mm） | 每层压实遍数（次） | 备注 |
| --- | --- | --- | --- |
| 平碾 | 250～300 | 6～8 | 平碾能量小，则压实遍数是其他的 2 倍 |
| 振动压实机 | 250～350 | 3～4 | — |
| 柴油打夯机 | 200～250 | 3～4 | 柴油打夯机能量比振动压实机小，则分层厚度小 |
| 人工打夯机 | <200 | 3～4 | — |

（2）填方应在相对两侧或周围同时进行回填和夯实。

（3）填土应尽量采用同类土填筑，填方的密实度要求和质量指标通常以压实系数 $\lambda_c$ 表示。压实系数为土的控制（实际）干密度 $\rho_d$ 与最大干密度 $\rho_{dmax}$ 的比值。最大干密度 $\rho_{dmax}$ 是当最优含水量时，通过标准的击实方法确定的。

（4）冬期施工，每层铺土厚度应比常温施工时减少 20%～25%，预留沉陷量应比常温施工时增加。

3）土方回填的质量检验

（1）施工前应检查基底的垃圾、树根等杂物清除情况，测量基底标高、边坡坡率，检查验收基础外墙防水层和保护层等。

（2）施工中应检查排水系统、每层填筑厚度、辗迹重叠程度、含水量控制、回填土有机质含量、压实系数等。

（3）施工结束后，应进行标高及压实系数检验。

### 3.2.5 基坑验槽要求

建（构）筑物基坑（槽）均应进行施工验槽。基坑（槽）挖至基底设计标高并清理后，施工单位必须会同勘察、设计、建设、监理等单位（口诀：五方主体）共同进行验槽，合格后方能进行基础工程施工。基底应为无扰动的原状土，留置有保护层时其厚度不应超过100mm。

**1. 天然地基验槽**

验槽前应在基坑（槽）底普遍进行轻型动力触探检验，检验数据作为验槽依据。遇到下列情况之一时，可不进行轻型动力触探：

（1）承压水头可能高于基坑底面标高，触探可造成冒水涌沙时。

（2）基坑持力层为砾石层或卵石层，且基底以下砾石层和卵石层厚度大于1m时。

（3）基础持力层为均匀、密实砂层，且基底以下厚度大于1.5m时。

**2. 地基处理工程验槽**

（1）对于换填地基、强夯地基，应现场检查处理后地基的均匀性、密实度等检测报告和承载力检测资料。

（2）对于增强体复合地基，应现场检查桩头、桩位、桩间土情况和复合地基施工质量检测报告。

（3）对于特殊土地基，应现场检查处理后地基的湿陷性、地震液化、冻土保温、膨胀土隔水等方面的处理效果检测资料。

**3. 验槽方法**

1）观察法

（1）观察槽壁、槽底的土质情况，验证基槽开挖深度，初步验证基槽底部土质是否与勘察报告相符，观察槽底土质结构是否被人为破坏。**注意：验槽应重点观察柱基、墙角、承重墙下或其他受力较大部位。**

（2）基槽边坡是否稳定，是否有影响边坡稳定的因素存在，应采用洛阳铲等手段挖至一定深度仔细鉴别。

（3）基槽内有无旧的房基、洞穴、古井、掩埋的管道和人防设施等。如存在上述问题，应沿其走向进行追踪，查明其在基槽内的范围、延伸方向、长度、深度及宽度。

（4）在进行直接观察时，可用袖珍式贯入仪或其他手段作为验槽辅助。

2）轻型动力触探

采用轻型动力触探进行基槽检验时，应检查下列内容：

（1）地基持力层的强度和均匀性。

（2）浅埋软弱下卧层或浅埋突出硬层。

（3）浅埋的会影响地基承载力或地基稳定性的古井、墓穴和空洞等。

轻型动力触探宜采用机械自动化实施，检验深度及间距应满足表 3.2-7 的要求，如图 3.2-9 所示。检验完毕后，触探孔应灌砂填实。

轻型动力触探检验深度及间距（m） 表 3.2-7

| 排列方式 | 基坑（槽）宽度 | 检验深度 | 检验间距 |
| --- | --- | --- | --- |
| 中心一排 | ＜0.8 | 1.2 | 一般为 1.0～1.5m，出现明显异常时，需加密至足够掌握异常边界 |
| 两排错开 | 0.8～2.0 | 1.5 | |
| 梅花形 | ＞2.0 | 2.1 | |

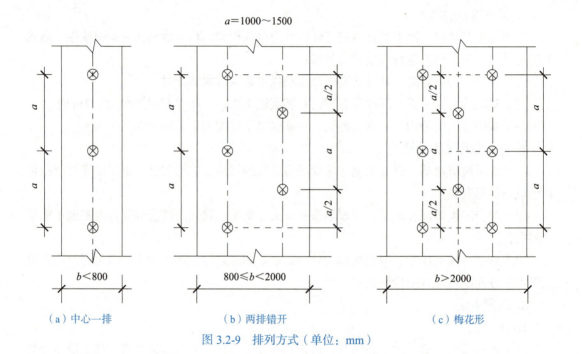

（a）中心一排　　　　（b）两排错开　　　　（c）梅花形

图 3.2-9　排列方式（单位：mm）

## 3.3　地基与基础工程施工

### 3.3.1　常用地基处理方法与施工

地基处理就是提高地基强度，改善其变形性质或渗透性质而采取的技术措施。处理后的地基应满足建筑物地基承载力、变形和稳定性的要求。常见的地基处理方式有：换填地基、压实和夯实地基、复合地基、注浆加固、预压地基、微型桩加固等。

**1. 换填地基**

换填地基（图 3.3-1）适用于浅层软弱土层或不均匀土层的地基处理。按其回填的材料不同可分为素土、灰土地基，砂和砂石地基，粉煤灰地基等。换填厚度由设计确定，一般宜为 0.5～3m。

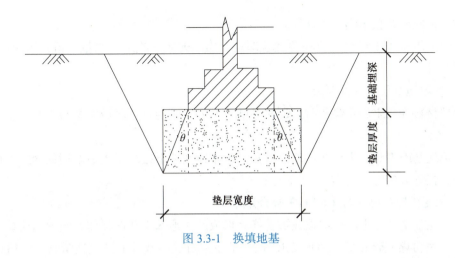

图 3.3-1　换填地基

1）素土、灰土地基

土料可采用黏土或粉质黏土，石灰采用新鲜的消石灰。灰土体积配合比宜为 2∶8 或 3∶7。素土、灰土地基的施工方法，分层铺填厚度，每层压实遍数等宜通过试验确定，分层铺填厚度宜取 200～300mm，应随铺填随夯压密实。

灰土应拌合均匀并应当日铺填夯压，灰土夯压密实后 3d 内不得受水浸泡。

素土、灰土地基的施工检验应符合下列规定：

（1）应每层进行检验，在每层压实系数符合设计要求后方可铺填上层土。

（2）可采用环刀法、贯入仪、静力触探、轻型动力触探或标准贯入试验等方法，其检测标准应符合设计要求。

2）砂和砂石地基

砂和砂石地基宜选用碎石、卵石、角砾、圆砾、砾砂、粗砂、中砂或石屑，应级配良好，不含植物残体、垃圾等杂质。当使用粉细砂或石粉时，应掺入不少于总重 30% 的碎石或卵石。砂和砂石地基采用砂或砂砾石（碎石）混合物，经分层夯（压）实。

施工前应通过现场试验性施工确定分层厚度、施工方法、振捣遍数、振捣器功率等技术参数。

分段施工时应采用斜坡搭接，每层搭接位置应错开 0.5～1.0m，搭接处应振压密实。

基底存在软弱土层时应在与土面接触处先铺一层 150～300mm 厚的细砂层或铺一层土工织物。

砂石地基的施工质量宜采用环刀法、贯入法、载荷法、现场直接剪切试验等方法检测。

3）粉煤灰地基

粉煤灰地基应选用Ⅲ级以上的粉煤灰，满足相关标准对腐蚀性和放射性的要求。粉煤灰地基最上层宜覆盖 300～500mm 厚土层。

粉煤灰地基不得采用水沉法施工，在地下水位以下施工时，应采取降排水措施，不得在饱和或浸水状态下施工。基底为软土时，宜先铺填 200mm 左右厚的粗砂或高炉干渣。

粉煤灰垫层铺填后宜当天压实，每层验收后应及时铺填上层或封层，防止干燥后松散起尘污染，同时禁止车辆碾压通行。

粉煤灰地基施工过程中应检验铺筑厚度、碾压遍数、施工含水量、搭接区碾压程度、压实系数等。

**4）换填地基压实标准要求**

换填材料为灰土、粉煤灰时，压实系数≥0.95；其他材料时压实系数≥0.97。

**5）接缝**

换填地基施工时，不得在柱基、墙角及承重窗间墙下接缝；上下两层的缝距不得小于500mm，接缝处应夯压密实。

**2. 水泥粉煤灰碎石桩（CFG）复合地基**

复合地基是部分土体被增强或被置换，形成的由地基土和增强体共同承担荷载的人工地基。水泥粉煤灰碎石桩，简称CFG桩，是在碎石桩的基础上掺入适量石屑、粉煤灰和少量水泥，加水拌合后制成具有一定强度的桩体。适用于处理黏性土、粉土、砂土和自重固结完成的素填土地基。

（1）根据现场条件可选用下列施工工艺：

① 长螺旋钻孔灌注成桩：适用于地下水位以上的黏性土、粉土、素填土、中等密实以上的砂土地基。

② 长螺旋钻中心压灌成桩：适用于黏性土、粉土、砂土和素填土地基。

③ 振动沉管灌注成桩：适用于粉土、黏性土及素填土地基。

④ 泥浆护壁成孔灌注成桩：适用于地下水位以下的黏性土、粉土、砂土、填土、碎石土及风化岩等地基。

（2）施工前应按设计要求进行室内配合比试验。长螺旋钻孔灌注成桩所用混合料坍落度宜为160～200mm，振动沉管灌注成桩所用混合料坍落度宜为30～50mm。

（3）褥垫层铺设宜采用静力压实法。基底桩间土含水量较小时，也可采用动力夯实法。夯填度不应大于0.9。

（4）施工质量检验应符合下列规定：

① 成桩过程中应抽样做混合料试块，每台机械一天应做一组（3块）试块（边长为150mm的立方体），标准养护，测定其立方体抗压强度。

② 施工质量检验应检查施工记录、混合料坍落度、桩数、桩位偏差、褥垫层厚度、夯填度和桩体试块抗压强度等。

③ 地基承载力检验应采用单桩复合地基载荷试验或单桩载荷试验，单体工程试验数量应为总桩数的1%且不应少于3点，对桩体检测应抽取不少于总桩数的10%进行低应变动力试验，检测桩身的完整性。

### 3.3.2 桩基础施工

**1. 钢筋混凝土预制桩**

**1）锤击沉桩法**

施工程序：确定桩位和沉桩顺序→桩机就位→吊桩喂桩→校正→锤击沉桩→接桩→再

锤击沉桩→送桩→收锤→切割桩头。

施工要求（图 3.3-2）：

（a）吊预制桩　　　　　　　　　　　（b）接桩接头位置

图 3.3-2　锤击沉桩法

（1）预制桩的混凝土强度达到 70% 后方可起吊，达到 100% 后方可运输和打桩。

（2）单节桩采用两支点起吊时，吊点距桩端宜为 0.2L（L 为桩段长）。

（3）接桩接头宜高出地面 0.5～1m。接桩方法分为焊接、螺纹接头和机械啮合接头等。

（4）沉桩顺序应按先深后浅、先大后小、先长后短、先密后疏的次序进行。对于密集桩群应控制沉桩速率，宜从中间向四周或两边对称施打；当一侧毗邻建筑物时，由毗邻建筑物处向另一方向施打，如图 3.3-3 所示。

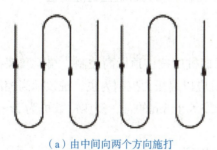

（a）由中间向两个方向施打　　　　　　（b）由中间向四周施打

图 3.3-3　打桩顺序

（5）锤击桩终止沉桩标准有：

① 终止沉桩应以桩端标高控制为主、贯入度控制为辅，当桩终端达到坚硬、硬塑黏性土，中密以上粉土、砂土、碎石土及风化岩时，可以贯入度控制为主、桩端标高控制为辅。

② 贯入度达到设计要求而桩端高位未达到时，应继续锤击 3 阵，按每阵 10 击的贯入度不大于设计规定的数值予以确认。

2）静力压桩法

施工程序：测量定位→压桩机就位→吊桩、插桩→桩身对中调直→静压沉桩→接桩→再静压沉桩→送桩→终止压桩→检查验收→转移桩机。

施工要求（图 3.3-4）：

（a）静力压桩　　　　　　　　　（b）吊送桩器

图 3.3-4　静力压桩法

（1）施工前进行试压桩，数量不少于 3 根。

（2）桩接头可采用焊接法，或螺纹式、啮合式、卡扣式、抱箍式等机械快速连接方法。

（3）送桩深度不宜大于 10～12m。送桩深度大于 8m 时，送桩器应专门设计。

（4）沉桩施工应按"先深后浅、先长后短、先大后小、避免密集"的原则进行。

（5）同一承台桩数大于 5 根时，不宜连续压桩。密集群桩区的静压桩不宜 24h 连续作业，日停歇时间不宜少于 8h。

（6）静压桩终止沉桩标准有：

① 静压桩应以标高为主、压力为辅。摩擦桩应按桩顶标高控制；端承摩擦桩，应以桩顶标高控制为主、终压力控制为辅；端承桩应以终压力控制为主、桩顶标高控制为辅。

② 终压连续复压时，对于入土深度大于或等于 8m 的桩，复压次数可为 2～3 次，入土深度小于 8m 的桩，复压次数可为 3～5 次。

③ 稳压压桩力不应小于终压力，稳压时间宜为 5～10s。

**2. 钢筋混凝土灌注桩**

1）泥浆护壁灌注桩

泥浆护壁钻孔灌注桩施工工艺流程如下：

场地平整→桩位放线→开挖浆池、浆沟→护筒埋设→钻机就位、孔位校正→成孔、泥浆循环、清除废浆和泥渣→清孔换浆→终孔验收→下钢筋笼和钢导管→二次清孔→清孔质量检验→浇筑水下混凝土→成桩。

施工要求：

（1）应进行工艺性试成孔，数量不少于 2 根。

（2）护壁泥浆可采用原土造浆，不适用的土层应制备泥浆。施工时，钻孔内泥浆液面高出地下水位 0.5m。

（3）正、反循环成孔机具应根据桩型、地质条件及成孔工艺选择，砂土层成孔宜选用反循环钻机。

（4）清孔可采用正循环清孔、泵吸反循环清孔、气举反循环清孔等方法。清孔后孔底沉渣厚度要求：端承型桩应不大于 50mm，摩擦型桩应不大于 100mm，抗拔、抗水平荷载桩应不大于 200mm。

**口诀**：端承型桩应不大于 50mm，记为"端 5"（谐音"端午"）。

（5）钢筋笼宜分段制作，接头易采用焊接或机械连接，接头应相互错开。

（6）水下混凝土强度应按比设计强度提高等级配置，水下混凝土超灌高度应高于设计桩顶标高 1m 以上，充盈系数不应小于 1。

（7）桩底注浆导管应采用钢管，单根桩上数量不少于 2 根。注浆终止条件应控制注浆量与注浆压力两个因素，以前者为主。满足下列条件之一即可终止注浆：

① 注浆总量达到设计要求。

② 注浆量不低于 80%，且压力大于设计值。

### 2）沉管灌注桩

沉管灌注桩施工可选用单打法、复打法或反插法。单打法适用于含水量较小的土层，复打法或反插法适用于饱和土层。

沉管灌注桩成桩过程：桩机就位→锤击（振动）沉管→上料→边锤击（振动）边拔管，并继续浇筑混凝土→下钢筋笼，继续浇筑混凝土及拔管→成桩。

施工要求：

（1）桩管沉到设计标高并停止振动后应立即浇筑混凝土。管内灌满混凝土后应先振动，再拔管。拔管过程中，应分段添加混凝土，保持管内混凝土面不低于地表面或高于地下水位 1~1.5m。

（2）桩身配钢筋笼时，第一次混凝土应先浇至笼底标高，然后放置钢筋笼，再浇筑混凝土到桩顶标高。

（3）沉管灌注桩全长复打桩施工时，第一次灌注混凝土应达到自然地面，复打施工应在第一次浇筑的混凝土初凝之前完成。初打与复打的桩中心线应重合。

### 3. 桩基检测技术

桩基检测内容可分为施工前，为设计提供依据的试验桩检测，主要确定单桩极限承载力；和桩基施工后，为验收提供依据的工程桩检测，主要进行单桩承载力和桩身完整性检测。

验收检测时，宜先进行桩身完整性检测，后进行承载力检测。桩身完整性检测应在基坑开挖后进行。

### 1）验收检测的受检桩选择条件

（1）施工质量有疑问的桩。

（2）局部地基条件出现异常的桩。

（3）承载力验收时选择部分Ⅲ类桩。

（4）设计方认为重要的桩。

（5）施工工艺不同的桩。

（6）宜按规定均匀和随机选择。

2）桩身完整性检测

采用低应变法和声波透射法检测，受检桩混凝土强度不应低于设计强度70%且不应低于15MPa。

采用钻芯法检测，受检桩混凝土龄期应达到28d，或者同条件养护试块强度达到设计强度要求。

抽检数量不应少于总桩数的20%，且不应少于10根。每根柱子承台下的桩抽检数量不应少于1根。

桩身完整性分类为：

Ⅰ类桩——桩身完整。

Ⅱ类桩——桩身有轻微缺陷，不会影响桩身结构承载力的正常发挥。

Ⅲ类桩——桩身有明显缺陷，对桩身结构承载力有影响。

Ⅳ类桩——桩身存在严重缺陷。

**口诀**："完、轻、明、严"。

3）桩基承载力检测

一般承载力检测前的休止时间：砂土地基不少于7d，粉土地基不少于10d，非饱和黏性土地基不少于15d，饱和黏性土地基不少于25d。

设计等级为甲级或地质条件复杂时，应采用静载试验的方法对桩基承载力进行检验，检验桩数不应少于总桩数的1%，且不应少于3根，当总桩数少于50根时，不应少于2根。

单桩竖向抗压承载力特征值应按单桩竖向抗压极限承载力的50%取值；单桩竖向抗拔承载力特征值应按单桩竖向抗拔极限承载力50%取值。

### 3.3.3 混凝土基础施工

**1. 基础的类型和基础混凝土强度等级的要求**

除桩基础为深基础外，通常将其他基础称为浅基础，如：墙下条形基础、柱下条形基础、柱下独立基础、筏形基础和箱形基础等（图3.3-5～图3.3-8）。

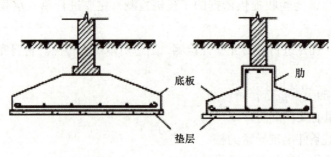

（a）无肋的　　　　　　　　（b）有肋的

图 3.3-5 墙下钢筋混凝土条形基础

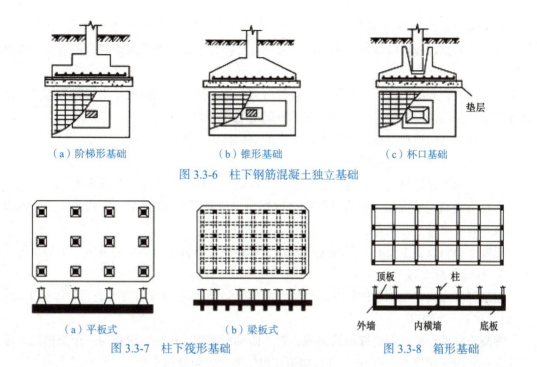

(a）阶梯形基础　　　　　（b）锥形基础　　　　　（c）杯口基础

图 3.3-6　柱下钢筋混凝土独立基础

(a）平板式　　　　　（b）梁板式

图 3.3-7　柱下筏形基础　　　　　图 3.3-8　箱形基础

基础的混凝土最低强度等级的要求，见表 3.3-1。

基础的混凝土最低强度等级的要求　　　　　　表 3.3-1

| 混凝土强度等级 | 内容 | 备注 |
| --- | --- | --- |
| ≥ C25 | 扩展基础，如：墙下条形基础、柱下条形基础、柱下独立基础 | 与上部结构的混凝土强度等级区别记忆 |
| ≥ C30 | 筏形基础、桩筏基础 | |

## 2. 钢筋工程施工技术要求

（1）绑扎钢筋时，底部钢筋应绑扎牢固，采用 HPB300 钢筋时，端部弯钩应朝上，柱的锚固钢筋下端应用 90° 弯钩与基础钢筋绑扎牢固，按轴线位置校核后上端应固定牢靠。

（2）基础底板采用双层钢筋网时，在上层钢筋网下面应设置钢筋撑脚，以保证钢筋位置正确。

（3）钢筋的弯钩应朝上，不要倒向一边；但双层钢筋网的上层钢筋弯钩应朝下。

（4）独立柱基础为双向钢筋时，其底面短边的钢筋应放在长边钢筋的上面。**注意：长边为主要受力钢筋，因此放置在最低层。**

（5）现浇柱与基础连接用的锚固钢筋，一定要固定牢靠，位置准确，以免造成柱轴线偏移。

（6）基础中纵向受力钢筋的混凝土保护层厚度应按设计要求；设计使用年限达到 100 年的地下结构和构件，其迎水面的钢筋保护层厚度不应小于 50mm；当无垫层时，不应小于 70mm。**注意：设计使用年限达到 50 年的地下结构和构件，其迎水面的钢筋保护层厚度不应小于 40mm。**

桩钢筋笼的制作，具体见本书第 9 章。

**3. 模板工程施工技术要求**

（1）锥形基础模板应随混凝土浇捣分段支设并固定牢靠，严禁斜面部分不支模，应用铁锹拍实。

（2）后浇带和施工缝侧面宜采用快易收口网、钢板网、铁丝网或小木板作为侧模，在后浇带混凝土浇筑前应予拆除，将混凝土界面凿毛并清理干净。

（3）箱形基础后浇带模板应有固定牢靠的支撑措施，并独立支设。

**4. 混凝土输送和布料设备**

混凝土水平运输设备主要有：混凝土搅拌输送车、机动翻斗车、手推车等。

混凝土垂直运输设备主要有：混凝土汽车泵（移动泵）、固定泵、塔式起重机、汽车起重机、施工电梯、井架等。

混凝土布料设备主要有：混凝土汽车泵、布料机、布料杆、塔式起重机、手推车等。

**5. 基础混凝土施工**

垫层混凝土应在基础验槽后立即浇筑，混凝土强度达到70%后方可进行后续施工。

1）独立基础施工

混凝土宜按台阶分层连续浇筑完成，对于阶梯形基础，每一台阶作为一个浇捣层，每浇筑完一台阶宜稍停 0.5~1.0h，待其初步获得沉实后，再浇筑上层。

锥式基础在振捣器振捣完毕后，用人工将斜坡表面拍平。

杯形基础宜先将杯口底混凝土振实并稍停沉实，再浇筑振捣杯口模四周的混凝土，并在两侧对称浇筑。在混凝土初凝后、终凝前将芯模拔出，杯壁凿毛。

2）条形基础施工

根据基础深度宜分段分层（300~500mm）连续浇筑混凝土，一般不留施工缝。各段层间应相互衔接，每段间浇筑长度控制在 2~3m，做到逐段逐层呈阶梯形向前推进。

3）筏形与箱形基础施工

对于平板式筏形基础，混凝土浇筑方向宜平行于基础长边方向（图 3.3-9）。

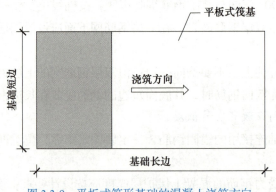

图 3.3-9 平板式筏形基础的混凝土浇筑方向

混凝土浇筑方向宜平行于次梁长度方向。**注意**：有主次梁的梁板式筏基的混凝土浇筑方向与主体结构的主次梁的浇筑方向相同，见主体结构中有主次梁的楼板浇筑的图示。

根据结构形状尺寸、混凝土供应能力、混凝土浇筑设备、场内外条件等划分泵送混凝土浇筑区域及浇筑顺序，采用硬管输送混凝土时，宜由远而近浇筑，多根输送管同时浇筑时，其浇筑速度宜保持一致。

混凝土浇筑的布料点宜接近浇筑位置。

**6. 大体积混凝土施工要求**

（1）大体积混凝土施工宜采用整体分层或推移式连续浇筑施工。

（2）当大体积混凝土施工设置水平施工缝时，位置及间歇时间应根据设计规定、温度裂缝控制规定、混凝土供应能力、钢筋工程施工、预埋管件安装等因素确定。

（3）当采用跳仓法时，跳仓的最大分块单向尺寸不宜大于40m，跳仓间隔施工的时间不宜小于7d，跳仓接缝处应按施工缝的要求设置和处理。**注意**：跳仓法施工，2019年真题考过，题目见本书第9章。

（4）混凝土入模温度宜控制在5～30℃。

（5）大体积混凝土浇筑应符合下列规定：

① 混凝土浇筑层厚度应根据所用振捣器作用深度及混凝土的和易性确定，整体连续浇筑时宜为300～500mm。

② 整体分层连续浇筑或推移式连续浇筑，应缩短间歇时间，并应在前层混凝土初凝之前将次层混凝土浇筑完毕。

③ 混凝土宜采用泵送方式连续、有序浇筑。

④ 混凝土宜采用二次振捣工艺，并及时对浇筑面进行多次抹压处理。

（6）大体积混凝土应采取保温保湿养护，应符合下列规定：

① 应专人负责保温养护工作，并应进行测试记录。

② 保湿养护持续时间不宜少于14d，应经常检查塑料薄膜或养护剂涂层的完整情况。

③ 保温覆盖层拆除应分层逐步进行，当混凝土表面温度与环境最大温差小于20℃时，可全部拆除。

（7）大体积混凝土施工的温度控制指标应符合表3.3-2的规定。

大体积混凝土施工的温度控制指标　　　　表3.3-2

| 项目 | 温度控制指标 |
| --- | --- |
| 入模温度 | 5～30°C |
| 入模温度基础上的温升值 | ≤50°C |
| 里表温差（不含混凝土收缩当量温度） | ≤25°C |
| 表面与大气的温差 | ≤20°C |
| 降温速率 | ≤2.0°C/d |

（8）大体积混凝土的温度监测点的布置与测温的周期。

浇筑体内监测点布置，应反映混凝土浇筑体内最高温升、里表温差、降温速率及环境温度，可采用下列布置方式（图3.3-10）：

① 测试区可选混凝土浇筑体平面对称轴线的半条轴线，测试区内监测点应按平面分层布置。

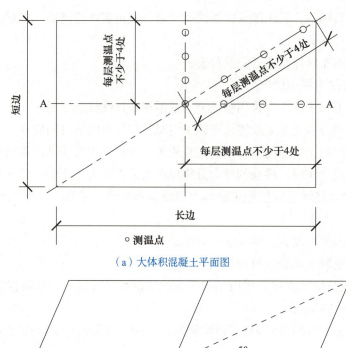

(a)大体积混凝土平面图

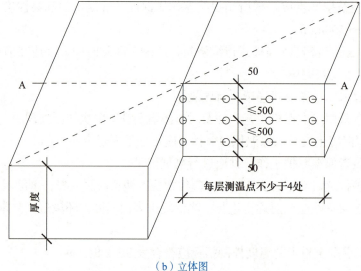

(b)立体图

图 3.3-10 大体积混凝土的温度监测点的布置

② 在每条测试轴线上，监测点位不宜少于 4 处，应根据结构的平面尺寸布置。

③ 沿混凝土浇筑体厚度方向，应至少布置表层、底层和中心温度测点，测点间距不宜大于 500mm。

④ 混凝土浇筑体表层温度，宜为混凝土浇筑体表面以内 50mm 处的温度。

⑤ 混凝土浇筑体底层温度，宜为混凝土浇筑体底面以上 50mm 处的温度。

大体积混凝土浇筑体里表温差、降温速率及环境温度的测试，在混凝土浇筑后，每昼夜不应少于 4 次；入模温度测量，每台班不应少于 2 次。

### 3.3.4 土石方工程与地基基础施工的总结

#### 1. 桩基础和处理地基的试桩或试孔的数量的总结

桩基础和处理地基的试桩或试孔的数量的总结，见表 3.3-3。

桩基础和处理地基的试桩或试孔的数量的总结　　　　表 3.3-3

| 类别 | 试桩或试孔的数量 |
|---|---|
| 桩基础采用静力压桩法 | 施工前进行试压桩，数量≥3 根 |
| 桩基础采用泥浆护壁灌注桩 | 进行工艺性试成孔，数量≥2 根 |
| 高压喷射注浆地基 | 施工前进行工艺性试验，数量≥2 根 |
| 水泥土搅拌桩地基 | 施工前进行工艺性试桩，数量≥2 根 |

**2. 混凝土分层浇筑厚度的总结**

混凝土分层浇筑厚度的总结，见表 3.3-4。

混凝土分层浇筑厚度的总结　　　　表 3.3-4

| 类别 | 分层浇筑厚度 |
|---|---|
| 条形基础混凝土 | 300～500mm |
| 大体积混凝土 | 300～500mm |
| 主体结构的混凝土（梁、柱、墙、板） | 分层浇筑厚度与振捣方法有关（如：平板振动器的分层厚度≤200mm、振动棒等） |
| 防水混凝土 | ≤500mm |
| 泡沫混凝土 | ≤200mm |

## 3.4 主体结构工程施工

### 3.4.1 混凝土结构工程施工

**1. 模板工程**

1）设计与构造要求

（1）应根据实际情况确定模板支撑脚手架上的施工荷载标准值，且一般工况下不应低于 2.5kN/m²，有水平泵管设置时不应低于 4.0kN/m²。

（2）模板支撑脚手架独立架体高宽比不应大于 3.0。

（3）模板支撑脚手架应设置竖向和水平剪刀撑，并应符合下列规定：

① 剪刀撑的设置应均匀、对称。

② 每道竖向剪刀撑的宽度应为 6～9m，剪刀撑斜杆的倾角应为 45°～60°。

（4）模板支撑脚手架的水平杆应按步距沿纵向和横向通长连续设置，且应与相邻立杆连接稳固。

（5）模板支撑脚手架可调底座和可调托撑调节螺杆插入脚手架立杆内的长度不应小于 150mm，且调节螺杆伸出长度应经计算确定，并应符合下列规定（图 3.4-1）：

① 当插入的立杆钢管直径为 42mm 时，伸出长度不应大于 200mm。

② 当插入的立杆钢管直径为 48.3mm 及以上时，伸出长度不应大于 500mm。

（6）可调底座和可调托撑螺杆插入脚手架立杆钢管内的间隙不应大于 2.5mm。

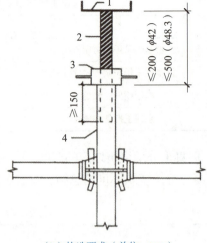

（a）可调托撑　　　　　　　　　　　　（b）构造要求（单位：mm）

1—可调托撑；2—螺杆；3—调节螺杆；4—立杆

图 3.4-1　可调托撑

**2）模板安装要点**

（1）模板的木杆、钢管、门架等支架立柱不得混用。

（2）在浇筑混凝土前，木模板应浇水润湿，但模板内不应有积水。

（3）模板与混凝土的接触面应清理干净并涂刷隔离剂。

（4）浇筑混凝土前，模板内的杂物应清理干净。

（5）对跨度不小于4m的现浇钢筋混凝土梁、板，其模板应按设计要求起拱；当设计无具体要求时，起拱高度应为跨度的1/1000～3/1000。

（6）模板安装应与钢筋安装配合进行，梁柱节点的模板宜在钢筋安装后安装。

（7）后浇带的模板及支架应独立设置（图3.4-2）。**注意**：后浇带的混凝土浇筑后达到一定强度后，才能拆除其独立设置的支架及模板。

（8）模板支撑脚手架在浇筑混凝土、工程结构件安装等施加荷载的过程中，架体下严禁有人。

（a）后浇带的钢筋　　　　　　　　　　（b）后浇带的模板与支架

图 3.4-2　后浇带的模板与支架独立设置

3）模板拆除要点

拆模的审批流程：拆模作业之前必须填写拆模申请，并在同条件养护试块强度记录达到规定要求时，技术负责人方能批准拆模。

现浇混凝土结构模板及支架拆除时的混凝土强度，应符合设计要求。当无设计要求时，应符合下列要求：

（1）底模及支架拆除时的混凝土强度应符合表3.4-1的规定。

底模及支架拆除时的混凝土强度规定　　　　表 3.4-1

| 构件类型 | 构件跨度（m） | 达到设计的混凝土立方体抗压强度标准值的百分率（%） |
| --- | --- | --- |
| 板 | ≤2 | ≥50 |
|  | >2,≤8 | ≥75 |
|  | >8 | ≥100 |
| 梁、拱、壳 | ≤8 | ≥75 |
|  | >8 | ≥100 |
| 悬臂构件 | — | ≥100 |

（2）不承重的侧模板，只要混凝土强度保证其表面、棱角不因拆模而受损坏，即可拆除。

（3）模板的拆除顺序：一般按后支先拆、先支后拆，先拆除非承重部分、后拆除承重部分的拆模顺序进行。

（4）快拆支架体系的支架立杆间距不应大于2m，拆模时应保留立杆并顶托支承楼板。拆模时的混凝土强度可取构件跨度为2m，按表3.4-1确定。**注意**：它仅适用于板模板。

（5）后张法预应力混凝土结构或构件模板的拆除，侧模应在预应力张拉前拆除，其混凝土强度达到侧模拆除条件即可。进行预应力张拉，必须在混凝土强度达到设计规定值时进行，底模必须在预应力张拉完毕后方能拆除。

**2. 钢筋工程**

1）钢筋配料

钢筋下料长度计算如下（图3.4-3）：

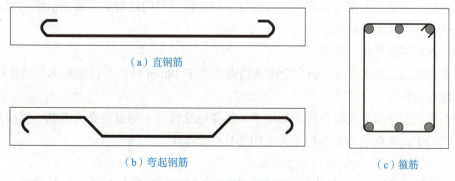

（a）直钢筋

（b）弯起钢筋

（c）箍筋

图 3.4-3　钢筋下料长度

直钢筋下料长度＝构件长度－保护层厚度＋弯钩增加长度
弯起钢筋下料长度＝直段长度＋斜段长度－弯曲调整值＋弯钩增加长度
箍筋下料长度＝箍筋周长＋箍筋调整值
钢筋如需要搭接，还要增加钢筋搭接长度。

钢筋采用并筋配置方式时（图3.4-4），直径28mm及以下的钢筋并筋数量不应超过3根；直径32mm钢筋并筋数量宜为2根；直径36mm及以上的钢筋不应采用并筋。

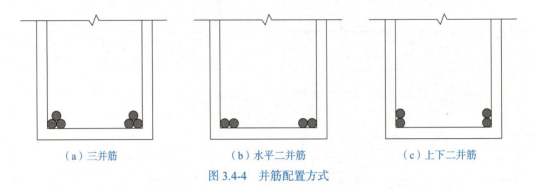

（a）三并筋　　　　　　（b）水平二并筋　　　　　　（c）上下二并筋

图3.4-4　并筋配置方式

2）钢筋代换

（1）代换原则：等强度代换或等面积代换。当构件配筋受强度控制时，按钢筋代换前后强度相等的原则进行代换；当构件按最小配筋率配筋时，或同钢号钢筋之间的代换，按钢筋代换前后截面积相等的原则进行代换。当构件受裂缝宽度或挠度控制时，代换前后应进行裂缝宽度和挠度验算。

（2）钢筋代换时，应征得设计单位的同意，并办理相应手续。钢筋代换除应满足设计要求的构件承载力、最大力总延伸率、裂缝宽度验算以及抗震规定外，还应满足最小配筋率、钢筋间距、保护层厚度、钢筋锚固长度、接头面积百分率及搭接长度等构造要求。

3）钢筋连接

钢筋的连接方法有：焊接、机械连接和绑扎连接三种。

（1）钢筋的焊接：直接承受动力荷载的结构构件中，纵向钢筋不宜采用焊接接头。

（2）钢筋机械连接：有钢筋套筒挤压连接、钢筋直螺纹套筒连接（包括钢筋镦粗直螺纹套筒连接、钢筋剥肋滚压直螺纹套筒连接）等方法。目前最常见、采用最多的方式是钢筋剥肋滚压直螺纹套筒连接。

（3）钢筋绑扎连接（或搭接）：

当受拉钢筋直径大于25mm、受压钢筋直径大于28mm时，不宜采用绑扎搭接接头。

口诀："拉25压28"。

轴心受拉及小偏心受拉杆件（如桁架和拱架的拉杆等）的纵向受力钢筋、直接承受动力荷载结构中的纵向受力钢筋均不得采用绑扎搭接接头。

4）钢筋接头位置与接头百分率的要求

钢筋接头位置宜设置在受力较小处。同一纵向受力钢筋不宜设置两个或两个以上接头。接头末端至钢筋弯起点的距离不应小于钢筋直径的 10 倍。

（1）当纵向受力钢筋采用机械连接接头或焊接接头时，同一连接区段内纵向受力钢筋的接头面积百分率应符合设计要求；当设计无具体要求时，应符合下列规定：

① 受拉接头，不宜大于 50%；受压接头，可不受限制。

② 直接承受动力荷载的结构构件中，不宜采用焊接；当采用机械连接时，不应超过 50%。

（2）当纵向受力钢筋采用绑扎搭接接头时，接头的设置应符合下列规定：

① 接头的横向净间距不应小于钢筋直径，且不应小于 25mm。

② 同一连接区段内，纵向受拉钢筋的接头面积百分率应符合设计要求；当设计无具体要求时，应符合下列规定：

　　a. 梁类、板类及墙类构件，不宜超过 25%；基础筏板，不宜超过 50%。

　　b. 柱类构件，不宜超过 50%。

当工程中确有必要增大接头面积百分率时，对梁类构件，不应大于 50%。

5）钢筋加工

（1）钢筋加工包括调直、除锈、下料切断、接长、弯曲成型等。

（2）钢筋宜采用无延伸功能的机械设备进行调直，也可采用冷拉调直。当采用冷拉调直时，HPB300 级光圆钢筋的冷拉率不宜大于 4%；HRB400、HRB500 级带肋钢筋的冷拉率不宜大于 1%。

（3）钢筋除锈：一是在钢筋冷拉或调直过程中除锈；二是可采用机械除锈机除锈、喷砂除锈、酸洗除锈和手工除锈等。

（4）钢筋下料切断可采用钢筋切断机或手动液压切断器进行。钢筋的切断口不得有马蹄形或起弯等现象。

（5）钢筋加工宜在常温状态下进行，加工过程中不应加热钢筋。钢筋弯曲成型可采用钢筋弯曲机、四头弯筋机及手工弯曲工具等进行。钢筋弯折应一次完成，不得反复弯折。

6）钢筋安装

（1）柱钢筋绑扎

① 每层柱第一个钢筋接头位置距楼地面高度不宜小于 500mm、柱净高的 1/6 及柱截面长边（或直径）中的较大值，如图 3.4-5 所示。

② 柱中的竖向钢筋搭接时，角部钢筋的弯钩应与模板成 45°（多边形柱为模板内角的平分角，圆形柱应与模板切线垂直），中间钢筋的弯钩应与模板成 90°。

③ 箍筋的接头（弯钩叠合处）应交错布置在四角纵向钢筋上；箍筋转角与纵向钢筋交叉点均应扎牢（箍筋平直部分与纵向钢筋交叉点可间隔扎牢），绑扎箍筋时绑扣相互间应成八字形。

④ 如设计无特殊要求，当柱中纵向受力钢筋直径大于 25mm 时，应在搭接接头两个端面外 100mm 范围内各设置两个箍筋，其间距宜为 50mm。

（2）梁、板钢筋绑扎

① 框架梁的上部钢筋接头位置宜设置在跨中 1/3 跨度范围内，下部钢筋接头位置宜

设置在梁端 1/3 跨度范围内，如图 3.4-6 所示。板的上部钢筋接头位置宜设置在跨中 1/2 跨度范围内，下部钢筋接头位置宜设置在板端 1/4 跨度范围内。

图 3.4-5　柱的钢筋接头　　　　　　　图 3.4-6　框架梁的钢筋接头

② 当梁的高度较小时，梁的钢筋架空在梁模板顶上绑扎，然后再落位；当梁的高度大于等于 1.0m 时，梁的钢筋宜在梁底模上绑扎，其两侧模板或一侧模板后装。

③ 板的钢筋网绑扎，四周两行钢筋交叉点应每点扎牢，中间部分交叉点可相隔交错扎牢。双向主筋的钢筋网，则须将全部钢筋相交点扎牢。采用双层钢筋网时，在上层钢筋网下面应设置钢筋撑脚。绑扎时应注意相邻绑扎点的钢丝扣要成八字形。

④ 严格控制板上部负筋及雨篷、挑檐、阳台等悬臂板负筋位置正确。

⑤ 板、次梁与主梁交叉处，板的钢筋在上，次梁的钢筋居中，主梁的钢筋在下；当有圈梁或垫梁时，主梁的钢筋在上。

（3）墙钢筋绑扎

① 墙的垂直钢筋每段长度不宜超过 4m（钢筋直径不大于 12mm）或 6m（直径大于 12mm）或层高加搭接长度，水平钢筋每段长度不宜超过 8m，以利绑扎。钢筋的弯钩应朝向混凝土内。

② 采用双层钢筋网时，在两层钢筋间应设置撑铁或绑扎架，以固定钢筋间距。

7）钢筋进场验收和钢筋隐蔽工程验收内容

钢筋进场验收，参看本书第 9 章。

钢筋隐蔽工程验收内容：

（1）纵向受力钢筋的牌号、规格、数量、位置等。

（2）钢筋的连接方式、接头位置、接头质量、接头面积百分率、搭接长度、锚固方式及锚固长度。

（3）箍筋、横向钢筋的牌号、规格、数量、间距、位置，箍筋弯钩的弯折角度及平直段长度。

（4）预埋件的规格、数量、位置等。

### 3. 混凝土工程

#### 1）普通混凝土配合比

普通混凝土的最小胶凝材料用量应符合表 3.4-2 的规定，抗渗混凝土的最小胶凝材料不宜小于 320kg/m³。

普通混凝土的最小胶凝材料用量　　　　表 3.4-2

| 最大水胶比 | 最小胶凝材料用量（kg/m³） | | |
|---|---|---|---|
| | 素混凝土 | 钢筋混凝土 | 预应力混凝土 |
| 0.60 | 250 | 280 | 300 |
| 0.55 | 280 | 300 | 300 |
| 0.50 | 320 | | |
| ≤0.45 | 330 | | |

混凝土配合比由具有资质的试验室进行计算，并经试配调整后确定。混凝土配合比应为重量比。具体案例见本书第 9 章。

#### 2）混凝土的搅拌与运输、浇筑

（1）混凝土在运输中不宜发生分层、离析现象，否则，应在浇筑前二次搅拌。

（2）混凝土泵或泵车设置处应场地平整、坚实，具有通车行走条件，尽可能靠近浇筑地点。

（3）采用泵送方式时，混凝土粗骨料最大粒径不大于 25mm 时，可采用内径不小于 125mm 的输送泵管；混凝土粗骨料最大粒径不大于 40mm 时，可采用内径不小于 150mm 的输送泵管。

（4）浇筑竖向结构混凝土时，应先在底部填以不大于 30mm 厚与混凝土内砂浆成分相同的水泥砂浆；浇筑过程中混凝土不得发生离析现象；混凝土自由倾落高度应符合如下规定：

① 粗骨料料径大于 25mm 时，不宜超过 3m。

② 粗骨料料径小于 25mm 时，不宜超过 6m。

③ 不能满足时，应加设串筒、溜管、溜槽等装置。

（5）混凝土宜分层浇筑、分层振捣。

（6）在柱、墙与梁、板连整体浇筑时，应在柱、墙浇筑完毕后停歇 1~1.5h，再继续浇筑梁、板。

（7）梁和板宜同时浇筑混凝土，有主次梁的楼板宜顺着次梁方向浇筑，单向板宜沿着板的长边方向浇筑，如图 3.4-7 所示；拱和高度大于 1m 时的梁等结构，可单独浇筑混凝土。

#### 3）施工缝和后浇带

施工缝和后浇带的留设位置应在混凝土浇筑前确定。施工缝和后浇带宜留设在结构受剪力较小且便于施工的位置。

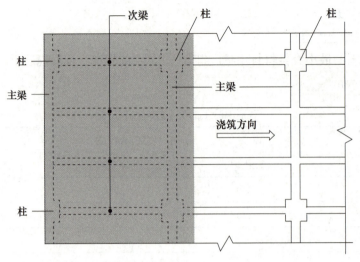

图 3.4-7 有主次梁的楼板

水平施工缝的留设位置应符合下列规定：

（1）柱、墙施工缝可留设在基础、楼层结构顶面，柱施工缝与结构上表面的距离宜为 0～100mm，墙施工缝与结构上表面的距离宜为 0～300mm。

（2）柱、墙施工缝也可留设在楼层结构底面，施工缝与结构下表面的距离宜为 0～50mm（图 3.4-8）；当板下有梁托时，可留设在梁托下 0～20mm（图 3.4-9）。

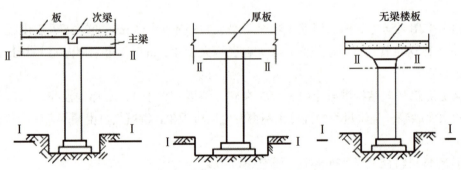

图 3.4-8 浇筑柱的施工缝留设位置
Ⅰ—Ⅰ、Ⅱ—Ⅱ表示施工缝的位置

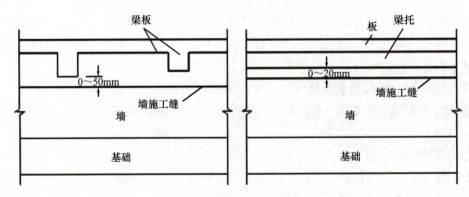

图 3.4-9 墙的施工缝留设位置

竖向施工缝和后浇带的留设位置应符合下列规定：
（1）有主次梁的楼板施工缝应留在次梁跨度中间1/3范围内（图3.4-10）。
（2）单向板施工缝应留设在与跨度方向平行的任何位置。
（3）楼梯梯段施工缝宜设置在梯段板跨度端部1/3范围内（图3.4-11）。
（4）墙的施工缝宜设置在门洞口过梁跨中1/3范围内，也可留设在纵横墙交接处。
（5）后浇带留设位置应符合设计要求。

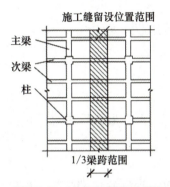

图3.4-10 主次梁结构垂直施工缝留设位置　　　图3.4-11 楼梯的施工缝留设位置

在施工缝和后浇带处继续浇筑混凝土时，应符合下列规定：
（1）已浇筑的混凝土，其抗压强度不应小于1.2N/mm²。
（2）已硬化混凝土表面应进行凿毛处理，清除水泥薄膜和松动石子以及软弱混凝土层，加以充分湿润和冲洗干净，且不得积水。
（3）在水平施工缝处浇筑混凝土时，宜先铺一层30mm厚、与混凝土成分相同的水泥砂浆。
（4）填充后浇带，可采用微膨胀混凝土、强度等级比原结构强度提高一级，并保持至少14d的湿润养护。后浇带接缝处按施工缝的要求处理。

4）混凝土的养护

施工现场应具备混凝土标准试件制作条件，并应设置标准试件养护室或养护箱。

混凝土及砂浆的养护时间的总结，见表3.4-3。

混凝土及砂浆的养护时间的总结　　　　表3.4-3

| 养护时间 | 项目 |
| --- | --- |
| ≥7d | （1）硅酸盐水泥、普通硅酸盐水泥或矿渣硅酸盐水泥配制的混凝土。<br>（2）泡沫混凝土保湿养护。<br>（3）石材（或瓷砖）铺贴完成进行养护，养护期间石材表面不得铺设塑料薄膜和洒水，不得进行勾缝施工 |
| ≥14d | （1）采用缓凝型外加剂、大掺量矿物掺合料配制的混凝土。<br>（2）抗渗混凝土、强度等级C60及以上的混凝土。<br>（3）后浇带混凝土。<br>（4）防水混凝土。<br>（5）水泥砂浆防水层 |
| ≥28d | 防水混凝土的后浇带 |

### 4. 预应力工程

1）先张法预应力施工

先张法预应力筋的放张顺序，应符合下列规定：

（1）宜采取缓慢放张工艺进行逐根或整体放张。

（2）对轴心受压构件，所有预应力筋宜同时放张。

（3）对受弯或偏心受压的构件，应先同时放张预压应力较小区域的预应力筋，再同时放张预压应力较大区域的预应力筋。

（4）放张后，预应力筋的切断顺序，宜从张拉端开始依次切向另一端。

2）后张法预应力施工

预应力筋的张拉顺序应符合设计要求，并应符合下列规定：

（1）预应力筋宜按均匀、对称的原则张拉。

（2）现浇预应力混凝土楼盖，宜先张拉楼板、次梁的预应力筋，后张拉主梁的预应力筋。

（3）对预制屋架等平卧叠浇构件，应从上而下逐榀张拉。

有粘结预应力筋长度不大于20m时，可一端张拉，大于20m时，宜两端张拉；预应力筋为直线时，一端张拉长度可延长至35m。

无粘结预应力筋长度不大于40m时，可一端张拉，大于40m时，宜两端张拉。

### 5. 混凝土工程的质量检验与验收

（1）对涉及混凝土结构安全的有代表性的部位应进行结构实体检验。结构实体检验应包括混凝土强度、钢筋保护层厚度、结构位置与尺寸偏差以及合同约定的项目；必要时可检验其他项目。

（2）结构实体检验应由监理单位组织施工单位实施，并见证实施过程。施工单位应制定结构实体检验专项方案，并经监理单位审核批准后实施。除结构位置与尺寸偏差外的结构实体检验项目，应由具有相应资质的检测机构完成。

（3）结构实体混凝土强度检验宜采用同条件养护试件方法；当未取得同条件养护试件强度或同条件养护试件强度不符合要求时，可采用回弹-取芯法进行检验。

混凝土的检验批和混凝土强度的评定，以及相关案例分析题，见本书第9章。

### 6. 混凝土结构工程施工的总结

1）混凝土坍落度

混凝土坍落度的总结，见表3.4-4。

混凝土坍落度的总结　　　　　　表3.4-4

| 类别 | 坍落度 |
| --- | --- |
| 高温下混凝土 | ≥70mm |
| 泵送混凝土 | 80～230mm |
| 大体积混凝土 | ≤180mm |
| 防水混凝土 | 120～160mm |

续表

| 类别 | | 坍落度 |
|---|---|---|
| 水下混凝土 | 地下连续墙 | 180～220mm |
| | 泥浆护壁灌注桩 | |

2）龄期的要求

龄期要求的总结，见表3.4-5。

龄期要求的总结　　　　　　　　　　　　　　　表3.4-5

| 龄期 | 项目 |
|---|---|
| ≥5d | 施加预应力时，后张法预应力板 |
| ≥7d | 施加预应力时，后张法预应力梁 |
| ≥28d | 混凝土抗压强度试件、砌筑砂浆抗压强度试件等各类试件 |
| | 砌体工程中各类块材的生产龄期，如：普通砖、蒸压砖、小型空心砌块；满足龄期才能用于砌体施工 |

3）混凝土强度达到设计强度的百分比方可后续施工

混凝土强度达到设计强度的百分比方可后续施工的总结，见表3.4-6。

混凝土强度达到设计强度的百分比方可后续施工的总结　　　表3.4-6

| 类别 | 混凝土强度达到设计强度的百分比 | 后续施工内容 |
|---|---|---|
| 板桩围护墙支护 | ≥70% | 起吊、运输 |
| | ≥100% | 施工 |
| 预制桩 | ≥70% | 起吊 |
| | ≥100% | 运输、施工（**注意**：工程桩要求提高） |
| 桩基检测 | ≥70%，且≥15MPa | 采用低应变法和声波透射法检测 |
| 基础垫层混凝土 | ≥70% | 可进行后续施工 |
| 先张法预应力混凝土 | ≥75%；消除应力钢丝或钢绞线作为预应力筋的，尚应≥30MPa | 预应力筋放张 |
| 后张法预应力混凝土 | ≥75% | 预应力筋张拉 |

## 3.4.2 砌体结构工程施工

**1. 砌筑砂浆**

砌筑砂浆应进行配合比设计，并同时满足抗压强度、稠度（流动性）、保水率的要求。

**口诀**："强流水"，而混凝土拌合物的黏聚性、流动性、保水性，口诀："黏流水"。

砌筑砂浆的稠度（流动性）宜按表3.4-7选用。**注意**：序号1、2、3的砂浆稠度的规律，前面为567，后面对应的为789，这样方便记忆。

砌筑砂浆的稠度（流动性）　　　　　　　表 3.4-7

| 序号 | 砌体种类 | 砂浆稠度（mm） |
|---|---|---|
| 1 | 混凝土实心砖、混凝土多孔砖砌体，普通混凝土小型空心砌块砌体，蒸压灰砂砖砌体、蒸压粉煤灰砖砌体 | 50～70 |
| 2 | 烧结多孔砖、空心砖砌体，轻骨料混凝土小型空心砌块砌体，蒸压加气混凝土砌块砌体 | 60～80 |
| 3 | 烧结普通砖砌体 | 70～90 |
| 4 | 石砌体 | 30～50 |

**2. 技术要求**

（1）砌体的砌筑顺序的规定：基底标高不同时，应从低处砌起，并应由高处向低处搭接。当设计无要求时，搭接长度 $L$ 不应小于基础底的高差 $H$，搭接长度范围内下层基础应扩大砌筑（图 3.4-12）。

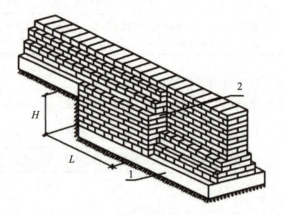

图 3.4-12　基础标高不同时的搭砌示意图（条形基础）
1—混凝土垫层；2—基础扩大部分

（2）基础墙的防潮层，当设计无具体要求时，宜采用 1∶2.5 的水泥砂浆加防水剂铺设，其厚度可为 20mm。抗震设防地区建筑物，不应采用卷材作基础墙的水平防潮层。

（3）砌体结构施工中，在墙的转角处及交接处应设置皮数杆，皮数杆的间距不宜大于 15m。

（4）当墙体上留置临时施工洞口时，应符合下列规定：

① 墙上留置临时施工洞口净宽度不应大于 1m，其侧边距交接处墙面不应小于 500mm。

② 临时施工洞口顶部宜设置过梁。

③ 对抗震设防烈度≥9 度地区建筑物的临时施工洞口位置，应会同设计单位确定。

④ 墙梁构件的墙体部分不宜留置临时施工洞口。**注意**：墙梁构件是指钢筋混凝土梁与其上部砌体组合形成的构件。

（5）施工脚手架眼不得设置在下列墙体或部位（图 3.4-13）：

① 120mm 厚墙、清水墙、料石墙、独立柱和附墙柱。

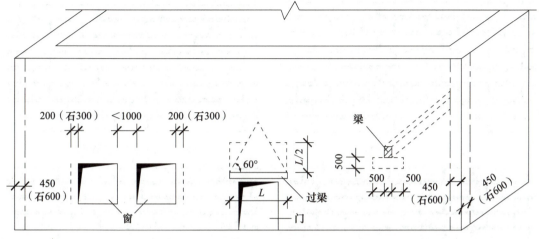

图 3.4-13 施工脚手架眼设置（单位：mm）

② 过梁上部与过梁成 60° 角的三角形范围及过梁净跨度 1/2 的高度范围内。

③ 宽度小于 1m 的窗间墙。

④ 门窗洞口两侧的非石砌体 200mm（石砌体 300mm）范围内；转角处非石砌体 450mm（石砌体 600mm）范围内。

⑤ 梁或梁垫下及其左右 500mm 范围内。

⑥ 轻质墙体。

⑦ 夹心复合墙外叶墙。

**口诀**："门窗洞边 2（3）、转角处 45（6）、梁边 5"。

**3. 砖砌体工程**

1）烧结砖砌体

**注意**：砖长边 240mm 平行墙长称为"顺"，砖长边 240mm 垂直墙长称为"丁"。

（1）砌筑方法有"三一"砌筑法、挤浆法（铺浆法）、刮浆法和满口灰法四种。通常宜采用"三一"砌筑法，即一铲灰、一块砖、一揉压的砌筑方法。

（2）砖墙组砌形式有全顺、两平一侧、全丁、一顺一丁、梅花丁或三顺一丁等。通常采用一顺一丁、梅花丁、三顺一丁方式（图 3.4-14）。

（3）240mm 厚承重墙的每层墙的最上一皮砖，楼板、梁、柱及屋架的支承处，砖砌体的阶台水平面上及挑出层等，均应整砖丁砌。

（4）砖砌体的转角处和交接处对非抗震设防及在抗震设防烈度为 6 度、7 度地区的临时间断处，当不能留斜槎（图 3.4-15）时，除转角处外，可留直槎（图 3.4-16），但应做成凸槎。留直槎处应加设拉结钢筋，其拉结筋应符合下列规定：

① 每 120mm 墙厚应设置 1ϕ6 拉结钢筋；当墙厚为 120mm 时，应设置 2ϕ6 拉结钢筋。

② 间距沿墙高不应超过 500mm，且竖向间距偏差不应超过 100mm。

③ 埋入长度从留槎处算起每边均不应小于 500mm；对抗震设防烈度 6 度、7 度的地区，不应小于 1000mm。

④ 末端应设 90° 弯钩。

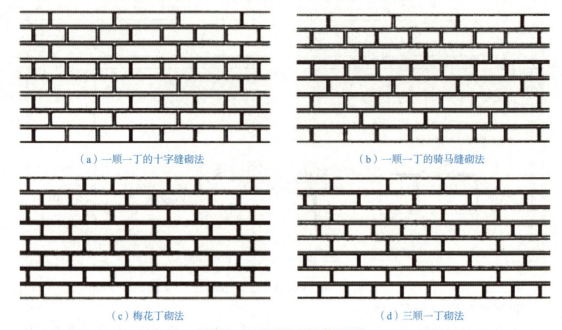

(a)一顺一丁的十字缝砌法　　　　(b)一顺一丁的骑马缝砌法

(c)梅花丁砌法　　　　(d)三顺一丁砌法

图 3.4-14　砖墙组砌形式示意图

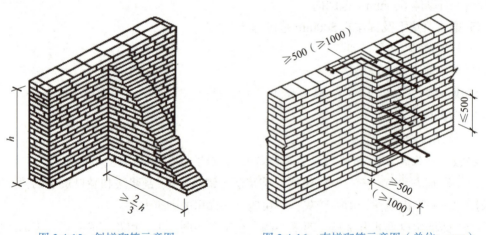

图 3.4-15　斜槎砌筑示意图　　　图 3.4-16　直槎砌筑示意图（单位：mm）

（5）设有钢筋混凝土构造柱的砌体，应先绑扎钢筋，而后砌砖墙，最后浇筑混凝土。与构造柱相邻部位砌体应砌成马牙槎，马牙槎应先退后进，每个马牙槎沿高度方向的尺寸不宜超过300mm，凹凸尺寸宜为60mm（图3.4-17）。砌筑时，砌体与构造柱间应沿墙高每500mm设拉结钢筋，钢筋数量及伸入墙内长度应满足设计要求。

2）砖柱和带壁柱墙砌筑应符合的规定

（1）砖柱不得采用包心砌法。

（2）带壁柱墙的壁柱应与墙身同时咬槎砌筑。

3）多孔砖墙

（1）多孔砖的孔洞应垂直于受压面砌筑。

（2）水池、水箱和有冻胀环境的地面以下工程部位不得使用多孔砖。

（a）构造柱的底部做法　　　　　（b）设构造柱的填充墙顶部做法

图 3.4-17　钢筋混凝土构造柱

#### 4. 混凝土小型空心砌块砌体工程

轻骨料混凝土小型空心砌块简称轻骨料混凝土小砌块，普通混凝土小型空心砌块简称普通混凝土小砌块。

（1）小砌块应将生产时的底面朝上反砌于墙上。

（2）小砌块墙内不得混砌黏土砖或其他墙体材料。

（3）小砌块砌体应对孔错缝搭砌。搭砌应符合规定：墙体竖向通缝不得超过2皮小砌块，独立柱不得有竖向通缝。

#### 5. 填充墙砌体工程

1）烧结空心砖砌体

（1）烧结空心砖墙应侧立砌筑，孔洞应呈水平方向。烧结空心砖墙底部宜砌筑3皮普通砖，且门窗洞口两侧一砖范围内应采用烧结普通砖砌筑。

（2）竖缝应采用刮浆法，先抹砂浆后再砌筑。

2）蒸压加气混凝土砌块砌体

（1）蒸压加气混凝土砌块采用薄层砂浆砌筑法砌筑时，应符合下列规定：

① 砌筑砂浆应采用专用粘结砂浆。

② 砌块不得用水浇湿，其灰缝厚度宜为2～4mm。

③ 砌块与拉结筋的连接，应预先在相应位置的砌块上表面开设凹槽；砌筑时，钢筋应居中放置在凹槽砂浆内。

④ 砌块砌筑过程中，当在水平面和垂直面上有超过2mm的错边量时，应采用钢齿磨板和磨砂板磨平，方可进行下道工序施工。

（2）采用非专用粘结砂浆砌筑时，水平灰缝厚度和竖向灰缝宽度不应超过15mm。

#### 6. 砌体工程每日砌筑高度的要求

正常施工条件下，砖砌体每日砌筑高度宜控制在1.5m或一步脚手架高度内。

正常施工条件下，小砌块砌体每日砌筑高度宜控制在1.4m或一步脚手架高度内。

冬期施工或者雨期施工，每天砌筑高度不得超过 1.2m。

**7. 砌体工程砌筑的铺浆（或灰）长度**

砖砌体采用铺浆法砌筑时，铺浆长度≤700mm；当施工期间气温超过 30°C，铺浆长度≤500mm。

普通混凝土小砌块（或轻骨料混凝土小砌体）砌筑时，宜使用专用铺灰器铺放砂浆，且应随铺随砌。当未采用专用铺灰器时，砌筑时的一次铺灰长度≤2块主规格块体的长度。

**8. 砌体结构施工质量验收**

砌体结构施工质量控制等级应根据现场质量管理水平、砂浆和混凝土质量控制、砂浆拌合工艺、砌筑工人质量等级四个要素从高到低分为 A、B、C 三级，设计工作年限为 50 年及以上的砌体结构工程，应为 A 级或 B 级。

**9. 砌体结构工程施工的总结**

1）砌体工程中块材的含水率的总结

砌体工程中块材的含水率的总结，见表 3.4-8。

砌体工程中块材的含水率的总结　　　　　　　　　　表 3.4-8

| 类别 | | 相对含水率（含水率与吸水率的比值） |
|---|---|---|
| 砖砌体工程 | 非烧结类块材 | 40%～50% |
| | 烧结类块材 | 60%～70% |
| 填充墙工程（采用普通砌筑砂浆） | 蒸压加气混凝土砌块 | 含水率＜30% |
| | 轻骨料混凝土小砌块、蒸压加气混凝土砌块 | 40%～50% |
| | 烧结空心砖 | 60%～70% |

2）砌体工程的斜槎长高比的总结

砌体工程的斜槎长高比的总结，见表 3.4-9。

砌体工程的斜槎长高比的总结　　　　　　　　　　表 3.4-9

| 类别 | | 斜槎长高比 | 其他 |
|---|---|---|---|
| 砖、砌块砌体工程 | 普通砖砌体 | ≥2/3 | 斜槎高度不得超过一步脚手架高度 |
| | 多孔砖砌体 | ≥1/2 | |
| | 普通混凝土小砌块、轻骨料混凝土小砌体 | ≥1/1 | — |
| 墙充墙工程 | 轻骨料混凝土小砌体 | ≥2/3 | |
| | 烧结空心砖 | 斜槎高度≤1.2m | — |

3）砌体工程块材的搭接长度的总结

砌体工程块材的搭接长度的总结，见表 3.4-10。

砌体工程块材的搭接长度的总结　　　　　　　　　　表 3.4-10

| 类别 | | 错缝搭接，搭接长度 |
| --- | --- | --- |
| 砌体工程 | 单排孔小砌块 | 块体长度的 1/2 |
| | 多排孔小砌块 | ≥块体长度的 1/3 |
| 填充墙工程 | 蒸压加气混凝土砌块 | ≥块体长度的 1/3，且≥150mm |

4）砌体工程灰缝砂浆的饱满度的总结

砌体工程灰缝砂浆的饱满度的总结，见表 3.4-11。

砌体工程灰缝砂浆的饱满度的总结　　　　　　　　　　表 3.4-11

| 类别 | 部位 | 灰缝 | 饱满度 |
| --- | --- | --- | --- |
| 砖砌体工程 | 砖墙 | 水平 | ≥80% |
| | 砖柱 | 水平、竖向 | ≥90% |
| 混凝土小砌块砌体工程 | — | 水平、竖向 | ≥90% |
| 填充墙工程（蒸压加气混凝土砌块、轻骨料混凝土小砌体） | — | 水平、竖向 | ≥80% |

## 3.4.3　钢结构工程施工

钢结构的连接方法有焊接连接、普通螺栓连接、高强度螺栓连接和铆接。

**1. 焊接连接**

焊接接头包括全熔透和部分熔透焊接、角焊缝接头、塞焊与槽焊、电渣焊和栓钉焊。

（1）采用的焊接工艺和焊接顺序应使构件的变形和收缩最小，可采用下列控制变形的焊接顺序：

① 对接接头、T 形接头和十字接头，在构件放置条件允许或易于翻转的情况下，宜双面对称焊接；有对称截面的构件，宜对称于构件中性轴焊接；有对称连接杆件的节点，宜对称于节点轴线同时对称焊接。

② 非对称双面坡口焊缝，宜先焊深坡口侧部分焊缝，然后焊满浅坡口侧，最后完成深坡口侧焊缝。特厚板宜增加轮流对称焊接的循环次数。

③ 长焊缝宜采用分段退焊法、跳焊法或多人对称焊接法。

（2）设计文件对焊后消除应力有要求时，宜采用电加热器局部退火和加热炉整体退火等方法进行消除应力处理；仅为稳定结构尺寸时，可采用振动法消除应力。

**2. 紧固件连接**

紧固件连接件包括普通螺栓、扭剪型高强度螺栓、高强度大六角头螺栓（图 3.4-18）、钢网架螺栓球节点用高强度螺栓及拉铆钉、自攻钉、射钉等。

**注意**：高强度螺栓连接类型包括摩擦型连接和承压型连接。其中，摩擦型高强度螺栓连接需要靠摩擦面传力，因此应重视摩擦面的处理。

（1）经表面处理后的高强度螺栓连接摩擦面，应符合下列规定：

① 连接摩擦面应保持干燥、清洁，不应有飞边、毛刺、焊接飞溅物、焊疤、氧化铁

皮、污垢等。

②经处理后的摩擦面应采取保护措施，不得在摩擦面上做标记。

③摩擦面采用生锈处理方法时，安装前应以细钢丝刷垂直于构件受力方向除去摩擦面上的浮锈。

（a）扭剪型高强度螺栓　　　　（b）高强度大六角头螺栓

图 3.4-18　高强度螺栓

（2）高强度螺栓安装时应先使用安装螺栓和冲钉。在每个节点上穿入的安装螺栓和冲钉数量，应根据安装过程所承受的荷载计算确定，并应符合下列规定：

①不应少于安装孔总数的 1/3。

②安装螺栓不应少于 2 个。

③冲钉穿入数量不宜多于安装螺栓数量的 30%。

④不得用高强度螺栓兼作安装螺栓。

（3）高强度螺栓应在构件安装精度调整后进行拧紧。高强度螺栓安装应符合下列规定：

①扭剪型高强度螺栓安装时，螺母带圆台面的一侧应朝向垫圈有倒角的一侧。

扭剪型高强度螺栓连接副应采用专用电动扳手施拧。

②大六角头高强度螺栓安装时，螺栓头下垫圈有倒角的一侧应朝向螺栓头，螺母带圆台面的一侧应朝向垫圈有倒角的一侧。

高强度大六角头螺栓连接副施拧可采用扭矩法或转角法。

（4）高强度螺栓现场安装时应能自由穿入螺栓孔，不得强行穿入。螺栓不能自由穿入时，可采用铰刀或锉刀修整螺栓孔，不得采用气割扩孔，扩孔数量应征得设计单位同意，修整后或扩孔后的孔径不应超过螺栓直径的 1.2 倍。

（5）高强度螺栓连接节点螺栓群初拧、复拧和终拧，应采用合理的施拧顺序。原则上应按接头刚度较大的部位向约束较小的方向、螺栓群中央向四周的顺序进行（图 3.4-19）。

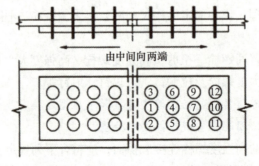

图 3.4-19　高强度螺栓群的施工顺序

（6）高强度螺栓和焊接混用的连接节点，当设计文件无规定时，宜按先螺栓紧固后焊接的施工顺序。

（7）高强度螺栓连接副的初拧、复拧、终拧，宜在24h内完成。

**3. 钢结构构件生产的工艺流程**

钢结构构件生产的工艺流程，见表3.4-12。

钢结构构件生产的工艺流程　　　　　　表3.4-12

| 序号 | 名称 | 内容 |
|---|---|---|
| 1 | 放样 | 以1:1大样放出节点，核对各部分尺寸，制作样板和样杆作为加工依据 |
| 2 | 号料 | 包括检查核对材料，在材料上画出切割、铣、刨、制孔等加工位置，打冲孔，标出零件编号等 |
| 3 | 切割下料 | 包括氧割（气割）、等离子切割等高温热源，使用机切、冲模落料和锯切等 |
| 4 | 平直矫正 | 用型钢矫正机的机械矫正、火焰矫正等 |
| 5 | 边缘及端部加工 | 方法有铲边、刨边、铣边、碳弧气刨、半自动和自动气割机、坡口机加工等 |
| 6 | 滚圆 | 可选用对称三轴滚圆机、不对称三轴滚圆机、四轴滚圆机等 |
| 7 | 煨弯 | 根据不同规格材料可选用型钢滚圆机、弯管机、折弯压力机等 |
| 8 | 制孔 | 可采用钻孔、冲孔、铣孔、铰孔、镗孔和锪孔等方法；钻孔用钻床、电钻、风钻和磁座钻等加工 |
| 9 | 钢结构组装 | 可采用仿形复制装配法、专用设备装配法、胎模装配法等 |
| 10 | 焊接 | 分为手工焊接、半自动焊接和自动化焊接三种 |
| 11 | 摩擦面的处理 | 可采用喷砂、喷丸、酸洗、打磨等方法 |

**4. 钢结构安装的基本要求**

钢结构安装现场应设置专门的构件堆场，其基本条件有：满足运输车辆通行要求；场地平整；有电源、水源，排水通畅；堆场的面积满足工程进度需要，若现场不能满足要求时可设置中转场地，并应采取防止构件变形及表面污染的保护措施。

起重设备应根据起重设备性能、结构特点、现场环境、作业效率等因素综合确定，宜采用塔式起重机、履带起重机、汽车起重机等定型产品。

选用卷扬机、液压油缸千斤顶、吊装扒杆、龙门起重机等非定型产品作为起重设备时，应编制专项方案，并应经评审后再组织实施。

**1）钢柱安装**

（1）柱脚安装时，锚栓宜使用导入器或护套。

（2）首节钢柱安装后应及时进行垂直度、标高和轴线位置校正，钢柱的垂直度可采用经纬仪或线锤测量。

（3）首节以上的钢柱定位轴线应从地面控制轴线直接引上，不得从下层柱的轴线引上。

（4）倾斜钢柱可采用三维坐标测量法进行测校，也可采用柱顶投影点结合标高进行测校。

2）钢梁安装

（1）钢梁宜采用两点起吊；当单根钢梁长度大于21m，采用两点吊装不能满足时，宜设置3~4个吊装点吊装或采用平衡梁吊装。

（2）钢梁可采用一机一吊或一机串吊的方式吊装。

（3）钢梁面的标高及两端高差可采用水准仪与标尺进行测量。

3）支撑安装

**注意**：此处支撑安装是指柱间支撑安装。

（1）交叉支撑宜按从下到上的顺序组合吊装。

（2）无特殊规定时，支撑构件的校正宜在相邻结构校正固定后进行。

4）单层钢结构

（1）单跨结构宜从跨端一侧向另一侧、中间向两端或两端向中间的顺序进行吊装。多跨结构，宜先吊主跨、后吊副跨；当有多台起重设备共同作业时，也可多跨同时吊装。

（2）单层钢结构在安装过程中，应及时安装临时柱间支撑或稳定缆绳，应在形成空间结构稳定体系后再扩展安装。其临时空间结构稳定体系应能承受结构自重、风荷载、雪荷载、施工荷载以及吊装过程中冲击荷载的作用。

5）多层及高层钢结构

（1）宜划分多个流水作业段进行安装，流水段宜以每节框架为单位。流水段划分应符合下列规定：

①流水段内的最重构件应在起重设备的起重能力范围内。

②起重设备的爬升高度应满足下节流水段内构件的起吊高度。

③每节流水段内的柱长度应根据工厂加工、运输堆放、现场吊装等因素确定，长度宜取2~3个楼层高度，分节位置宜在梁顶标高以上1.0~1.3m处。

（2）流水作业段内的构件吊装宜符合下列规定：

①吊装可采用整个流水段内先柱后梁或局部先柱后梁的顺序；单柱不得长时间处于悬臂状态。

②钢楼板及压型金属板安装应与构件吊装进度同步。

6）大跨度空间钢结构

（1）高空散装法适用于全支架拼装的各种空间网格结构，也可根据结构特点选用少支架的悬挑拼装施工方法。**注意**：高空散装法需要搭设满堂支架。

（2）分条或分块安装法适用于分割后结构的刚度和受力状况改变较小的空间网格结构。**注意**：该方法适用于角锥体系和交叉桁架等钢网架，如图3.4-20所示。

（3）滑移法适用于能设置平行滑轨的各种空间网格结构，尤其适用于跨越施工或场地狭窄、起重运输不便等情况。**注意**：该方法具有空间钢结构安装与室内土建施工平行作业的优点，因此可缩短工期，也可节约拼装支架。

（4）整体提升法适用于平板空间网格结构。**注意**：当空间钢结构在起重设备的下面称为提升；当空间钢结构在起重设备的上面称为顶升。

（5）整体顶升法适用于支点较少的空间网格结构。

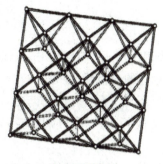 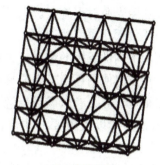

（a）交叉桁架　　　　　　　　（b）角锥体系

图 3.4-20　角锥体系和交叉桁架

（6）整体吊装法适用于中小型空间网格结构。**注意：该方法一般采用多台吊车或拔杆起吊。**

（7）折叠展开式整体提升法适用于柱面网壳结构（图 3.4-21）。

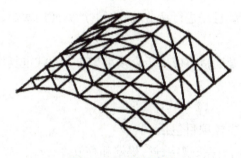

图 3.4-21　柱面网壳

（8）高空悬拼安装法适用于大悬挑空间钢结构。

### 5. 压型金属板安装

（1）压型金属板应采用专用吊具装卸和转运，严禁直接采用钢丝绳绑扎吊装。

（2）压型金属板与主体结构（钢梁）的锚固支承长度应符合设计要求，且不应小于 50mm；端部锚固可采用点焊、贴角焊、射钉连接。**口诀："点角射"。**

（3）压型金属板需预留设备孔洞时，应在混凝土浇筑完毕后使用等离子切割或空心钻开孔，不得采用火焰切割。

### 6. 钢结构涂装

（1）构件表面除锈采用机械除锈和手工除锈方法进行处理。

（2）涂装时，经处理的钢材表面不应有焊渣、焊疤、灰尘、油污、水和毛刺等。

（3）油漆防腐涂装可采用涂刷法、手工滚涂法、空气喷涂法和高压无气喷涂法。

（4）除符合涂料产品说明书外，涂装时的环境温度和相对湿度还应符合下列规定：

① 环境温度宜为 5～38℃，相对湿度不应大于 85%，钢材表面温度应高于露点温度 3℃，且钢材表面温度不应超过 40℃。

② 涂装后 4h 内应采取保护措施，避免淋雨和沙尘侵袭。

③ 风力超过 5 级时，室外不宜喷涂作业。遇雨、雾、雪、强风天气时应停止露天涂

装，应避免在强烈阳光照射下施工。

**7. 钢结构工程的质量检验与验收**

（1）钢结构承重构件所用的钢材应具有屈服强度，断后伸长率，抗拉强度和磷、硫含量的合格保证，在低温使用环境下尚应具有冲击韧性的合格保证。

（2）对焊接结构尚应具有碳或碳当量的合格保证。

（3）焊接承重结构以及重要的非焊接承重结构所用钢材，应具有冷弯试验的合格保证。

（4）对直接承受动力荷载或需验算疲劳的构件，其钢材尚应具有冲击韧性的合格保证。

（5）已施加过预拉力的高强度螺栓拆卸后不应作为受力螺栓循环使用。

（6）钢结构设计时，焊缝质量等级应根据钢结构的重要性、荷载特性、焊缝形式、工作环境以及应力状态等确定。**注意**：焊缝质量等级分为一级、二级和三级。其中，一级、二级对焊缝的内部缺陷、外观质量均应进行检验，但三级仅对外观质量进行检验。

（7）钢结构承受动荷载且需进行疲劳验算时，严禁使用塞焊、槽焊、电渣焊和气电立焊接头。

（8）高强度螺栓承压型连接不应用于直接承受动力荷载重复作用且需要进行疲劳计算的构件连接。

质量检查主控项目：

（1）钢构件焊接工程主控项目包括：

① 焊接材料在使用前，应按规定进行烘焙和存放。

② 持证焊工必须在其焊工合格证书规定的认可范围内施焊，严禁无证焊工施焊。

③ 施工单位应按规定进行焊接工艺评定，编写焊接工艺规程。

④ 设计要求的一、二级焊缝应进行内部缺陷的无损检测。

（2）高强度螺栓连接主控项目包括：

① 钢结构制作和安装单位应分别进行高强度螺栓连接摩擦面（含涂层摩擦面）的抗滑移系数试验和复验，现场处理的构件摩擦面应单独进行摩擦面抗滑移系数试验，其结果应满足设计要求。

② 高强度螺栓连接副应在终拧完成 1h 后、48h 内进行终拧检查。

### 3.4.4 装配式混凝土结构工程施工

**1. 施工准备**

装配式混凝土结构施工应制定专项方案，内容宜包括：工程概况、编制依据、进度计划、施工场地布置、预制构件运输与存放、安装与连接施工、绿色施工、安全管理、质量管理、信息化管理、应急预案等。

**2. 预制构件生产、吊运与存放**

1）生产要求

（1）预制构件生产宜建立首件验收制度。

（2）预制构件和部品经检查合格后，宜设置表面标识，出厂时，应出具质量证明文件。

### 2）吊装、运输要求

（1）吊装要求

① 应采取保证起重设备的主钩位置、吊具及构件重心在竖直方向上重合的措施。

② 吊索水平夹角不宜小于60°，不应小于45°。

③ 起吊应采用慢起、稳升、缓放的操作方式，严禁吊装构件长时间悬停在空中。

④ 吊装大型构件、薄壁构件和形状复杂的构件时，应使用分配梁或分配桁类吊具。

（2）运输要求

根据构件特点采用不同的运输方式，托架、靠放架、插放架（图3.4-22）应进行专门设计，并进行强度、稳定性和刚度验算：

（a）插放架　　　　　　　　　　　　　　（b）靠放架

图 3.4-22　插放架和靠放架

① 外墙板宜采用立式运输，外饰面层应朝外，梁、板、楼梯、阳台宜采用水平运输。

② 采用靠放架立式运输时，构件与地面倾斜角应大于80°，构件应对称靠放，每侧不大于2层。

③ 采用插放架直立运输时，应采取防止构件倾斜的措施，构件之间应设置隔离垫块。

④ 水平运输时，预制梁、柱构件叠放不宜超过3层，板类构件叠放不宜超过6层。

### 3）存放要求

（1）应按产品品种、规格、型号、检验状态分类存放，产品标识应明确耐久，预埋吊件朝上，标示向外。

（2）合理设置支点位置，并宜与起吊点位置一致。

（3）预制构件多层叠放时，每层构件间的垫块应上下对齐；预制楼板、叠合板、阳台板和空调板等构件宜平放，叠放层数不宜超过6层。

（4）预制柱、梁等细长构件应平放，且用两条垫木支撑。

（5）预制内外墙板、挂板宜采用专用支架直立存放。

## 3. 预制构件安装

1）一般要求

（1）预制构件与吊具的分离应在校准定位及临时支撑安装完成后进行。

（2）竖向预制构件安装采取临时支撑时，应符合下列规定（图3.4-23）：

（a）预制柱斜支撑设置　　　　　　　　（b）预制剪力墙斜支撑设置

图 3.4-23　预制柱、预制剪力墙的斜支撑设置

① 预制构件的临时支撑不宜少于两道。

② 对预制柱、墙板构件的上部斜支撑，其支撑点至板底的距离不宜小于构件高度的2/3，且不应小于构件高度的1/2。

（3）水平预制构件安装采用临时支撑时，应符合下列规定：

① 首层支撑架体的地基应平整坚实，宜采取硬化措施。

② 竖向连续支撑层数不宜少于2层且上下层支撑宜对准。

③ 叠合板预制底板下部支撑宜选用定型独立钢支柱。

2）预制柱安装要求

（1）与现浇部分连接的柱宜先行安装。其他宜按照角柱、边柱、中柱顺序进行安装。

（2）预制柱的就位以轴线和外轮廓线为控制线，对于边柱和角柱应以外轮廓线控制为准。

（3）预制柱安装就位后应在两个方向设置可调节临时固定支撑，并应进行垂直度、扭转调整。

3）预制剪力墙板安装要求

（1）与现浇部分连接的墙板宜先行吊装。其他宜按照外墙先行吊装的原则进行吊装。

（2）墙板以轴线和轮廓线为控制线，外墙应以轴线和轮廓线双控制。

（3）墙板需要分仓灌浆的，采用坐浆料进行分仓；多层剪力墙采用坐浆材料时，应均匀铺设，厚度不宜大于20mm。注意：分仓灌浆是指连通腔灌浆法，连通腔灌浆法需要分仓。

4）预制梁和叠合梁、板安装要求

（1）安装顺序应遵循先主梁、后次梁，先低后高的原则。

（2）安装前，应复核柱钢筋与梁钢筋位置、尺寸。

（3）安装就位后应对水平度、安装位置、标高进行检查。

（4）叠合板吊装完成后，对板底接缝高差及宽度进行校核。当叠合板底部接缝高差不满足要求时，应将构件重新起吊，通过可调支托进行调节，如图3.4-24所示。

图3.4-24 叠合板施工

（5）临时支撑应在后浇混凝土强度达到设计要求后方可拆除。

#### 4. 预制构件连接

预制构件钢筋可以采用钢筋套筒灌浆连接（图3.4-25）、钢筋浆锚搭接连接、焊接或螺栓连接、钢筋机械连接等连接方式。

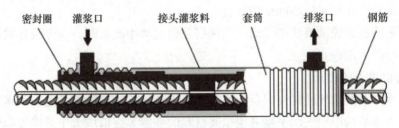

图3.4-25 全灌浆套筒剖面示意图

采用钢筋套筒灌浆连接、钢筋浆锚搭接连接的预制构件就位前，应检查下列内容：套筒、预留孔的规格、位置、数量和深度；被连接钢筋的规格、位置、数量和长度。

1）钢筋套筒灌浆施工方式应符合设计及专项施工方案要求

（1）应根据施工条件、操作经验选择连通腔灌浆法施工或坐浆法施工；高层建筑装配混凝土剪力墙宜采用连通腔灌浆法施工，当有可靠经验时也可采用坐浆法施工。

（2）竖向构件采用连通腔灌浆法施工时，应合理划分连通腔灌浆区域；每个区域除预留灌浆孔、出浆孔与排气孔外，应形成密闭空腔，不应漏浆；连通腔灌浆区域内任意两个灌浆套筒间距离不宜超过1.5m，连通腔内预制构件底部与下方已完成结构上表面的最小间隙不得小于10mm。

2）常温型灌浆料、低温型灌浆料使用的规定

当连续 3d 的施工环境温度、灌浆部位温度的最高值均低于 10℃时，可采用低温型灌浆料及低温型封浆料。常温型灌浆料、低温型灌浆料使用的规定，见表 3.4-13。

常温型灌浆料、低温型灌浆料使用的规定　　　表 3.4-13

| 类型 | 使用的规定 |
| --- | --- |
| 常温型灌浆料 | （1）任何情况下灌浆料拌合物温度不应低于 5℃，不宜高于 30℃。<br>（2）当灌浆施工开始前的气温、施工环境温度低于 5℃时，应采取加热及封闭保温措施，宜确保从灌浆施工开始 24h 内施工环境温度、灌浆部位温度不低于 5℃，之后宜继续封闭保温 2d。<br>（3）当灌浆施工过程的气温低于 0℃时，不得采用常温型灌浆料施工 |
| 低温型灌浆料、低温型封浆料 | （1）灌浆施工过程中的施工环境温度、灌浆部位温度不应高于 10℃。<br>（2）应采取封闭保温措施确保灌浆施工过程中施工环境温度不低于 0℃，确保从灌浆施工开始 24h 内灌浆部位温度不低于 -5℃，必要时采取加热措施。<br>（3）当连续 3d 平均气温大于 5℃时，可换回常温型灌浆料及常温型封浆料 |

3）灌浆施工的规定

（1）灌浆施工过程中应合理控制灌浆速度，宜先快后慢。

（2）对竖向钢筋套筒灌浆连接，灌浆作业应采用压浆法从灌浆套筒下灌浆孔注入，当灌浆料拌合物从构件其他灌浆孔、出浆孔平稳流出后应及时封堵。

（3）竖向钢筋套筒灌浆连接采用连通腔灌浆时，应采用一点灌浆的方式；当一点灌浆遇到问题而需要改变灌浆点时，各灌浆套筒已封堵的下部灌浆孔、上部出浆孔宜重新打开，待灌浆料拌合物再次平稳流出后进行封堵。

（4）灌浆料宜在加水后 30min 内用完。

（5）当采用连通腔灌浆法施工时，当两层及以上集中灌浆时，应经设计确认，专项施工方案应进行技术论证。

**5. 后浇混凝土的要求**

预制构件节点及接缝处后浇混凝土强度等级不应低于预制构件的混凝土强度等级。

多层剪力墙结构中墙板水平接缝用坐浆材料的强度等级值应大于被连接构件的混凝土强度等级值。

**6. 装配式混凝土结构的质量验收**

1）一般规定

当国家现行标准对工程中的验收项目未作具体规定时，应由建设单位组织设计、施工、监理等相关单位制定验收要求。

连接节点及叠合构件浇筑混凝土前，应进行隐蔽工程验收，包括下列内容：

（1）混凝土粗糙面的质量，键槽的尺寸、数量、位置。

（2）钢筋的牌号、规格、数量、位置、间距、箍筋弯钩的弯折角度及平直段长度。

（3）钢筋的连接方式、接头位置、接头数量、接头面积百分率、搭接长度、锚固方式及锚固长度。

(4)预埋件、预留管线的规格、数量、位置。
(5)预制混凝土构件接缝处防水、防火等构造做法。
(6)保温及其节点施工。

2)混凝土预制构件的主控项目要求

(1)专业企业生产的预制构件进场时,预制构件结构性能检验应符合下列规定:

梁板类简支受弯预制构件进场时应进行结构性能检验。

对于不可单独使用的叠合板预制底板,可不进行结构性能检验。对叠合梁构件是否进行结构性能检验、结构性能检验的方式应根据设计要求确定。

(2)对以上规定中不做结构性能检验的预制构件,应采取下列措施:

施工单位或监理单位代表应驻厂监督生产过程。

当无驻厂监督时,预制构件进场时应对其主要受力钢筋数量、规格、间距、保护层厚度及混凝土强度等进行实体检验。

3)混凝土预制构件安装与连接的主控项目

(1)采用套筒灌浆连接、浆锚搭接连接时,灌浆应饱满、密实,所有出口均应出浆。

(2)钢筋套筒灌浆连接及浆锚搭接连接的灌浆料强度应符合规定。每工作班应制作1组且每层不应少于3组40mm×40mm×160mm的长方体试件,标准养护28d后进行抗压强度试验。

(3)预制构件底部接缝坐浆强度应满足设计要求。每工作班同一配合比应制作1组且每层不应少于3组边长为70.7mm的立方体试件,标准养护28d后进行抗压强度试验。

(4)外墙板接缝的防水性能应符合设计要求。每1000m² 外墙(含窗)面积应划分为一个检验批,不足1000m² 时也应划分为一个检验批;每个检验批应至少抽查一处,抽查部位应为相邻两层四块墙板形成的水平和竖向十字接缝区域,面积不得少于10m²,进行现场淋水试验。

4)外围护系统质量检查与验收

外围护系统质量检查与验收,见表3.4-14。

外围护系统质量检查与验收　　表3.4-14

| 项目 | 内容 |
| --- | --- |
| 完成下列隐蔽项目的现场验收 | (1)预埋件。<br>(2)与主体结构的连接节点。<br>(3)与主体结构之间的封堵构造节点。<br>(4)变形缝及墙面转角处的构造节点。<br>(5)防雷装置。<br>(6)防火构造。 |
| 根据工程实际情况进行下列现场试验和测试 | (1)饰面砖(板)的粘结强度测试。<br>(2)墙板接缝及外门窗安装部位的现场淋水试验。<br>(3)现场隔声测试。<br>(4)现场传热系数测试。 |
| 在验收前完成下列性能的试验和测试 | (1)抗压性能、层间变形性能、耐撞击性能、耐火极限等试验室检测。<br>(2)连接件材性、锚栓拉拔强度等检测。 |

### 3.4.5 钢－混凝土组合结构工程施工

**1. 设计要求**

（1）钢－混凝土组合结构及构件的安全等级不应低于二级。**注意**：钢－混凝土组合结构构件的混凝土强度等级≥C30。

（2）钢－混凝土组合楼板总厚度不应小于90mm。

（3）钢管约束混凝土柱的钢管应在柱上下两端断开。**注意**：钢管约束混凝土柱、钢管混凝土柱是不同的构件。

（4）钢管混凝土柱应在每个楼层设置排气孔，当楼层高度超过6m时，应在两个楼层中间增设排气孔。

（5）型钢混凝土框架柱端和梁端应设置箍筋加密区，抗震等级一级时加密区长度不应小于$2h$，其他情况时加密区长度不应小于$1.5h$（$h$为柱截面高度或梁高）。**注意**："其他情况"是指抗震等级为二级、三级、四级。

**2. 施工要求**

（1）施工阶段钢－混凝土组合楼板的挠度应按施工荷载计算，其计算值和实测值不应大于板跨度的1/180，且不应大于20mm。

（2）钢－混凝土组合结构验收应同时覆盖钢构件、钢筋和混凝土等各部分，针对隐蔽工序应采用分段验收的方式。隐蔽工序验收应符合下列规定：

①钢筋、模板安装前，应检验钢构件施工质量。

②混凝土浇筑前，应检验连接件、栓钉和钢筋的施工质量。

③混凝土浇筑后，应检验组合构件的施工质量。

（3）钢管混凝土应进行浇灌混凝土的施工工艺评定，主体结构管内混凝土的浇灌质量应全数检测。

（4）钢－混凝土组合构件中钢筋与钢构件的连接质量验收应符合下列规定：

①采用绕开法连接时，应检验钢筋锚固长度。

②采用开孔法连接时，应检验钢构件上孔洞质量和钢筋锚固长度。

③采用套筒或连接件时，应检验钢筋与套筒或连接件的连接质量。

④钢筋与钢构件直接焊接时，应检验焊接质量。

## 3.5 屋面与防水工程施工

### 3.5.1 屋面工程构造与施工

**1. 屋面防水等级和防水做法**

平屋面（排水坡度小于或等于18%的屋面）工程的防水做法应符合表3.5-1的规定。

**2. 屋面防水的基本要求**

卷材、涂膜屋面的基本构造层次，如图3.5-1、图3.5-2所示。

严寒及寒冷地区屋面需要设置隔汽层，隔汽层应选用气密性、水密性好的材料。隔汽层应沿周边墙面向上连续铺设，高出保温层上表面不得小于150mm。

平屋面工程的防水做法　　　　表 3.5-1

| 防水等级 | 防水做法 | 防水层 | |
| --- | --- | --- | --- |
| | | 防水卷材 | 防水涂料 |
| 一级 | 不应少于3道 | 卷材防水层不应少于1道 | |
| 二级 | 不应少于2道 | 卷材防水层不应少于1道 | |
| 三级 | 不应少于1道 | 任选 | |

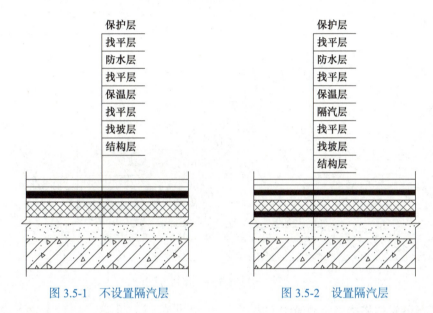

图 3.5-1　不设置隔汽层　　　　图 3.5-2　设置隔汽层

（1）屋面防水应以防为主，以排为辅。

（2）混凝土结构层宜采用结构找坡，坡度不应小于3%；当采用材料找坡时，坡度宜为2%，找坡层最薄处厚度不宜小于20mm。檐沟、天沟纵向找坡不应小于1%。

（3）保温层上的找平层应在水泥初凝前压实抹平，并应留设分隔缝，缝宽宜为5～20mm，纵横缝的间距不宜大于6m（图3.5-3）。找平层设置的分隔缝可兼作排汽道，排汽道的宽度宜为40mm（图3.5-4）。

图 3.5-3　分隔缝

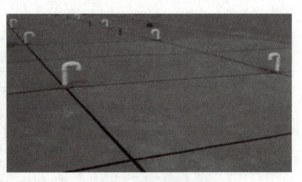

图 3.5-4　分隔缝兼作排气道

**3. 屋面卷材防水层施工**

（1）卷材防水层铺贴顺序和方向应符合下列规定：

① 卷材防水层施工时，应先进行细部构造处理，然后由屋面最低标高向上铺贴。

② 檐沟、天沟卷材施工时，宜顺檐沟、天沟方向铺贴，搭接缝应顺流水方向。

③ 卷材宜平行屋脊铺贴，上下层卷材不得相互垂直铺贴。

（2）立面或大坡面铺贴卷材时，应采用满粘法，并宜减少卷材短边搭接。

（3）卷材搭接缝的规定（图3.5-5）：

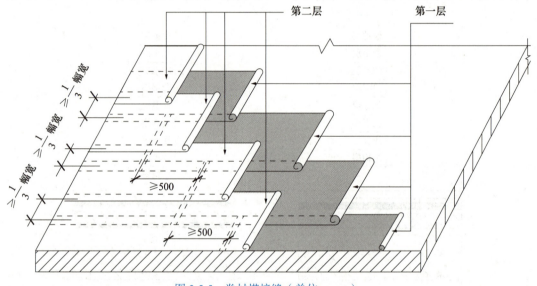

图3.5-5　卷材搭接缝（单位：mm）

① 平行屋脊的搭接缝应顺流水方向。

② 同一层相邻两幅卷材短边搭接缝错开不应小于500mm。

③ 上下层卷材长边搭接缝应错开，且不应小于幅宽的1/3。

④ 叠层铺贴的各层卷材，在天沟与屋面的交接处，应采用叉接法搭接，搭接缝应错开。搭接缝宜留在屋面与天沟侧面，不宜留在沟底。

卷材铺贴方法有冷粘法、热粘法、热熔法、自粘法、焊接法、机械固定法等，其施工要求，见表3.5-2。

卷材铺贴方法的施工要求　　　　表3.5-2

| 分类 | 施工要求 |
|---|---|
| 冷粘法 | （1）铺贴卷材时应排除卷材下面的空气，并应辊压粘贴牢固。<br>（2）合成高分子卷材搭接部位的粘合应采用与卷材配套的接缝专用胶粘剂。当采用胶粘带粘结，且低温施工时，宜采用热风机加热。<br>（3）搭接缝口应用材性相容的密封材料封严 |
| 热粘法 | （1）熔化热熔型改性沥青胶结料时，加热温度不应高于200℃，使用温度不宜低于180℃。<br>（2）粘贴卷材的热熔型改性沥青胶结料厚度宜为1.0～1.5mm。<br>（3）采用热熔型改性沥青胶结料铺贴卷材时，应随刮随滚铺，并应展平压实 |

续表

| 分类 | 施工要求 |
|---|---|
| 热熔法 | 厚度小于3mm的高聚物改性沥青防水卷材，严禁采用热熔法施工 |
| 自粘法 | 接缝处应用密封材料封严，宽度不应小于10mm |
| 焊接法 | 应先焊长边搭接缝，后焊短边搭接缝 |
| 机械固定法 | （1）固定件应与结构层连接牢固。<br>（2）固定件间距应根据抗风揭试验和使用环境与条件确定，并不宜大于600mm。<br>（3）卷材防水层周边800mm范围内应满粘，卷材收头应采用金属压条钉压固定和密封处理 |

**4. 屋面涂抹防水层施工**

（1）涂膜防水层的基层应坚实、平整、干净，应无孔隙、起砂和裂缝。

（2）溶剂型、热熔型和反应固化型防水涂料要求基层应干燥。水乳型或水泥基类防水涂料对基层的干燥度无严格要求，干燥基层比潮湿基层有利。

（3）涂膜防水层施工工艺应符合下列规定：

① 水乳型及溶剂型防水涂料宜选用滚涂或喷涂施工。

② 反应固化型防水涂料宜选用刮涂或喷涂施工。

③ 热熔型防水涂料宜选用刮涂施工。

④ 聚合物水泥防水涂料宜选用刮涂法施工。

⑤ 所有防水涂料用于细部构造时，宜选用刷涂或喷涂施工。

⑥ 防水涂料应多遍涂布，并应待前一遍涂布的涂料干燥成膜后，再涂布后一遍涂料，且前后两遍涂料的涂布方向应相互垂直。

（4）铺设胎体增强材料应符合下列规定：

① 胎体增强材料宜采用聚酯无纺布或化纤无纺布。

② 胎体增强材料长边搭接宽度不应小于50mm，短边搭接宽度不应小于70mm；上下层胎体增强材料的长边搭接应错开，且不得小于幅宽的1/3。

③ 上下层胎体增强材料不得相互垂直铺设。

（5）涂膜防水层的平均厚度应符合设计要求，且最小厚度不得小于设计厚度的80%。

**5. 檐口、檐沟、天沟、水落口等细部的施工**

（1）卷材防水屋面檐口800mm范围内的卷材应满粘，卷材收头应采用金属压条钉压，并应用密封材料封严。檐口下端应做鹰嘴和滴水槽（图3.5-6）。

（2）檐沟、天沟和女儿墙泛水处的防水层下应增设附加层，附加层伸入屋面或在平面和立面的宽度均不应小于250mm（图3.5-7、图3.5-8）。

女儿墙和山墙的压顶向内排水坡度不应小于5%，压顶内侧下端应做成鹰嘴或滴水槽。女儿墙和山墙的卷材应满粘，卷材收头应用金属压条钉压固定、密封材料封严。女儿墙和山墙的涂膜应直接涂刷至压顶下，涂膜收头应用防水涂料多遍涂刷。

（3）水落口杯应牢固地固定在承重结构上，防水层下应增设涂膜附加层。

水落口杯上口应设在沟底的最低处，水落口处不得有渗漏和积水现象。水落口周围直径500mm范围内坡度不应小于5%；防水层和附加层伸入水落口杯内不应小于50mm（图3.5-9）。

（4）变形缝处防水层应铺贴或涂刷至泛水墙的顶部。等高变形缝顶部宜加扣混凝土或金属盖板（图3.5-10）；对高低跨变形缝在高跨墙面上的防水卷材进行固定并用金属盖板封盖（图3.5-11）。

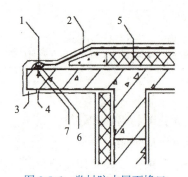

图3.5-6 卷材防水屋面檐口
1—密封材料；2—卷材防水层；3—鹰嘴；4—滴水槽；
5—保温层；6—金属压条；7—水泥钉

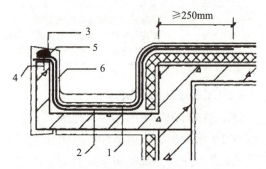

图3.5-7 卷材、涂膜防水屋面檐沟
1—防水层；2—附加层；3—密封材料；4—水泥钉；
5—金属压条；6—保护层

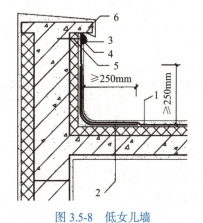

图3.5-8 低女儿墙
1—防水层；2—附加层；3—密封材料；4—金属压条；
5—水泥钉；6—压顶

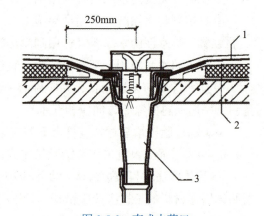

图3.5-9 直式水落口
1—防水层；2—附加层；3—水落斗

### 6. 保温隔热工程施工

保温层的分类：板状材料保温层，纤维材料保温层，整体材料保温层（喷涂硬泡聚氨酯、现浇泡沫混凝土）。

屋面隔热层设计的要求：通常采取种植、架空和蓄水等隔热措施。采用种植隔热优于架空隔热和蓄水隔热。

#### 1）保温层施工

进场的保温材料应检验下列项目：

板状保温材料检查表观密度或干密度、压缩强度或抗压强度、导热系数、燃烧性能。
纤维保温材料应检验表观密度、导热系数、燃烧性能。

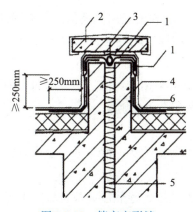
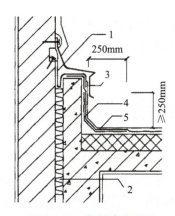

图 3.5-10 等高变形缝　　　　　　　　图 3.5-11 高低跨变形缝

1—卷材封盖；2—混凝土盖板；3—衬垫材料；4—附加层；　　1—卷材封盖；2—不燃保温材料；3—金属盖板；
5—不燃保温材料；6—防水层　　　　　　　　　　　　　　　　　　4—附加层；5—防水层

（1）块状材料保温层施工时，铺贴方法有干铺法、粘贴法和机械固定法。

（2）喷涂硬泡聚氨酯保温层施工时，一个作业面应分遍喷涂完成，每遍喷涂厚度不宜大于15mm，硬泡聚氨酯喷涂后20min内严禁上人；作业时，应采取防止污染的遮挡措施。施工环境温度宜为15~35℃，空气相对湿度宜小于85%，风速不宜大于三级，五级风以上的天气应停止施工。

（3）现浇泡沫混凝土保温层施工时，浇筑出口离基层的高度不宜超过1m，泵送时应采取低压泵送；泡沫混凝土应分层浇筑，一次浇筑厚度不宜超过200mm，保湿养护时间不得少于7d。施工环境温度宜为5~35℃，五级风以上的天气应停止施工。

2）倒置式屋面保温层的要求

倒置式屋面基本构造自下而上宜由结构层、找坡层、找平层、防水层、保温层及保护层组成（图3.5-12）。倒置式屋面保温层的厚度应按照设计计算厚度增加25%取值，且最小厚度不得小于25mm。

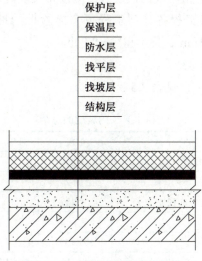

图 3.5-12 倒置式屋面基本构造

低女儿墙和山墙的保温层应铺到压顶下；高女儿墙和山墙内侧的保温层应铺到顶部；保温层应覆盖变形缝挡墙的两侧；屋面设施基座与结构层相连时，保温层应包裹基座的上部。

保温层板材施工，坡度不大于3%的不上人屋面可采用干铺法，上人屋面宜采用粘结法；坡度大于3%的屋面应采用粘结法，并应采用固定防滑措施。

3）种植屋面保温层要求

种植屋面和地下建（构）筑物种植顶板工程防水等级应为一级，并应至少设置一道具有耐根穿刺性能的防水层，其上应设置保护层。

种植平屋面的基本构造层次包括（从下而上）：基层、绝热层、找（坡）平层、普通防水层、耐根穿刺防水层、保护层、排（蓄）水层、过滤层、种植土层和植被层等。

种植屋面绝热材料可采用喷涂硬泡聚氨酯和硬泡聚氨酯板、挤塑聚苯乙烯泡沫塑料保温板、硬质聚异氰脲酸酯泡沫保温板、酚醛硬泡保温板等轻质绝热材料，不得采用散状绝热材料。

耐根穿刺防水材料的厚度要求：改性沥青防水卷材的厚度不应小于4mm；聚氯乙烯防水卷材、热塑性聚烯烃防水卷材、高密度聚乙烯土工膜、三元乙丙橡胶防水卷材等厚度均不应小于1.2mm；喷涂聚脲防水涂料的厚度不应小于2mm。

**7. 保护层和隔离层施工**

施工完的防水层应进行雨后观察、淋水或蓄水试验，并应在合格后再进行保护层和隔离层的施工。

**8. 施工质量的检查与检验**

（1）防水层完工后，应进行观感质量检查和在雨后或持续淋水2h后（蓄水检验的时间不应少于24h），检查有无渗漏、积水和排水系统是否畅通，符合要求方可进行防水层验收。

（2）屋面工程各分项工程宜按屋面面积每500～1000m² 划分为一个检验批，不足500m² 应按一个检验批；每个检验批的抽检数量应按相关规范规定执行。

（3）防水、保温与隔热工程各分项工程每个检验批的抽检数量，应按屋面面积每100m² 抽查1处，每处应为10m²，且不得少于3处。

**9. 与排水有关的坡度的总结**

与排水有关的坡度的总结，见表3.5-3。

与排水有关的坡度的总结　　表3.5-3

|  | 分类 | 坡度 | 备注 |
|---|---|---|---|
| 屋面防水 | 结构找坡 | ≥3% | — |
|  | 材料找坡 | 宜为2% | — |
|  | 檐沟、天沟纵向找坡 | ≥1% |  |
|  | 倒置式屋面 | 不宜>3% |  |
|  | 散水 | 3%～5% |  |
| 水落口 | 其周围直径500mm范围内坡度 | ≥5% | 防水层、附加层伸入水落口杯类≥50mm |

## 3.5.2 地下室防水工程施工

### 1. 地下工程防水等级与做法

明挖法地下工程现浇混凝土主体结构防水做法见表 3.5-4 的规定。

主体结构防水做法　　　　　　　　　　　　表 3.5-4

| 防水等级 | 防水做法 | 防水混凝土 | 外设防水层 | | | 现浇混凝土结构最低抗渗等级 |
| --- | --- | --- | --- | --- | --- | --- |
| | | | 防水卷材 | 防水涂料 | 水泥基防水材料 | |
| 一级 | 不应少于3道 | 为1道，应选 | 不少于2道；防水卷材或防水涂料不应少于1道 | | | P8 |
| 二级 | 不应少于2道 | 为1道，应选 | 不少于1道；任选 | | | P8 |
| 三级 | 不应少于1道 | 为1道，应选 | — | | | P6 |

带钢边中埋式止水带、中埋式中孔型橡胶止水带和外贴式止水带，如图 3.5-13 所示。

（a）带钢边中埋式止水带　　（b）中埋式中孔型橡胶止水带　　（c）外贴式止水带

图 3.5-13　止水带

明挖法地下工程结构接缝的防水设防措施见表 3.5-5、表 3.5-6 的规定。

**注意**：施工缝与后浇带进行对比记忆；变形缝与诱导缝进行对比记忆。

施工缝和后浇带的设防措施　　　　　　　　表 3.5-5

| 序号 | 名称 | 施工缝 | 后浇带 |
| --- | --- | --- | --- |
| 1 | 混凝土界面处理剂或外涂型水泥基渗透结晶型防水材 | 不应少于2种 | — |
| 2 | 预埋注浆管 | | 不应少于1种 |
| 3 | 遇水膨胀止水条或止水胶 | | |
| 4 | 中埋式止水带 | | |
| 5 | 外贴式止水带 | | |
| 6 | 补偿收缩混凝土 | — | 应选 |

变形缝和诱导缝的设防措施 表3.5-6

| 序号 | 名称 | 变形缝 | 诱导缝 |
|---|---|---|---|
| 1 | 中埋式中孔型橡胶止水带 | 应选 | 应选 |
| 2 | 外贴式中孔型止水带 | 不应少于2种 | — |
| 3 | 可卸式止水带 | | — |
| 4 | 密封嵌缝材料 | | 不应少于1种 |
| 5 | 外贴防水卷材或外涂防水涂料 | | |
| 6 | 外贴式止水带 | | — |

**2. 防水混凝土的施工要求**

1）防水混凝土制备

（1）防水混凝土抗渗等级不得小于P6，其试配混凝土的抗渗等级应比设计要求提高0.2MPa。寒冷地区抗冻设防段防水混凝土抗渗等级不应低于P10。地下工程迎水面主体结构的防水混凝土结构厚度不应小于250mm。

（2）宜采用硅酸盐水泥、普通硅酸盐水泥。石子最大粒径不宜大于40mm，含泥量不应大于3%，泥块含量不宜大于1%。不宜使用海砂。

（3）胶凝材料总用量不宜小于320kg/m³，水泥用量不宜小于260kg/m³；水胶比不得大于0.50；宜采用预拌商品混凝土，其入泵坍落度宜为120～160mm。

（4）拌合物应采用机械搅拌，搅拌时间不宜小于2min。

2）防水混凝土浇筑与养护

（1）应分层连续浇筑，分层厚度不得大于500mm，并应采用机械振捣。

（2）墙体水平施工缝不应留在剪力最大处或底板与侧墙的交接处，应留在高出底板表面不小于300mm的墙体上（图3.5-14）。墙体有预留孔洞时，施工缝距孔洞边缘不应小于300mm。

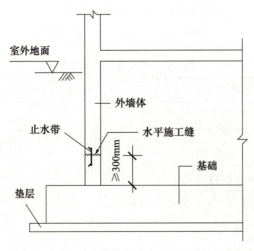

图3.5-14 墙体水平施工缝的留置

（3）施工缝的施工要求：

① 水平施工缝浇筑混凝土前，将其表面浮浆和杂物清除，洒水湿润，宜浇一层水泥净浆等界面材料，再铺30mm厚、与浇筑混凝土同成分的水泥砂浆，并及时浇筑混凝土。

② 垂直施工缝浇筑混凝土前，应将其表面剔除、清理干净，露出混凝土石子毛面，洒水湿润，宜涂刷一层水泥净浆等界面材料，并及时浇筑混凝土。

③ 中埋式止水带施工的规定：

a. 钢板止水带采用焊接连接时应满焊。

b. 橡胶止水带应采用热硫化连接，连接接头不应设在结构转角部位，转角部位应呈圆弧状。

c. 自粘丁基橡胶钢板止水带自粘搭接长度不应小于80mm，当采用机械固定搭接时，搭接长度不应小于50mm。

d. 钢边橡胶止水带铆接时，铆接部位应采用自粘胶带密封。

（4）大体积防水混凝土，掺粉煤灰混凝土设计强度等级龄期宜为60d或90d；高温期施工入模温度不应大于30℃。

（5）防水混凝土保温保湿养护时间不得少于14d，后浇带不得少于28d。

（6）地下室外墙穿墙管止水措施：单独埋设的管道可采用套管式穿墙防水。当管道集中多管时，可采用穿墙群管防水。

### 3. 水泥砂浆防水层施工

水泥砂浆防水层的施工，见表3.5-7。

水泥砂浆防水层的施工  表3.5-7

| 项目 | 内容 |
| --- | --- |
| 适用部位 | 可用于地下工程主体结构的迎水面或背水面；<br>不应用于受持续振动或温度高于80℃的地下工程防水 |
| 厚度要求 | 地下工程使用聚合物水泥防水砂浆防水层的厚度不应小于6mm，掺外加剂、防水剂的砂浆防水层的厚度不应小于18mm |
| 材料 | 应使用硅酸盐水泥、普通硅酸盐水泥或特种水泥；砂宜采用中砂，含泥量不应大于1% |
| 基层 | 基层表面应平整、坚实、清洁，并应充分湿润、无明水；<br>基层表面的孔洞、缝隙，应采用与防水层相同的防水砂浆堵塞并抹平 |
| 施工 | （1）宜采用多层抹压法施工。应分层铺抹或喷射，铺抹时应压实、抹平，最后一层表面应提浆压光。<br>（2）留设施工缝时，离阴阳角处的距离不得小于200mm。<br>（3）不得在雨天、五级及以上大风中施工。<br>（4）冬期施工气温不应低于5℃；高温天气施工不宜高于30℃ |
| 养护 | 终凝后及时养护，温度不宜低于5℃，养护时间不得少于14d |

### 4. 卷材防水层施工

1）一般规定

卷材防水层应铺设在混凝土结构的迎水面上。

卷材防水层的基面应坚实、平整、清洁、干燥，阴阳角处应做成圆弧或45°坡角，涂刷基层处理剂。阴阳角处应铺设卷材加强层，其宽度宜为300～500mm。

防水卷材施工应符合下列规定：

（1）结构底板垫层混凝土部位的卷材可采用空铺法或点粘法；铺贴立面卷材防水层时，应采取防止卷材下滑的措施。

（2）当铺贴预铺反粘类防水卷材时，自粘胶层应朝向待浇筑混凝土；防粘隔离膜应在混凝土浇筑前撕除。

（3）主体结构侧墙和顶板上的防水卷材应满粘，侧墙防水卷材不应竖向倒槎搭接。

（4）支护结构铺贴防水卷材，应采取防止卷材下滑、脱落的措施；防水卷材大面不应采用钉固定。

（5）铺贴双层卷材时，上下两层和相邻两幅卷材的接缝应错开1/3～1/2幅宽，且两层卷材不得相互垂直铺贴。

（6）同层卷材搭接不应超过3层。

（7）冷粘法、自粘法施工的环境气温不宜低于5℃，热熔法、焊接法施工的环境气温不宜低于-10℃。

### 2）外防外贴法铺贴卷材防水层

（1）先铺平面，后铺立面，交接处应交叉搭接。

（2）临时性保护墙宜采用石灰砂浆砌筑，内表面宜做找平层。

（3）从底面折向立面的卷材与永久性保护墙的接触部位，应采用空铺法施工。

卷材与临时性保护墙或围护结构模板的接触部位，应将卷材临时贴附在该墙上或模板上，并应将顶端临时固定。

（4）卷材接槎的搭接长度，高聚物改性沥青类卷材应为150mm，合成高分子类卷材应为100mm。

卷材防水层甩槎、接槎构造如图3.5-15所示。

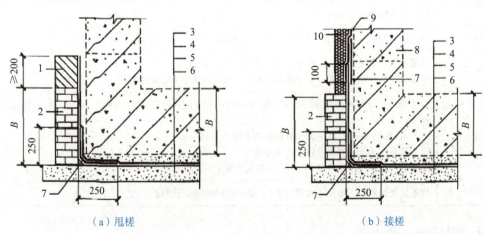

(a) 甩槎  (b) 接槎

图3.5-15 卷材防水层甩槎、接槎构造（单位：mm）

1—临时保护墙；2—永久保护墙；3—细石混凝土保护层；4—卷材防水层；5—水泥砂浆找平层；6—混凝土垫层；7—卷材加强层；8—结构墙体；9—卷材防水层；10—卷材保护层

3）外防内贴法铺贴卷材防水层

（1）混凝土结构的保护墙内表面应抹厚度为20mm的1∶3水泥砂浆找平层。

（2）卷材宜先铺立面，后铺平面；铺贴立面时，应先铺转角，后铺大面。**注意**：对比外防外贴法、外防内贴法的不同。

外防内贴法铺贴卷材防水层如图3.5-16所示。

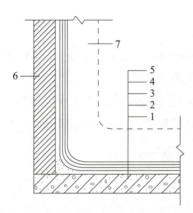

图3.5-16　外防内贴法铺贴卷材防水层（单位：mm）

1—垫层；2—找平层；3—卷材防水层；4—保护层；5—底板；6—保护墙；7—需防水结构墙体

4）卷材防水层的施工

底板卷材防水层上细石混凝土保护层厚度不应小于50mm。

侧墙卷材防水层宜采用软质保护材料或铺抹20mm厚1∶2.5水泥砂浆层。

顶板卷材防水层上的细石混凝土保护层采用人工回填土时厚度不宜小于50mm，采用机械碾压回填土时厚度不宜小于70mm，防水层与保护层之间宜设隔离层。

**5. 涂料防水层施工**

无机防水涂料宜用于结构主体的背水面，有机防水涂料宜用于地下工程主体结构的迎水面。

（1）桩头应涂刷外涂型水泥基渗透结晶型防水材料，涂刷层与大面防水层的搭接宽度不应小于300mm（图3.5-17）。防水层应在桩头根部进行密封处理。

图3.5-17　桩头防水施工

（2）接槎宽度不应小于100mm。

（3）设置胎体时，胎体应铺贴平整，涂料应浸透胎体，且胎体不应外露。

（4）应分层刷涂或喷涂。涂刷应待前遍涂层干燥成膜后进行，每遍涂刷时应交替改变涂层的涂刷方向。

（5）严禁在雨天、雾天、五级及以上大风时施工，不得在低于-5℃及高于35℃时施工。

（6）涂料防水层的保护层：

① 底板、顶板应采用20mm厚1:2.5水泥砂浆层和40～50mm厚的细石混凝土保护层，防水层与保护层之间宜设置隔离层。

② 侧墙背水面保护层应采用20mm厚1:2.5水泥砂浆。

③ 侧墙迎水面保护层宜选用软质保护材料或20mm厚1:2.5水泥砂浆。

### 3.5.3 室内与外墙防水工程施工

**1. 室内防水工程施工**

1）室内防水设计

住宅室内防水包括楼、地面防水、排水，室内墙体防水和独立水容器防水、防渗。室内楼地面防水做法见表3.5-8的规定。室内墙面防水层不应少于1道。

室内楼地面防水做法　　　　表3.5-8

| 防水等级 | 防水做法 | 防水层 | | |
|---|---|---|---|---|
| | | 防水卷材 | 防水涂料 | 水泥基防水材料 |
| 一级 | 不应少于2道 | 防水涂料或防水卷材不应少于1道 | | |
| 二级 | 不应少于1道 | 任选 | | |

（1）淋浴区墙面防水层翻起高度不应小于2000mm，且不低于淋浴喷淋口高度。

（2）盥洗池盆等用水处墙面防水层翻起高度不应小于1200mm。

（3）墙面其他部位泛水翻起高度不应小于250mm。

（4）屋面女儿墙的泛水高度不应小于250mm。注意：归类此处、方便记忆。

（5）在厨房、卫生间、浴室等处采用轻骨料混凝土小型砌块、蒸压加气混凝土砌块砌筑墙体时，墙体底部宜现浇混凝土坎台，其高度宜为150mm。注意：归类此处、方便记忆。

（6）穿过楼板的防水套管应高出装饰层完成面，且高度不应小于20mm。

2）室内防水层施工

（1）管根、地漏与基层的交接部位，预留宽10mm、深10mm的环形凹槽，槽内嵌填密封材料。

（2）穿越楼板、防水墙面的管道和预埋件等，在防水施工前安装。

（3）防水涂料在大面积施工前，先在阴阳角、管根、地漏、排水口、设备基础根等部位施作附加层，并夹铺胎体增强材料。最后一遍施工时，可在涂层表面撒砂。

（4）防水卷材应在阴阳角、管根、地漏等部位先铺设附加层，附加层材料可采用与防水层同品种的卷材或与卷材相容的涂料。

（5）密封材料施工宜采用胶枪挤注施工，也可用腻子刀等嵌填压实。

（6）施工环境温度宜为5~35℃。

**2. 外墙防水工程施工**

建筑外墙的防水层应设置在迎水面。

1）无外保温外墙的整体防水层设计要求

无外保温外墙的整体防水层设计要求应符合表3.5-9的规定。

无外保温外墙的整体防水层设计要求　　　　表3.5-9

| 项目 | 涂料饰面 | 块材饰面 | 幕墙饰面 |
|---|---|---|---|
| 防水层位置 | 设在找平层和涂料饰面层之间 | 设在找平层和块材粘结层之间 | 设在找平层和幕墙饰面之间 |
| 聚合物水泥防水砂浆 | √ | √ | √ |
| 普通防水砂浆 | √ | √ | √ |
| 聚合物水泥防水涂料、聚合物乳液防水涂料或聚氨酯防水涂料 | — | — | √ |

2）外保温外墙的整体防水层设计要求

采用涂料或块材饰面时，防水层宜设在保温层和墙体基层之间，防水层可采用聚合物水泥防水砂浆或普通防水砂浆。

采用幕墙饰面时，设在找平层上的防水层宜采用聚合物水泥防水砂浆、普通防水砂浆、聚合物水泥防水涂料、聚合物乳液防水涂料或聚氨酯防水涂料；当外墙保温层选用矿物棉保温材料时，防水层宜采用防水透气膜。

3）施工要求

（1）严禁在雨天、雪天和五级风及其以上时施工；施工的环境气温宜为5~35℃。

（2）外墙门、窗框、伸出外墙管道、设备或预埋件等部件安装完毕后，再进行防水施工。外墙防水层施工前，宜先做好节点处理，再进行大面积施工。

### 3.5.4　墙体保温隔热工程

**1. 外墙外保温工程**

外墙外保温系统是由保温层、防护层和固定材料构成。在正常条件下，外保温工程的使用年限不应少于25年。外保温系统分类及构造层次，见表3.5-10。

外保温系统分类及构造层次　　　　表3.5-10

| 序号 | 外保温系统分类 | 构造层次 |
|---|---|---|
| 1 | 粘贴保温板薄抹灰 | 粘结层、保温层、抹面层、饰面层 |
| 2 | 胶粉聚苯颗粒保温浆料 | 界面层、保温层、抹面层、饰面层 |
| 3 | EPS板现浇混凝土 | 现浇混凝土外墙作为基层墙体，EPS板为保温层、抹面层、饰面层 |

续表

| 序号 | 外保温系统分类 | 构造层次 |
|---|---|---|
| 4 | EPS 钢丝网架板现浇混凝土 | 现浇混凝土外墙作为基层墙体，EPS 钢丝网架板为保温层、抹面层、饰面层 |
| 5 | 胶粉聚苯颗粒浆料贴砌 EPS 板 | 界面层、胶粉聚苯颗粒贴砌浆料层、EPS 板保温层、胶粉聚苯颗粒贴砌浆料层、抹面层、饰面层 |
| 6 | 现场喷涂硬泡聚氨酯 | 界面层、现场喷涂硬泡聚氨酯保温层、界面砂浆层、找平层、抹面层、饰面层 |

**2. 外墙内保温工程**

外墙内保温系统主要由保温层和防护层组成。它可分为：复合板内保温系统；有机保温板内保温系统；无机保温板内保温系统；保温砂浆外墙内保温系统；喷涂硬泡聚氨酯内保温系统。

保温砂浆外墙内保温系统：界面层采用界面砂浆，保温层采用保温砂浆，防护层包含抹面层和饰面层。应分层施工，每层厚度不应大于 20mm。保温砂浆内保温系统采用涂料饰面时，宜采用弹性腻子和弹性涂料。

**3. 其他分类**

1）预置保温板现浇混凝土墙体（俗称夹芯层墙体）

（1）EPS 板现浇混凝土外墙外保温系统（简称无网现浇系统）。

（2）EPS 钢丝网架板现浇混凝土外墙外保温系统（简称有网现浇系统）。

2）自保温混凝土复合砌块墙体

自保温砌块的复合形式，分为三种类型：

Ⅰ型：在骨料中复合轻质骨料制成的自保温砌块。

Ⅱ型：在孔洞中填插保温材料制成的自保温砌块。

Ⅲ型：在骨料中复合轻质骨料且在孔洞中填插保温材料制成的自保温砌块。

**4. 墙体保温工程中的防火隔离带的施工要求**

（1）防火隔离带的保温材料其燃烧性能应为 A 级。采用岩棉带时，应采用界面剂或界面砂浆进行涂覆处理，或采用玻璃纤维网布聚合物砂浆进行包覆处理（图 3.5-18）。

（a）防火隔离带　　　　　　　　　（b）岩棉带

图 3.5-18　外墙防火隔离带

（2）防火隔离带应与基层墙体可靠连接，不产生渗透、裂缝和空鼓；应能承受自重、风荷载和气候的反复作用而不产生破坏。

（3）防火隔离带宽度不应小于300mm，防火棉的密度不应小于100kg/m³。

**5. 外墙外保温施工要求**

（1）保温层施工前，应进行基层墙体检查或处理。基层墙体表面应洁净、坚实、平整，无油污和脱模剂等妨碍粘结的附着物，凸起、空鼓和疏松部位应剔除。当基层墙面需要进行界面处理时，宜使用水泥基界面砂浆。

（2）采用粘贴固定的外保温系统，施工前应按标准规定做基层墙体与胶粘剂的拉伸粘结强度检验，拉伸粘结强度不应低于0.3MPa，且粘结界面脱开面积不应大于50%。

（3）粘贴保温板薄抹灰外保温系统中的保温材料施工上墙后应及时做抹面层。

（4）防火隔离带的施工应与保温材料的施工同步进行。

（5）施工期间现场不应有高温或明火作业。

（6）环境温度不应低于5℃。5级以上大风天气和雨天不得施工。

**6. 墙体节能工程的施工质量验收**

1）基本规定

（1）单位工程施工组织设计应包括建筑节能工程的施工内容。建筑节能工程施工前，施工单位应编制建筑节能工程专项施工方案。施工单位应对从事建筑节能工程施工作业的人员进行技术交底和必要的实际操作培训。

（2）涉及建筑节能效果的定型产品、预制构件，以及采用成套技术现场施工安装的工程，相关单位应提供型式检验报告。当无明确规定时，型式检验报告的有效期不应超过2年。

2）材料、构件和设备施工进场复验内容

（1）保温隔热材料的导热系数或热阻、密度、压缩强度或抗压强度、吸水率、燃烧性能（不燃材料除外），以及垂直于板面方向的抗拉强度（仅限墙体）。

（2）复合保温板等墙体节能定型产品的传热系数或热阻、单位面积质量、拉伸粘结强度及燃烧性能（不燃材料除外）。

（3）保温砌块等墙体节能定型产品的传热系数或热阻、抗压强度及吸水率。

（4）墙体及屋面反射隔热材料的太阳光反射比及半球发射率。

（5）墙体粘结材料的拉伸粘结强度。

（6）墙体抹面材料的拉伸粘结强度及压折比。

（7）墙体增强网的力学性能及抗腐蚀性能。

3）保温浆料试件

外墙采用保温浆料做保温层时，应在施工中制作同条件试件，检测其导热系数、干密度和抗压强度。保温浆料的试件应见证取样检验。

4）现场检验抽样规定

外墙节能构造现场实体检验的抽样数量应符合下列规定：

（1）外墙节能构造实体检验应按单位工程进行，每种节能构造的外墙检验不得少于3处，每处检查一个点；传热系数检验数量应符合国家的规定。

（2）同工程项目、同施工单位且同期施工的多个单位工程，可合并计算建筑面积；每30000m² 可视为一个单位工程进行抽样，不足 30000m² 也视为一个单位工程。

（3）实体检验的样本应在施工现场由监理单位和施工单位随机抽取，且应分布均匀、具有代表性，不得预先确定检验位置。

### 3.5.5 屋面与防水工程施工的总结

#### 1. 设计工作年限的总结

设计工作年限的总结，见表 3.5-11。

设计工作年限的总结　　表 3.5-11

| 类别 | 设计工作年限 | 备注 |
| --- | --- | --- |
| 屋面工程防水 | ≥20 年 | — |
| 地下工程防水 | ≥工程结构设计工作年限 | 地下防水维修困难，故不低于工程结构设计工作年限 |
| 室内工程防水 | ≥25 年 | — |
| 外墙防水 | — | 《建筑工程管理与实务》考试用书未提供 |
| 外墙外保温 | ≥25 年 | — |
| 基坑工程 | ≥1 年 | 临时性工程，故时间较短 |
| 地基基础 | ≥工程结构设计工作年限 | 保证上部结构正常使用，故不低于工程结构设计工作年限 |

#### 2. 防水等级的总结

防水等级的总结，见表 3.5-12。

防水等级的总结　　表 3.5-12

| 类别 | 防水等级 | 防水做法 |
| --- | --- | --- |
| 平屋面工程 | 一级、二级、三级 | 依次为：不应少于 3 道、2 道、1 道 |
| 地下工程 | 一级、二级、三级 | |
| 室内工程 | 一级、二级 | 依次为：不应少于 2 道、1 道 |
| 种植屋面、地下建筑物种植顶板 | 一级 | 应至少设置 1 道具有耐根穿刺性能的防水层，其上应设置保护层 |

#### 3. 防水卷材与防水涂料的搭接错缝的总结

防水卷材与防水涂料的搭接错缝的总结，见表 3.5-13。

防水卷材与防水涂料的搭接错缝的总结　　表 3.5-13

| 类别 | 项目 | 错缝间距 | 备注 |
| --- | --- | --- | --- |
| 屋面防水卷材、地下防水卷材 | 同一层相邻两幅卷材短边搭接缝错开 | ≥500mm | 同层卷材搭接不应超过 3 层 |
| | 上下层卷材长边搭接缝错开 | ≥幅宽的 1/3（地下防水卷材，也可取错开 1/3～1/2） | 上下层不应相互垂直铺贴（地下防水卷材来自两本规范，故教材两种表达，内涵一致） |

续表

| 类别 | 项目 | 错缝间距 | 备注 |
|---|---|---|---|
| 屋面防水涂料的胎体增强材料 | 上下层增强材料的长边搭接错开 | ≥幅宽的1/3 | 长边搭接宽度≥50mm，短边搭接宽度≥70mm；上下层胎体不应相互垂直铺贴 |
| 地下防水涂料的胎体增强材料 | 上下两层和相邻两幅胎体的接缝错开 | ≥幅宽的1/3（依据规范） | 接槎宽度≥100mm；上下两层胎体不得相互垂直铺贴 |

**4. 防水卷材与防水涂料接槎的搭接（或接槎）长度（或宽度）的总结**

防水卷材与防水涂料接槎的搭接（或接槎）长度（或宽度）的总结，见表3.5-14。

防水卷材与防水涂料接槎的搭接（或接槎）长度（或宽度）的总结　　表3.5-14

| 类别 | | 搭接（或接槎）长度（或宽度） |
|---|---|---|
| 屋面工程防水卷材 | 非冬期施工时（教材未提供） | — |
|  | 冬期施工采用卷材时，采用花铺法 | ≥80mm |
| 地下工程防水卷材 | 改性沥青类卷材 | 150mm |
|  | 合成高分子类卷材 | 100mm |
|  | 自粘丁基橡胶钢板止水带 | 自粘≥80mm；机械固定≥50mm |
| 防水涂料 | | ≥100mm |
| 桩头防水涂料涂刷层与大面防水层 | | ≥300mm |

## 3.6 装饰装修工程施工

### 3.6.1 轻质隔墙工程施工

轻质隔墙主要有：板材隔墙、骨架隔墙、活动隔墙和玻璃隔墙。

板材隔墙包括复合轻质墙板、石膏空心板、增强水泥板和混凝土轻质板等隔墙。

骨架隔墙包括以轻钢龙骨、木龙骨等为骨架，以纸面石膏板、人造木板、水泥纤维板等为墙面板的隔墙。

**1. 轻钢龙骨罩面板施工（图3.6-1）**

施工流程：放线→安装龙骨→机电管线安装→安装横撑龙骨（需要时）→门窗等洞口制作→安装罩面板（一侧）→安装填充材料（岩棉）→安装罩面板（另一侧）（图3.6-1）。

1）放线

在地面上弹出水平线并将线引向侧墙和顶面，并确定门洞位置。

2）安装龙骨

（1）天地龙骨与建筑顶、地连接及竖龙骨与墙、柱连接可采用射钉或膨胀螺栓固定。

（2）由隔断墙的一端开始排列竖龙骨，有门窗时要从门窗洞口开始分别向两侧排列。

（3）通贯横撑龙骨的设置：低于3m的安装1道；3～5m高度的安装2～3道。

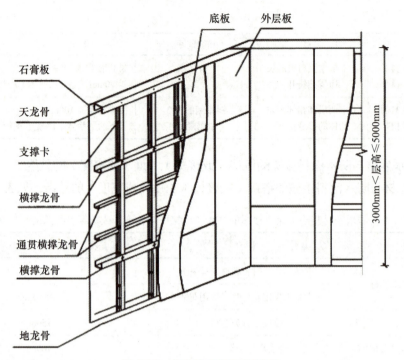

图 3.6-1 轻钢龙骨罩面板施工

3）机电管线安装

隔墙中设有电源开关插座、配电箱时，应预装水平龙骨及加固固定构件。

消火栓、挂墙卫生洁具由机电安装单位另行安装独立钢支架，严禁重量大的末端设备直接安装在轻钢龙骨隔墙上。

4）安装横撑龙骨

隔墙骨架高度超过 3m 时，或罩面板的水平方向板端（接缝）未落在沿顶沿地龙骨上时，应设横向龙骨。

5）门窗等洞口制作

6）安装一侧罩面板

（1）罩面板安装，宜竖向铺设，其长边（包封边）接缝应落在竖龙骨上。曲面墙体罩面时，罩面板宜横向铺设。

（2）罩面板就位后，用自攻螺钉将板材与轻钢龙骨紧密连接。

7）安装填充材料（岩棉）

8）安装另一侧罩面板

（1）第 2 层板与第 1 层板的板缝错开，接缝不得布在同一根龙骨上。内、外层板应采用不同的钉距，错开铺钉。

（2）隔墙两面有多层罩面板时，应交替封板，避免单侧受力过大造成龙骨变形。

**2. 板材隔墙施工**

工艺流程：放线→配板→支设临时方木→配置胶粘剂→安装 U 形卡或 L 形卡（有要求时）→安装隔墙板→安装门窗框→设备、电气管线安装→板缝处理。

**1）安装隔墙板**

（1）将板的上端与上部结构底面用水泥砂浆或胶粘剂粘结，下部用木楔顶紧后空隙间填入1∶3水泥砂浆或细石混凝土。条板与条板拼缝、条板顶端与主体结构粘结采用胶粘剂。

（2）隔墙板安装顺序应从门洞口处向两端依次进行，门洞两侧宜用整块板；无门洞的墙体，应从一端向另一端顺序安装。

（3）加气混凝土隔墙一般采用建筑胶聚合物砂浆，GRC空心混凝土隔墙一般采用建筑胶粘剂，增强水泥条板、轻质混凝土条板、预制混凝土板等采用丙烯酸类聚合物液状胶粘剂。胶粘剂要随配随用，并应在30min内用完。

**2）板缝处理**

（1）隔墙板、门窗框及管线安装7d后，检查所有缝隙是否粘结良好，有无裂缝。

（2）加气混凝土隔板之间板缝在填缝前应用毛刷蘸水湿润，填缝时应由两人在板的两侧同时把缝填实。填缝材料采用石膏或膨胀水泥。

（3）GRC空心混凝土墙板之间贴玻璃纤维网格条，第一层采用60mm宽的玻璃纤维网格条贴缝，贴缝胶粘剂应与板之间拼装的胶粘剂相同，待胶粘剂稍干后，再贴第二层150mm宽的玻璃纤维网格条。

### 3.6.2 吊顶工程施工

**1. 施工流程**

施工流程：放线→弹龙骨分档线→安装水电管线→安装主龙骨→安装副龙骨→安装罩面板→安装压条（图3.6-2）。

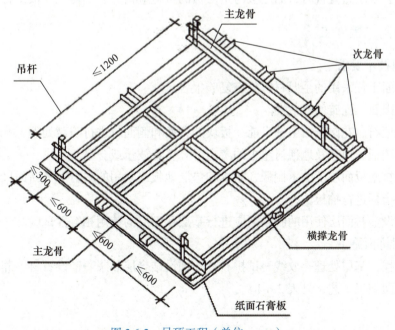

图3.6-2 吊顶工程（单位：mm）

**2. 施工工艺**

1）固定吊挂杆件

（1）当吊杆长度大于1500mm时，应设置反支撑，当吊杆长度大于2500mm时，应设置钢结构转换层。

（2）吊杆不得直接吊挂在设备或设备支架上。

（3）预埋的杆件需要接长时，必须搭接焊牢。

（4）吊顶灯具、风口及检修口等应设附加龙骨及吊杆。

（5）重量大于3kg的物体，以及有振动的设备应直接吊挂在建筑承重结构上。

2）安装主龙骨

（1）主龙骨宜平行房间长向安装。主龙骨间距不大于1200mm，主龙骨的悬臂段不应大于300mm，接长应采取对接，相邻龙骨的对接接头要相互错开。

（2）跨度大于15m的吊顶，在主龙骨上每隔15m加一道大龙骨，并垂直主龙骨焊接牢固。

（3）吊顶如设检修走道，应另设附加吊挂系统。

3）安装次龙骨

次龙骨间距不大于600mm。次龙骨不得搭接。在通风、水电等洞口周围应设附加龙骨。龙骨在短向跨度上应根据材质适当起拱。

4）罩面板安装

（1）纸面石膏板应在自由状态下由中间向四周固定，不得多点同时作业。

（2）纸面石膏板的长边（即包封边）应沿纵向次龙骨铺设。

（3）自攻螺钉间距宜为150~170mm，螺钉钉头宜略埋入板面，不得损坏纸面。

（4）安装双层石膏板时，面层板与基层板的接缝应错开，不得在一根龙骨上。

### 3.6.3 地面工程施工

**1. 材料技术要求**

建筑地面工程采用的主要材料应有复验报告：

（1）花岗石、瓷砖的放射性。

（2）大理石、花岗石面层铺设前，板块的背面和侧面应进行防碱处理。

（3）人造板、地毯及地毯衬垫中的游离甲醛（释放量或含量）。

（4）木竹地板面层下的木搁栅、垫木和垫层地板等采用的木材对其断面尺寸、含水率等主要技术指标进行抽检。

（5）铺设塑料面层使用的胶粘剂应进行基层和面层的使用相容性试验。

**2. 石材饰面施工**

施工流程：基层处理→放线→试拼石材→铺设结合层砂浆→铺设石材→养护→勾缝。石材饰面施工工艺，见表3.6-1。

石材饰面施工工艺　　　　　　　　　　　　　　　表3.6-1

| 施工工艺 | 内容 |
|---|---|
| 放线 | 在四周墙、柱上弹出面层的标高控制线 |
| 试拼石材 | 依照石材排版，预排石材，并在地面弹出十字控制线和分格线 |
| 铺设结合层砂浆 | 铺设前应将基底湿润，在基底上刷一道素水泥浆或界面剂，随刷随铺搅拌均匀的干硬性水泥砂浆 |
| 铺设石材 | （1）结合层与板材应分段同时铺设。<br>（2）大理石、花岗石板材铺设前应浸湿、晾干，在石材背面涂厚度约5mm厚加胶的素水泥膏或石材专用粘结剂。<br>（3）浅色石材铺设时应选用白水泥作为水泥膏使用 |
| 养护 | 养护时间≥7d。养护期间石材表面不得铺设塑料薄膜和洒水，不得进行勾缝施工 |
| 勾缝 | 铺装完成28d或胶粘剂固化干燥后，进行勾缝 |

**3. 瓷砖面层施工**

施工流程：基底处理→放线→浸砖→铺设结合层砂浆→铺砖→养护→勾缝。

施工工艺：

（1）浸砖：铺贴前清理干净瓷砖背面的脱模剂，在水中充分浸泡（需要时），浸水后的瓷砖应阴干备用。

（2）其他施工工艺同石材饰面工艺。

**4. 竹、木面层施工**

施工流程：基层处理→安装木搁栅→铺毛地板→铺设竹、木地板→成品保护。

**5. 地毯面层施工**

地毯面层采用地毯块材或卷材，以空铺法或实铺法铺设。

施工流程：基底处理→放线→地毯剪裁→钉倒刺板条→铺衬垫→铺设地毯→细部收口。

施工工艺：

（1）地毯剪裁：裁剪长度比施工面长度大20mm。

（2）钉倒刺板条：沿空间地面四周踢脚边缘固定倒刺板条，倒刺板条距踢脚8~10mm。

（3）铺衬垫：采用点粘法将衬垫粘在地面基层上，衬垫离开倒刺板约10mm。

（4）铺设地毯：先将地毯的一条长边固定在倒刺板上，毛边掩到踢脚板下，用地毯撑子拉伸地毯，直到拉平为止；再进行另一个方向的拉伸，直到四个边都固定在倒刺板上。地毯需要接长时，应采用缝合或烫带粘结（无衬垫时）的方式。

### 3.6.4 墙体饰面工程施工

**1. 饰面板工程与饰面砖工程的施工**

饰面砖工程分类：（1）内墙饰面砖粘贴；（2）高度不大于100m、抗震设防烈度不大于8度、采用满粘法施工的外墙饰面砖粘贴。

材料及其性能指标的复验与安全和功能检验项目,对比记忆,见表3.6-2。

材料及其性能指标的复验与安全和功能检验项目　　　　表 3.6-2

| 项目 | 饰面板工程 | 饰面砖工程 |
| --- | --- | --- |
| 材料复验 | (1) 室内用花岗石板的放射性、室内用人造木板的甲醛释放量。<br>(2) 水泥基粘结料的粘结强度。<br>(3) 外墙陶瓷板的吸水率。<br>(4) 严寒和寒冷地区外墙陶瓷板的抗冻性 | (1) 室内用瓷质饰面砖的放射性。<br>(2) 水泥基粘结材料与所用外墙饰面砖的拉伸粘结强度。<br>(3) 外墙陶瓷饰面砖的吸水率。<br>(4) 严寒及寒冷地区外墙陶瓷饰面砖的抗冻性 |
| 安全和功能检验项目 | 饰面板后置埋件的现场拉拔力 | 外墙饰面砖样板及工程的饰面砖粘结强度 |

**2. 施工要点**

1) 饰面板工程的施工要点

(1) 墙、柱面石材安装施工方法应包括干挂法、干粘法和湿贴法,干挂法主要有短槽式、背槽式和背栓式。注意:对比记忆,石材幕墙的"通槽式、短槽式和背栓式"。

(2) 石材上的挂件安装槽或孔应在工厂加工。

(3) 高度大于 8m 的墙、柱面以及弧形墙、柱面不宜采用干粘法。

(4) 高度大于 6m 的墙柱面不宜采用湿贴法。

(5) 干粘法每个粘结点的面积不应小于 40mm×40mm。

2) 饰面砖工程的施工要点

(1) 排砖、分格、弹线:排砖宜使用整砖,非整砖应排放在次要部位或阴角处,非整砖宽度不宜小于整砖的 1/3。

(2) 饰面砖粘贴:宜采用专用粘结剂,其厚度宜为 3~8mm。在粘结层允许调整时间内,可调整饰面砖的位置和接缝宽度并敲实。

(3) 填缝:宜按先水平后垂直的顺序进行。

## 3.6.5 建筑幕墙工程施工

**1. 施工准备**

1) 施工测量

根据标高基准点和轴线位置,对已施工的主体结构与幕墙有关的部位进行全面复测。复测内容包括:轴线、标高、垂直度、结构构件偏差和预埋件的位置偏差及漏埋情况等。

2) 后置埋件符合设计要求

锚板和锚栓的材质、锚栓埋置深度及拉拔力等合格。

**2. 构件式玻璃幕墙**

1) 幕墙立柱安装

(1) 铝合金立柱应先与连接件(角码)连接,然后连接件再与主体结构预埋件连接。

(2) 立柱通常是一层楼高为一整根,接头处应有一定空隙,上、下立柱之间通过活动接头连接。当每层设两个支点时，一般宜设计成受拉构件。上支点宜设圆孔，在上端悬挂。

（3）铝合金立柱与钢镀锌连接件（支座）接触面之间应加防腐隔离柔性垫片。每个连接部位的受力螺栓，至少需要布置 2 个。

### 2）幕墙横梁安装

横梁一般分段与立柱连接，连接处应设置柔性垫片或预留 1～2mm 的间隙。

横梁与立柱间的连接紧固件应按设计要求采用不锈钢螺栓、螺钉等连接。

### 3）玻璃面板

（1）隐框玻璃幕墙采用挂钩式固定玻璃板块时，挂钩接触面宜设置柔性垫片。

（2）明框玻璃幕墙的玻璃四周与构件凹槽底部保持一定的空隙，每块玻璃下面应至少放置两块宽度与槽口宽相同的弹性定位垫块。

（3）幕墙开启窗的开启角度不宜大于 30°，开启距离不宜大于 300mm。

### 4）密封胶

（1）密封胶的施工厚度应大于 3.5mm，一般控制在 4.5mm 以内。

（2）密封胶在接缝内应两对面粘结，不应三面粘结。

（3）硅酮结构密封胶与硅酮耐候密封胶的性能不同，二者不能互换使用。

### 3. 单元式玻璃幕墙

单元式玻璃幕墙主要特点有：工厂化程度高、工期短、造型丰富、施工技术要求较高等。同时存在单方材料消耗量大、造价高，幕墙的接缝、封口和防渗漏技术要求高，施工有一定的难度等缺点。

吊点和挂点应符合设计要求，吊点不应少于 2 个。

### 4. 全玻幕墙

（1）全玻幕墙面板玻璃厚度不宜小于 10mm；夹层玻璃单片厚度不应小于 8mm。

（2）采用钢桁架或钢梁作为受力构件时，其中心线必须与幕墙中心线相一致，椭圆螺孔中心线应与幕墙吊杆锚栓位置一致。

（3）吊挂式全玻幕墙的吊夹与主体结构之间应设置刚性水平传力结构。

（4）吊挂玻璃下端与下槽底应留空隙，并采用弹性垫块支承或填塞。

（5）吊挂玻璃的夹具不得与玻璃直接接触，夹具衬垫材料与玻璃平整结合、紧密牢固。

### 5. 点支承玻璃幕墙

点支承玻璃幕墙应采用钢化玻璃及其制品。以玻璃肋作为支承结构时，应采用钢化夹层玻璃。

钢拉杆和钢拉索安装时，施加预拉力应以张拉力为控制量；拉杆、拉索的预拉力应分次、分批对称张拉。

幕墙爪件安装前，应精确定出其安装位置，通过爪件三维调整，爪件表面与玻璃面平行。

玻璃面板之间的空隙宽度不应小于 10mm，且应采用硅酮建筑密封胶嵌缝。

### 6. 石材幕墙

#### 1）主要材料

（1）天然石板厚度不应小于25mm，火烧石板的厚度应比抛光石板厚3mm。

（2）石材幕墙的骨架最常用的是钢管或型钢，较少采用铝合金型材。

（3）同一石材幕墙工程应采用同一品牌的硅酮密封胶，不得混用；石材与金属挂件之间的粘接应用环氧胶粘剂，不得采用"云石胶"。

#### 2）石材面板与骨架的连接方式

连接方式通常有通槽式、短槽式和背栓式三种。其中，通槽式较为少用，短槽式使用最多。短槽式又分为T型、L型和SE型等，后两种应用较普遍。背栓式连接方式的使用面正在不断扩大。**注意**：对比记忆：饰面板的干挂法的短槽式、背槽式、背栓式。

### 7. 金属幕墙

常用的金属幕墙板材主要有铝板、不锈钢板、搪瓷钢板、锌合金板、钛合金板等。

工艺流程：放线→连接件安装→固定骨架→安装幕墙金属板→节点处理→密封→清理。

### 8. 人造板材幕墙

人造板材幕墙工程适用于非地震区和抗震设防烈度不大于8度地震区的民用建筑；应用高度不宜大于100m。

### 9. 建筑幕墙防火与防雷

#### 1）建筑幕墙防火构造要求

（1）设置幕墙的建筑，其上下层外墙上开口之间应设置高度不小于1.2m的实体墙或挑出宽度不小于1.0m、长度不小于开口宽度的防火挑檐。

（2）幕墙与建筑窗槛墙之间的空腔应在建筑缝隙上、下沿处分别采用矿物棉等背衬材料填塞且填塞高度均不应小于200mm；背衬材料承托板应采用钢质承托板，且承托板的厚度不应小于1.5mm。

（3）同一幕墙玻璃单元不应跨越两个防火分区。

#### 2）建筑幕墙的防雷构造要求

（1）幕墙的金属框架应与主体结构的防雷体系可靠连接。

（2）幕墙的铝合金立柱，在不大于10m范围内宜有一根立柱采用柔性导线，把上柱与下柱的连接处连通。

（3）主体结构有水平均压环的楼层，对应导电通路的立柱预埋件或固定件应用圆钢或扁钢与均压环焊接连通，形成防雷通路。

### 10. 装饰装修工程的质量检验与验收

#### 1）装饰装修工程质量检验

（1）施工人员应认真做好质量自检、互检及工序交接检查，做好记录。

（2）做好设计交底工作：施工主管向施工工长做详细的图纸工艺要求、质量要求交底。工序开始前工长向班组长做详尽的图纸、施工方法、质量标准交底；作业开始前班组长向班组成员做具体的操作方法、工具使用、质量要求的详细交底。

（3）工序交接检查：对于重要的工序或对工程质量有重大影响的工序，在自检、互检的基础上，还要组织专职人员进行工序交接检查。

（4）隐蔽工程检查：凡是隐蔽工程均应检查认证后方能掩盖。分项、分部工程完工后，应经检查认可，签署验收记录后，才允许进行下一工程项目施工。

2）装饰装修工程的质量验收

具体见本书第 5 章。

## 3.7 门窗节能工程施工

**1. 门窗节能工程的材料复验和安全与功能检测项目**

门窗（包括天窗）节能工程施工采用的材料、构件和设备进场时，除核查质量证明文件、节能性能标识证书、门窗节能性能计算书及复验报告外，还应进行复验的内容，见表 3.7-1。

门窗节能工程的材料复验和安全与功能检测项目　　表 3.7-1

| 类别 | 内容 |
| --- | --- |
| 材料复验 | （1）严寒、寒冷地区门窗的传热系数、气密性能。<br>（2）夏热冬冷地区门窗的传热系数、气密性能，玻璃的太阳得热系数及可见光透射比。<br>（3）夏热冬暖地区门窗的气密性能，玻璃的太阳得热系数及可见光透射比。<br>（4）上述 4 个地区，透光、部分透光遮阳材料的太阳光透射比、太阳光反射比、中空玻璃的密封性能 |
| 安全与功能检测项目 | 建筑外窗的气密性能、水密性能和抗风压性能。<br>口诀："风气水" |

**2. 建筑围护结构节能工程施工完成后，应进行现场实体检验，并符合下列规定：**

（1）应对建筑外墙节能构造，包括墙体保温材料的种类、保温层厚度和保温构造做法进行现场实体检验。

（2）规范规定的建筑，其外窗应进行气密性能实体检验。

实体检验的具体要求，见本书第 5 章第 5.4 节。

## 3.8 季节性施工技术

### 3.8.1 冬期施工技术

当室外日平均气温连续 5d 稳定低于 5℃即进入冬期施工，当室外日平均气温连续 5d 高于 5℃即解除冬期施工。

**1. 建筑地基基础工程**

（1）土方回填时，每层铺土厚度应比常温施工时减少 20%～25%，预留沉陷量应比常温施工时增加。

（2）对于大面积回填土和有路面的路基及其人行道范围内的平整场地填方，可采用含有冻土块的土回填，但冻土块的粒径不得大于 150mm，其含量不得超过 30%。

室外的基槽（坑）或管沟可采用含有冻土块的土回填，冻土块粒径不得大于150mm，含量不得超过15%。

铺填时冻土块应分散开，并应逐层夯实。

（3）填方上层部位应采用未冻的或透水性好的土方回填。填方边坡的表层1m以内，不得采用含有冻土块的土填筑。管沟底以上500mm范围内不得用含有冻土块的土回填。

室内的基槽（坑）或管沟不得采用含有冻土块的土回填。室内地面垫层下回填的土方，填料中不得含有冻土块。

### 2. 砌体工程

（1）冬期施工所用材料：

砌筑砂浆宜采用普通硅酸盐水泥配制，不得使用无水泥拌制的砂浆。

现场拌制砂浆所用砂中不得含有直径大于10mm的冻结块或冰块。

砂浆拌合水温不宜超过80℃，砂加热温度不宜超过40℃，且水泥不得与80℃以上热水直接接触；砂浆稠度宜较常温适当增大。

（2）施工日记除常规要求外，还应记录大气温度、暖棚内温度、砌筑时砂浆温度、外加剂掺量等。

（3）砌筑施工时，砂浆温度不应低于5℃。当设计无要求，且最低气温等于或低于−15℃时，砌体砂浆强度等级应较常温施工提高一级。

（4）冬期施工的砖砌体应采用"三一"砌筑法施工。每日砌筑高度不宜超过1.2m。

**注意**：雨期施工，每日砌筑高度不得超过1.2m。

（5）砖与砂浆的温度差值，砌筑时宜控制在20℃以内，且不应超过30℃。

### 3. 混凝土工程

（1）配制混凝土宜选用硅酸盐水泥或普通硅酸盐水泥。采用蒸汽养护时，宜选用矿渣硅酸盐水泥。混凝土配合比宜选择较小的水胶比和坍落度。

（2）冬期施工混凝土搅拌前，原材料的预热应符合下列规定：

① 宜加热拌合水，也可加热骨料。水温可加热至100℃，但水泥不能与80℃以上的水直接接触。

② 水泥、外加剂、矿物掺合料不得直接加热，应事先贮于暖棚内预热。

（3）混凝土拌合物的出机温度不宜低于10℃，对预拌混凝土或需远距离输送的混凝土不宜低于15℃；入模温度不应低于5℃。

（4）混凝土浇筑后，对裸露表面应采取防风、保湿、保温措施。在混凝土养护和越冬期间，不得直接对负温混凝土表面浇水养护。

（5）拆模时混凝土表面与环境温差大于20℃时，混凝土表面应及时覆盖，缓慢冷却。

（6）冬期施工混凝土强度试件的留置应增设与结构同条件养护试件，养护试件不应少于2组。同条件养护试件应在解冻后进行试验。

（7）冬施浇筑的混凝土，其临界强度应符合表3.8-1的规定。当施工需要提高混凝土的强度等级时，应按提高后的强度等级确定受冻临界强度。

混凝土受冻临界强度　　　　　　　　　　　表 3.8-1

| 类别 | | 受冻临界强度/设计混凝土强度等级值 |
|---|---|---|
| 采用蓄热法、暖棚法、加热法等施工的普通混凝土 | 硅酸盐水泥、普通硅酸盐水泥 | ≥30% |
| | 矿渣硅酸盐水泥、粉煤灰硅酸盐水泥、火山灰质硅酸盐水泥、复合硅酸盐水泥 | ≥40% |
| 等于或高于 C50 的混凝土 | | ≥30% |
| 有抗渗要求的混凝土 | | ≥50% |

口诀："硅普3其他4，高3渗5"

### 4. 防水工程

（1）防水混凝土的冬期施工，混凝土入模温度不应低于5℃；混凝土养护宜采用蓄热法、综合蓄热法、暖棚法、掺化学外加剂等方法。

（2）水泥砂浆防水层施工气温不应低于5℃，养护温度不宜低于5℃，并应保持砂浆表面湿润，养护时间不得少于14d。

（3）防水工程的最低施工环境气温宜符合表3.8-2的规定。

防水工程冬期施工环境气温要求　　　　　　　表 3.8-2

| 防水材料 | 施工环境气温 |
|---|---|
| 改性沥青防水卷材 | 热熔法不低于−10℃ |
| 合成高分子防水卷材 | 冷粘法不低于5℃；焊接法不低于−10℃ |
| 改性沥青防水涂料 | 溶剂型不低于5℃；热熔型不低于−10℃ |
| 合成高分子防水涂料 | 溶剂型不低于−5℃ |
| 改性石油沥青密封材料 | 不低于0℃ |
| 合成高分子密封材料 | 溶剂型不低于0℃ |

## 3.8.2 雨期施工技术

### 1. 雨期施工准备

（1）在相邻建筑物、构筑物防雷装置保护范围外的高大脚手架、井架等，安装防雷装置。

（2）施工现场的木工、钢筋、混凝土、卷扬机械、空气压缩机等有防砸、防雨的操作棚和相应保护措施。

### 2. 地基基础工程

（1）基坑坡顶做1.5m宽散水、挡水墙，四周做混凝土路面。基坑内，沿四周挖砌排水沟、设集水井，用排水泵抽至市政排水系统。

（2）CFG桩施工，槽底预留的保护土层厚度不小于0.5m。

### 3. 混凝土工程

（1）对水泥和掺合料应采取防水和防潮措施，并应对粗、细骨料含水率实时监测，及时调整混凝土配合比。

（2）小雨、中雨天气不宜进行混凝土露天浇筑，且不应开始大面积作业面的混凝土露天浇筑；大雨、暴雨天气不应进行混凝土露天浇筑。

（3）浇筑板、墙、柱混凝土时，可适当减小坍落度。

### 4. 钢结构工程

（1）焊条储存应防潮并进行烘烤，同一焊条重复烘烤次数不宜超过两次。

（2）焊接作业区的相对湿度不大于90%。

（3）雨天构件不能进行涂刷工作，涂装后4h内不得雨淋；风力超过5级时，室外不宜喷涂作业。

（4）高强度螺栓接头安装时，构件摩擦面不能有水珠，不能雨淋和接触泥土及油污等。

## 3.8.3 高温天气施工技术

### 1. 砌体工程

现场拌制的砂浆应随拌随用，施工期间最高气温超过30℃时，应在2h内使用完毕。采用铺浆法砌筑砌体，施工期间气温超过30℃时，铺浆长度不得超过500mm。

### 2. 混凝土工程

当日平均气温达到30℃及以上时，应按高温施工要求采取措施。

高温施工时，可对粗骨料进行喷雾降温。

（1）高温施工混凝土配合比设计除应符合规范规定外，尚应符合下列规定：

① 根据环境温度、湿度、风力和采取温控措施的实际情况，对混凝土配合比进行调整。

② 采用低水泥用量的原则，用粉煤灰取代部分水泥。选用水化热较低的水泥。

③ 混凝土坍落度不宜小于70mm。

（2）混凝土的搅拌应符合下列规定：

① 应对搅拌站料斗、储水器、皮带运输机、搅拌楼采取遮阳防晒措施。

② 对原材料进行直接降温时，宜采用对水、粗骨料进行降温的方法。对水直接降温时，采用冷却装置冷却拌合用水；对水管及水箱加设遮阳和隔热设施；作为拌合用水的一部分在水中加碎冰。

③ 混凝土宜采用白色涂装的混凝土搅拌运输车运输；对混凝土输送管应进行遮阳覆盖、洒水降温。

④ 混凝土浇筑宜在早间或晚间进行，且宜连续浇筑。需要时，在施工作业面采取挡风、遮阳、喷雾等措施。

### 3. 防水工程

（1）防水材料施工环境最高气温控制符合表3.8-3的规定。

施工环境最高气温控制 表3.8-3

| 类别 | | 施工环境最高气温 |
|---|---|---|
| 防水工程 | 防水材料 | ≤35℃ |
| 钢结构工程 | 涂装 | ≤38℃ |

（2）防水材料应随用随配，配制好的混合料宜在2h内用完。

### 3.8.4 季节性施工技术

#### 1. 高温和冬期施工混凝土的出机与入模温度的总结

高温和冬期施工混凝土的出机与入模温度的总结，见表3.8-4。

高温和冬期施工混凝土的出机与入模温度的总结 表3.8-4

| 类别 | | 出机温度 | 入模温度 |
|---|---|---|---|
| 高温天气施工 | 普通混凝土 | ≤30℃ | ≤35℃ |
| | 大体积防水混凝土 | — | ≤30℃ |
| | 大体积混凝土 | — | 5～30℃ |
| 冬期施工 | 普通混凝土 | ≥10℃ | ≥5℃ |
| | 预拌混凝土或需远距离输送的混凝土 | ≥15℃ | ≥5℃ |

#### 2. 材料用完的最长时间的总结

砌筑工程，现场拌制的砂浆应随拌随用，当施工期间最高气温超过30℃时，应在2h内使用完毕。当最高气温不超过30℃时，应在3h内使用完毕。

防水材料应随用随配，配制好的混合料宜在2h内用完。

装配式混凝土结构工程施工，灌浆料宜在加水后30min内用完。

在装饰装修工程中，板材隔墙施工时，胶粘剂要随配随用，应在30min内用完。

## 3.9 施工脚手架

### 3.9.1 施工脚手架的分类与设计

#### 1. 施工脚手架分类

脚手架包括作业脚手架和支撑脚手架。

（1）作业脚手架包括落地作业脚手架、悬挑脚手架、附着式升降脚手架等，简称作业架。

（2）支撑和作业平台的脚手架包括结构安装支撑脚手架、混凝土施工用模板支撑脚手架等，简称支撑架。

脚手架根据脚手架种类、搭设高度和荷载采用不同的安全等级。脚手架安全等级的划分见表3.9-1的规定。

脚手架的安全等级　　　　　　　表 3.9-1

| 落地作业脚手架 | | 悬挑脚手架 | | 满堂支撑脚手架（作业） | | 支撑脚手架 | | 安全等级 |
|---|---|---|---|---|---|---|---|---|
| 搭设高度（m） | 荷载标准值（kN） | 搭设高度（m） | 荷载标准值（kN） | 搭设高度（m） | 荷载标准值（kN） | 搭设高度（m） | 荷载标准值（kN） | |
| ≤40 | — | ≤20 | — | ≤16 | — | ≤8 | ≤15kN/m² 或≤20kN/m 或≤7kN/点 | Ⅱ |
| >40 | — | >20 | — | >16 | — | >8 | >15kN/m² 或>20kN/m 或>7kN/点 | Ⅰ |

注：1. 支撑脚手架的搭设高度、荷载中任一项不满足安全等级为Ⅱ级的条件时，其安全等级应划为Ⅰ级。
　　2. 附着式升降脚手架安全等级均为Ⅰ级。
　　3. 竹、木脚手架搭设高度在其现行行业规范限值内，其安全等级均为Ⅱ级。

**注意**：表 3.9-1 中注 1～注 3 的规定。

**2. 施工脚手架设计**

施工脚手架的荷载，见表 3.9-2。

施工脚手架的荷载　　　　　　　表 3.9-2

| 分类 | 内容 |
|---|---|
| 永久荷载 | （1）脚手架结构件自重。<br>（2）脚手板、安全网、栏杆等附件的自重。<br>（3）支撑脚手架所支撑的物体自重。<br>（4）其他永久荷载 |
| 可变荷载 | （1）施工荷载。<br>（2）风荷载。<br>（3）其他可变荷载 |

脚手架结构设计计算应依据施工工况选择具有代表性的最不利杆件及构配件，以其最不利截面和最不利工况作为计算条件，其结果应满足对脚手架强度、刚度、稳定性的要求。

### 3.9.2 作业脚手架的构造要求

作业脚手架包括：立杆、纵向水平杆、横向水平杆、纵向扫地杆、横向扫地杆、连墙件、剪刀撑、脚手板、垫板等，如图 3.9-1 所示。其中，步距是指上下水平杆轴线间的距离。

立杆的跨距（亦称纵距）是指脚手架纵向立杆之间的轴线距离。

立杆的横距是指脚手架横向相邻立杆之间的轴线距离。

主节点是指立杆、纵向水平杆、横向水平杆三杆紧靠的扣接点。

底座是指设于立杆钢管的垫座。

**1. 底座、垫板**

底座、垫板均应准确地放在定位线上；垫板应采用长度不少于 2 跨、厚度不小于 50mm、宽度不小于 200mm 的木垫板。

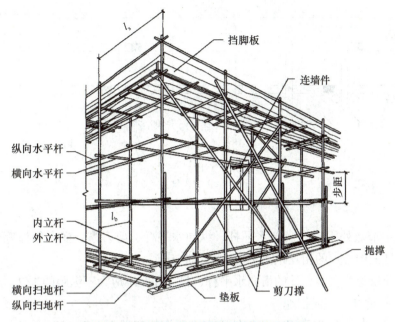

图 3.9-1 双排扣件式钢管脚手架的示意图

**2. 纵向水平杆、横向水平杆**

（1）纵向水平杆应设置在立杆内侧，其单根长度不应小于3跨。

（2）纵向水平杆接长应采用对接扣件连接或搭接。

（3）纵向水平杆的对接扣件应交错布置：两根相邻纵向水平杆的接头不应设置在同步或同跨内；不同步或不同跨两个相邻接头在水平方向错开的距离不应小于500mm；各接头中心至最近主节点的距离不应大于纵距的1/3（图3.9-2）。

（4）搭接长度不应小于1m，应等间距设置3个旋转扣件固定，端部扣件盖板边缘至搭接纵向水平杆杆端的距离不应小于100mm。

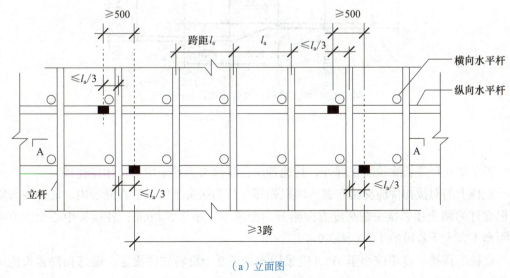

(a) 立面图

图 3.9-2 纵向水平杆对接接头布置（单位：mm）

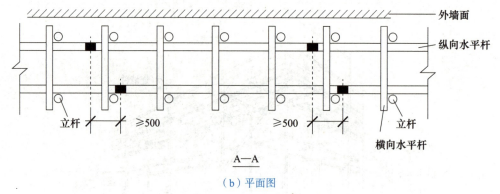

(b)平面图

图 3.9-2　纵向水平杆对接接头布置（单位：mm）（续）

（5）在主节点处固定的横向水平杆、纵向水平杆、剪刀撑、横向斜撑等用的直角扣件、旋转扣件的中心点的相互距离不应大于 150mm。

（6）作业层上非主节点处的横向水平杆，最大间距不应大于纵距的 1/2。

### 3. 纵向扫地杆、横向扫地杆

脚手架纵向扫地杆应采用直角扣件固定在距钢管底端不大于 200mm 处的立杆上。横向扫地杆应采用直角扣件固定在紧靠纵向扫地杆下方的立杆上。**口诀："纵横天下"。**

依据《建筑施工扣件式钢管脚手架安全技术规范》JGJ 130—2011 第 6.3.3 条规定，脚手架立杆基础不在同一高度上时，必须将高处的纵向扫地杆向低处延长两跨与立杆固定，高低差不应大于 1m。靠边坡上方的立杆轴线到边坡的距离不应小于 500mm，如图 3.9-3 所示。

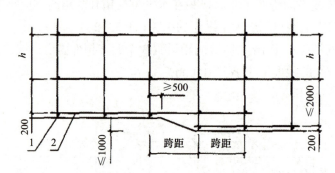

图 3.9-3　纵、横向扫地杆（单位：mm）
1—横向扫地杆；2—纵向扫地杆

### 4. 立杆

脚手架立杆接长除顶层顶部外，其他各层各步接头必须采用对接扣件连接。

立杆上的对接扣件应交错布置，两根相邻立杆的接头不应设置在同步内，同步内每隔一根立杆的两个相邻接头在高度方向错开的距离不宜小于 500mm；各接头中心至主节点的距离不宜大于步距的 1/3（图 3.9-4）。

立杆的搭接长度不应小于 1m，应采用不少于 2 个旋转扣件固定，端部扣件盖板的边缘至杆端距离不应小于 100mm。

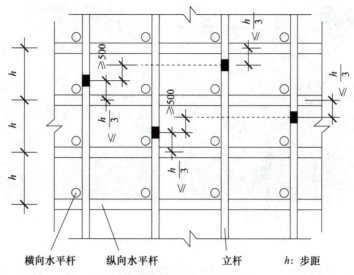

图 3.9-4　立杆的对接接头布置（单位：mm）

### 5. 脚手板

冲压钢脚手板、木脚手板、竹串片脚手板等，应设置在三根横向水平杆上。当脚手板长度小于 2m 时，可采用两根横向水平杆支撑，但应将脚手板两端与其可靠固定，严防倾翻。脚手板的铺设应采用对接平铺或搭接铺设（图 3.9-5）。

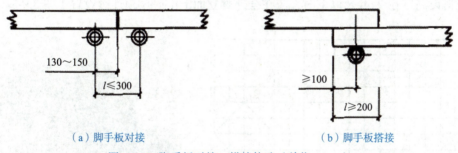

（a）脚手板对接　　　　　　　　　　　　（b）脚手板搭接

图 3.9-5　脚手板对接、搭接构造（单位：mm）

（1）脚手板对接平铺时，接头处必须设两根横向水平杆，脚手板外伸长应取 130～150mm，两块脚手板外伸长度之和不应大于 300mm。

（2）脚手板搭接铺设时，接头必须支在横向水平杆上，搭接长度不应小于 200mm，其伸出横向水平杆的长度不应小于 100mm。

### 6. 连墙件

（1）对高度 24m 及以下的单、双排脚手架，宜采用刚性连墙件与建筑物可靠连接，亦可采用钢筋与顶撑配合使用的附墙连接方式。严禁使用只有钢筋的柔性连墙件。**注意：刚性构件是指能承受压力和拉力的构件。**

对高度 24m 以上的双排脚手架，必须采用刚性连墙件与建筑物可靠连接（图 3.9-6）。

（2）连墙点的水平间距不得超过 3 跨，竖向间距不得超过 3 步，连墙点之上架体的悬臂高度不应超过 2 步。

（a）连墙件与楼板连接　　　　　　（b）连墙件与柱连接

图 3.9-6　连墙件

（3）在架体的转角处、开口型作业脚手架端部应增设连墙件，连墙件竖向间距不应大于建筑物层高，且不应大于 4m。

### 7. 剪刀撑

作业脚手架的纵向外侧立面上应设置竖向剪刀撑，并应符合下列规定：

（1）当搭设高度在 24m 以下时，应在架体两端、转角及中间每隔不超过 15m 各设置一道剪刀撑，并应由底至顶连续设置（图 3.9-7）。

当搭设高度在 24m 及以上时，应在全外侧立面上由底至顶连续设置（图 3.9-8）。

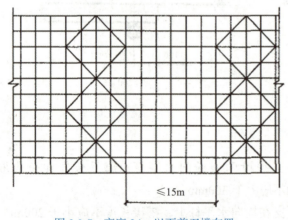

图 3.9-7　高度 24m 以下剪刀撑布置　　　图 3.9-8　高度不小于 24m 剪刀撑布置

（2）每道剪刀撑的宽度应为 4~6 跨，且不应小于 6m，也不应大于 9m；剪刀撑斜杆与水平面的倾角应为 45°~60°。

（3）剪刀撑应随立杆、纵向和横向水平杆等同步设置，各底层斜杆下端均必须支承在垫块或垫板上。

### 8. 脚手架的可调底座和可调托撑

脚手架可调底座和可调托撑调节螺杆插入脚手架立杆内的长度不应小于 150mm，且调节螺杆伸出长度应经计算确定，并应符合下列规定：

（1）当插入的立杆钢管直径为 42mm 时，伸出长度不应大于 200mm。

（2）当插入的立杆钢管直径为 48.3mm 及以上时，伸出长度不应大于 500mm。

（3）可调底座和可调托撑螺杆插入脚手架立杆钢管内的间隙不应大于 2.5mm。

注意，脚手架的可调底座和可调托撑的规定，与第 3 章主体结构中模板支撑脚手架的内容是相同的。

**9. 其他作业脚手架**

（1）悬挑脚手架、附着式升降脚手架应在全外侧立面上由底至顶连续设置竖向剪刀撑。架立杆底部应与悬挑支承结构可靠连接；应在立杆底部设置纵向扫地杆，并应间断设置水平剪刀撑或水平斜撑杆。

（2）附着式升降脚手架应符合下列规定：

① 竖向主框架、水平支承桁架应采用桁架或刚架结构，杆件应采用焊接或螺栓连接。

② 应设有防倾、防坠、停层、荷载、同步升降控制装置，各类装置应灵敏可靠；在竖向主框架所覆盖的每个楼层均应设置一道附墙支座；每道附墙支座应能承担竖向主框架的全部荷载。

③ 当采用电动升降设备时，电动升降设备连续升降距离应大于一个楼层高度，并应有制动和定位功能。

（3）临街作业脚手架的外侧立面、转角处应采取有效硬防护措施。

### 3.9.3　脚手架的搭设、检查验收与拆除

**1. 钢管脚手架施工准备工作**

（1）钢管脚手架搭设和拆除作业以前，应根据工程特点编制脚手架专项施工方案，并应经审批后实施。

（2）钢管脚手架搭设和拆除作业前，应将脚手架专项施工方案向施工现场管理人员及作业人员进行安全技术交底。

**2. 钢管脚手架的地基**

脚手架地基应符合下列规定：

（1）应平整坚实，应满足承载力和变形要求。

（2）应设置排水措施，搭设场地不应积水。

（3）冬期施工应采取防冻胀措施。

**3. 脚手架的搭设**

（1）脚手架应按顺序搭设，并应符合下列规定：

① 落地作业脚手架、悬挑脚手架的搭设应与主体结构工程施工同步，一次搭设高度不应超过最上层连墙件 2 步，且自由高度不应大于 4m。

② 剪刀撑、斜撑杆等加固杆件应随架体同步搭设。

③ 构件组装类脚手架的搭设应自一端向另一端延伸，应自下而上按步逐层搭设；并应逐层改变搭设方向。

④ 每搭设完一步距架体后，应及时校正立杆间距、步距、垂直度及水平杆的水平度。

（2）作业脚手架连墙件安装应符合下列规定：

① 连墙件的安装应随作业脚手架搭设同步进行。

② 当作业脚手架操作层高出相邻连墙件2个步距及以上时，在上层连墙件安装完毕前，应采取临时拉结措施。

（3）悬挑脚手架、附着式升降脚手架在搭设时，悬挑支承结构、附着支座的锚固应稳固可靠。

（4）脚手架安全防护网和防护栏杆等防护设施应随架体搭设同步安装到位。

**4. 脚手架的使用**

（1）雷雨天气、6级及以上大风天气应停止架上作业；雨、雪、雾天气应停止脚手架的搭设和拆除作业，雨、雪、霜后上架作业应采取有效的防滑措施，雪天应清除积雪。

（2）严禁将支撑脚手架、缆风绳、混凝土输送泵管、卸料平台及大型设备的支承件等固定在作业脚手架上。严禁在作业脚手架上悬挂起重设备。

（3）支撑脚手架在浇筑混凝土、工程结构件安装等施加荷载的过程中，架体下严禁有人。

（4）附着式升降脚手架在使用过程中不得拆除防倾、防坠、停层、荷载、同步升降控制装置。

（5）当附着式升降脚手架在升降作业时或外挂防护架在提升作业时，架体上严禁有人，架体下方不得进行交叉作业。

**5. 脚手架搭设的检查与定期检查**

1）脚手架搭设的检查

脚手架搭设过程中，应在下列阶段进行检查，检查合格后方可使用；不合格应进行整改，整改合格后方可使用。

（1）基础完工后及脚手架搭设前。

（2）首层水平杆搭设后。

（3）作业脚手架每搭设一个楼层高度。

（4）悬挑脚手架悬挑结构搭设固定后。

（5）搭设支撑脚手架，高度每2～4步或不大于6m。

2）脚手架定期检查的主要内容

（1）主要受力杆件、剪刀撑等加固杆件和连墙件应无缺失、无松动，架体应无明显变形。

（2）场地应无积水，立杆底端应无松动、无悬空。

（3）安全防护设施应齐全、有效，应无损坏缺失。

（4）附着式升降脚手架支座应稳固，防倾、防坠、停层、荷载、同步升降控制装置应处于良好工作状态，架体升降应正常平稳。

（5）悬挑脚手架的悬挑支承结构应稳固。

**6. 脚手架的质量检验与验收**

（1）脚手架材料、构配件质量现场检验应采用随机抽样的方法进行外观质量、实测实量检验。

（2）附着式升降脚手架支座及防倾、防坠、荷载控制装置，悬挑脚手架悬挑结构件等涉及架体使用安全的构配件应全数检验。

（3）脚手架搭设达到设计高度或安装就位后，应进行验收，验收不合格的，不得使用。脚手架的验收应包括下列内容：

① 材料与构配件质量。

② 搭设场地、支承结构件的固定。

③ 架体搭设质量。

④ 专项施工方案、产品合格证、使用说明及检测报告、检查记录、测试记录等技术资料。

### 7. 脚手架的拆除

（1）拆除作业必须由上而下逐层进行，严禁上下同时作业。

（2）同层杆件和构配件应按先外后内的顺序拆除；剪刀撑、斜撑杆等加固杆件应在拆卸至该部位杆件时拆除。

（3）连墙件必须随脚手架逐层、同步拆除，严禁先将连墙件整层拆除后再拆脚手架；分段拆除高差不应大于2步，如高差大于2步，应增设连墙件加固。

（4）拆除作业应设专人指挥，当有多人同时操作时，应明确分工、统一行动，且应具有足够的操作面。

（5）拆除的构配件应采用起重设备吊运或人工传递到地面，严禁抛掷。

# 第4章 相关法规与标准

## 4.1 相关法规

### 1. 危大工程与超危大工程范围

危大工程与超危大工程范围，见表 4.1-1。

危大工程与超危大工程范围　　　　　　　　　表 4.1-1

| 工程范围 | 危大工程 | 超危大工程 |
|---|---|---|
| 基坑工程 | 开挖深度≥3m，未超过3m，但地质条件等复杂 | 开挖深度≥5m |
| 模板工程及支撑体系 | （1）搭设高度≥5m；<br>（2）搭设跨度≥10m；<br>（3）施工总荷载≥10kN/m²；<br>（4）集中线荷载≥15kN/m；<br>（5）滑模、爬模、飞模、隧道模 | （1）搭设高度≥8m；<br>（2）搭设跨度≥18m；<br>（3）施工总荷载≥15kN/m²；<br>（4）集中线荷载≥20kN/m；<br>（5）滑模、爬模、飞模、隧道模 |
| 起重吊装及起重机械安装拆除工程 | （1）非常规，且单件起吊重量≥10kN；<br>（2）采用起重机械进行安装的工程；<br>（3）起重机械安装和拆卸工程 | （1）非常规，且单件起吊重量≥100kN；<br>（2）起重量≥300kN，或搭设总高度（搭设基础标高）≥200m 的起重机械安装和拆卸工程 |
| 脚手架工程 | （1）落地式钢管脚手架工程搭设高度≥24m；<br>（2）其他脚手架（附着式、悬挑式、吊篮、卸料平台、操作平台、异形） | （1）落地式钢管脚手架工程搭设高度≥50m；<br>（2）附着式升降脚手架工程提升高度≥150m；<br>（3）悬挑式脚手架工程分段架体搭设高度≥20m |
| 其他 | （1）建筑幕墙安装工程；<br>（2）钢结构、网架和索膜安装工程；<br>（3）人工挖扩孔桩工程；<br>（4）水下作业工程；<br>（5）装配式建筑混凝土安装工程；<br>（6）"四新"工程 | （1）建筑幕墙安装工程施工高度≥50m；<br>（2）钢结构安装工程跨度≥36m；或网架和索膜结构安装工程跨度≥60m；<br>（3）人工挖孔桩工程开挖深度≥16m；<br>（4）水下作业工程；<br>（5）重量≥1000kN 的大型结构整体顶升、平移、转体；<br>（6）"四新"工程 |

为了方便记忆，对表 4.1-1 的理解如下：

1）模板工程及支撑体系

公共建筑通常层高为 4m，2 层总高度为 8m，因此搭设高度≥5m 界定为危大工程，搭设高度≥8m 界定为超危大工程。

框架梁的跨度通常最大为 9m，当跨度≥18m 为大跨度框架，因此搭设跨度≥10m 界定为危大工程，搭设跨度≥18m 界定为超危大工程。

2）脚手架工程

落地式钢管脚手架工程的搭设高度适用于 50m 及以下，因此落地式钢管脚手架工程搭设高度≥50m 界定为超危大工程；同理，建筑幕墙安装工程施工高度≥50m 界定为超危大工程。

悬挑式脚手架工程分段架体通常悬挑层数小于 7 层（即 7×3 ＝ 21m），因此悬挑式脚手架工程分段架体搭设高度 ≥ 20m 界定为超危大工程。

### 2. 危大工程专项施工方案

危大工程专项施工方案主要内容应当包括：工程概况、编制依据、施工计划、施工工艺技术、施工安全保证措施、施工管理及作业人员配备和分工、验收要求、应急处置措施、计算书及相关施工图纸。

危大工程专项施工方案按《危险性较大的分部分项工程专项施工方案编制指南》（建办质〔2021〕48 号）规定。

基坑工程专项施工方案编制要求：

（1）工程概况（略）。

（2）编制依据（略）。

（3）施工计划（略）。

（4）施工工艺技术（略）。

（5）施工保证措施：

① 组织保障措施：安全组织机构、安全保证体系及相应人员安全职责等。

② 技术措施：安全保证措施、质量技术保证措施、文明施工保证措施、环境保护措施、季节性施工保证措施等。

③ 监测监控措施：监测组织机构、监测范围、监测项目、监测方法、监测频率、预警值及控制值、巡视检查、信息反馈，监测点布置图等。

（6）施工管理及作业人员配备和分工（略）。

（7）验收要求：

① 验收标准：明确相关验收标准及验收条件。

② 验收程序及人员：具体验收程序，确定验收人员组成（建设、勘察、设计、施工、监理、监测等单位相关负责人）。**注意：五方主体＋监测单位。**

③ 验收内容：基坑开挖至基底且变形相对稳定后支护结构顶部水平位移及沉降、建（构）筑物沉降、周边道路及管线沉降、锚杆（支撑）轴力控制值，坡顶（底）排水措施和基坑侧壁完整性。

（8）应急处置措施（略）。

（9）计算书及相关施工图纸，见表 4.1-2。

危大工程专项施工方案的计算书及相关施工图纸　　　表 4.1-2

| 类别 | 计算书及相关施工图纸 |
| --- | --- |
| 基坑工程 | （1）施工设计计算书（专业资质单位设计可略）。<br>（2）相关施工图纸：施工总平面布置图、基坑周边环境平面图、监测点平面图、基坑土方开挖示意图、基坑施工顺序示意图、基坑马道收尾示意图等。 |
| 模板支撑体系 | （1）计算书：支撑架构配件的力学特性及几何参数，荷载组合包括永久荷载、施工荷载、风荷载，模板支撑体系的强度、刚度及稳定性的计算，支撑体系基础承载力、变形计算等。 |

续表

| 类别 | 计算书及相关施工图纸 |
|---|---|
| 模板支撑体系 | （2）相关图纸：支撑体系平面布置、立（剖）面图（含剪刀撑布置），梁模板支撑节点详图与结构拉结节点图，支撑体系监测平面布置图等 |
| 脚手架工程 | （1）计算书：<br>① 落地脚手架计算书：受弯构件的强度和连接扣件的抗滑移、立杆稳定性、连墙件的强度、稳定性和连接强度；落地架立杆地基承载力；悬挑架钢梁挠度。<br>② 附着式脚手架计算书：架体结构的稳定计算（厂家提供）、支撑结构穿墙螺栓及螺栓孔混凝土局部承压计算、连接节点计算。<br>③ 吊篮计算书：吊篮基础支撑结构承载力核算、抗倾覆验算、加高支架稳定性验算。<br>（2）相关设计图纸：<br>① 脚手架平面布置、立（剖）面图（含剪刀撑布置），脚手架基础节点图，连墙件布置图及节点详图，塔式起重机、施工升降机及其他特殊部位布置及构造图等。<br>② 吊篮平面布置、全剖面图，非标吊篮节点图（包括非标支腿、支腿固定稳定措施、钢丝绳非正常固定措施），施工升降机及其他特殊部位（电梯间、高低跨、流水段）布置及构造图等 |

### 3. 危大工程施工方案的审批流程

（1）专项施工方案应当由施工单位技术负责人审核签字、加盖单位公章，并由总监理工程师审查签字、加盖执业印章后方可实施。

（2）危大工程实行分包并由分包单位编制专项施工方案的，专项施工方案应当由总承包单位技术负责人及分包单位技术负责人共同审核签字并加盖单位公章。

### 4. 超危大工程施工方案的专家论证

超危大工程施工方案的专家论证，见表4.1-3。

超危大工程施工方案的专家论证　　　　表4.1-3

| 项目 | 内容 |
|---|---|
| 组织 | 施工单位组织召开专家论证会。实行施工总承包的，由施工总承包单位组织。<br>专家论证前专项施工方案应当通过施工单位审核和总监理工程师审查 |
| 论证专家 | 不得少于5名，与本工程有利害关系的人员不得以专家身份参加专家论证会 |
| 参会人员 | （1）专家组成员。<br>（2）建设单位项目负责人。<br>（3）总承包单位和分包单位技术负责人或授权委派的专业技术人员、项目负责人、项目技术负责人、专项施工方案编制人员、项目专职安全生产管理人员及相关人员。<br>（4）监理单位项目总监理工程师及专业监理工程师。<br>（5）勘察、设计单位项目技术负责人及相关人员。<br>口诀：专家＋五方主体 |
| 论证主要内容 | （1）专项方案内容是否完整、可行。<br>（2）专项方案计算书和验算依据、施工图是否符合有关标准规范。<br>（3）专项施工方案是否满足现场实际情况，并能够确保施工安全 |
| 论证结论 | 论证会后，应当形成论证报告，对专项施工方案提出通过、修改后通过或者不通过的一致意见；专家对论证报告负责并签字确认 |

### 5. 危大工程监测方案

主要内容应包括工程概况、监测依据、监测内容、监测方法、人员及设备、测点布置与保护、监测频次、预警标准及监测成果报送等。

**6. 危大工程验收人员**

（1）总承包单位和分包单位技术负责人或授权委派的专业技术人员、项目负责人、项目技术负责人、专项施工方案编制人员、项目专职安全生产管理人员及相关人员。

（2）监理单位项目总监理工程师及专业监理工程师。

（3）有关勘察、设计和监测单位项目技术负责人。

口诀：无甲方的四方主体＋监测单位。

**7. 危大工程现场安全管理**

《危险性较大的分部分项工程安全管理规定》（住房和城乡建设部令第37号）规定：

（1）施工单位应当在施工现场显著位置公告危大工程名称、施工时间和具体责任人员，并在危险区域设置安全警示标志。

（2）专项施工方案实施前，编制人员或者项目技术负责人应当向施工现场管理人员进行方案交底。施工现场管理人员应当向作业人员进行安全技术交底，并由双方和项目专职安全生产管理人员共同签字确认。

（3）施工单位应当严格按照专项施工方案组织施工，不得擅自修改专项施工方案。因规划调整、设计变更等原因确需调整的，修改后的专项施工方案应当按照本规定重新审核和论证。

（4）施工单位应当对危大工程施工作业人员进行登记，项目负责人应当在施工现场履职。项目专职安全生产管理人员应当对专项施工方案实施情况进行现场监督。

（5）施工单位应当按照规定对危大工程进行施工监测和安全巡视，发现危及人身安全的紧急情况，应当立即组织作业人员撤离危险区域。

（6）对于按照规定需要进行第三方监测的危大工程，建设单位应当委托具有相应勘察资质的单位进行监测。

（7）对于按照规定需要验收的危大工程，施工单位、监理单位应当组织相关人员进行验收。验收合格的，经施工单位项目技术负责人及总监理工程师签字确认后，方可进入下一道工序。危大工程验收合格后，施工单位应当在施工现场明显位置设置验收标识牌，公示验收时间及责任人员。

（8）施工、监理单位应当建立危大工程安全管理档案。施工单位应当将专项施工方案及审核、专家论证、交底、现场检查、验收及整改等相关资料纳入档案管理。

## 4.2 相关标准

### 4.2.1 《建设工程消防设计审查验收管理暂行规定》（住房城乡建设部令第51号）有关规定

**1. 特殊建设工程的消防设计审查**

（1）具有下列情形之一的建设工程是特殊建设工程：

① 总建筑面积大于20000m²的体育场馆、会堂，公共展览馆、博物馆的展示厅。

② 总建筑面积大于 15000m² 的民用机场航站楼、客运车站候车室、客运码头候船厅。

③ 总建筑面积大于 10000m² 的宾馆、饭店、商场、市场。

④ 总建筑面积大于 2500m² 的影剧院，公共图书馆的阅览室，医院的门诊楼，大学的教学楼、图书馆等。

⑤ 总建筑面积大于 1000m² 的托儿所，医院，中小学校的教学楼、图书馆等。

⑥ 国家工程建设消防技术标准规定的一类高层住宅建筑等。

（2）对特殊建设工程实行消防设计审查制度。特殊建设工程未经消防设计审查或者审查不合格的，建设单位、施工单位不得施工。

（3）建设、设计、施工单位不得擅自修改经审查合格的消防设计文件。确需修改的，建设单位应当依照本规定重新申请消防设计审查。

**2. 特殊建设工程的消防验收**

（1）对特殊建设工程实行消防验收制度。

（2）特殊建设工程竣工验收后，建设单位应当向消防设计审查验收主管部门申请消防验收；未经消防验收或者消防验收不合格的，禁止投入使用。

（3）对其他建设工程实行备案抽查制度。其他建设工程经依法抽查不合格的，应当停止使用。

### 4.2.2 《民用建筑工程室内环境污染控制标准》GB 50325—2020 有关规定

**1. 民用建筑工程Ⅰ类和Ⅱ类的划分**

民用建筑工程根据控制室内环境污染的不同分为两类，见表 4.2-1。

民用建筑工程根据控制室内环境污染的不同分类　　　　表 4.2-1

| 类别 | 范围 | 备注（口诀） |
| --- | --- | --- |
| Ⅰ类民用建筑 | 住宅、居住功能公寓、医院病房、老年人照料房屋设施、幼儿园、学校教室、学生宿舍等 | "两住病房"<br>"两学老幼" |
| Ⅱ类民用建筑 | 办公楼、商店、旅馆、文化娱乐场所、书店、图书馆、展览馆、体育馆、公共交通等候室、餐厅等 | — |

**口诀**："两学老幼"是指学校教室、学生宿舍、老年人照料房屋设施、幼儿园。

**2. 室内环境污染控制中材料的测定项目**

室内环境污染控制中材料的测定项目，见表 4.2-2。

室内环境污染控制中材料的测定项目　　　　表 4.2-2

| 分类 | | 测定项目 |
| --- | --- | --- |
| 无机非金属材料 | 主体材料 | 内照射指数 $I_{Ra} \leq 1.0$，外照射指数 $I_\gamma \leq 1.0$ |
| | 装修材料 | 内照射指数，外照射指数，分为 ABC 类 |
| 人造木板及饰面人造木板 | | 游离甲醛含量，或游离甲醛释放量 |
| 涂料 | 水性涂料、水性腻子 | 游离甲醛含量 |
| | 溶剂型涂料、溶剂型腻子 | VOC、苯、甲苯、二甲苯、乙苯含量 |

续表

| 分类 | | 测定项目 |
|---|---|---|
| 胶粘剂 | 水性胶粘剂 | VOC、游离甲醛的含量 |
| | 溶剂型胶粘剂 | VOC、苯、甲苯、二甲苯的含量 |
| | 聚氨酯胶粘剂 | 游离甲苯二异氰酸酯（TDI）的含量 |

### 3. 工程施工

（1）采取防氡措施的民用建筑工程，其地下工程的变形缝、施工缝、穿墙管（盒）、埋设件、预留孔洞等特殊部位的施工工艺应符合相关标准规定。

（2）民用建筑工程室内装修时，严禁使用苯、工业苯、石油苯、重质苯及混苯作为稀释剂和溶剂。不应使用苯、甲苯、二甲苯和汽油进行除油和清除旧油漆作业。

（3）涂料、胶粘剂、水性处理剂、稀释剂和溶剂等使用后，应及时封闭存放，废料应及时清出。

（4）民用建筑工程室内严禁使用有机溶剂清洗施工用具。

（5）采暖地区的民用建筑工程，室内装修施工不宜在采暖期内进行。

### 4. 验收

（1）民用建筑工程及室内装修工程的室内环境质量验收，应在工程完工至少 7d 以后、工程交付使用前进行。

（2）民用建筑工程竣工验收时，室内环境污染物浓度符合表 4.2-3 的限量规定。

民用建筑工程室内环境污染物浓度限量　　　表 4.2-3

| 污染物 | Ⅰ类民用建筑 | Ⅱ类民用建筑 |
|---|---|---|
| 苯（$mg/m^3$） | ≤0.06 | ≤0.09 |
| 甲醛（$mg/m^3$） | ≤0.07 | ≤0.08 |
| 甲苯、氨（$mg/m^3$） | ≤0.15 | ≤0.20 |
| TVOC（$mg/m^3$） | ≤0.45 | ≤0.50 |
| 二甲苯（$mg/m^3$） | ≤0.20 | |
| 氡（$Bq/m^3$） | ≤150 | |

**口诀**：苯（6，9）；醛（即甲醛）（7，8）；甲苯、氨（15，20）；TVOC（45，50）。二甲苯（全20），氡（全150）。

（3）民用建筑工程验收时，应抽检每个建筑单体有代表性的房间室内环境污染物浓度。

① 氡、甲醛、氨、苯、甲苯、二甲苯、TVOC 的抽检量不得少于房间总数的 5%；每个建筑单体不得少于 3 间；当房间总数少于 3 间时，应全数检测。

② 幼儿园、学校教室、学生宿舍、老年人照料房屋设施室内装饰装修验收时，室内空气中氡、甲醛、氨、苯、甲苯、二甲苯、TVOC 的抽检量不得少于房间总数的 50%，且不得少于 20 间。当房间总数不大于 20 间时，应全数检测。

（4）民用建筑工程验收时，凡进行了样板间室内环境污染物浓度检测且检测结果合格的，其同一装饰装修设计样板间类型的房间抽检量可减半，并不得少于3间。**注意：样板间的规定不适用幼儿园、学校教室、学生宿舍、老年人照料房屋设施。**

（5）民用建筑工程验收时，室内环境污染物浓度检测点数应按表4.2-4设置。

室内环境污染物浓度检测点数设置　　　　　表4.2-4

| 房间使用面积（m²） | 检测点数（个） |
|---|---|
| ＜50 | 1 |
| ≥50、＜100 | 2 |
| ≥100、＜500 | 不少于3 |
| ≥500、＜1000 | 不少于5 |
| ≥1000 | ≥1000m²的部分，每增加1000m²增设1，增加面积不足1000m²时按增加1000m²计算 |

（6）当房间内有2个及以上检测点时，应采用对角线、斜线、梅花状均衡布点，并取各点检测结果的平均值作为该房间的检测值。

（7）民用建筑工程验收时，室内环境污染物浓度现场检测点应距房间地面高度0.8～1.5m，距房间内墙面不应小于0.5m。检测点应均匀分布，且应避开通风道和通风口。

（8）室内环境污染物浓度的检测时间要求应符合表4.2-5的规定。

室内环境污染物浓度的检测时间要求　　　　　表4.2-5

| 通风条件 | 污染物 | 对外门窗关闭多久后进行 |
|---|---|---|
| 集中通风 | 氡、其他 | 通风系统正常运行的条件下 |
| 自然通风 | 氡 | 24h |
| | 其他 | 1h |

（9）当室内环境污染物浓度检测结果不符合表4.2-3的规定时，应对不符合项目再次加倍抽样检测，并应包括原不合格的同类型房间及原不合格房间；当再次检测的结果符合表4.2-3的规定时，应判定该工程室内环境质量合格。再次加倍抽样检测的结果不符合本标准规定时，应查找原因并采取措施进行处理，直至检测合格。

### 4.2.3 《建筑与市政地基基础通用规范》GB 55003—2021 有关规定

**1. 地基**

下列建筑物应在施工及使用期间进行沉降变形观测，直至沉降达到稳定标准为止：

（1）地基基础设计等级为甲级建筑物。
（2）软弱地基上的地基基础设计等级为乙级建筑物。
（3）处理地基上的建筑物。
（4）采用新型基础或新型结构的建（构）筑物。

**2. 桩基**

（1）工程桩应进行承载力与桩身质量检验。

（2）桩基工程施工验收检验，应符合下列规定：

① 施工完成后的工程桩应进行竖向承载力检验，承受水平力较大的桩应进行水平承载力检验，抗拔桩应进行抗拔承载力检验。

② 灌注桩应对桩长、桩径和桩位偏差进行检验；嵌岩桩应对桩端的岩性进行检验；灌注桩混凝土强度检验的试件应在施工现场随机留取。

③ 混凝土预制桩应对桩位偏差、桩身完整性进行检验。

④ 钢桩应对桩位偏差、断面尺寸、桩长和矢高进行检验。

⑤ 人工挖孔桩终孔时，应进行桩端持力层检验。

**3. 基础**

（1）扩展基础的混凝土强度等级≥C25。

（2）筏形基础、桩筏基础的混凝土强度等级≥C30。钢筋混凝土基础设置混凝土垫层时，其纵向受力钢筋的混凝土保护层厚度应从基础底面算起，且不应小于40mm；当未设置混凝土垫层时，扩展基础、筏形基础、桩筏基础中受力钢筋的保护层厚度不应小于70mm。

（3）基础施工应符合下列规定：

① 基础模板及支架应具有足够的承载力和刚度，并应保证其整体稳固性。

② 钢筋安装应采用定位件固定钢筋位置，且定位件具有足够的承载力、刚度和稳定性。

③ 筏形基础施工缝和后浇带应采取钢筋防锈或阻锈保护措施。

**4. 基坑工程**

（1）安全等级为一级、二级的支护结构，在基坑开挖过程与支护结构使用期内，必须进行支护结构的水平位移监测和基坑开挖影响范围内建（构）筑物、地面的沉降监测。

（2）混凝土内支撑结构的混凝土强度等级≥C25；排桩支护结构的桩身混凝土强度等级≥C25，排桩顶部应设钢筋混凝土冠梁连接，冠梁宽度不应小于排桩桩径。

（3）当降水会对基坑周边建筑物、地下管线、道路等造成危害或对环境造成长期不利影响时，应采用截水方法控制地下水。

（4）基坑土方开挖和回填施工，应符合下列规定：

① 基坑土方开挖的顺序应与设计工况相一致，严禁超挖；软土基坑土方开挖应分层均衡进行，对流塑状软土的基坑开挖，高差不应超过1m；土方开挖不得损坏支护结构、降水设施和工程桩等。

② 土方开挖至坑底标高时，应及时进行坑底封闭。

③ 土方回填应按设计要求选料，分层夯实，对称进行，且应在下层的压实系数经试验合格后，才能进行上层施工。

**5. 基础与支护结构的混凝土最低强度等级**

基础与支护结构的混凝土最低强度等级的总结，见表4.2-6。

基础与支护结构的混凝土最低强度等级的总结　　　　表 4.2-6

| 混凝土最低强度等级 | 内容 | 备注 |
|---|---|---|
| ≥25 | （1）扩展基础。<br>（2）排桩支护结构的桩身。<br>（3）混凝土内支撑结构 | 与上部结构的混凝土强度等级区别 |
| ≥30 | 筏形基础、桩筏基础 | |

## 4.2.4　《建筑地基基础工程施工规范》GB 51004—2015 有关地基处理规定

**1. 一般规定**

（1）基底标高不同时，宜按先深后浅的顺序进行施工。

（2）施工过程中应采取减少基底土体扰动的保护措施，机械挖土时，基底以上 200～300mm 厚土层应采用人工挖除。

**2. 素土、灰土地基**

见本书第 3 章第 3.3.1 节。

**3. 砂和砂石地基**

见本书第 3 章第 3.3.1 节。

**4. 粉煤灰地基**

见本书第 3 章第 3.3.1 节。

**5. 强夯地基**

（1）周边存在对振动敏感或有特殊要求的建（构）筑物和地下管线时，不宜采用强夯法。

（2）完成全部夯击遍数后，应按夯印搭接 1/5～1/3 锤径的夯击原则，用低能量满夯将场地表层松土夯实并碾压，测量强夯后场地高程。

（3）强夯应分区进行，宜先边区后中部，或由邻近建（构）筑物一侧向远离一侧方向进行。夯点施打原则宜为由内而外、隔行跳打。

（4）强夯置换墩材料宜采用级配良好的块石、碎石、矿渣等质地坚硬、性能稳定的粗颗粒材料，粒径大于 300mm 的颗粒含量不宜大于全重的 30%。

（5）强夯施工结束后质量检测的间隔时间：砂土地基不宜少于 7d，粉性土地基不宜少于 14d，黏性土地基不宜少于 28d，强夯置换和降水联合低能级强夯地基质量检测的间隔时间不宜少于 28d。

**6. 高压喷射注浆地基**

（1）高压喷射注浆施工前应根据设计要求进行工艺性试验，数量不应少于 2 根。

（2）高压喷射注浆施工时，邻近施工影响区域不应进行抽水作业。

**7. 水泥土搅拌桩地基**

（1）施工前应进行工艺性试桩，数量不应少于 2 根。

（2）三轴水泥土搅拌法施工深度大于 30m 的搅拌桩宜采用接杆工艺。三轴水泥土搅拌桩水泥浆液的水灰比宜为 1.5～2.0。可采用跳打方式、单侧挤压方式和先行钻孔套打方式施工,对于硬质土层,当成桩有困难时,可采用预先松动土层的先行钻孔套打方式施工。对环境保护要求高的工程应采用三轴搅拌桩。

(3)水泥土搅拌桩基施工时,停浆面应高于桩顶设计标高300~500mm。开挖基坑时,应将搅拌桩顶端浮浆桩段用人工挖除。

**8. 土和灰土挤密桩复合地基**

(1)土和灰土挤密桩的成孔选用沉管法、冲击法或钻孔法。

(2)土和灰土挤密桩的施工应按下列顺序进行。

① 施工前应平整场地,定出桩孔位置并编号。

② 整片处理时宜从里向外,局部处理时宜从外向里,施工时应间隔1~2个孔依次进行。

③ 成孔达到要求深度后应及时回填夯实。

(3)桩孔经检验合格后,应按设计要求向孔内分层填入筛好的素土、灰土或其他填料,并应分层夯实至设计标高。

**9. 水泥粉煤灰碎石桩(CFG)复合地基**

见本书第3章第3.3.1节。

### 4.2.5 《建筑基坑支护技术规程》JGJ 120—2012 有关规定

**1. 排桩**

(1)对混凝土灌注桩,其纵向受力钢筋的接头不宜设置在内力较大处。

(2)冠梁施工时,应将桩顶浮浆、低强度混凝土及破碎部分清除。

(3)基坑开挖后,排桩的桩间土防护可采用钢丝网混凝土护面、砖砌等处理。

**2. 地下连续墙**

地下连续墙的构造要求,见表4.2-7。

地下连续墙的构造要求　　　　　　　　　　　　　　　　表4.2-7

| 项目 | 内容 |
| --- | --- |
| 墙体厚度 | 选取600mm、800mm、1000mm或1200mm |
| 槽段柔性接头 | 圆形锁口管接头、波纹管接头、楔形接头、工字形钢接头或混凝土预制接头 |
| 槽段刚性接头 | 一字形或十字形穿孔钢板接头、钢筋承插式接头等 |

**3. 支撑**

(1)钢筋混凝土支撑构件的混凝土强度等级不应低于C25。

(2)钢支撑构件可采用钢管、型钢及其组合截面。

### 4.2.6 《混凝土结构通用规范》GB 55008—2021 有关规定

**1. 施工及验收**

(1)材料、混凝土拌合物、构配件、器具和半成品应进行进场验收。

(2)钢筋机械连接或焊接连接接头应进行力学性能和弯曲性能检验。试件应从完成的实体中截取，并按规定进行性能检验。

（3）应对结构混凝土强度进行检验评定，试件应在浇筑地点随机抽取。

（4）模板拆除、预制构件起吊、预应力筋张拉和放张时，同条件养护的混凝土试件应达到规定强度。

（5）预制构件应连接可靠，并应符合下列规定：

① 套筒灌浆连接接头应进行型式检验、工艺检验和现场平行加工试件性能检验试验；套筒和灌浆料应同时满足接头性能要求；灌浆饱满度应检测确认。

② 浆锚搭接接头和叠合剪力墙连接节点处的钢筋搭接长度应符合规定，灌浆应饱满密实。

③ 螺栓连接接头应进行工艺检验和安装质量检验。

④ 钢筋机械连接接头，应制作平行加工试件，并进行力学性能和弯曲性能检验。

**2. 监测**

下列混凝土结构情况应对结构性态与安全进行监测：

（1）高度 350m 及以上的高层与高耸结构。

（2）施工过程导致结构最终位形与设计目标位形存在较大差异的高层与高耸结构。

（3）带有减、隔震体系的高层与高耸或复杂结构。

（4）跨度大于 50m 的钢筋混凝土薄壳结构。

### 4.2.7 《砌体结构通用规范》GB 55007—2021 有关规定

**1. 基本规定**

基本规定，见表 4.2-8。

砌体结构的基本规定　　表 4.2-8

| | |
|---|---|
| 施工质量控制等级 | （1）根据现场质量管理水平、砂浆和混凝土质量控制、砂浆拌合工艺、砌筑工人质量等级四个要素从高到低分为 A、B、C 三级。<br>（2）设计工作年限为 50 年及以上的砌体结构工程，应为 A 级或 B 级 |
| 环境类别 | （1）1 类干燥环境，2 类潮湿环境，3 类冻融环境，4 类氯侵蚀环境，5 类化学侵蚀环境。<br>（2）环境类别为 2～5 类条件下砌体结构的钢筋应采取防腐处理或其他保护措施。<br>（3）处于环境类别为 4 类、5 类条件下的砌体结构应采取抗侵蚀和耐腐蚀措施 |
| 最低强度等级 | （1）内墙空心砖、轻集料混凝土砌块、混凝土空心砌块应为 MU3.5，外墙应为 MU5。<br>（2）内墙蒸压加气混凝土砌块应为 A2.5，外墙应为 A3.5。<br>（3）砌块砌体的灌孔混凝土最低强度等级 ≥ Cb20，且不应低于块体强度等级的 1.5 倍 |

**2. 构造与施工**

（1）承受吊车荷载的单层砌体结构应采用配筋砌体结构。

（2）多层砌体结构房屋中的承重墙梁不应采用无筋砌体构件支承。

（3）对于多层砌体结构民用房屋，当层数为 3 层、4 层时，应在底层和檐口标高处各设置一道圈梁。当层数超过 4 层时，除应在底层和檐口标高处各设置一道圈梁外，至少应在所有纵、横墙上隔层设置。

（4）圈梁宽度不应小于190mm，高度不应小于120mm，配筋不应少于4ϕ12，箍筋间距不应大于200mm。

（5）填充墙与周边主体结构构件的连接构造和嵌缝材料应能满足传力、变形、耐久、防护和防止平面外倒塌的要求。

### 4.2.8 《钢结构通用规范》GB 55006—2021 有关规定

**1. 构造与施工**

（1）已施加过预拉力的高强度螺栓拆卸后不应作为受力螺栓循环使用。

（2）焊接材料应与母材相匹配。

（3）钢结构设计时，焊缝质量等级应根据钢结构的重要性、荷载特性、焊缝形式、工作环境以及应力状态等确定。

（4）钢结构承受动荷载且需进行疲劳验算时，严禁使用塞焊、槽焊、电渣焊和气电立焊接头。

（5）高强度螺栓承压型连接不应用于直接承受动力荷载重复作用且需要进行疲劳计算的构件连接。

（6）钢结构应根据几何形式、建造过程和受力状态，设置可靠的支撑系统。在建（构）筑物每一个温度区段、防震区段或分期建设的区段中，应分别设置独立的支撑系统。对于大跨度平面结构，应根据结构稳定性以及抗震、抗风等性能要求，通过计算设置支撑系统。

（7）对直接承受动力荷载的普通螺栓受拉连接应采用双螺帽或其他防止螺母松动的有效措施。

**2. 其他规定**

高层钢结构加强层及上、下各一层的竖向构件和连接部位的抗震构造措施，应按规定的结构抗震等级提高一级。

### 4.2.9 《建筑装饰装修工程质量验收标准》GB 50210—2018 有关规定

**1. 基本规定**

（1）建筑装饰装修工程应具有完整的施工图设计文件。由施工单位完成的深化设计应经建筑装饰装修设计单位确认。

（2）装修施工中，不得违反设计文件擅自改动建筑主体、承重结构或主要使用功能。

（3）管道、设备安装及调试应在建筑装饰装修工程施工前完成；当必须同步进行时，应在饰面层施工前完成。

（4）建筑装饰装修工程不得直接埋设电线。

**2. 分项工程及主控项目**

（1）抹灰工程应分层进行。当抹灰总厚度大于或等于35mm时，应采取加强措施。当采用加强网时，加强网与各基体的搭接宽度不应小于100mm。

（2）在砌体上安装门窗时严禁用射钉固定。

（3）吊顶工程、轻质隔墙工程应对人造木板的甲醛释放量进行复验。

吊顶工程、轻质隔墙工程验收时应检查材料的产品合格证书、性能检验报告、进场验收记录和复验报告。

（4）饰面板、饰面砖工程的防震缝、伸缩缝、沉降缝等部位的处理应保证缝的使用功能和饰面的完整性。

（5）幕墙与主体结构连接的各种预埋件，其数量、规格、位置和防腐处理必须符合设计要求。不同金属材料接触时应采用绝缘垫片分隔。

（6）涂饰工程的基层处理应符合下列规定：

① 新建筑物的混凝土或抹灰基层在用腻子找平或直接涂饰涂料前应涂刷抗碱封闭底漆。

② 既有建筑墙面在用腻子找平或直接涂饰涂料前应清除疏松的旧装修层，并涂刷界面剂。

③ 混凝土或抹灰基层在用溶剂型腻子找平或直接涂刷溶剂型涂料时，含水率不得大于8%；在用乳液型腻子找平或直接涂刷乳液型涂料时，含水率不得大于10%，木材基层的含水率不得大于12%。

④ 厨房、卫生间墙面的找平层应使用耐水腻子。

### 4.2.10 《建筑设计防火规范（2018年版）》GB 50016—2014 有关规定

**1. 耐火等级与燃烧性能**

（1）高层民用建筑根据其建筑高度、使用功能和楼层的建筑面积可分为一类和二类。

（2）民用建筑的耐火等级可分为一、二、三、四级。

（3）装饰材料按其燃烧性能划分为 A：不燃性，$B_1$：难燃性，$B_2$：可燃性，$B_3$：易燃性四个等级。

**2. 建筑外墙保温系统的防火要求**

建筑内、外保温系统，宜采用燃烧性能为 A 级的保温材料，不宜采用 $B_2$ 级保温材料，严禁采用 $B_3$ 级保温材料。

建筑外墙保温系统的保温材料燃烧性能要求，见表 4.2-9，$H$ 为建筑高度。

建筑外墙保温系统的保温材料燃烧性能要求　　　　表 4.2-9

| | 分类 | 燃烧性能 | 备注 |
|---|---|---|---|
| 内保温 | 人员密集场所，建筑内的疏散楼梯间、避难走道、避难间、避难层 | A 级 | — |
| | 其他场所 | ≥$B_1$ 级 | 即 A 级、$B_1$ 级 |
| | 保温系统的防护层 | A 级 | 采用 $B_1$ 级保温材料，防护层厚度≥10mm |
| 外保温 | 人员密集场所 | A 级 | — |

续表

| 分类 | | | 燃烧性能 | 备注 |
|---|---|---|---|---|
| 外保温（非人员密集场所） | 无空腔保温系统 | 住宅建筑 | $H > 100m$ | A 级 | 超高层住宅 |
| | | | $27m < H \leq 100m$ | ≥$B_1$ 级 | 高层住宅 |
| | | | $H \leq 27m$ | ≥$B_2$ 级 | 低、多层住宅 |
| | | 其他建筑 | $H > 50m$ | A 级 | 一类高层公共建筑 |
| | | | $24m < H \leq 50m$ | ≥$B_1$ 级 | 二类高层公共建筑 |
| | | | $H \leq 24m$ | ≥$B_2$ 级 | 单、多层公共建筑 |
| | 有空腔保温系统 | — | $H > 24m$ | A 级 | — |
| | | — | $H \leq 24m$ | ≥$B_1$ 级 | — |

**3. 建筑外墙上门窗的耐火完整性等要求**

当建筑外墙外保温系统按要求采用 $B_1$、$B_2$ 级的保温材料时，建筑外墙上门、窗的耐火完整性，见表 4.2-10，$H$ 为建筑高度。

建筑外墙上门、窗的耐火完整性　　　　表 4.2-10

| 分类 | | 外墙上门、窗的耐火完整性 | 备注 |
|---|---|---|---|
| 住宅建筑 | $27m < H \leq 100m$，且采用 $B_1$ 级 | ≥0.50$H$ | 保温系统中每层设置水平防火隔离带（A 级），其高度不应小于 300mm |
| | $H \leq 27m$，且采用 $B_2$ 级 | ≥0.50$H$ | |
| | $H \leq 27m$，且采用 $B_1$ 级 | 不要求 | |
| 公共建筑 | $24m < H \leq 50m$，且采用 $B_1$ 级 | ≥0.50$H$ | |
| | $H \leq 24m$，且采用 $B_2$ 级 | ≥0.50$H$ | |
| | $H \leq 24m$，且采用 $B_1$ 级 | 不要求 | |

## 4.2.11 《建筑内部装修防火施工及验收规范》GB 50354—2005 有关规定

**1. 基本规定**

装修施工过程中，应分阶段对所选用的防火装修材料按本规范的规定进行抽样检验。对隐蔽工程的施工，应在施工过程中及完工后进行抽样检验。

现场进行阻燃处理、喷涂、安装作业的施工，应在相应的施工作业完成后进行抽样检验。

**2. 各子分部装修工程的见证取样与抽样检验**

各子分部装修工程的见证取样与抽样检验，见表 4.2-11。

各子分部装修工程的见证取样与抽样检验　　　表4.2-11

| 类别 | 见证取样检验 | 抽样检验 |
|---|---|---|
| 纺织物子分部 | （1）$B_1$、$B_2$级纺织物；<br>（2）现场对纺织物进行阻燃处理所使用的阻燃剂 | （1）现场阻燃处理后的纺织物，每种取2$m^2$检验燃烧性能；<br>（2）施工过程中可能受湿浸、燃烧性能影响的纺织物，每种取2$m^2$检验燃烧性能 |
| 木质材料子分部 | （1）$B_1$级木质材料；<br>（2）现场进行阻燃处理所使用的阻燃剂及防火涂料 | （1）现场阻燃处理后的木质材料，每种取4$m^2$检验燃烧性能；<br>（2）表面进行加工后的$B_1$级木质材料，每种取4$m^2$检验燃烧性能 |
| 高分子合成材料子分部 | （1）$B_1$、$B_2$级高分子合成材料；<br>（2）现场进行阻燃处理所使用的阻燃剂及防火涂料 | 现场阻燃处理后的泡沫塑料应进行抽样检验，每种取0.1$m^3$检验燃烧性能 |

**3. 工程质量验收**

（1）工程质量验收应符合下列要求：

① 技术资料应完整。

② 所用装修材料或产品的见证取样检验结果，应满足设计要求。

③ 装修施工过程中的抽样检验结果，应符合设计要求。

④ 现场进行阻燃处理、喷涂、安装作业的抽样检验结果应符合设计要求。

⑤ 施工过程中的主控项目检验结果应全部合格。

⑥ 施工过程中的一般项目检验结果合格率应达到80%。

（2）工程质量验收应由建设单位项目负责人组织施工单位项目负责人、监理工程师和设计单位项目负责人等进行。**口诀**：无勘察单位的四方主体。

（3）当装修施工的有关资料经审查全部合格、施工过程全部符合要求、现场检查或抽样检测结果全部合格时，工程验收应为合格。

## 4.2.12 《绿色建筑评价标准（2024年版）》GB/T 50378—2019 有关规定

**1. 一般规定**

（1）绿色建筑评价应以单栋建筑或建筑群为评价对象。

（2）绿色建筑评价应在工程竣工后进行。绿色建筑预评价应在施工图完成后进行。

（3）申请评价方应进行建筑全寿命期技术和经济分析，选用适宜技术、设计和材料，对规划、设计、施工、运行阶段进行全过程控制。

**2. 绿色建筑评价**

1）绿色建筑评价

（1）绿色建筑评价指标体系指标：安全耐久、服务便捷、健康舒适、环境宜居、资源节约等5类；每类指标均包括控制项和评分项；评价指标体系还统一设置加分项。

（2）控制项的评定结果为：达标或不达标。评分项和加分项的评定结果为实际得分值。

（3）绿色建筑评价的分值设定见表 4.2-12 的规定。

绿色建筑评价分值   表 4.2-12

| 项目 | 控制项基础分值 | 评分项满分值 | | | | | 加分项满分值 |
|---|---|---|---|---|---|---|---|
| | | 安全耐久 | 健康舒适 | 生活便利 | 资源节约 | 环境宜居 | |
| 预评价 | 400 | 100 | 100 | 70 | 200 | 100 | 100 |
| 评价 | 400 | 100 | 100 | 100 | 200 | 100 | 100 |

注：预评价时，"生活便利评分项"中"运营管理"项，和"提高与创新加分项"中"按照绿色施工的要求进行施工和管理"条不得分。

（4）绿色建筑评价的总得分应按下式进行计算：

$$Q = (Q_0 + Q_1 + Q_2 + Q_3 + Q_4 + Q_5 + Q_A)/10 \quad (4.2-1)$$

式中：$Q$——总得分；

$Q_0$——控制项基础分值，当满足所有控制项的要求时取 400 分；

$Q_1 \sim Q_5$——分别为评价指标体系 5 类指标（安全耐久、健康舒适、生活便利、资源节约、环境宜居）评分项得分；

$Q_A$——提高与创新加分项得分，为加分项得分之和，当得分大于 100 分时，应取为 100 分。

2）绿色建筑评价指标的内容

绿色建筑评价指标的内容，见表 4.2-13。

绿色建筑评价指标的内容   表 4.2-13

| 指标 | 控制项 | 评分项 |
|---|---|---|
| 安全耐久 | — | 安全，耐久 |
| 健康舒适 | — | 室内空气品质，水质，声环境与光环境，室内热湿环境 |
| 生活便利 | — | 出行与无障碍，服务设施，智慧运行，运营管理 |
| 资源节约 | — | 节地与土地利用，节能与能源利用，节水与水资源利用，节材与绿色建材 |
| 环境宜居 | — | 场地生态与景观，室外物理环境 |

3）绿色建筑等级划分与评定

绿色建筑等级划分与评定，见绿色建筑、安全检查的等级与评定的总结，见表 4.2-14。

绿色建筑、安全检查的等级与评定的总结   表 4.2-14

| 类别 | 等级 | 评定标准 |
|---|---|---|
| 绿色建筑 | 基本级 | 满足全部控制项要求 |
| | 一星级 | ≥60 分 | 
| | 二星级 | ≥70 分 |
| | 三星级 | ≥85 分 |

（评定标准续）(1) 满足全部控制项要求，且每类指标的评分项得分不应小于其评分项满分值的 30%。
(2) 应进行全装修

续表

| 类别 | 等级 | 评定标准 |
| --- | --- | --- |
| 安全检查 | 不合格 | ＜70分，或有一分项检查表为零分 |
| | 合格 | ≥70分，＜80分，且分项检查表无零分 |
| | 优良 | ≥80分，且分项检查表无零分 |

# 第 5 章　项目管理实务

## 5.1　建筑工程企业资质与施工组织

### 5.1.1　建筑工程企业资质

**1. 建筑业企业资质分为施工总承包资质、专业承包资质、施工劳务资质**

（1）施工总承包资质分为特级、一级、二级、三级。
（2）专业承包资质分为一级、二级、三级。
（3）施工劳务资质不分类别与等级。

**2. 建筑工程施工总承包资质承接工程范围**

建筑工程施工总承包资质承接工程范围，见表 5.1-1。

建筑工程施工总承包资质承接工程范围　　　　表 5.1-1

| 资质等级 | 承接工程范围 |
| --- | --- |
| 特级资质 | 可承担各类房屋建筑工程的施工总承包、设计及开展工程总承包和项目管理业务 |
| 一级资质 | 可承担单项合同额 3000 万元以上的下列建筑工程的施工：<br>（1）高度 200m 以下的工业、民用建筑工程；<br>（2）高度 240m 以下的构筑物工程 |
| 二级资质 | 可承担下列建筑工程的施工：<br>（1）高度 100m 以下的工业、民用建筑工程；<br>（2）高度 120m 以下的构筑物工程；<br>（3）建筑面积 4 万 $m^2$ 以下的单体工业、民用建筑工程；<br>（4）单跨跨度 39m 以下的建筑工程 |
| 三级资质 | 可承担下列建筑工程的施工：<br>（1）高度 50m 以下的工业、民用建筑工程；<br>（2）高度 70m 以下的构筑物工程；<br>（3）建筑面积 1.2 万 $m^2$ 以下的单体工业、民用建筑工程；<br>（4）单跨跨度 27m 以下的建筑工程 |

### 5.1.2　施工组织设计

**1. 施工组织设计的编制内容**

（1）施工组织设计按编制对象，可分为施工组织总设计、单位工程施工组织设计和施工方案三个层次。
（2）项目施工过程中，发生以下情况之一时，施工组织设计应及时进行修改或补充：
① 工程设计有重大修改。

② 有关法律、法规、规范和标准实施、修订和废止。
③ 主要施工方法有重大调整。
④ 主要施工资源配置有重大调整。
⑤ 施工环境有重大改变。

（3）施工组织总设计主要包括工程概况、总体施工部署、施工总进度计划、总体施工准备与主要资源配置计划、主要施工方法、施工总平面布置等几个方面。

（4）单位工程施工组织设计主要包括工程概况、施工部署、施工进度计划、施工准备与资源配置计划、主要施工方案、施工现场平面布置等几个方面。

（5）施工方案主要包括工程概况、施工安排、施工进度计划、施工准备与资源配置计划、施工方法及工艺要求等几个方面。

**2. 施工组织设计的编制审批**

施工组织设计的编制审批，见表 5.1-2。

施工组织设计的编制审批　　　　　　　　　　表 5.1-2

| 分类 | 编制 | 审批、审查 |
| --- | --- | --- |
| 施工组织总设计 | 项目负责人主持编制 | 总承包单位技术负责人审批 |
| 单位工程施工组织设计 | | 施工单位技术负责人或其授权的技术人员审批 |
| 施工方案 | | 项目技术负责人审批 |
| 危大工程专项施工方案 | 施工总承包单位编制 | 施工单位技术负责人审核签字、加盖单位公章，并由总监理工程师审查签字、加盖执业印章 |
| | 实行分包的，由专业分包单位编制 | 总承包单位技术负责人及分包单位技术负责人共同审核签字并加盖单位公章 |
| 临时用电组织设计 | 电气工程技术人员编制 | 相关部门审核，并经具有法人资格企业的技术负责人或授权的技术人员批准 |
| 施工总进度计划 | 总承包企业总工程师领导下编制 | — |
| 单位工程进度计划 | 由项目经理组织，项目技术负责人领导下编制 | — |
| 分阶段（或专项）、分部分项工程进度计划 | 专业工程师或负责分部分项工程的工程师编制 | — |
| 施工检测试验计划 | 项目技术负责人组织编制 | 监理单位进行审查和监督实施 |
| 《项目工程资料管理方案》 | | 项目部技术负责人对相关部门及岗位进行资料管理方案交底 |

## 5.1.3 施工平面布置

根据项目总体施工部署，绘制现场不同施工阶段（期）总平面布置图，通常有基础工程施工总平面布置图，主体结构工程施工总平面布置图，装饰、安装工程施工总平面布置图等。

**1. 施工总平面布置图的设计内容**

（1）项目施工用地范围内的地形状况。

（2）全部拟建的建（构）筑物和其他基础设施的位置。

（3）项目施工用地范围内的加工、运输、存储、供电、供水供热、排水排污设施以及临时施工道路和办公、生活用房等。

（4）施工现场必备的安全、消防、保卫和环保等设施。

（5）相邻的地上、地下既有建（构）筑物及相关环境。

**2. 施工总平面布置图设计要点**

1）设置大门，引入场外道路

2）布置大型机械设备

布置塔式起重机时，应考虑其基础设置、周边环境、覆盖范围、可吊构件的重量以及构件的运输和堆放；同时还应考虑塔式起重机的附墙杆件位置、距离及使用后的拆除和运输。

布置混凝土泵时，应考虑泵管的输送距离、混凝土罐车行走停靠方便，一般情况下立管位置应相对固定且固定牢固，泵车可以在现场流动使用。

布置施工升降机时，应考虑地基承载力、地基平整度、周边排水、导轨架的附墙位置和距离、楼层平台通道、出入口防护门以及升降机周边的防护围栏等。

3）布置仓库、堆场

一般应接近使用地点，其纵向宜与现场临时道路平行。

存放危险品类的仓库应远离现场单独设置，离在建工程距离不小于15m。

4）布置加工厂

使材料构件的运输量最小，垂直运输设备发挥较大作用；与工作有关联的加工厂适当集中。

5）布置场内临时运输道路

临时道路应把仓库、加工厂、堆场和施工点贯穿起来，设计双行干道或单行循环道要满足运输和消防要求。

主干道宽度单行道不小于4m，双行道不小于6m。

消防车道宽度不小于4m，载重车转弯半径不宜小于15m。

木材场两侧应有6m宽通道，端头处应有12m×12m回车场。

6）布置临时房屋

（1）生活区、办公区和施工区应相对独立。

（2）办公用房宜设在工地入口处。

（3）作业人员宿舍一般宜设在现场附近；有条件时也可设在场区内。

宿舍内的床铺不得超过2层，室内净高不得小于2.5m，通道宽度不得小于0.9m，每间宿舍人均面积不应小于2.5m$^2$，且不得超过16人。同时应满足消防和卫生防疫。

（4）食堂宜布置在生活区，也可视条件设在施工区与生活区之间。

7）布置临时水、电管网和其他动力设施

（1）临时总变电站应设在高压线进入工地最近处。

（2）从市政供水接驳点将水引入施工现场。管网一般沿道路布置，供电线路应避免与其他管道设在同一侧，同时支线应引到所有用电设备使用地点。

8）施工平面图

施工总平面图标明图名、图例、比例尺、方向标记、必要的文字说明等。

### 3. 施工平面管理

施工平面管理，见表 5.1-3。

施工平面管理　　　　　　　　　　　　　　表 5.1-3

| 项目 | 内容 |
| --- | --- |
| 施工现场围墙 | （1）市区主要路段的施工现场围挡高度不应低于 2.5m。<br>（2）一般路段围挡高度不应低于 1.8m。<br>（3）距离交通路口 20m 范围内占据道路施工设置的围挡，其 0.8m 以上部分应采用通透性围挡，并应采取交通疏导和警示措施 |
| 现场出入口管理 | （1）现场大门应设置门卫岗亭。<br>（2）主要出入口明显处应设置"五牌一图"：工程概况牌、消防保卫牌、安全生产牌、文明施工牌、管理人员名单及监督电话牌、施工现场总平面图 |
| 现场道路硬化 | （1）采取铺设混凝土、钢板、碎石等方法。<br>（2）裸露的场地和堆放的土方应采取覆盖、固化或绿化等 |
| 对环境的影响 | 大气污染、室内空气污染、水污染、土壤污染、噪声污染、光污染、垃圾污染 |

## 5.1.4 施工临时用电

### 1. 临时用电组织设计的规定

（1）施工现场临时用电设备在 5 台及以上或设备总容量在 50kW 及以上的，应编制用电组织设计；否则，应制定安全用电和电气防火措施，并履行相同的编制、审核、批准程序。

（2）装饰装修工程或其他特殊施工阶段，应补充编制单项施工用电方案。

（3）临时用电组织设计及变更必须由电气工程技术人员编制，相关部门审核，并经具有法人资格企业的技术负责人或授权的技术人员批准，现场监理签认后实施。

### 2. 线路敷设基本要求

线路敷设基本要求，见表 5.1-4。

线路敷设基本要求　　　　　　　　　　　　表 5.1-4

| 项目 | 内容 |
| --- | --- |
| 架空线路 | （1）施工现场必须采用绝缘导线，架设时必须使用专用电杆。<br>（2）三相四线制线路的 N 线和 PE 线截面不小于相线截面的 50%，单相线路的零线截面与相线截面相同。 |

续表

| 项目 | 内容 |
|---|---|
| 架空线路 | （3）必须有短路保护：采用熔断器做短路保护时，其熔体额定电流应小于等于明敷绝缘导线长期连续负荷允许载流量的1.5倍。<br>（4）必须有过载保护：采用熔断器或断路器做过载保护时，绝缘导线长期连续负荷允许载流量不应小于熔断器熔体额定电流或断路器长延时过流脱扣器脱扣电流整定值的1.25倍 |
| 电缆线路 | （1）电缆中必须包含全部工作芯线和作保护零线的芯线，即五芯电缆。<br>（2）五芯电缆必须包含淡蓝、绿/黄两种颜色绝缘芯线。淡蓝色芯线必须用作N线；绿/黄双色芯线必须用作PE线，严禁混用。口诀：双色线为PE。<br>（3）严禁沿地面明设。<br>（4）必须有短路保护和过载保护 |
| 室内配线 | （1）室内非埋地明敷主干线距地面高度不得小于2.5m。<br>（2）必须有短路保护和过载保护 |

### 3. 临时用电三级配电二级漏电保护系统

临时用电三级配电二级漏电保护系统，见表5.1-5。

临时用电三级配电二级漏电保护系统　　　　表5.1-5

| 名称 | | 位置 | 距离要求 |
|---|---|---|---|
| 三级配电 | 总配电箱或配电柜 | 靠近进场电源的区域 | — |
| | 分配电箱 | 用电设备或负荷相对集中的区域 | 分配电箱与开关箱的距离≤30m |
| | 开关箱 | 靠近用电设备 | 开关箱与其控制的固定式用电设备的水平距离≤3m |
| 二级漏电保护 | 总漏电保护 | 设在总配电箱内 | — |
| | 末级漏电保护 | 设在开关箱内 | — |

注意：每台用电设备必须有各自专用的开关箱。口诀："一机一闸"。

移动式配电箱、开关箱的中心点与地面的垂直距离宜为0.8～1.6m。

固定式配电箱、开关箱的中心点与地面的垂直距离应为1.4～1.6m。理解为：1.4m与避免儿童接触挂钩。

### 4. 临时用电人员

（1）施工现场操作电工必须经过国家现行标准考核合格后，持证上岗工作。

（2）各类用电人员必须通过相关安全教育培训和技术交底，掌握安全用电基本知识和所用设备的性能，考核合格后方可上岗工作。

（3）安装、巡检、维修或拆除临时用电设备和线路，必须由电工完成，并应有人监护。

（4）临时用电工程必须经编制、审核、批准部门和使用单位共同验收，合格后方可投入使用。

（5）临时用电工程定期检查应按分部、分项工程进行，对安全隐患必须及时处理，并应履行复查验收手续。

### 5. 现场临时用电场所最小净高

现场临时用电场所最小净高，见表 5.1-6。

最小净高的总结　　　　　　　　　　　　　　　　　表 5.1-6

| 最小净高 | 现场临时用电场所 | 其他场所 |
|---|---|---|
| ≥2m | 人工挖孔桩孔上电缆架空高度 | （1）楼梯平台。<br>（2）地下室、局部夹层、公共走道、建筑避难层、架空层等有人员正常活动的场所 |
| ≥2.5m | （1）室内非埋地明敷主干线距地面高度。<br>（2）室内 220V 灯具距地面高度 | 现场宿舍室内净高 |
| ≥3m | 室外 220V 灯具距地面高度 | — |

### 6. 施工现场安全特低电压照明器

施工现场安全特低电压照明器的适用范围，见表 5.1-7。

施工现场安全特低电压照明器的适用范围　　　　　　表 5.1-7

| 电源电压 | 特殊场所的照明 | 备注 |
|---|---|---|
| ≤36V | （1）隧道、人防工程、高温、有导电灰尘、比较潮湿。<br>（2）灯具离地面高度低于 2.5m | 记住≤12V、≤24V 的情况，其他则属于≤36V |
| ≤24V | 潮湿和易触及带电体场所 | |
| ≤12V | （1）特别潮湿场所、导电良好的地面。<br>（2）锅炉或金属容器内 | |

## 5.1.5 施工检验与试验

### 1. 施工检测试验计划

（1）施工检测试验计划应在工程施工前由施工项目技术负责人组织有关人员编制，并应报送监理单位进行审查和监督实施。

（2）施工检测试验计划应按检测试验项目分别编制，并应包括：检测试验项目名称；检测试验参数；试样规格；代表批量；施工部位；计划检测试验时间。

（3）施工检测试验计划中的计划检测试验时间，应根据工程施工进度计划确定。

### 2. 施工过程质量检测试验内容

（1）施工过程质量检测试验项目和主要检测试验参数应依据国家现行相关标准、设计文件、合同要求和施工质量控制的需要确定。施工过程质量检测试验的主要内容，见表 5.1-8。

（2）施工过程质量检测试验应依据施工流水段划分、工程量、施工环境及质量控制的需要确定抽检频次。

（3）施工过程质量检测试样，除确定工艺参数可制作模拟试样外，必须从现场相应的施工部位抽取。

施工过程质量检测试验主要内容    表 5.1-8

| 序号 | 类别 | 检测试验项目 | 主要检测试验参数 | 备注 |
|---|---|---|---|---|
| 1 | 土方回填 | 土工击实 | 最大干密度 | — |
| | | | 最优含水量 | — |
| | | 压实程度 | 压实系数 | — |
| 2 | 地基与基础 | 换填地基 | 压实系数或承载力 | — |
| | | 加固地基、复合地基 | 承载力 | — |
| | | 桩基 | 承载力 | — |
| | | | 桩身完整性 | 钢桩除外 |
| 3 | 基坑支护 | 土钉墙 | 土钉抗拔力 | — |
| | | 水泥土墙 | 墙身完整性 | — |
| | | | 墙体强度 | 设计有要求时 |
| | | 锚杆、锚索 | 锁定力 | — |
| 4 | 钢筋连接 | 机械连接现场检验 | 抗拉强度 | — |
| | | 钢筋焊接工艺检验、闪光对焊、气压焊 | 抗拉强度 | — |
| | | | 弯曲 | 适用于闪光对焊、气压焊接头，适用于气压焊水平连接筋 |
| | | 电弧焊、电渣压力焊、预埋件钢筋T形接头 | 抗拉强度 | — |
| | | 网片焊接 | 抗剪力 | 热轧带肋钢筋 |
| | | | 抗拉强度 | 冷轧带肋钢筋 |
| | | | 抗剪力 | |
| 5 | 混凝土 | 配合比设计 | 工作性、强度等级 | — |
| | | 混凝土性能 | 标准养护试件强度 | 强度等级不小于 C60 时，宜采用标准试件 |
| | | | 同条件试件强度 | 冬期施工或根据施工需要留置 |
| | | | 同条件转标准养护强度 | |
| | | | 抗渗性能 | 有抗渗要求时 |
| 6 | 砌筑砂浆 | 配合比设计 | 强度等级、稠度 | — |
| | | 砂浆力学性能 | 标准养护试件强度 | — |
| | | | 同条件试件强度 | 冬期施工 |
| 7 | 钢结构 | 网架结构焊接球节点、螺栓球节点 | 承载力 | 安全等级一级、$L \geq 40m$ 且设计有要求时 |

续表

| 序号 | 类别 | 检测试验项目 | 主要检测试验参数 | 备注 |
|---|---|---|---|---|
| 7 | 钢结构 | 焊缝质量 | 焊缝探伤 | — |
|   |   | 后锚固（植筋、锚栓） | 抗拔承载力 | — |
| 8 | 装饰装修 | 饰面砖粘贴 | 粘结强度 | — |
| 9 | 建筑节能 | 围护结构现场实体检验 | 外墙节能构造 | — |
|   |   |   | 外窗气密性能 | — |
|   |   | 设备系统节能性能检验 | — | — |

**3. 施工检测试验管理**

（1）建设单位应委托具备相应资质的第三方检测机构进行工程质量检测，检测项目和数量应符合抽样检验要求。

（2）由非建设单位委托的检测机构出具的检测报告不得作为工程质量验收资料。

（3）检测机构与所检测建设工程相关的建设、施工、监理单位，以及建筑材料、建筑构配件和设备供应单位不得有隶属关系或者其他利害关系。**注意：未涉及勘察、设计单位。**

（4）试样应有唯一性标识，并应符合下列规定（图 5.1-1）：

① 试样应按照取样时间顺序连续编号，不得空号、重号。

② 试样标识的内容应根据试样的特性确定，宜包括：名称、规格（或强度等级）、制取日期等信息。

③ 试样标识应字迹清晰、附着牢固。

图 5.1-1　钢筋试样

**4. 见证与送样**

（1）建设单位委托检测机构开展建设工程质量检测活动的，建设单位或者监理单位应当对建设工程质量检测活动实施见证。见证人员应当制作见证记录，记录取样、制样、标识、封志、送检以及现场检测等情况，并签字确认。

（2）提供检测试样的单位和个人，应当对检测试样的符合性、真实性及代表性负责。检测试样应当具有清晰的、不易脱落的唯一性标识、封志。

（3）现场检测或者检测试样送检时，应当由检测内容提供单位、送检单位等填写委托单。委托单位应当由送检人员、见证人员等签字确认。

### 5.1.6 工程施工资料

**1. 项目工程资料管理职责**

（1）项目部技术负责人负责组织编制《项目工程资料管理方案》。内容应包括：工程概况、部门（岗位）职责、资料管理流程、资料编制内容及填写要求等。

（2）项目部技术负责人对相关部门及岗位进行资料管理方案交底。

**2. 工程资料分类**

（1）工程资料可分为工程准备阶段文件、监理资料、施工资料、竣工图和工程竣工文件。

（2）施工资料可分为：施工管理资料、施工技术资料、施工进度及造价资料、施工物资资料、施工记录、施工试验记录及检测报告、施工质量验收记录、竣工验收资料8类。

（3）工程竣工文件可分为竣工验收文件、竣工决算文件、竣工交档文件、竣工总结文件。

**3. 项目工程资料形成**

项目工程资料形成宜按照各业务部门分工负责，见表5.1-9。

**4. 施工资料组卷**

施工资料应按单位工程组卷，并应符合下列规定：

（1）专业承包工程形成的施工资料应由专业承包单位负责，并应单独组卷。

（2）电梯应按不同型号，每台电梯单独组卷。

（3）室外工程应按室外建筑环境、室外安装工程单独组卷。

（4）当施工资料中部分内容不能按一个单位工程分类组卷时，可按建设项目组卷。

（5）施工资料目录应与其对应的施工资料一起组卷。

（6）竣工图应按专业分类组卷。

项目工程技术资料部门职责表　　　　　表5.1-9

| 编号 | 资料名称 | 责任部门（岗位） | | | | | |
|---|---|---|---|---|---|---|---|
| | | 技术 | 质量 | 工程 | 商务 | 物资 | 试验 | 测量 |
| C1 | 施工管理资料 | ★ | ▲ | ■ | ● | | | |
| | 其中：施工检测试验计划<br>　　　分项工程和检验批的划分方案<br>　　　检测设备检定证书登记台账 | ★ | | | | | | |

续表

| 编号 | 资料名称 | 责任部门（岗位） | | | | | |
|---|---|---|---|---|---|---|---|
| | | 技术 | 质量 | 工程 | 商务 | 物资 | 试验 | 测量 |
| | 其中：企业资质证书及相关专业人员岗位证书<br>特种作业人员证书复印件<br>分包单位资质报审表<br>分包资质证书及相关专业人员岗位证书 | | | | ● | | | |
| | 其中：施工日志<br>工程开工报审表<br>监理工程师通知回复单 | | | ■ | | | | |
| | 其中：施工现场质量管理检查记录<br>建设工程质量事故调查、勘察记录<br>建设工程质量事故报告书 | | ▲ | | | | | |
| C2 | 施工技术资料 | ★ | | | | | | |
| | 其中：分项工程技术交底记录 | | | ■ | | | | |
| C3 | 施工测量记录 | | | | | | | ● |
| C4 | 施工物资资料 | | | | | ● | | |
| C5 | 施工记录 | | | ■ | | | | |
| C6 | 施工试验资料 | ★ | | | | | ● | |
| C7 | 施工质量验收记录 | | ▲ | | | | | |
| | 其中：分项工程质量验收记录<br>分部（子分部）工程验收记录 | | ▲ | | | | | |
| C8 | 竣工验收资料 | ★ | | | | | | |
| | 其中：单位工程质量控制资料核查记录<br>单位工程安全和功能检验资料核查及主要功能抽查记录<br>单位工程观感质量检查记录 | | ▲ | | | | | |

**注意**：表 5.1-9 中，技术部分负责的资料（★）、质量部分负责的资料（▲）、工程部分负责的资料（■）。

## 5.2 工程招标投标与合同管理

### 5.2.1 工程招标投标

**1. 招标方式**

（1）招标分为公开招标和邀请招标。

（2）大型基础设施、公用事业等关系社会公共利益、公众安全的项目，全部或者部分使用国有资金投资或者国家融资的项目，使用国际组织或者外国政府贷款、援助资金的项目，合同估算价达到一定标准的项目（例如超过 200 万元人民币的设备和材料采购，100 万元以上的勘察、设计、监理服务等），必须进行招标。

（3）采用邀请招标方式的，应向三个以上符合资质条件的施工企业发出投标邀请书。

（4）招标项目有下列情形之一的，可以邀请招标：

① 技术复杂、有特殊要求或者受自然环境限制，只有少量潜在投标人可供选择。

② 采用公开招标方式的费用占项目合同金额的比例过大。

**2. 主要招标程序**

主要招标程序中与数字有关的内容，见表 5.2-1。

主要招标程序中与数字有关的内容　　　　　　　表 5.2-1

| | |
|---|---|
| 主要招标程序中与数字有关的内容 | （1）招标文件的发售应按照招标公告或者投标邀请书规定的时间、地点发售，发售期不得少于 5 日。依法必须进行招标的项目，招标文件明确的开标时间必须自招标文件开始发出之日起至提交投标文件截止之日止，最短不得少于 20 日。<br>（2）招标人可以对已发出的招标文件进行必要的澄清或者修改，其内容作为招标文件的组成部分，可能影响投标文件编制的，应当在投标截止时间至少 15 日前，以书面形式或者网站通知所有获取招标文件的潜在投标人。不足 15 日的，招标人应当顺延提交投标文件的截止时间。<br>（3）投标截止时间前，投标人撤回已提交的投标文件，应当书面通知招标人。招标人已经收取投标保证金的，应当自收到投标人书面撤回通知之日起 5 日内退还。<br>（4）按时递交投标文件的投标人少于 3 个的，不得开标，招标人应当重新招标。<br>（5）评标委员会由招标人的代表和有关技术、经济等方面的专家组成，成员人数为 5 人以上单数，其中技术、经济方面的专家不得少于成员总数的 2/3。<br>（6）依法必须进行招标的项目，招标人应当自收到评标报告之日起 3 日内将中标候选人和其他投标人相关信息在规定的媒介进行公示，公示期不得少于 3 日。<br>（7）投标人或者其他利害关系人对依法必须进行招标的项目的评标结果有异议的，应当在中标候选人公示期间提出。招标人应当自收到异议之日起 3 日内作出答复；作出答复前，暂停招标投标活动。<br>（8）招标人应当在投标有效期截止时限 30 日前确定中标人。招标人向中标人发出中标通知书，并将中标结果通知所有未中标的投标人。招标人和中标人应当自中标通知书发出之日起 30 日内，按照招标文件和中标人的投标文件订立书面合同 |

**3. 施工总承包主要投标工作要求**

（1）投标文件应按招标文件格式及要求编写。做到：

① 对招标文件要求的招标范围、质量、工期、技术标准、安全标准、法律法规、权利义务、报价编制、投标有效期等做出实质性响应。

② 投标人在投标报价中填写的工程量清单的项目编码、项目名称、项目特征、计量单位、工程数量必须与招标人招标文件中提供的一致。

③ 综合单价依据计价程序、清单子目项目特征、市场价格或企业定额、企业资源和招标人规定的风险内容、范围及费用等进行组价。施工中出现的风险内容及范围在合同约定内时，合同价款不作调整。否则，按照约定办法调整。

④ 投标人的让利条件应体现在清单的综合单价或相关的费用中，不得以总价下浮方式进行报价。

⑤ 投标人自主确定措施项目费。投标人的安全防护、文明施工措施费的报价，不得低于依据工程所在地工程造价主管部门公布计价标准所计算得出总费用的 90%。

177

（2）投标人不得以低于成本的报价竞标，也不得以他人名义投标或者以其他方式弄虚作假，骗取中标。

### 5.2.2 合同管理

**1. 工程总承包合同管理**

（1）工程总承包企业可以在其资质证书许可的工程项目范围内自行实施设计和施工，也可以根据合同约定或者经建设单位同意，直接将工程项目的设计或者施工业务择优分包给具有相应资质的企业。

（2）仅具有设计资质的企业承接工程总承包项目时，应当将工程总承包项目中的施工业务依法分包给具有相应施工资质的企业。

（3）仅具有施工资质的企业承接工程总承包项目时，应当将工程总承包项目中的设计业务依法分包给具有相应设计资质的企业。

（4）不得转包、分包的情况：

① 工程总承包企业不得将工程总承包项目转包，也不得将工程总承包项目中设计和施工业务一并或者分别分包给其他单位。

② 工程总承包企业自行实施设计的，不得将工程总承包项目工程主体部分的设计业务分包给其他单位。

③ 工程总承包企业自行实施施工的，不得将工程总承包项目工程主体结构的施工业务分包给其他单位。

（5）《建设项目工程总承包合同（示范文本）》（GF—2020—0216）由合同协议书、通用合同条件和专用合同条件三部分组成。

**2. 施工总承包合同管理**

（1）《建设工程施工合同（示范文本）》（GF—2017—0201）由合同协议书、通用合同条款和专用合同条款三部分组成。

（2）除专用合同条款另有约定外，解释合同文件的优先顺序，见表5.2-2。

解释合同文件的优先顺序　　　　表5.2-2

| 工程总承包合同 | 施工总承包合同 |
| --- | --- |
| （1）中标通知书（如果有）。<br>（2）投标函及投标函附录（如果有）。<br>（3）专用合同条件及《发包人要求》等附件。<br>（4）通用合同条件。<br>（5）承包人建议书。<br>（6）价格清单。<br>（7）双方约定的其他合同文件。 | （1）合同协议书。<br>（2）中标通知书（如果有）。<br>（3）投标函及其附录（如果有）。<br>（4）专用合同条款及其附件。<br>（5）通用合同条款。<br>（6）技术标准和要求。<br>（7）图纸。<br>（8）已标价工程量清单或预算书。<br>（9）其他合同文件。 |

工程总承包合同管理原则与施工总承包合同管理原则都是：依法履约、诚实信用、全面履行、协调合作、维护权益和动态管理。

### 3. 转包与违法分包

认定为转包与违法分包的情形,见《建筑工程管理与实务》考试用书。

## 5.2.3 工程计价方式应用

### 1. 工程计价与建筑工程造价的构成

工程计价与建筑工程造价的构成,见表 5.2-3。

工程计价与建筑工程造价的构成　　　　表 5.2-3

| 分类 | | 内容 |
|---|---|---|
| 建筑工程计价 | 定额计价 | 按预算定额的分部分项子目,逐一计算工程量,套用对应的预算定额单价(或单位估价表)确定人工费、材料费、施工机具使用费,以此为计算基数,计取企业管理费、利润、规费、税金,汇总形成工程造价 |
| | 工程量清单计价 | 工程造价=(分部分项工程费+措施费+其他项目费)×(1+规费费率)×(1+税率) |
| 建筑安装工程费 | 按费用构成要素划分 | 人工费、材料费、施工机具使用费、企业管理费、利润、规费、税金<br>(口诀:"人材机、管利、规税") |
| | 按造价形成划分 | 分部分项工程费、措施项目费、其他项目费、规费、税金<br>(口诀:"分措其、规税") |

### 2. 工程量清单计价方式

1) 工程量清单内容

(1) 工程量清单应由分部分项工程量项目清单、措施项目清单、其他项目清单、规费项目清单和税金项目清单组成。

(2) 是招标文件的组成部分,以综合单价形式出现。

(3) 工程量清单与计价宜采用统一格式,按照现行国家计量规范执行。

(4) 分部分项工程量清单按照规定的项目编码、项目名称、项目特征、计量单位和工程计算规则编制。

2) 工程量清单计价方式的工程造价构成

(1) 分部分项工程费、措施费和其他项目费包括完成一个规定计量单位的分部分项工程量清单项目或措施清单项目所需的人工费、材料费、施工机械使用费和企业管理费与利润,以及一定范围内的风险费用。

风险费用应符合招标文件要求,在综合单价中考虑,可以是风险费率,也可以是一定数额;企业自行考虑。

(2) 措施项目包括为完成工程项目施工,发生于该工程施工准备和施工过程中的技术、生活、安全、环境保护等非工程实体项目。

(3) 其他项目清单内容:暂列金额、暂估价、计日工、总承包服务费。其中:

① 暂列金额并不直接属于承包人所有,而是由发包人暂定并掌握使用的一笔款项,用于施工合同签订时尚未确定或者不可预见的所需材料、设备、服务的采购,施工中可能

发生的工程变更、合同约定调整因素出现时的工程价款调整以及发生的索赔、现场签证确认等的费用。

② 暂估价则是招标人在工程量清单中提供的用于支付必然发生但暂时不能确定价格的专业服务、材料、设备，以及专业工程的金额。

③ 计日工是在施工过程中，完成发包人提出的施工图纸外的零星项目或工作，按照合同中约定的计日工综合单价计价。

④ 总承包服务费是发包人进行专业工程发包以及自行采购供应的材料、设备时，要求承包人对其提供协调和配合服务，支付给承包人的费用。

（4）规费项目清单内容：工程排污费、工程定额测定费、社会保障费、住房公积金。危险作业意外伤害保险。

（5）税金是指国家税法规定的应计入建筑安装工程造价内增值税。

工程造价＝（分部分项工程费＋措施费＋其他项目费）×（1＋规费费率）×（1＋税率）

工程量清单计价项目内容，见表5.2-4。

工程量清单计价项目内容　　　　　　　　　表5.2-4

| 项目 | 内容 |
|---|---|
| 分部分项工程费 | — |
| 措施项目费 | 一般措施项目如下：<br>安全文明施工费（含环境保护、文明施工、安全施工、临时设施）；夜间施工；二次搬运费；冬雨季施工；大型机械设备进出场及安拆；施工排水；施工降水；地上、地下设施，建筑物的临时保护设施；已完工程及设备保护（口诀："安冬夜、二大水、两保护"，水为施工排水、施工降水） |
|  | 垂直运输、脚手架工程、超高施工增加、混凝土模板及支撑架（口诀："直脚超模"） |
| 其他项目费 | 暂列金额、暂估价、计日工、总承包服务费 |
| 规费 | — |
| 税金 | — |
| 工程造价 | 工程造价＝（分部分项工程费＋措施费＋其他项目费）×（1＋规费费率）×（1＋税率） |

3）投标人工程量清单应用

（1）投标人应按招标人提供的工程量清单填报价格。填写的项目编码、项目名称、项目特征、计量单位、工程量必须与招标人提供的一致。

（2）投标价由投标人依据各级主管部门颁发的计价定额及计价规定，也可以是企业定额，采用市场价格或工程造价机构发布的工程造价信息，自主确定投标价。但不得低于社会或者行业成本。

（3）投标总价应当与分部分项工程费、措施项目费、其他项目费和规费、税金的合计金额一致；在施工过程中如果出现施工图纸或设计变更与工程量清单项目特征描述不一致时，发、承包双方按实际施工的项目特征，依据合同约定重新确定综合单价。

（4）措施费应根据招标文件中的措施费项目清单及投标时拟定的施工组织设计自主确

定，但安全文明施工费应按照不低于各级建设主管部门规定标准的90%计价，不得作为竞争性费用。

（5）规费和税金应按国家或省级、行业建设主管部门的规定计算，不得作为竞争性费用。

（6）暂列金额应按招标人在其他项目清单中列出的金额填写。

（7）材料暂估价应按招标人在其他项目清单中列出的单价计入综合单价。

（8）专业工程暂估价应按招标人在其他项目清单中列出的金额填写。

### 5.2.4 工程造价构成与编制

**1. 建筑工程费构成与计算**

1）按费用构成要素划分

建筑安装工程费由人工费、材料（包含工程设备）费、施工机具使用费、企业管理费、利润、规费和税金组成。其中，材料费、施工机具使用费、企业管理费的内容如下：

（1）人工费。

（2）材料费：包括材料原价、运杂费、运输损耗费、采购及保管费。**注意**：原材料费中的检验试验费列入企业管理费。

（3）施工机具使用费：包括施工机械使用费（含折旧费、大修理费、经常修理费、安拆费及场外运费、人工费、燃料动力费、税费）、仪器仪表使用费。**注意**：大型机械进出场及安拆费列入措施费项目。

（4）企业管理费：包括管理人员工资、办公费、差旅交通费、固定资产使用费、工具用具使用费、检验试验费等。其中，检验试验费：

① 包括施工企业按照有关标准规定，对建筑以及材料、构件和建筑安装物进行一般鉴定、检查所发生的费用，包括自设试验室进行试验所耗用的材料等费用。

② 新结构、新材料的试验费，对构件做破坏性试验及其他特殊要求检验试验的费用和建设单位委托检测机构进行检测的费用，由建设单位在工程建设其他费用中列支。

③ 对施工企业提供的具有合格证明的材料进行检测不合格的，该检测费用由施工企业支付。

税前工程造价为人工费、材料费、施工机具使用费、企业管理费、利润和规费之和，各费用项目均以不包含增值税可抵扣进项税额的价格计算。

2）按造价形成划分

建筑安装工程费按照费用形成划分，由分部分项工程费、措施项目费、其他项目费、规费、税金组成。

分部分项工程费、措施项目费、其他项目费包含人工费、材料费、施工机具使用费、企业管理费、利润及一定范围内的风险费用。其中：

（1）分部分项工程费：

$$分部分项工程费 = \Sigma（分部分项工程量 \times 综合单价） \quad (5.2\text{-}1)$$

（2）措施项目费：

国家计量规范规定应予计量的措施项目，其计算公式为：

$$措施项目费 = \sum(措施项目工程量 \times 综合单价) \quad (5.2-2)$$

国家计量规范规定不宜计量的措施项目，计算方法为：

$$措施项目费 = 计算基数 \times 相应的费率(\%) \quad (5.2-3)$$

（3）其他项目费。按合同约定，其中暂估价又包括材料暂估单价、工程设备暂估单价、专业工程暂估单价。

（4）规费和税金的构成和计算与按费用构成要素划分的建安工程费构成和计算相同。

3）建筑工程费计算

（1）在工程量清单计价中，按分部分项工程单价的组成划分，计价单价采用综合单价法。

（2）分部分项工程综合单价计算程序，见表5.2-5。

$$综合单价 = 人工费 + 材料费 + 施工机具使用费 + 管理费 + 利润 + 风险费$$
$$（通常体现在价格及利润中，不单独列出） \quad (5.2-4)$$

分部分项工程综合单价计算程序　　　　表 5.2-5

| 序号 | 费用项目 | 计算方法 | 备注 |
| --- | --- | --- | --- |
| 1 | 人工费 | 人工工日数量×人工工日单价 | 按约定自主报价 |
| 2 | 材料费 | 材料数量×材料单价+工程设备费 | 按约定自主报价 |
| 3 | 施工机具使用费 | 机械台班数量×机械台班单价 | 按约定自主报价 |
| 4 | 人、材、机费用小计 | 1+2+3 | |
| 5 | 管理费 | 4×管理费费率 | 也可约定以人工费（1）或人工费+施工机具使用费（1+3）为基数计取等 |
| 6 | 利润 | （4+5）×利润率 | 或按照其他约定方式计取 |
| 7 | 风险费 | 自主报价 | 或体现在价格及利润中，不单独列出 |
| 8 | 综合单价 | 4+5+6+7 | — |

（3）工程造价计算采用综合单价法，计算程序见表5.2-6。

综合单价法计算工程项目造价程序　　　　表 5.2-6

| 序号 | 费用项目 | 计算方法 | 备注 |
| --- | --- | --- | --- |
| 1 | 分部分项工程费 | ∑（分部分项工程量×综合单价） | — |
| 2 | 措施项目费 | ∑（措施项目工程量×综合单价）+∑（计算基数×相应的费率） | 按双方约定方式计取等 |
| 3 | 其他项目费 | 按双方约定 | — |
| 4 | 规费 | （1+2+3）×按相应的规费费率计算 | 或人工费或人工费+机械费或直接费为基数计取 |

续表

| 序号 | 费用项目 | 计算方法 | 备注 |
|---|---|---|---|
| 5 | 增值税 | (1+2+3+4)×按相应的规费费率计算 | — |
| 6 | 工程造价 | 1+2+3+4+5 | — |

**2. 合同价款计算与调整**

工程价款管理包括工程预付款、工程进度款、签证款、工程结算款、保修金的管理工作，建设单位和施工单位在遵守国家现有法律法规的基础上，需要对工程价款的调整因素、方法、程序、支付及时间、风险范围、解决争议的方法和时间作出约定，按照合同条款约定进行相关管理工作。

1) 工程预付款和进度款的计算

（1）工程实行预付款的，合同双方应根据合同通用条款及价款结算办法的有关规定，在合同专用条款中约定并履行。在计算工程预付款时，不得包含不属于承包商使用的费用，例如暂列金额等。

（2）预付款的预付时间应不迟于约定的开工日期前7天。发包人没有按时支付预付款的，承包人可催告发包人支付；发包人在付款期满后的7天内仍未支付的，承包人可在付款期满后的第8天起暂停施工。发包人应承担由此增加的费用和（或）延误的工期，并向承包人支付合理利润。

（3）预付款额度的确定方法。

百分比法：百分比法是中标的合同造价（减去不属于承包商的费用，以下同）的一定比例确定预付备料款额度的一种方法，也有以年度完成工作量为基数确定预付款，前者较为常用。

$$\text{工程预付款} = \text{中标合同造价} \times \text{预付款比例} \quad (5.2\text{-}5)$$

数学计算法：数学计算法是根据主要材料（含结构件等）占年度承包工程总价的比重、材料储备定额天数和年度施工天数等因素，通过数学公式计算预付备料款额度的一种方法。其计算公式是：

$$\text{工程备料款数额} = \frac{\text{合同造价} \times \text{材料比重}(\%)}{\text{年度施工天数}} \times \text{材料储备天数} \quad (5.2\text{-}6)$$

公式中：年度施工天数按365d日历天计算；材料储备天数由当地材料供应的在途天数、加工天数、整理天数、供应间隔天数、保险天数等因素决定。**注意**：合同造价为年度承包工程总价。

（4）预付备料款的扣回。

在实际工作中，预付备料款的扣回方法可由发包人和承包人通过洽商用合同的形式予以确定，也可针对工程实际情况具体处理。

$$\text{起扣点} = \text{合同造价} - (\text{预付备料款}/\text{主要材料所占比重}) \quad (5.2\text{-}7)$$

（5）工程进度款的计算。

工程进度款的支付方式有多种，需要根据合同约定进行支付。常见工程进度款的支付方式为月度支付、分段支付等，见表5.2-7。

工程进度款的支付方式　　　　　　　　　　　表 5.2-7

| 项目 | 内容 |
| --- | --- |
| 月度支付 | 依据工程师确认的当月完成有效工程量核算价款，按照合同约定的支付比例进行支付，并扣除合同约定的应扣除保修金、预付款回扣额及处罚金额等，在当月末或次月初进行支付。计算为：<br>工程月度支付进度款＝当月有效工作量×合同单价×月度支付比例－保修金－回扣预付款－罚款 |
| 分段支付 | 按照合同约定的工程形象进度，划分为不同阶段进行工程款的支付。对一般工民建项目可以分为基础、结构（或约定层数）、装饰、设备安装等几个阶段，按照每个阶段完工后的有效工作量和支付比例进行支付。计算为：<br>工程分段进度款＝阶段有效工作量×合同单价×阶段支付比例－保修金－回扣预付款－罚款 |
| 竣工后一次支付 | 建设项目规模小、工期较短（一年内）的工程，可以实行在施工过程中分次预支，竣工后一次结算的方法 |
| 双方约定的其他支付 | 例如合同约定："……完成至正负零时，支付至合同额的6%；完成至结构封顶时支付到合同额的50%……"等 |

在施工过程中，因为人工、材料、机械价格波动，按照合同约定调整。调整方式有调值公式法等。

发包人应依据合同约定向承包人支付工程进度款。发包人未按照约定支付进度款的，承包人可催告发包人支付，并有权获得延迟支付的利息。发包人在付款期满后的7d内仍未支付的，承包人可在付款期满后的第8天起暂停施工。发包人应承担由此增加的费用和（或）延误的工期，向承包人支付合理利润，并承担违约责任。

2）工程竣工结算款的计算

承包人根据竣工结算文件，向发包人提出竣工结算款支付申请。内容包括：竣工结算总额；已支付的合同价款；应扣留的质量保证金；应支付的竣工付款金额。

发包人按照合同约定向承包人签发竣工结算支付证书，并按期支付结算款。发包人未按照规定支付竣工结算款的，承包人可催告发包人支付，并有权获得延迟支付的利息。对于拖欠款的应付利息，处理原则是：

（1）合同有约定的，按照合同约定计付。

（2）合同没有约定或约定不明的，利息应付之日如下：

① 工程已实际交付的，为交付之日。

② 工程没有交付的，为提交竣工结算文件之日。

③ 工程未交付，工程价款也未结算的，为当事人起诉之日起。

拖欠款利息有约定的，按约定执行，但高于中国人民银行发布的同期同类贷款利率四倍的部分除外。没有约定的，执行中国人民银行规定。

**3. 竣工结算确定与调整**

常用工程造价调整方法有：

1）工程造价指数调整法

工程结算造价＝工程合同价×竣工时工程造价指数／签订合同时工程造价指数　（5.2-8）

2）实际价格法

人工费、材料费、机械费按照当地基建主管部门定期公布的信息价，并结合合同约定据实调整，俗称按实结算。

人工费调整总额＝∑总用工数量×（信息价人工单价－合同人工单价）（5.2-9）

材料费调整总额＝∑可调材料数量×（信息材料单价－合同材料单价）（5.2-10）

机械费调整总额＝∑可调机械台班×（信息机械台班单价－合同机械台班单价）（5.2-11）

各项调整分别计入工程造价的价差分项中，计取增值税。**注意**：应考虑增值税。

其他相关费用则按照实际批准的方案或者修订的费率标准按实计算。

3）调价系数法

4）调值公式法

$$P = P_0 \left( a_0 + a_1 \frac{A}{A_0} + a_2 \frac{B}{B_0} + a_3 \frac{C}{C_0} + a_4 \frac{D}{D_0} \right) \quad (5.2\text{-}12)$$

式中： $P$——调值后的工程实际结算价款。

$P_0$——调值前工程合同价款。

$a_0$——固定费用（或因素），不调值部分比重。

$a_1$、$a_2$、$a_3$、$a_4$——代表有关费用在合同总价中所占的比例，$a_0$、$a_1$、$a_2$、$a_3$、$a_4$ 之和等于1。

$A$、$B$、$C$、$D$——现行价格指数或价格。

$A_0$、$B_0$、$C_0$、$D_0$——基期价格指数或价格。

**注意**：基期价格指数或价格是指基准日期的价格指数或价格。基准日期的定义为：招标发包的工程以投标截止日前28d 的日期为基准日期；直接发包的工程以合同签订日前28d 的日期为基准日期。

## 5.3 施工进度管理

### 1. 施工组织方式与流水施工

工程施工组织方式分为：依次施工、平行施工、流水施工。

流水施工参数，见表5.3-1。

流水施工参数　　　　　　　　　　　　　　　表5.3-1

| 项目 | 内容 |
| --- | --- |
| 工艺参数 | （1）施工过程 $n$：根据施工组织计划需要划分的任务子项。<br>（2）流水强度：施工过程（工作队）在单位时间内所完成的工程量 |
| 空间参数 | 组织流水施工时，表达流水施工在空间布置上划分的个数。可以是施工区（段），也可以是施工层数。施工段划分的原则：<br>①同一专业工作队在各个施工段上的劳动量大致相等，相差不宜超过15%。<br>②每个施工段有足够的工作面，以保证工人和施工机械合理工作效率。<br>③施工段分界尽可能与结构界限（如沉降缝、伸缩缝等）相一致，留设施工缝应符合规范要求。<br>④施工段数目满足合理组织流水施工的要求。数目过多，会降低施工速度，延长工期。过少则不利于充分利用工作面，造成窝工。<br>⑤对于多层或分层施工的工程，应既分施工段，又分施工层，各工作队依次完成作业层各施工段工作后，再转入上层各施工段作业，依此类推 |

续表

| 项目 | 内容 |
|---|---|
| 时间参数 | （1）流水节拍 $t$：某个专业队在一个施工段上的施工时间。<br>（2）流水步距 $K$：两个相邻的工作队进入流水作业的时间间隔。<br>（3）工期 $T$：从第一个工作队投入流水作业开始，到最后一个工作队完成最后一个施工过程的最后一段工作、退出流水作业为止的整个持续时间 |

流水施工根据流水节拍特征，分为：等节奏流水施工、异节奏流水施工和无节奏流水施工。其中，异节奏流水施工又分为：等步距异节奏流水施工（亦称成倍节拍流水施工）、异步距异节奏流水施工。

流水施工的表达方式除网络图外，主要还有横道图和垂直图两种。

**2. 横道图与网络计划技术**

横道图与网络计划技术的内容，见本书第 8 章。

**3. 施工进度计划编制**

1）施工总进度计划的内容

（1）施工总进度计划的内容应包括：编制说明，施工总进度计划表（图），分期（分批）实施工程的开、竣工日期及工期一览表，资源需要量及供应平衡表等。

（2）施工总进度计划表（图）为最主要内容，用来安排各单项工程和单位工程的计划开竣工日期、工期、搭接关系及其实施步骤。

资源需要量及供应平衡表是根据施工总进度计划表编制的保证计划，可包括劳动力、材料、预制构件和施工机械等资源的计划。

（3）编制说明的内容包括：编制的依据，假设条件，指标说明，实施重点和难点，风险估计及应对措施等。

2）单位工程进度计划的内容

（1）工程设计情况：拟建工程的建筑面积、层数、层高、总高、总宽、总长、平面形状和平面组合情况，基础、结构类型，室内外装修情况等。

（2）单位工程进度计划，分阶段进度计划，单位工程准备工作计划，劳动力需用量计划，主要材料、设备及加工计划，主要施工机械和机具需要量计划，主要施工方案及流水段划分，各项经济技术指标要求等。

3）施工进度计划的编制步骤

施工进度计划的编制步骤，见表 5.3-2。

施工进度计划的编制步骤　　表 5.3-2

| 项目 | 内容 |
|---|---|
| 施工总进度计划的编制步骤 | （1）划分工程项目的施工阶段；确定各阶段各个单项工程的开、竣工日期。<br>（2）分解单项工程，列出每个单项工程的单位工程和每个单位工程的分部工程。<br>（3）计算每个单项工程、单位工程和分部工程的工程量。<br>（4）确定单项工程、单位工程和分部工程的持续时间。 |

续表

| 项目 | 内容 |
|---|---|
| 施工总进度计划的编制步骤 | （5）编制初始施工总进度计划。按单项工程编制一级计划；按各单项工程中的单位工程和分部工程编制二级计划；按单位工程的分部工程和分项工程编制三级计划；大的分部工程可编制四级计划。<br>（6）进行综合平衡后，绘制正式施工总进度计划图 |
| 单位工程进度计划的编制步骤 | （1）划分施工过程、施工段和施工层。<br>（2）确定施工顺序。<br>（3）计算工程量。<br>（4）计算劳动量或机械台班需用量。<br>（5）确定持续时间。<br>（6）绘制可行的施工进度计划图。<br>（7）优化并绘制正式施工进度计划图 |

### 4. 施工进度计划控制

1）施工进度控制内容

施工进度控制内容，见表5.3-3。

施工进度控制内容　　　　　　　　　表5.3-3

| | |
|---|---|
| 事前控制 | （1）编制项目实施总进度计划，确定工期目标。<br>（2）将总目标分解为分目标，制定相应细部计划。<br>（3）制定完成计划的相应施工方案和保障措施 |
| 事中控制 | （1）检查工程进度。<br>（2）进行工程进度的动态管理 |
| 事后控制 | （1）制定保证总工期不突破的对策措施。<br>（2）制定总工期突破后的补救措施。<br>（3）调整相应的施工计划，并组织协调相应的配套设施和保障措施 |

2）进度计划的实施监测

施工进度计划实施监测的方法有：横道计划比较法、网络计划法、实际进度前锋线法、S形曲线法、香蕉型曲线比较法等。

项目进度计划监测后，应形成书面进度报告。内容包括：进度执行情况的综合描述，实际施工进度，资源供应进度，工程变更、价格调整、索赔及工程款收支情况，进度偏差状况及导致偏差的原因分析，解决问题的措施，计划调整意见。

3）进度计划的调整

进度计划调整的内容包括：施工内容、工程量、起止时间、持续时间、工作关系、资源供应等。

调整进度计划的步骤如下：

分析进度计划监测报告→分析进度偏差的影响并确定调整的对象和目标→选择适当的调整方法→编制调整方案→对调整方案进行评价和决策→调整→确定新施工进度计划。

进度计划的调整方法，见表5.3-4。

进度计划的调整方法　　　　　　　　　表 5.3-4

| 项目 | 内容 |
| --- | --- |
| 关键工作的调整 | 是进度计划调整的重点，也是最常用的方法之一 |
| 改变工作间的逻辑关系 | 此种方法效果明显，但应在允许改变关系的前提之下才能进行 |
| 剩余工作重新编制进度计划 | 当采用其他方法不能解决时，应根据工期要求，将剩余工作重新编制进度计划 |
| 非关键工作调整 | 为了更充分地利用资源，降低成本，必要时可对非关键工作的时差作适当调整 |
| 资源调整 | 若资源供应发生异常，或某些工作只能由某特殊资源来完成时，应进行资源调整，在条件允许的前提下将优势资源用于关键工作的实施，资源调整的方法实际上也就是进行资源优化 |

## 5.4 施工质量管理

### 5.4.1 项目质量计划管理

**1. 质量策划与质量控制点**

（1）工程项目开工前应进行质量策划，应确定质量目标和要求、质量管理组织体系及管理职责、质量管理与协调的程序、质量控制点、质量风险、实施质量目标的控制措施，并应根据工程进展实施动态管理。

（2）工程质量策划中应在下列部位和环节设置质量控制点：

① 影响施工质量的关键部位、关键环节。

② 影响结构安全和使用功能的关键部位、关键环节。

③ 采用新技术、新工艺、新材料、新设备的部位和环节。

④ 隐蔽工程验收。

**2. 项目质量计划编制**

项目质量计划的编制依据、要求和内容，见表 5.4-1。

项目质量计划的编制依据、要求和内容　　　　　　　表 5.4-1

| 项目 | 内容 |
| --- | --- |
| 编制依据 | （1）合同中有关产品质量要求。<br>（2）项目管理规划大纲。<br>（3）项目设计文件。<br>（4）相关法律法规和标准规范。<br>（5）质量管理其他要求 |
| 编制要求 | （1）项目质量计划应在项目管理策划过程中编制。<br>（2）项目质量计划作为对外质量保证和对内质量控制的依据。<br>（3）体现项目全过程质量管理要求。<br>（4）质量计划可以作为项目实施规划的一部分或单独成文。<br>（5）质量计划由组织管理制度规定的责任人负责编制、审批 |

续表

| 项目 | 内容 |
|---|---|
| 编制内容 | （1）质量目标和质量要求。<br>（2）质量管理体系和管理职责。<br>（3）质量管理与协调的程序。<br>（4）法律法规和标准规范。<br>（5）质量控制点的设置与管理。<br>（6）项目生产要素的质量控制。<br>（7）实施质量目标和质量要求所采取的措施。<br>（8）项目质量文件管理 |

**3. 项目质量计划应用**

1）施工企业质量计划的监督检查

2）项目经理部质量计划的执行

3）施工质量管理记录

（1）施工日记和专项施工记录。

（2）交底记录。

（3）上岗培训记录和岗位资格证明。

（4）使用机具和检验、测量及试验设备的管理记录。

（5）图纸、变更设计接收和发放的有关记录。

（6）监督检查和整改、复查记录等。

## 5.4.2 项目施工质量检查与检验

**1. 现场质量检查内容**

（1）开工前检查。

（2）工序交接检查：对于重要的工序或对工程质量有重大影响的工序，应严格执行"三检"制度，即自检、互检、专检。未经监理工程师检查认可，不得进行下道工序施工。

（3）隐蔽工程的检查。

（4）停工后复工的检查。

（5）分项、分部工程完工后的检查。

**2. 现场质量检查的方法**

主要有目测法、实测法和试验法等。

（1）目测法：也称观感质量检验，其手段可概括为"看、摸、敲、照"四个字。

（2）实测法：通过实测数据，判断质量是否符合要求，其手段可概括为"靠、量、吊、套"四个字：

① 靠：用直尺、塞尺检查。

② 量：用测量工具和计量仪表等进行检查。

③ 吊：利用托线板以及线坠吊线检查。

④ 套：以方尺套方，辅以塞尺检查。

**注意**，对比记忆，施工安全检查的方法："听、问、看、量、测、运转试验"。

（3）试验法：

① 理化试验。常用的理化试验包括物理力学性能方面的检验、化学成分及其含量的测定等。

② 无损检测。常用的无损检测方法有超声波探伤、γ射线探伤、磁粉探伤等。**注意**：超声波探伤、γ射线探伤、磁粉探伤用于钢结构；对于钢筋混凝土结构采用回弹法等。

### 3. 地基与基础工程质量检验与标准

1）土方工程

土方工程的质量检验，见表 5.4-2。

土方工程的质量检验　　　　表 5.4-2

| 项目 | 内容 |
| --- | --- |
| 施工前 | 应检查支护结构质量、定位放线、排水和地下水控制系统，以及对周边影响范围内地下管线和建（构）筑物保护措施 |
| 施工中 | 应检查平面位置、水平标高、边坡坡率、压实度、排水系统、地下水控制系统、预留土墩、分层开挖厚度、支护结构的变形，并随时观测周围环境变化 |
| 施工结束后 | 应检查平面几何尺寸、水平标高、边坡坡率、表面平整度和基底土性等 |
| 基坑（槽）验槽 | 应重点观察柱基、墙角、承重墙下或其他受力较大部位，如有异常部位，要会同勘察、设计等单位进行处理 |
| 土方回填 | （1）施工前应检查基底的垃圾、树根等清除情况，测量基底标高、边坡坡率，检查验收基础外墙防水层和保护层等。<br>（2）施工中应检查排水系统，每层填筑厚度、辗迹重叠程度、含水量控制、回填土有机质含量、压实系数等。<br>（3）施工结束后，应进行标高及压实系数检验 |

2）灰土、砂和砂石地基工程

（1）检查原材料质量、配合比及拌合均匀性是否符合设计和规范要求。

（2）施工过程中应检查分层铺设的厚度、分段施工时上下两层的搭接长度、夯实时加水量、夯压遍数、压实系数。

（3）施工结束后，应检验灰土、砂和砂石地基的承载力。

3）强夯地基工程

（1）施工前应检查夯锤质量、尺寸、落距控制手段、排水设施及被夯地基的土质。

（2）施工中应检查落距、夯击遍数、夯点位置、夯击范围、最后两击的平均夯沉量、总夯沉量。

（3）施工结束后，地基承载力、地基土强度、变形指标及其他设计指标检验合格。

4）打（压）预制桩工程

（1）检查预制桩的出厂合格证及进场质量、桩位、打桩顺序、桩身垂直度、接桩、打（压）桩的标高或贯入度等是否符合设计和规范要求。

（2）施工完成后，桩位置偏差、桩身完整性检测和承载力检测必须符合设计要求和规范规定。

5）混凝土灌注桩基础

检查桩位偏差、桩顶标高、桩底沉渣厚度、桩身完整性、承载力、垂直度、桩径、原材料、混凝土配合比及强度、泥浆性能指标、钢筋笼制作及安装、混凝土浇筑等是否符合设计要求和规范规定。

桩基的承载力检测与桩身完整性检测的要求，见本书其他章节。

**4. 主体结构、屋面工程与装饰装修工程的质量检验与标准**

混凝土结构主体工程、砌体结构主体工程、钢结构主体工程和屋面工程的质量检验与标准，见本书其他章节。

1）装饰装修工程的质量检验与标准

（1）施工人员应认真做好质量自检、互检及工序交接检查，做好记录。

（2）做好设计交底工作：施工主管向施工工长做详细的图纸工艺要求、质量要求交底；工序开始前工长向班组长做详尽的图纸、施工方法、质量标准交底；作业开始前班组长向班组成员做具体的操作方法、工具使用、质量要求的详细交底。

2）质量的"三检"制度

质量的"三检"制度的总结，见表5.4-3。

质量的"三检"制度的总结　　　　　　表5.4-3

| 项目 | "三检"制度 |
| --- | --- |
| 施工质量控制，施工工序间的检查 | 自检、交接检、重要工序由监理工程师专检 |
| 屋面工程的各道工序检查与检验 | 自检、交接检、专职人员检查 |
| 装饰装修工程的重要工序或对质量有重大影响的工序 | 自检、互检、专职人员检查 |

### 5.4.3 工程质量验收管理

**1. 基本规定**

（1）施工质量验收应包括单位工程、分部工程、分项工程和检验批施工质量验收，并应符合下列规定：

① 检验批应根据施工组织、质量控制和专业验收需要，按工程量、楼层、施工段划分。

② 分项工程应根据工种、材料、施工工艺、设备类别划分。

③ 分部工程应根据专业性质、工程部位划分。

④ 单位工程应为具备独立使用功能的建筑物或构筑物。

（2）施工前，应由施工单位制定单位工程、分部工程、分项工程和检验批的划分方案，并应由监理单位审核通过后实施。

（3）建筑工程划分为十个分部工程，包括：地基与基础、主体结构、建筑装饰装修、屋面、建筑节能、建筑给水排水及供暖、通风与空调、建筑电气、智能建筑、电梯。

**2. 地基与基础工程质量验收**

1）地基与基础工程包括的内容

地基与基础工程包括七个子分部工程，子分部工程又包括不同的分项工程，见表5.4-4。

地基与基础工程　　　　　　　　　　　　　　　表 5.4-4

| 序号 | 子分部工程名称 | 分项工程 |
|---|---|---|
| 1 | 地基 | 素土、灰土地基，砂和砂石地基，粉煤灰地基，强夯地基，预压地基，各类复合地基 |
| 2 | 基础 | 无筋扩展基础，钢筋混凝土扩展基础，筏形与箱形基础，各类桩基础等 |
| 3 | 基坑支护 | 灌注桩排桩围护墙，板桩围护墙，咬合桩围护墙，型钢水泥土搅拌墙，地下连续墙，土钉墙，水泥土重力式挡墙内支撑，锚杆，与主体结构相结合的基坑支护 |
| 4 | 地下水控制 | 降水与排水，回灌 |
| 5 | 土方 | 土方开挖，土方回填，场地平整 |
| 6 | 边坡 | 喷锚支护，挡土墙，边坡开挖 |
| 7 | 地下防水 | 主体结构防水，细部构造防水，特殊施工法结构防水，排水，注浆 |

2）地下防水工程验收的文件和记录

具体包括：防水设计；资质、资格证明；施工方案；技术交底；材料质量证明；混凝土、砂浆质量证明；中间检查记录；检验记录；施工日志；其他资料。

3）地基与基础工程验收所需条件

地基与基础工程验收所需条件有：工程实体（表5.4-7）、工程资料（表5.4-8）。注意，对比主体结构进行理解与记忆。

4）验收的程序与验收组织及验收人员

地基与基础工程验收按施工企业自评、设计认可、监理核定、业主验收、政府监督的程序进行。

地基与基础工程验收组织与验收人员，见表5.4-5。

地基与基础工程验收组织与验收人员　　　　　　　　　　　　表 5.4-5

| 项目 | 内容 |
|---|---|
| 组织者 | 总监理工程师或建设单位项目负责人；<br>验收小组组长由建设单位项目负责人（总监理工程师）担任，验收组应至少有一名由工程技术人员担任的副组长 |
| 验收人员 | （1）建设单位项目负责人。<br>（2）监理单位项目负责人（总监理工程师）。<br>（3）勘察单位项目负责人。<br>（4）设计单位项目负责人。<br>（5）施工单位项目负责人，项目技术、质量负责人，施工单位技术、质量部门负责人<br>（口诀：五方主体） |

5）地基与基础工程验收应提交的资料

地基与基础工程验收资料包括：岩土工程勘察报告；设计文件；图纸会审记录和技术交底资料；工程测量、定位放线记录；施工组织设计及专项施工方案；施工记录及施工单位自查评定报告；隐蔽工程验收资料；检测与检验报告；监测资料；竣工图等。

**3. 主体结构工程质量验收**

1）主体结构包括的内容

主体结构主要包括7个子分部工程，各子分部工程又包括多个分项工程，见表5.4-6。

注意，混凝土结构、砌体结构、钢结构、木结构是最常见的结构。混凝土结构分为素混凝土结构、钢筋混凝土结构、预应力混凝土结构。对于钢管混凝土结构、型钢混凝土结构主要适用于高层、超高层建筑结构。**口诀**："混砌钢木＋钢管型钢铝合金"。

主体结构工程　　　　　　　　　　　　　　　表5.4-6

| 序号 | 子分部工程名称 | 分项工程 |
|---|---|---|
| 1 | 混凝土结构 | 模板，钢筋，混凝土，预应力，现浇结构，装配式结构 |
| 2 | 砌体结构 | 砖砌体，混凝土小型空心砌块砌体，石砌体，配筋砌体，填充墙砌体 |
| 3 | 钢结构 | 钢结构焊接，紧固件连接，钢零部件加工，单层钢结构安装，多层及高层钢结构安装，压型金属板，防腐涂料涂装，防火涂料涂装等 |
| 4 | 钢管混凝土结构 | 构件现场拼装，构件安装，钢管焊接，构件连接，钢管内钢筋骨架，混凝土 |
| 5 | 型钢混凝土结构 | 型钢焊接，紧固件连接，型钢与钢筋连接，型钢构件组装及预拼装，型钢安装，模板，混凝土 |
| 6 | 铝合金结构 | 铝合金焊接，紧固件连接，铝合金零部件加工，铝合金构件组装等 |
| 7 | 木结构 | 方木与原木结构，胶合木结构，轻型木结构，木结构的防护 |

2）主体结构验收所需条件

工程实体，见表5.4-7。工程资料，见表5.4-8。

工程实体　　　　　　　　　　　　　　　表5.4-7

| 序号 | 工程实体 | 地基与基础验收 | 主体结构验收 |
|---|---|---|---|
| 1 | 验收前，基础墙面上的施工孔洞按规定镶堵密实，做隐蔽工程验收记录；未经验收不得进行回填土分项工程的施工 | √ | — |
| | 验收前，墙面上的施工孔洞按规定镶堵密实，做隐蔽工程验收记录；未经验收不得进行装饰装修工程的施工 | — | √ |
| 2 | 模板应拆除并对混凝土表面清理干净，混凝土结构存在缺陷处应整改完成 | √ | √ |
| 3 | 楼层标高控制线、竖向结构主控轴线应弹出墨线，并做醒目标志 | √ | |
| | 楼层标高控制线应弹出墨线，并做醒目标志 | | √ |
| 4 | 工程技术资料存在的问题均已悉数整改完成 | √ | √ |

续表

| 序号 | 工程实体 | 地基与基础验收 | 主体结构验收 |
|---|---|---|---|
| 5 | 施工合同和设计文件规定的该分部工程施工的内容已完成 | √ | √ |
| 6 | 安装工程中各类管道预埋结束，相应测试工作已完成，并符合要求 | √ | √ |
| 7 | 施工中，质监站发出整改（停工）通知书要求整改的质量问题都已整改完成 | √ | √ |
| 8 | 验收前，可完成样板间或样板单元的室内粉刷 | — | √ |

工程资料　　　　　　　　　　　　　　　　表 5.4-8

| 序号 | 工程资料 | 地基与基础验收 | 主体结构验收 |
|---|---|---|---|
| 1 | 施工单位进行自检，提供该分部工程施工质量自评报告，该报告应由项目经理和施工单位负责人审核、签字、盖章 | √ | √ |
| 2 | 监理单位进行质量评价，提供该分部工程质量评估报告，该报告应由总监理工程师和监理单位有关负责人审核、签字、盖章 | √ | √ |
| 3 | 勘察、设计单位对该分部工程实体是否与设计图纸及变更一致，进行认可 | √ | √ |
| 4 | 有完整的该分部工程档案资料，见证试验档案，监理资料；施工质量保证资料；管理资料和评定资料 | √ | √ |
| 5 | 主体工程验收通知书 | — | √ |
| 6 | 工程规划许可证复印件、中标通知书复印件、工程施工许可证复印件 | — | √ |
| 7 | 混凝土结构子分部工程结构实体混凝土强度验收记录 | — | √ |
| 8 | 混凝土结构子分部工程结构实体钢筋保护层厚度验收记录 | — | √ |

3）结构实体检验的组织

（1）结构实体检验应包括混凝土强度、钢筋保护层厚度、结构位置与尺寸偏差，以及合同约定的项目，必要时可检验其他项目。

（2）结构实体检验应由监理单位组织施工单位实施，并见证实施过程。

（3）结构位置与尺寸偏差，由监理单位组织施工单位实施，并见证实施过程。

（4）除结构位置与尺寸偏差外的结构实体检验项目，应由具有相应资质的检测机构完成。

（5）结构实体混凝土强度检验宜采用同条件养护试件方法；当未取得同条件养护试件强度或同条件养护试件强度不符合要求时，可采用回弹－取芯法进行检验。

4）主体结构分部工程验收的组织与验收人员

主体结构分部工程验收的组织与验收人员，见表 5.4-9。

主体结构分部工程验收组织与验收人员　　　　　　表 5.4-9

| 项目 | 内容 |
|---|---|
| 组织者 | 总监理工程师或建设单位项目负责人 |
| 验收人员 | （1）建设单位项目负责人。<br>（2）监理单位项目负责人（总监理工程师）。<br>（3）设计单位项目负责人。<br>（4）施工单位项目负责人，项目技术、质量负责人，施工单位技术、质量部门负责人<br>（口诀：无勘察单位的四方主体） |

### 4. 装饰装修工程质量验收

建筑装饰装修工程质量验收内容包括过程验收和竣工验收。

1）过程验收内容

（1）装饰装修工程主要隐蔽验收项目

龙骨隔墙、地垄墙钢筋绑扎、石材钢骨架焊接、隔墙岩棉、木、钢板饰面基层、卫生间防水、吊顶工程暗龙骨、吊顶工程明龙骨等。

（2）检验批、分项工程、分部（子分部）工程验收

分部分项工程划分见表 5.4-10。

建筑装饰装修工程的子分部工程及其分项工程的划分　　　　表 5.4-10

| 序号 | 子分部工程 | 分项工程 |
|---|---|---|
| 1 | 建筑地面工程 | 基层铺设，整体面层铺设，板块面层铺设，木、竹面层铺设 |
| 2 | 抹灰工程 | 一般抹灰，保温层薄抹灰，装饰抹灰，清水砌体勾缝 |
| 3 | 外墙防水工程 | 外墙砂浆防水，涂膜防水，透气膜防水 |
| 4 | 门窗工程 | 木门窗安装，金属门窗安装，塑料门窗安装，特种门安装，门窗玻璃安装 |
| 5 | 吊顶工程 | 整体面层吊顶，板块面层吊顶，格栅吊顶 |
| 6 | 轻质隔墙工程 | 板材隔墙，骨架隔墙，活动隔墙，玻璃隔墙 |
| 7 | 饰面板工程 | 石板安装，陶瓷板安装，木板安装，金属板安装，塑料板安装 |
| 8 | 饰面砖工程 | 外墙饰面砖粘贴，内墙饰面砖粘贴 |
| 9 | 幕墙工程 | 玻璃幕墙安装，金属幕墙安装，石材幕墙安装，陶板幕墙安装 |
| 10 | 涂饰工程 | 水性涂料涂饰，溶剂型涂料涂饰，美术涂饰 |
| 11 | 裱糊与软包工程 | 裱糊、软包 |
| 12 | 细部工程 | 橱柜制作与安装，窗帘盒和窗台板制作与安装，门窗套制作与安装等 |

检验批、分项工程、子分部工程、分部工程验收时，执行《建筑装饰装修工程质量验收标准》GB 50210—2018 规定，有关安全和功能的检测项目（表 5.4-11）检验合格。

各子分部工程有关安全和功能的检测项目    表 5.4-11

| 项次 | 子分部工程 | 检测项目 |
|---|---|---|
| 1 | 门窗工程 | 建筑外窗的抗风压性能、气密性能和水密性能 |
| 2 | 饰面板、饰面砖工程 | 饰面板后置埋件的现场拉拔力；<br>饰面砖样板及工程的饰面砖粘结强度 |
| 3 | 幕墙工程 | 硅酮结构胶的相容性和剥离粘结性；<br>幕墙后置埋件和槽式预埋件的现场拉拔强度；<br>幕墙的气密性能、水密性能、抗风压性能及平面变形性能 |

2）竣工验收内容

（1）分部工程完工验收

建筑装饰装修分部工程由总承包单位施工时，按分部工程验收。

建筑装饰装修分部工程由装饰装修工程分包单位施工时，分包单位应按规定的程序检查评定。装饰装修分包单位对承建的项目检验时，总承包单位应参加。

（2）单位（子单位）工程竣工验收

当建筑工程只有装饰装修分部工程时，该工程应作为单位工程验收。

当建筑装饰装修工程作为一个单位工程按施工段由几个施工单位负责施工的，当其中的施工单位所负责的子单位工程已按设计完成，并经自行检验，可按规定的程序组织正式验收，办理交工手续。整个单位工程全部验收时，已验收的子单位工程验收资料应作为单位工程验收的附件。

3）竣工验收组织

《建筑内部装修防火施工及验收规范》GB 50354—2005 规定：工程质量验收应由建设单位项目负责人组织施工单位项目负责人、监理工程师和设计单位项目负责人等进行。

**5. 建筑节能工程质量验收**

1）建筑节能分部工程

建筑节能工程为单位工程的一个分部工程。建筑节能子分部工程和分项工程划分见表 5.4-12。

建筑节能子分部工程和分项工程划分    表 5.4-12

| 子分部工程 | 分项工程 |
|---|---|
| 围护结构节能工程 | 墙体节能工程，幕墙节能工程，门窗节能工程，屋面节能工程，地面节能工程 |
| 供暖空调节能工程 | — |
| 配电照明节能工程 | — |
| 监测控制节能工程 | 监测与控制节能工程 |
| 可再生能源节能工程 | 地源热泵换热系统节能工程，太阳能光热系统节能工程，太阳能光伏节能工程 |

当在同一个单位工程中，建筑节能分项工程和检验批的验收内容与其他各专业分部

工程、分项工程或检验批的验收内容相同且验收合格时，可采用其验收结果，不必重复检验。

建筑节能分部工程验收资料应单独组卷。

2）建筑节能工程围护结构现场实体检验

围护结构节能工程施工完成后，应对外墙节能构造和外窗气密性能进行现场实体检验。

（1）建筑外墙节能构造的现场实体检验应包括墙体保温材料的种类、保温层厚度、保温构造做法。

（2）下列建筑的外窗应进行气密性能实体检验：

① 严寒、寒冷地区建筑。

② 夏热冬冷地区高度大于或等于24m的建筑和有集中供暖或供冷的建筑。

③ 其他地区有集中供冷或供暖的建筑。

（3）外墙节能构造钻芯检验应由监理工程师见证，可由建设单位委托有资质的检测机构实施，也可由施工单位实施。

（4）当对外墙传热系数或热阻、外窗气密性能进行现场实体检验时，应由监理工程师见证，由建设单位委托具有资质的检测机构实施。

（5）外窗气密性能现场实体检验应按单位工程进行，每种材质、开启方式、型材系列的外窗检验不得少于3樘。

（6）实体检验的样本应在施工现场由监理单位和施工单位随机抽取，且应分布均匀、具有代表性，不得预先确定检验位置。

3）建筑节能工程质量验收的组织与验收人员

《建筑节能工程施工质量验收标准》GB 50411—2019规定：

节能工程检验批验收和隐蔽工程验收应由专业监理工程师组织并主持，施工单位相关专业的质量检查员与施工员参加验收。

节能分项工程验收应由专业监理工程师组织并主持，施工单位项目技术负责人和相关专业的质量检查员、施工员参加验收；必要时可邀请主要设备、材料供应商及分包单位、设计单位相关专业的人员参加验收。

建筑节能分部工程质量验收的组织与验收人员，《建筑工程施工质量验收统一标准》GB 50300—2013、《建筑节能工程施工质量验收标准》GB 50411—2019均做了规定，见表5.4-13，但两本规范不一致。考试时，可以根据案例分析题的背景材料确定选择适合的规范规定进行解答。

节能分部工程质量验收的组织与验收人员 表5.4-13

| | 组织者 | 总监理工程师或建设单位项目负责人 |
|---|---|---|
| 《建筑工程施工质量验收统一标准》GB 50300—2013 | 验收人员 | （1）建设单位项目负责人。<br>（2）监理单位项目负责人（总监理工程师）。<br>（3）设计单位项目负责人。<br>（4）施工单位项目负责人，项目技术、质量负责人，施工单位技术、质量部门负责人 |

| 《建筑节能工程施工质量验收标准》GB 50411—2019 | 组织者 | 总监理工程师 |
|---|---|---|
| | 验收人员 | （1）监理单位项目负责人（总监理工程师）。<br>（2）设计单位项目负责人及相关专业负责人。<br>（3）施工单位项目负责人，项目技术负责人和相关专业负责人、质量检查员、施工员，施工单位技术、质量部门负责人。<br>（4）主要设备、材料供应商负责人。<br>（5）分包单位负责人 |

4）建筑节能工程质量验收

建筑节能工程质量验收合格，应符合下列规定：

（1）建筑节能各分项工程应全部合格。

（2）质量控制资料应完整。

（3）外墙节能构造现场实体检验结果应对照图纸进行核查，并符合要求。

（4）建筑外窗气密性能现场实体检测结果应对照图纸进行核查，并符合要求。

（5）建筑设备工程系统节能性能检测结果应合格。

（6）太阳能系统性能检测结果应合格。

**6. 单位工程竣工验收**

1）单位工程完工后，责任单位竣工验收要求

（1）勘察单位应编制勘察工程质量检查报告，按规定程序审批后向建设单位提交。

（2）设计单位应对设计文件及施工过程的设计变更进行检查，并应编制设计工程质量检查报告，按规定程序审批后向建设单位提交。

（3）施工单位应自检合格，并应编制工程竣工报告，按规定程序审批后向建设单位提交。

（4）监理单位应在自检合格后组织工程竣工预验收，预验收合格后应编制工程质量评估报告，按规定程序审批后向建设单位提交。

（5）建设单位应在竣工预验收合格后组织监理、施工、设计、勘察单位等相关单位项目负责人进行工程竣工验收。

2）竣工验收组织与程序

（1）施工单位应组织有关人员进行自检。

（2）总监理工程师应组织各专业监理工程师对工程质量进行竣工预验收，施工单位项目负责人、项目技术负责人参加。

（3）预验收通过后，由施工单位向建设单位提交工程竣工报告，申请工程竣工验收。

（4）建设单位收到工程竣工报告后，应由建设单位项目负责人组织监理、施工、设计、勘察等单位项目负责人进行单位工程验收。

建设单位组织单位工程验收时，施工单位的技术、质量负责人应参加验收。当单位工程中有分包工程的，分包单位负责人也应参加验收。

3）单位工程质量验收合格标准

（1）所含分部工程的质量均应验收合格。

（2）质量控制资料应完整。

（3）所含分部工程中有关安全、节能、环境保护和主要使用功能的检验资料应完整。

（4）主要使用功能的抽查结果应符合相关专业验收规范的规定。

（5）观感质量应符合要求。

《建筑工程施工质量验收统一标准》GB 50300—2013 规定如下：

分部工程质量验收记录表中的观感质量检验结果，应填写："好""一般""差"。

单位工程质量竣工验收记录表，该表中的验收记录由施工单位填写，验收结论由监理单位填写。综合验收结论经参加验收各方共同商定，由建设单位填写，应对工程质量是否满足设计文件和相关标准的规定及总体质量水平作出评价。

在单位工程质量竣工验收记录表中，观感质量验收的验收记录格式为：共抽查__项，达到"好"和"一般"的__项，经返修处理符合要求的__项。

4）单位工程验收不合格处理

（1）当工程质量控制资料部分缺失时，应委托有资质的检测机构按有关标准进行相应的实体检验或抽样试验。

（2）经返修或加固处理仍不能满足安全或重要使用要求的分部工程及单位工程，严禁验收。

**7. 施工质量验收的组织与验收人员的总结**

施工质量验收的组织与验收人员，见表 5.4-14。

表 5.4-14 施工质量验收的组织与验收人员

| 验收阶段 | | 组织者 | 验收人员 |
|---|---|---|---|
| 检验批 | | 专业监理工程师 | 施工单位项目专业质量检查员、专业工长 |
| 分项工程 | | 专业监理工程师 | 施工单位项目专业技术负责人 |
| 分部工程 | | 总监理工程师或建设单位项目负责人 | （1）地基与基础：勘察、设计、施工单位项目负责人，施工单位项目技术、质量负责人，施工单位技术、质量部门负责人。<br>（2）主体结构：设计、施工单位项目负责人，施工单位项目技术、质量负责人，施工单位技术、质量部门负责人。<br>（3）节能：按前面表 5.4-13 处理。<br>（4）装饰装修：设计、施工单位项目负责人，施工单位项目技术、质量负责人。<br>（5）其他分部：施工单位项目负责人，施工单位项目技术、质量负责人 |
| 单位工程竣工验收 | 预验收 | 总监理工程师 | 组织各专业监理工程师对工程质量进行竣工预验收，施工单位项目负责人、项目技术负责人参加 |
| | 验收 | 建设单位项目负责人 | 组织监理、施工、设计、勘察等单位项目负责人进行单位工程验收；施工单位的技术、质量负责人应参加验收；有分包工程的，分包单位负责人应参加验收 |

## 5.5 施工安全管理

### 5.5.1 施工安全生产管理计划

**1. 安全管理内容**

（1）建筑施工企业在安全管理中必须坚持"安全第一、预防为主、综合治理"的方针。

（2）安全管理目标应包括生产安全事故控制指标、安全生产及文明施工管理目标。

**2. 安全生产管理制度**

施工企业安全生产管理制度包括：安全生产教育培训制度；安全费用管理制度；施工设施、设备及劳动防护用品的安全管理制度；安全生产技术管理制度；分包（供）方安全生产管理制度；施工现场安全管理制度；应急救援管理制度；生产安全事故管理制度；安全检查和改进制度；安全考核和奖惩等制度。

**3. 安全生产教育培训**

安全教育和培训的类型包括：各类上岗证书的初审、复审培训，三级教育（企业、项目、班组）、岗前教育、日常教育、年度继续教育。

安全生产教育培训的对象包括：企业各管理层的负责人、管理人员、特殊工种以及新上岗、待岗复工、转岗、换岗的作业人员。

上岗资格要求、岗前教育和继续教育，见表 5.5-1。

上岗资格要求、岗前教育和继续教育　　　　表 5.5-1

| 类别 | 内容 |
| --- | --- |
| 从业人员上岗资格要求 | （1）企业主要负责人、项目负责人和专职安全生产管理人员必须经安全生产知识和管理能力考核合格，依法取得安全生产考核合格证书。<br>（2）企业的各类管理人员必须具备与岗位相适应的安全生产知识和管理能力，依法取得必要的岗位资格证书。<br>（3）特殊工种作业人员必须经安全技术理论和操作技能考核合格，依法取得建筑施工特种作业人员操作资格证书 |
| 岗前教育 | （1）安全生产法律法规和规章制度。<br>（2）安全操作规程。<br>（3）针对性的安全防护措施。<br>（4）违章指挥、违章作业、违反劳动纪律产生的后果。<br>（5）预防、减少安全风险以及紧急情况下应急救援的基本知识、方法和措施 |
| 继续教育 | （1）新颁布的安全生产法律法规、标准规范和政策文件。<br>（2）先进的安全生产技术和管理经验。<br>（3）典型事故案例分析 |

**4. 安全生产费用管理**

（1）建设单位应当在合同中单独约定并于工程开工日一个月内向承包单位支付至少 50% 企业安全生产费用。

（2）总承包单位应当在合同中单独约定并于分包工程开工日一个月内将至少 50% 企

业安全生产费用直接支付分包单位并监督使用,分包单位不再重复提取。

(3)工程竣工决算后结余的企业安全生产费用,应当退回建设单位。

(4)建设工程施工企业安全生产费用应当用于以下支出:

① 完善、改造和维护安全防护设施设备支出,包括施工现场临时用电系统、洞口或临边防护,高处作业或交叉作业防护,临时安全防护,支护及防治边坡滑坡,工程有害气体监测和通风,保障安全的机械设备及防火、防爆、防触电、防尘、防毒、防雷、防台风、防地质灾害等设施设备支出。

② 应急救援技术装备、设施配置及维护保养支出,应急救援队伍建设、应急预案制修订与应急演练支出。

③ 工程项目安全生产信息化建设、运维和网络安全支出。

④ 安全生产检查、评估评价、咨询和标准化建设支出。

⑤ 配备和更新现场作业人员安全防护用品支出。

⑥ 安全生产宣传、教育、培训和从业人员发现并报告事故隐患的奖励支出等。

(5)本企业职工薪酬、福利不得从企业安全生产费用中支出。

### 5. 安全技术管理

(1)施工企业安全技术管理包括对安全生产技术措施的制订、实施、改进等管理。

(2)施工企业各管理层的技术负责人应对管理范围的安全技术管理负责。

(3)施工企业根据施工组织设计、专项安全施工方案(措施)编制和审批权限的设置,分级进行安全技术交底,编制人员参与安全技术交底、验收和检查。

### 6. 施工企业对分包单位的安全管理

(1)分包单位安全生产管理机构的设置、人员配备及资格情况。

(2)分包(供)单位违约、违章情况。

(3)分包单位安全生产绩效。

### 7. 项目专职安全生产管理人员的主要安全生产职责

(1)对项目安全生产管理情况应实施巡查,阻止和处理违章指挥、违章作业和违反劳动纪律等现象,并应做好记录。

(2)对危险性较大的分部分项工程应依据方案实施监督并作好记录。

(3)应建立项目安全生产管理档案,并应定期向企业报告项目安全生产情况。

### 8. 应急救援管理

应急救援管理包括建立组织机构,工作职责包括预案编制、审批、演练、评价、完善和应急救援响应工作程序及记录等内容。

### 9. 常见施工安全危险源管理

#### 1)危险源辨识的方法

常用的方法有专家调查法、头脑风暴法、德尔菲法、现场调查法、工作任务分析法、安全检查表法、危险与可操作性研究法、事件树分析法和故障树分析法等。

#### 2)重大危险源控制系统

重大危险源控制系统,见表5.5-2。

重大危险源控制系统　　　　　　　　　表 5.5-2

| 序号 | 内容 | 要求 |
|---|---|---|
| 1 | 重大危险源的辨识 | 在物质毒性、燃烧、爆炸特性基础上，制定出危险物质的临界量标准，确定可能发生事故的重大危险源 |
| 2 | 重大危险源的评价 | （1）辨识各类危险因素及其原因与机制。<br>（2）依次评价已辨识的危险事件发生的概率。<br>（3）评价危险事件的后果。<br>（4）进行风险评价。<br>（5）风险控制 |
| 3 | 重大危险源的管理 | （1）技术措施，包括化学品的选择、设施的设计、建造、运转、维修以及有计划的检查。<br>（2）组织措施，包括对人员的培训与指导；提供保证其安全的设备；工作人员水平、工作时间、职责的确定；以及对操作工人的管理 |
| 4 | 重大危险源的安全报告 | 安全报告应详细说明重大危险源的情况，可能引发事故的危险因素以及前提条件，安全操作和预防失误的控制措施等 |
| 5 | 事故应急救援预案 | 预案应提出详尽、实用、明确和有效的技术措施与组织措施 |

### 5.5.2 施工安全生产检查

**1. 施工安全检查内容**

建筑工程施工安全检查主要是以查安全思想、查安全责任、查安全制度、查安全措施、查安全防护、查设备设施、查教育培训、查操作行为、查劳动防护用品使用和查伤亡事故处理等。

（1）查安全措施：检查现场安全措施计划及各项安全专项施工方案的编制、审核、审批及实施。

（2）查设备设施：检查现场投入使用的设备设施的购置、租赁、安装、验收、使用、过程维护保养等。

（3）查操作行为：检查现场有无违章指挥、违章作业、违反劳动纪律的行为等。

（4）查劳动防护用品使用：检查现场劳动防护用品、用具的购置、产品质量、配备数量和使用等。

**2. 施工安全检查的形式**

施工安全检查的主要形式包括：日常巡查、专项检查、定期安全检查、经常性安全检查、季节性安全检查、节假日安全检查、开工、复工安全检查、专业性安全检查和设备设施安全验收检查等。

（1）定期安全检查。施工现场至少每旬开展一次安全检查工作，由项目经理组织。

（2）经常性安全检查。其安全检查方式有：

① 现场专（兼）职安全生产管理人员及安全值班人员每天例行开展的安全巡视、巡查。

② 现场项目经理、责任工程师及相关专业技术管理人员在检查生产工作的同时进行

的安全检查。

③作业班组在班前、班中、班后进行的安全检查。

（3）设备设施安全验收检查。针对现场塔式起重机等起重设备、外用施工电梯、物料提升机、电气设备、脚手架、现浇混凝土模板支撑系统等设备设施在安装、搭设过程中或完成后进行的安全验收、检查。

**3. 安全检查方法**

安全检查方法："听、问、看、量、测、运转试验"，见表5.5-3。

安全检查方法　　　　　　　表5.5-3

| 项目 | 内容 |
| --- | --- |
| "听" | 听取基层管理人员或施工现场安全员汇报 |
| "问" | 通过询问、提问，如对项目经理、管理人员和操作工人的应知应会的抽查 |
| "看" | 查看施工现场安全管理资料和对施工现场进行巡视 |
| "量" | 使用测量工具对施工现场设施、装置进行实测实量 |
| "测" | 使用专用仪器、仪表等检测器具对特定对象关键特性技术参数的测试 |
| "运转试验" | 由具有专业资格的人员对机械设备进行实际操作、试验，检验其运转的可靠性或安全限位装置的灵敏性 |

**注意**：对比记忆，现场质量检查的方法，目测法："看、摸、敲、照"；实测法："靠、量、吊、套"。

**4. 安全检查的要求**

（1）根据检查内容配备专业检查人员，确定检查负责人。

（2）检查后应对隐患整改情况进行跟踪复查，按"三定"原则（定人、定期限、定措施）落实整改，经复查整改合格后，进行销案。

**5. 安全检查标准**

建筑施工安全检查评分汇总表为1张表格（表5.5-4），依据10项分项检查评分表的得分，综合评价出一个施工现场的安全生产管理等级水平。

建筑施工安全检查评分汇总表（局部示例）　　　　　　　表5.5-4

| 总计得分（满分100分） | 项目名称及分值 | | | | | | | | | |
| --- | --- | --- | --- | --- | --- | --- | --- | --- | --- | --- |
| | 安全管理（满分100分） | 文明施工（满分15分） | 脚手架（满分10分） | 基坑工程（满分10分） | 模板支架（满分10分） | 高处作业（满分10分） | 施工用电（满分10分） | 物料提升机与施工升降机（满分10分） | 塔式起重机与起重吊装（满分10分） | 施工机具（满分10分） |
| | | | | | | | | | | |

1）分项检查评分表

各分项检查评分表包含检查评定项目的保证项目和一般项目。各分项检查评分表的满分分值均为100分。汇总表中的脚手架、物料提升机与施工升降机、塔式起重机与起重吊装与分项检查评分表的对应关系，见表5.5-5。

汇总表与分项检查评分表的对应关系　　　　　表5.5-5

| 汇总表 | 分项检查表 | 汇总表 | 分项检查表 |
|---|---|---|---|
| 脚手架 | 扣件式钢管脚手架检查评分表；<br>门式钢管脚手架检查评分表；<br>碗扣式钢管脚手架检查评分表；<br>承插型盘扣式钢管脚手架检查评分表；<br>满堂脚手架检查评分表；<br>悬挑式脚手架检查评分表；<br>附着式升降脚手架检查评分表；<br>高处作业吊篮检查评分表 | 物料提升机与施工升降机 | 物料提升机检查评分表；<br>施工升降机检查评分表 |
| | | 塔式起重机与起重吊装 | 塔式起重机检查评分表；<br>起重吊装检查评分表 |

（1）安全管理检查评分表（即分项检查评分表，下同）

保证项目：安全生产责任制、施工组织设计及专项施工方案、安全技术交底、安全检查、安全教育、应急救援。

一般项目：分包单位安全管理、持证上岗、生产安全事故处理、安全标志。

（2）文明施工检查评分表

保证项目：现场围挡、封闭管理、施工场地、材料管理、现场办公与住宿、现场防火。

一般项目：综合治理、公示标牌、生活设施、社区服务。

（3）扣件式钢管脚手架检查评分表

保证项目：施工方案、立杆基础、架体与建筑结构拉结、杆件间距与剪刀撑、脚手板与防护栏杆、交底与验收。

（4）承插型盘扣式钢管脚手架检查评分表

保证项目：施工方案、架体基础、架体稳定、脚手板、交底与验收、杆件设置。

一般项目：架体防护、构配件材质、通道、杆件连接。

（5）满堂脚手架检查评分表

保证项目：施工方案、架体基础、架体稳定、脚手板、交底与验收、杆件锁件。

一般项目：架体防护、构配件材质、荷载、通道。

注意："承插型盘扣式钢管脚手架""满堂脚手架"进行对比记忆。

（6）悬挑式脚手架检查评分表

保证项目：施工方案、悬挑钢梁、架体稳定、脚手板、荷载、交底与验收。

一般项目：杆件间距、架体防护、层间防护、构配件材质。

（7）附着式升降脚手架检查评分表

保证项目：施工方案、安全装置、架体构造、附着支座、架体安装、架体升降。

一般项目：检查验收、脚手板、架体防护、安全作业。

（8）基坑工程检查评分表

保证项目：施工方案、基坑支护、降排水、基坑开挖、坑边荷载、安全防护。
一般项目：基坑监测、支撑拆除、作业环境、应急预案。

（9）模板支架检查评分表
保证项目：施工方案、支架基础、支架构造、支架稳定、施工荷载、交底与验收。
一般项目：杆件连接、底座与托撑、构配件材质、支架拆除。

（10）施工用电检查评分表
保证项目：外电防护、接地与接零保护系统、配电线路、配电箱与开关箱。
一般项目：配电室与配电装置、现场照明、用电档案。

（11）物料提升机检查评分表
保证项目：安全装置、防护设施、附墙架与缆风绳、钢丝绳、安拆、验收与使用。
一般项目：基础与导轨架、动力与传动、通信装置、卷扬机操作棚、避雷装置。

（12）施工升降机检查评分表
保证项目：安全装置、限位装置、防护设施、附墙架、钢丝绳、滑轮与对重、安拆、验收与使用。
一般项目：导轨架、基础、电气安全、通信装置。

（13）塔式起重机检查评分表
保证项目：载荷限制装置、行程限位装置、保护装置、吊钩、滑轮、卷筒与钢丝绳、多塔作业、安拆、验收与使用。
一般项目：附着、基础与轨道、结构设施、电气安全。

（14）起重吊装检查评分表
保证项目：施工方案、起重机械、钢丝绳与地锚、索具、作业环境、作业人员。
一般项目：起重吊装、高处作业、构件码放、警戒监护。

（15）施工机具检查评分表（**注意：不区分保证项目、一般项目**）
检查项目：平刨、圆盘锯、手持电动工具、钢筋机械、电焊机、搅拌机、气瓶、翻斗车、潜水泵、振捣器、桩工机械。

2）检查评分方法

（1）分项检查评分表和检查评分汇总表的满分分值均应为100分，评分表的实得分值应为各检查项目所得分值之和。

（2）评分应采用扣减分值的方法，扣减分值总和不得超过该检查项目的应得分值。

（3）当按分项检查评分表评分时，保证项目中有一项未得分或保证项目小计得分不足40分，此分项检查评分表不应得分。

（4）检查评分汇总表中各分项项目实得分值应按下式计算：

$$A_1 = \frac{B \times C}{100} \quad (5.5\text{-}1)$$

式中：$A_1$——汇总表各分项项目实得分值；
　　　$B$——汇总表中该项应得满分值；
　　　$C$——该项检查评分表实得分值。

（5）当评分遇有缺项时，分项检查评分表或检查评分汇总表的总得分值应按下式计算：

$$A_2 = \frac{D}{E} \times 100 \qquad (5.5\text{-}2)$$

式中：$A_2$——遇有缺项时总得分值；

　　　$D$——实查项目在该表的实得分值之和；

　　　$E$——实查项目在该表的应得满分值之和。

（6）脚手架、物料提升机与施工升降机、塔式起重机与起重吊装项目的实得分值，应为所对应专业的分项检查评分表实得分值的算术平均值。

3）检查等级评定

按汇总表的总得分和分项检查评分表的得分，对建筑施工安全检查评定划分为优良、合格、不合格三个等级，见表 5.5-6。

建筑施工安全检查评定等级　　　　表 5.5-6

| 检查评定等级 | 评定条件 |
| --- | --- |
| 优良 | 分项检查评分表无零分，汇总表得分值应在 80 分及以上 |
| 合格 | 分项检查评分表无零分，汇总表得分值应在 70 分及以上，80 分以下 |
| 不合格 | 当汇总表得分值不足 70 分时；<br>当有一分项检查评分表为零时 |

当建筑施工安全检查评定的等级为不合格时，必须限期整改达到合格。

## 5.5.3　施工安全生产管理要点

**1. 地基与基础工程安全管理要点**

基础工程施工容易发生基坑坍塌、中毒、触电、机械伤害等类型生产安全事故，坍塌事故尤为突出。

1）基础工程施工安全控制的主要内容

（1）施工机械作业安全。

（2）边坡与基坑支护安全。

（3）降水设施与临时用电安全。

（4）防水施工时的防火、防毒安全。

（5）桩基施工的安全防范。

2）基坑（槽）施工安全控制要点

（1）基坑（槽）开挖时，两人操作间距应大于 2.5m。多台机械开挖，挖土机间距应大于 10m。挖土应由上而下，逐层进行，严禁先挖坡脚或逆坡挖土。

（2）基坑周边严禁超堆荷载。在坑边堆放弃土、材料和移动施工机械时，应与坑边保持一定的距离，当土质良好时，要距坑边 1m 以外，堆放高度不能超过 1.5m。

（3）在有支撑的基坑（槽）中使用机械挖土时，应采取必要措施防止碰撞支护结构、工程桩或扰动基底原土。在坑槽边使用机械挖土时，应计算支护结构的整体稳定性。

（4）开挖至坑底标高后坑底应及时满封闭并进行基础工程施工。

（5）在拆除护壁支撑时，应按照回填顺序，从下而上逐步拆除。更换护壁支撑时，必须先安装新的，再拆除旧的。

3）基坑施工安全的应急措施

（1）在基坑开挖过程中，一旦出现了渗水或漏水，采用坑底设沟排水、引流修补、密实混凝土封堵、压密注浆、高压喷射注浆等方法。

（2）水泥土墙等重力式支护结构位移超过设计预警值时，应予以高度重视，做好位移监测；超过设计控制值时，应采用水泥土墙背后卸载、加快垫层施工及加大垫层厚度和加设支撑等方法。

（3）悬臂式支护结构位移超过设计值时，采取加设支撑或锚杆、支护墙背卸土等方法。悬臂式支护结构发生深层滑动时，及时浇筑垫层，必要时可加厚垫层，形成下部水平支撑。

（4）支撑式支护结构发生墙背土体沉陷，应采取增设坑外回灌井、进行坑底加固、垫层随挖随浇、加厚垫层或采用配筋垫层、设置坑底支撑等方法。

（5）轻微的流沙现象，在基坑开挖后可采用加快垫层浇筑或加厚垫层的方法"压住"流沙。较严重的流沙，应增加坑内降水措施进行处理。

（6）发生管涌，可在支护墙前再打设一排钢板桩，在钢板桩与支护墙间进行注浆。

（7）对邻近建筑物沉降的控制一般可以采用回灌井、跟踪注浆等方法。

（8）基坑周围管线保护的应急措施一般包括增设回灌井、打设封闭桩、管线架空等。

**2. 打（沉）桩施工安全控制要点**

（1）在吊装就位作业时，起吊速度要慢，并要拉住溜绳。

（2）静压桩机发生浮机时，应停止作业，采取措施后，方可继续作业。起拔送桩器不得超过压桩机起重能力。压桩机上的吊机只能喂桩，不得卸放工程桩。

（3）钢管桩打桩后必须及时加盖临时桩帽。预制混凝土桩送桩入土后的桩孔，必须及时用砂或其他材料填灌。

**3. 灌注桩施工安全控制要点**

（1）灌注桩在已成孔未浇筑前，应用盖板封严或沿四周设安全防护栏杆。

（2）混凝土浇筑完毕后，及时抽干空桩部分泥浆，用素土回填。

**4. 人工挖孔桩施工安全控制要点**

（1）人工挖孔桩施工前应编制专项施工方案，严格按方案规定的程序组织施工。开挖深度超过 16m 的人工挖孔桩工程还需对专项施工方案进行专家论证。

（2）每日开工前必须对井下有毒有害气体成分和含量进行检测。桩孔开挖深度超过 10m 时，应配置专门向井下送风的设备。

（3）孔口内挖出的土石方应及时运离孔口，不得堆放在孔口四周 1m 范围内。

（4）挖孔桩各孔内用电严禁一闸多用。孔上电缆必须架空 2.0m 以上，孔内电缆线必须有防磨损、防潮、防断等措施。照明应采用安全矿灯或12V以下的安全电压。

**5. 脚手架工程安全管理要点**

具体见本书第3章第3.9节。

**6. 主体工程安全管理要点**

主体工程施工容易发生安全事故类型：模板支撑系统整体坍塌、高空坠落、物体打击、触电、机械伤害、脚手架失稳、重物吊装等。

1）主体工程施工主要安全隐患

现浇混凝土模板与支撑系统、混凝土浇筑的安全隐患，见表5.5-7。

现浇混凝土模板与支撑系统、混凝土浇筑的安全隐患　　　　　　表5.5-7

| 类别 | 安全隐患 |
|---|---|
| 现浇混凝土模板与支撑系统 | （1）模板支撑架体地基、基础下沉。<br>（2）架体的杆件间距或步距过大。<br>（3）架体未按规定设置斜杆、剪刀撑和扫地杆。<br>（4）构架的节点构造和连接的紧固程度不符合要求。<br>（5）主梁和荷载显著加大部位的构架未加密、加强。<br>（6）高支撑架未设置一至数道加强的水平结构层 |
| 混凝土浇筑 | （1）高处作业安全防护设施不到位。<br>（2）机械设备的安装、使用不符合安全要求。<br>（3）混凝土浇筑方案不当使支撑架受力不均衡。<br>（4）过早地拆除支撑和模板 |

2）主体结构工程施工安全主要控制内容

现浇混凝土工程的安全控制内容：

（1）模板支撑系统设计。

（2）模板支拆施工安全。

（3）混凝土浇筑高处作业安全。

（4）混凝土浇筑设备使用安全。

3）现浇混凝土模板工程施工安全控制要点

现浇混凝土模板工程施工安全控制要点，见表5.5-8。

现浇混凝土模板工程施工安全控制要点　　　　　　表5.5-8

| 项目 | 施工安全控制要点 |
|---|---|
| 模板安装施工 | （1）模板工程安装高度超过3.0m，必须搭设脚手架，除操作人员外，脚手架下不得站其他人。<br>（2）模板安装高度在2m及以上时，临边作业安全防护应符合现行标准规定。<br>（3）脚手架或操作平台上临时堆放的模板不宜超过3层。<br>（4）当钢模板高度超过15m以上时，应安设避雷设施，避雷设施的接地电阻不得大于4Ω。<br>（5）遇大雨、大雾、沙尘、大雪或6级以上大风等恶劣天气时，应暂停露天高处作业。6级及以上风力时，应停止高空吊运作业 |
| 模板拆除施工 | （1）后张法预应力混凝土结构或构件模板的拆除，侧模应在预应力张拉前拆除，其混凝土强度达到侧模拆除条件即可。进行预应力张拉，必须在混凝土强度达到设计规定值时进行，底模必须在预应力张拉完毕方能拆除。 |

续表

| 项目 | 施工安全控制要点 |
|---|---|
| 模板拆除施工 | （2）已拆除模板及其支架的混凝土结构，应在混凝土强度达到设计要求后，才允许承受全部设计的使用荷载。<br>（3）拆模作业之前必须填写拆模申请，并在同条件养护试块强度记录达到规定要求时，技术负责人方能批准拆模。<br>（4）拆模时下方不能有人，拆模区应设警戒线。<br>（5）模板及配件应放入室内或敞棚内，当必须露天堆放时，底部应垫高100mm，顶面应遮盖防水篷布或塑料布 |

4）装配式混凝土工程的安全控制要点

吊装作业安全规定：

（1）预制构件起吊后，应先将预制构件提升300mm左右后，停稳构件，检查钢丝绳、吊具和预制构件状态，确认吊具安全且构件平稳后，方可缓慢提升构件。

（2）吊运预制构件时，构件下方严禁站人，应待预制构件降落至距地面1m以内方准作业人员靠近，就位固定后方可脱钩。

（3）在高空应通过缆风绳改变预制构件方向，严禁高空直接用手扶预制构件。

（4）遇到雨、雪、雾天气，或者风力大于5级时，不得进行吊装作业。

5）钢结构工程的安全控制要点

（1）钢柱吊装松钩时，施工人员宜通过钢挂梯登高，并应采用防坠器进行人身保护。钢挂梯应预先与钢柱可靠连接，并应随柱起吊。

（2）安全通道安全要求：

① 钢结构安装所需的平面安全通道应分层平面连续搭设。

② 钢结构施工的平面安全通道宽度不宜小于600mm，且两侧应设置安全护栏或防护钢丝绳。

③ 在钢梁或钢桁架上行走的作业人员应佩戴双钩安全带。

（3）洞口和临边防护：

① 洞口的安全防护，见后面表5.5-10。**注意：**对比记忆。

② 建筑物楼层钢梁吊装完毕后，应及时分区铺设安全网。

③ 楼层周边钢梁吊装完成后，应在每层临边设置防护栏，且防护栏高度不应低于1.2m。

**7. 吊装工程安全管理要点**

1）起重机械设备与起重钢丝绳

（1）钢丝绳断丝数在一个节距中超过10%、钢丝绳锈蚀或表面磨损达40%，以及有死弯、结构变形、绳芯挤出等情况时，应报废停止使用。

（2）缆风绳应使用钢丝绳，其安全系数$K=3.5$，缆风绳应与地锚牢固连接。

2）起重吊点

（1）起重设备起吊、翻转、移位时，吊点选择应与重物的重心在同一垂直线上，且吊点应在重心之上。使重物垂直起吊，严禁斜吊。

（2）当采用多吊点起吊时，应使各吊点的合力在重物重心位置之上。

#### 3）吊装区安全要求

（1）吊装物吊离地面200~300mm时，应进行全面检查，并应确认无误后再正式起吊。

（2）当风速达到10m/s时，宜停止吊装作业；当风速达到15m/s时，不得吊装作业。

#### 4）构件吊装安全要求

（1）钢结构的吊装，构件应尽可能在地面组装，并应搭设临时固定、电焊、高强度螺栓连接等工序施工时的高空安全设施，且随构件同时吊装就位。

（2）高空安装大模板、吊装第一块预制构件、吊装单独的大中型预制构件时，必须站在操作平台上操作。

（3）吊装管道时，必须有已完成结构或操作平台为立足点。

### 8. 高处作业安全管理要点

凡在坠落高度基准面2m以上（含2m）、有可能坠落的高处进行的作业，易发生高处坠落、物体打击等安全事故，要严格遵守《建筑施工高处作业安全技术规范》JGJ 80—2016的规定。

涉及临边与洞口作业、攀登与悬空作业、操作平台、交叉作业、安全网搭设的，制定高处作业安全技术措施。

#### 1）安全防护设施验收主要内容

（1）防护栏杆的设置与搭设。

（2）攀登与悬空作业的用具与设施搭设。

（3）操作平台及平台防护设施的搭设。

（4）防护棚的搭设。

（5）安全网的设置。

（6）安全防护设施、设备的性能与质量，所用的材料、配件的规格。

（7）设施的节点构造、材料配件的规格、材质及其与建筑物的固定、连接状况。

#### 2）临边作业与洞口作业

（1）临边作业

①坠落高度基准面2m及以上进行临边作业时，应在临空一侧设置防护栏杆，并应采取密目式安全立网或工具式栏板封闭。

②施工的楼梯口、楼梯平台和梯段边，应安装防护栏杆，采用密目式安全立网封闭。

③没有外脚手架的工程应设置防护栏杆；有外脚手架时，应采用密目式安全立网全封闭。

④施工升降机、龙门架和井架物料提升机等设置的停层平台两侧边，应设置防护栏杆、挡脚板，采用密目式安全立网或工具式栏板封闭。

⑤停层平台口应设置高度不低于1.80m的楼层防护门，并应设置防外开装置。

（2）洞口作业

竖向洞口（即垂直洞口），如图5.5-1所示。非竖向洞口（即水平洞口），如图5.5-2

所示。电梯井口，如图 5.5-3 所示。

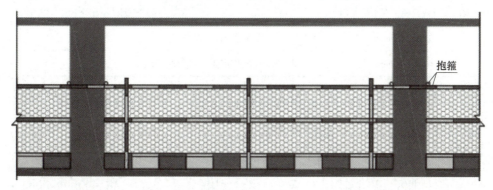

图 5.5-1　竖向洞口

（a）短边边长＜1500mm　　　（b）短边边长≥1500mm

图 5.5-2　水平洞口　　　　　　　　　　　　图 5.5-3　电梯井口

非钢结构工程洞口作业的安全措施，见表 5.5-9。钢结构工程洞口作业的安全措施，见表 5.5-10。

非钢结构工程洞口作业的安全措施　　　　表 5.5-9

| 洞口类型 | 短边长度 | 安全措施 |
| --- | --- | --- |
| 竖向洞口（即垂直洞口） | ＜500mm | 采取封堵措施 |
| | ≥500mm | 在临空一侧设置高度不小于 1.2m 的防护栏杆，并采用密目式安全立网或工具式栏板封闭，设置挡脚板<br>（**口诀**：防护栏杆、安全立网、挡脚板三件套） |
| 非竖向洞口（即水平洞口） | 25～500mm | 采用承重盖板覆盖，且防止盖板移位 |
| | 500～1500mm | 采用盖板覆盖或防护栏杆等 |
| | ≥1500mm | 在洞口作业侧设置高度不小于 1.2m 的防护栏杆，洞口采用安全平网封闭<br>（**口诀**：防护栏杆、安全平网两件套） |
| 电梯井口 | — | 设置高度不应小于 1.5m 防护门，并设置挡脚板 |
| 电梯井道内 | — | 每隔 2 层且不大于 10m 加设一道安全平网；<br>平网网体与井壁的空隙不得大于 25mm，安全网拉结应牢固 |

钢结构工程洞口作业的安全措施  表 5.5-10

| 洞口边长或直径（即水平洞口） | 安全措施 |
|---|---|
| 200~400mm | 采用刚性盖板固定防护 |
| 400~1500mm | 架设钢管脚手架、满铺脚手板等 |
| >1500mm | 张设密目安全网防护，并加护栏 |

临边作业的防护栏杆，如图 5.5-4 所示。

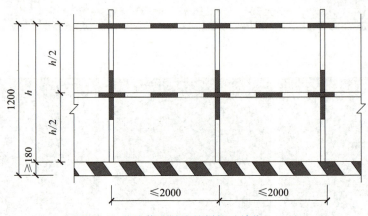

图 5.5-4　临边作业的防护栏杆（单位：mm）

高处作业的防护栏杆和防护门的安全要求的总结，见表 5.5-11。

高处作业的防护栏杆和防护门的安全要求的总结  表 5.5-11

| 项目 | 防护栏杆和防护门的安全要求 |
|---|---|
| 洞口作业的防护栏杆 | （1）当垂直洞口短边边长≥500mm 时，应在临空一侧设置高度≥1.2m 的防护栏杆。<br>（2）当非竖向洞口短边边长≥1500mm 时，在洞口作业侧设置高度≥1.2m 的防护栏杆 |
| 临边作业的防护栏杆 | （1）防护栏杆应为两道横杆，上杆距地面高度应为1.2m，下杆在上杆和挡脚板中间设置。<br>（2）当防护栏杆高度>1.2m 时，应增设横杆，横杆间距≤600mm。<br>（3）防护栏杆立杆间距≤2m。<br>（4）挡脚板高度≥180mm |
| 屋面作业的防护栏杆 | 在坡度大于25°的屋面上作业，当无外脚手架时，应在屋檐边设置≥1.5m 高的防护栏杆，采用密目式安全立网全封闭 |
| 施工升降机、物料提升机等设置的停层平台 | （1）停层平台两侧边应设置防护栏杆、挡脚板，采用密目式安全立网或工具式栏板封闭。<br>（2）停层平台口应设置高度≥1.80m 的楼层防护门，并设置防外开装置 |
| 电梯井口的防护门 | 应设置高度≥1.5m 防护门，并设置挡脚板 |

3）攀登作业的安全防范措施

（1）同一攀登作业梯子上不得两人同时作业。

（2）使用固定式直梯攀登作业时，当攀登高度超过 3m 时，宜加设护笼；当攀登高度超过 8m 时，应设置梯间平台。

（3）钢结构安装时，应使用梯子或其他登高设施攀登作业。坠落高度超过 2m 时，应设置操作平台。

（4）当安装屋架时，应在屋脊处设置扶梯。

（5）深基坑施工应设置扶梯、入坑踏步及专用载人设备或斜道等设施。

4）悬空作业的安全防范措施

（1）吊装钢筋混凝土屋架、梁、柱等大型构件前，应在构件上预先设置登高通道、操作立足点等安全设施。

（2）钢结构安装施工宜在施工层搭设水平通道，水平通道两侧应设置防护栏杆；当利用钢梁作为水平通道时，应在钢梁一侧设置连续的安全绳，安全绳宜采用钢丝绳。

（3）模板支撑搭设和拆卸、绑扎钢筋和预应力张拉、混凝土浇筑，在 2m 及以上高处作业时，应设置操作平台。

（4）悬挑的混凝土梁和檐、外墙和边柱等结构施工时，应搭设脚手架或操作平台。

5）操作平台的安全防范措施

移动式操作平台，如图 5.5-5 所示。悬挑式操作平台，如图 5.5-6 所示。

图 5.5-5 移动式操作平台

（a）斜拉式

（b）支承式

（c）悬臂梁式

图 5.5-6 悬挑式操作平台

操作平台等的安全规定，见表 5.5-12。

操作平台等的安全规定　　　　　　　　　　表 5.5-12

| 类别 | 高度 | 高宽比 | 施工荷载 | 其他要求 |
|---|---|---|---|---|
| 移动式操作平台 | ≤5m | ≤2∶1 | ≤1.5kN/m² | （1）平台面积≤10m²。<br>（2）立柱底端离地面不得大于80mm，行走轮和导向轮应配有制动器或刹车闸等制动措施。<br>（3）操作平台移动时，平台上不得站人 |
| 落地式操作平台 | ≤15m | ≤3∶1 | ≤2.0kN/m² | （1）操作平台应与建筑物进行刚性连接或加设防倾措施，不得与脚手架连接。<br>（2）用脚手架搭设时，应满足规范规定。<br>（3）在立杆下部设置底座或垫板、纵向与横向扫地杆，外立面设置剪刀撑或斜撑。<br>（4）从底层第一步水平杆起逐层设置连墙件，且连墙件间隔不应大于4m，设置水平剪刀撑 |
| 悬挑式操作平台 | 悬挑长度≤5m | — | ≤5.5kN/m²<br>集中荷载≤15kN | （1）应设置4个吊环，吊运时应使用卡环，不得使吊钩直接钩挂吊环。<br>（2）安装时，钢丝绳应采用专用的钢丝绳夹连接，其数量不得少于4个。<br>（3）人员不得在悬挑式操作平台上吊运、安装时上下通行 |

悬挑式操作平台还应满足下列规定：

（1）操作平台的搁置点、拉结点、支撑点应设置在稳定的主体结构上，且可靠连接。

（2）采用斜拉方式的悬挑式操作平台，平台两侧的连接吊环应与前后两道斜拉钢丝绳连接，每一道钢丝绳应能承载该侧所有荷载。

（3）采用支承方式的悬挑式操作平台，应在钢平台下方设置不少于两道斜撑，斜撑的一端应支承在钢平台主结构钢梁下，另一端应支承在建筑物主体结构上。

（3）采用悬臂梁式的操作平台，应采用型钢制作悬挑梁或悬挑桁架，其节点应采用螺栓或焊接的刚性节点。悬挑梁应锚固固定。

6）交叉作业安全防范措施

交叉作业时，下层作业位置应处于上层作业的坠落半径之外，见表 5.5-13。

交叉作业影响半径　　　　　　　　　　表 5.5-13

| 序号 | 上层作业高度（$h_b$） | 坠落半径（m） |
|---|---|---|
| 1 | $2 \leq h_b \leq 5$ | 3 |
| 2 | $5 < h_b \leq 15$ | 4 |
| 3 | $15 < h_b \leq 30$ | 5 |
| 4 | $h_b > 30$ | 6 |

（1）交叉作业时，坠落半径内应设置安全防护棚或安全防护网等安全隔离措施。当尚未设置安全隔离措施时，应设置警戒隔离区，人员严禁进入隔离区。

（2）处于起重机臂架回转范围内的通道，应搭设安全防护棚。

（3）施工现场人员进出的通道口，应搭设安全防护棚（图5.5-7）。

（4）对不搭设脚手架和设置安全防护棚时的交叉作业，应设置安全防护网，当在多层、高层建筑外立面施工时，应在二层及每隔四层设一道固定的安全防护网，同时设一道随施工高度提升的安全防护网（图5.5-8）。

图5.5-7 安全防护棚

图5.5-8 安全防护网

安全防护棚搭设与安全防护网搭设的规定，见表5.5-14。

安全防护棚搭设与安全防护网搭设的规定　　　　　表5.5-14

| 类别 | 安全规定 |
| --- | --- |
| 安全防护棚搭设 | （1）非机动车辆通行时，棚底至地面高度不应小于3m；机动车辆通行时，棚底至地面高度不应小于4m。<br>（2）当建筑物高度大于24m并采用木质板搭设时，应双层搭设。两层防护的间距不应小于700mm，防护棚的高度不应小于4m。<br>（3）当顶棚采用竹笆或木质板搭设时，应采用双层搭设，间距不应小于700mm；当采用木质板或与其等强度的其他材料搭设时，可采用单层搭设，木质厚度不应小于50mm。<br>（4）防护棚的长度应根据建筑物高度与可能坠落半径确定 |
| 安全防护网搭设 | （1）应每隔3m设一根支撑杆，支撑杆水平夹角不宜小于45°。<br>（2）当在楼层设支撑杆时，应预埋钢筋环或在结构内外侧各设一道横杆。<br>（3）防护网应外高里低，网与网之间应拼接严密 |

7）建筑施工安全网

（1）采用平网防护时，严禁使用密目式安全立网代替平网使用。

（2）密目式安全立网搭设时，每个开眼环扣应穿系绳，系绳应绑扎在支撑架上，间距不得大于450mm。相邻密目网间应紧密结合或重叠。

（3）当立网用于龙门架、物料提升架及井架的封闭防护时，四周边绳应与支撑架贴紧，边绳的断裂张力不得小于3kN，系绳应绑在支撑架上，间距不得大于750mm。

（4）用于电梯井、钢结构和框架结构及构筑物封闭防护的平网规定：

① 平网每个系结点上的边绳应与支撑架靠紧，边绳的断裂张力不得小于7kN，系绳沿网边应均匀分布，间距不得大于750mm。

② 电梯井内平网网体与井壁的空隙不得大于 25mm，安全网拉结应牢固。

### 5.5.4 主要施工机具安全管理要点

#### 1. 塔式起重机的安全管理要点

（1）塔式起重机的轨道基础和混凝土基础必须经过设计验算，验收合格后方可使用；基础周围应修筑边坡和排水设施，并与基坑保持一定的安全距离。

（2）塔式起重机的安拆必须配备下列人员：

① 持有安全生产考核合格证书的项目负责人和安全负责人、机械管理人员。

② 具有建筑施工特种作业操作资格证书的建筑起重机械安装拆卸工、起重司机、起重信号工、司索工等特殊作业操作人员。

（3）在无载荷情况下，塔身与地面的垂直度偏差不得超过 4/1000。

（4）塔式起重机的指挥人员、操作人员必须持证上岗。

（5）塔式起重机的动臂变幅限制器、行走限位器、力矩限制器、吊钩高度限制器，以及各种行程限位开关等安全保护装置，必须安全完整。严禁用限位装置代替操作机构。

（6）塔式起重机机械不得超荷载和起吊不明质量的物件。

（7）突然停电时，应立即把所有控制器拨到零位，断开电源开关，并采取措施将重物安全降到地面，严禁起吊重物后长时间悬挂空中。

（8）遇有 6 级及以上的大风或大雨、大雪、大雾等恶劣天气时，应停止塔式起重机露天作业。在雨雪过后或雨雪中作业时，应先进行试吊，确认制动器灵敏可靠后方可进行作业。

（9）在起吊荷载达到塔式起重机额定起重量的 90% 及以上时，应先将重物吊离地面 200～500mm，然后进行下列检查：机械状况、制动性能、物件绑扎情况等，确认安全后方可继续起吊。对有晃动的物件，必须拉溜绳使之稳定。

#### 2. 施工电梯的安全管理要点

（1）在施工电梯周围 5m 内，不得堆放易燃、易爆物品及其他杂物，不得在此范围内挖沟开槽。电梯 2.5m 范围内应搭坚固的防护棚（图 5.5-9）。

（a）施工电梯的防护棚　　　　　　（b）梯笼和楼层防护门

图 5.5-9　施工电梯的安全管理

（2）司机必须取得机械操作合格证。

（3）经常检查基础是否完好，是否有下沉现象，检查导轨架的垂直度是否符合规定：80m 高度不大于 25mm，100m 高度不大于 35mm。

（4）检查各限位安全装置，无误后先将梯笼升高至离地面 1m 处，停车检查制动是否符合要求，然后继续上行试验楼层站台，检查防护门、上限位以及前、后门限位。

（5）运行到上下尽端时，不准以限位停车（检查除外）。

（6）凡遇有下列情况时应停止运行：天气恶劣（如雷雨、6 级及以上大风、大雾、导轨结冰等）；灯光不明，信号不清；机械发生故障，未彻底排除；钢丝绳断丝磨损超过规定。

### 3. 物料提升机（龙门架、井字架）的安全管理要点

（1）龙门架、井架物料提升机不得用于高度 25m 及以上的建设工程施工。

（2）钢丝绳端部的固定当采用绳卡时，绳卡应与绳径匹配，其数量不得少于 3 个且间距不小于钢丝绳直径的 6 倍。绳卡滑鞍放在受力绳的一侧，不得正反交错设置绳卡（图 5.5-10）。

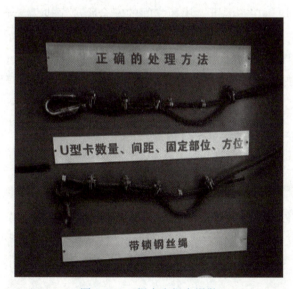

图 5.5-10　绳卡和绳卡滑鞍

（3）提升机应具有的安全防护装置包括：安全停靠装置；断绳保护装置；楼层口停靠栏杆（门）；吊篮安全门；上料口防护棚；上极限限位器；下极限限位器；紧急断点开关；信号装置；缓冲器；超载限制器；通信装置。

（4）距提升机基础边缘 5m 范围内，开挖沟槽或有较大振动的施工时，必须有保证架体稳定的措施。

（5）附墙架与架体及建筑之间，均应采用刚性件连接，不得连接在脚手架上，严禁使用钢丝绑扎。

### 4. 桩工机械的安全管理要点

（1）打桩机作业区内无高压线路。桩锤在施打过程中，操作人员必须在距离桩锤中心

5m 以外监视。

（2）压桩时，非工作人员应离机 10m 以外。起重机的起重臂下，严禁站人。

（3）夯锤落下后，在吊钩尚未降至夯锤吊环附近前，操作人员不得提前下坑挂钩。

**5. 钢筋加工机械的安全管理要点**

（1）室外作业应设置机棚，机械旁应有堆放原材料、半成品的场地。

（2）钢筋调直切断机在调直块未固定或防护罩未盖好前，不得送料。作业中，不得打开防护罩。

（3）钢筋弯曲机的工作台和弯曲机台面应保持水平。操作人员应站在机身设有固定销的一侧。

**6. 气瓶的安全管理要点**

（1）施工现场使用的气瓶应按标准色标涂色。

（2）气瓶的放置地点，不得靠近热源和明火；可燃、助燃性气体气瓶与明火的距离一般不小于 10m；禁止敲击、碰撞；禁止在气瓶上进行电焊引弧；严禁用带油的手套开气瓶。

（3）氧气瓶和乙炔瓶在室温下，满瓶之间的安全距离至少为 5m；气瓶距明火的距离至少为 10m。

（4）气瓶内的气体不能用尽，必须留有剩余压力或重量。

（5）气瓶必须配好瓶帽、防震圈（集装气瓶除外）；旋紧瓶帽，轻装、轻卸，严禁抛、滑、滚动或撞击。

## 5.5.5　常见施工安全生产事故及预防

**1. 建筑安全生产事故分类**

（1）按事故的原因和性质分为四类：生产事故、质量问题、技术事故和环境事故。

（2）按事故类别分类：

① 按事故类别分，建筑业相关职业伤害事故可以分为 12 类：物体打击、车辆伤害、机械伤害、起重伤害、触电、灼烫、火灾、高处坠落、坍塌、爆炸、中毒和窒息、其他伤害。

② 建筑工程最常发生事故的类型：高处坠落、物体打击、机械伤害、触电、坍塌五种，占到事故总数的 80%～90%。

（3）按事故严重程度分为三类：轻伤事故、重伤事故和死亡事故。

**2. 伤亡事故等级**

伤亡事故等级，见表 5.5-15。

伤亡事故等级　　表 5.5-15

| 事故等级 | 造成的人员伤亡或者直接经济损失 | |
| --- | --- | --- |
| 一般事故 | 死亡数＜3人，或者重伤数＜10人 | ＜1000万元 |
| 较大事故 | 3人≤死亡数＜10人，或者10人≤重伤数＜50人 | 1000万元≤损失＜5000万元 |

续表

| 事故等级 | 造成的人员伤亡或者直接经济损失 | |
| --- | --- | --- |
| 重大事故 | 10人≤死亡数＜30人，或者50人≤重伤数＜100人 | 5000万元≤损失＜1亿元 |
| 特别重大事故 | 死亡数≥30人，或者重伤数≥100人 | ≥1亿元 |

注：重伤包括急性工业中毒。

### 3. 常见施工安全事故预防措施

《建筑与市政施工现场安全卫生与职业健康通用规范》GB 55034—2022 关于安全管理的规定：

#### 1）一般管理规定

（1）施工现场应合理设置安全生产宣传标语和标牌，标牌设置应牢固可靠。应在主要施工部位、作业层面、危险区域以及主要通道口设置安全警示标识。

（2）不得在外电架空线路正下方施工、吊装、搭设作业棚、建造生活设施或堆放构件、架具、材料及其他杂物等。

#### 2）高处坠落事故预防管理

（1）在坠落高度基准面上方2m及以上进行高空或高处作业时，应设置安全防护设施并采取防滑措施，高处作业人员应正确佩戴安全帽、安全带等劳动防护用品。

（2）在建工程的预留洞口、通道口、楼梯口、电梯井口等孔洞以及无围护设施或围护设施高度低于1.2m的楼层周边、楼梯侧边、平台或阳台边、屋面周边和沟、坑、槽等边沿应采取安全防护措施，并严禁随意拆除。

（3）遇雷雨、大雪、浓雾或作业场所5级以上大风等恶劣天气时，应停止高处作业。

#### 3）坍塌事故预防管理

（1）土方开挖的顺序、方法应与设计工况一致，严禁超挖。

（2）边坡坡顶、基坑顶部及底部应采取截水或排水措施。

（3）回填土应控制土料含水率及分层压实厚度等参数，严禁使用淤泥、沼泽土、泥炭土、冻土、有机土或含生活垃圾的土。

（4）临时支撑结构安装、使用时应符合下列规定：

① 严禁与起重机械设备、施工脚手架等连接。

② 临时支撑结构作业层上的施工荷载不得超过设计允许荷载。

③ 使用过程中，严禁拆除构配件。

## 5.5.6 施工安全管理的总结

### 1. 现场材料构件等堆放高度与层数的总结

现场材料构件等堆放高度与层数的总结，见表5.5-16。

### 2. 施工现场4级风、5级风和6级风的作业要求

#### 1）4级及以上大风不得作业

（1）屋面保温层施工，喷涂硬泡聚氨酯时，风速不宜大于三级。

现场材料构件等堆放高度与层数的总结 表 5.5-16

| 项目 | | 堆放高度与层数 |
|---|---|---|
| 基坑周边的堆放高度 | | ≤1.5m<br>土质良好时，距基坑边 1m 以外 |
| 脚手架或操作平台上临时堆放的模板 | | ≤3 层 |
| 脚手架上堆放砖砌块 | 普通砖、多孔砖 | ≤3 层 |
| | 空心砖、砌块 | ≤2 层 |
| 预制构件的运输 | 外墙板采用靠放架立式运输 | 每侧≤2 层 |
| | 预制梁、柱采用水平运输 | 叠放层数≤3 层 |
| | 预制板类构件水平运输 | 叠放层数≤6 层 |
| 预制构件的存放 | 预制楼板、叠合板、阳台板、空调板 | 叠放层数≤6 层 |

（2）钢筋工程冬期施工，雪天或施焊现场风速超过三级风焊接时，应采取遮蔽措施。

### 2）5 级及以上大风

（1）地下工程防水，水泥砂浆防水层不得在雨天、5 级及以上大风时施工。

（2）地下工程防水，铺贴卷材严禁在雨天、雪天、5 级及以上大风时施工。

（3）地下工程防水，涂料防水层严禁在雨天、雾天、5 级及以上大风时施工。

（4）雨期施工技术，防水工程严禁在雨天施工，5 级风及其以上时不得施工防水层。

（5）绿色施工技术，回填土施工应采取防止扬尘的措施，4 级风以上天气严禁回填土施工。

### 3）6 级及以上大风

（1）当遇有 6 级及以上强风、浓雾、沙尘暴等恶劣气候，不得进行露天攀登与悬空高处作业。

（2）脚手架工程，雷雨天气、6 级及以上大风天气应停止架上作业。

（3）塔式起重机，遇有 6 级及以上的大风或大雨、大雪、大雾等天气时，应停止露天作业。

（4）施工电梯，遇有下列情况时应停止运行：天气恶劣，如雷雨、6 级及以上大风、大雾、导轨结冰等。

（5）模板工程施工，遇大雨、大雾、沙尘、大雪或 6 级以上风等恶劣天气时，应暂停露天高处作业。6 级及以上风力时，应停止高空吊运作业。

（6）装配式混凝土结构的预制构件的吊装，遇到雨、雪、雾天气，或者风力大于 5 级时，不得进行吊装作业。

（7）钢结构涂装，风力超过 5 级时，室外不宜进行喷涂作业。

## 5.6 施工现场环境管理与施工资源管理

### 5.6.1 施工现场环境管理

#### 1. 施工现场动火等级与审批程序

1）建立防火制度

(1) 施工现场要建立健全防火安全制度。

(2) 建立义务消防队，人数不少于施工总人数的10%。

(3) 建立现场动用明火审批制度。

2）施工现场动火等级与审批程序

施工现场动火等级与审批程序，见表5.6-1。动火证当日开具、当日有效。

施工现场动火等级与审批程序　　　　　　　　　　表 5.6-1

| 等级 | 动火范围 | 审批程序 | |
|---|---|---|---|
| | | 组织与申请 | 审批人 |
| 一级 | (1) 禁火区域内。<br>(2) 油罐、油箱和储存过可燃气体的容器等。<br>(3) 各种受压设备。<br>(4) 危险性较大的登高焊、割作业。<br>(5) 比较密封的室内、容器内、地下室等。<br>(6) 现场堆有大量可燃和易燃物质的场所 | 项目负责人：<br>(1) 组织编制防火安全技术方案。<br>(2) 填写动火申请表 | 企业安全管理部门 |
| 二级 | (1) 在具有一定危险因素的非禁火区域内进行临时焊、割等。<br>(2) 小型油箱等容器。<br>(3) 登高焊、割等用火作业 | 项目责任工程师：<br>(1) 组织拟定防火安全技术措施。<br>(2) 填写动火申请表 | 项目安全管理部门和项目负责人 |
| 三级 | 在非固定的、无明显危险因素的场所 | 所在班组：<br>填写动火申请表 | 项目安全管理部门和项目责任工程师 |

#### 2. 消防器材的配备与设置要求

(1) 大型临时设施总面积超过1200m²时，应配有专供消防用的太平桶、积水桶（池）、黄沙池，且周围不得堆放易燃物品。

(2) 临时搭设的建筑物区域内每100m²配备2只10L灭火器。

(3) 临时木料间、油漆间、木工机具间等，每25m²配备一只灭火器。油库、危险品库应配备数量与种类匹配的灭火器、高压水泵。

(4) 应有足够的消防水源，其进水口一般不应少于两处。

(5) 室外消火栓应沿消防车道或堆料场内交通道路的边缘设置，消火栓之间的距离不应大于120m；消防箱内消防水管长度不小于25m。

(6) 手提式灭火器设置在挂钩、托架上或消防箱内，其顶部离地面高度应小于1.50m，底部离地面高度不宜小于0.15m。

**3. 存放易燃材料仓库的消防安全距离的要求**

（1）仓库或堆料场内电缆一般应埋入地下；若有困难需设置架空电力线时，架空电力线与露天易燃物堆垛的最小水平距离，不应小于电杆高度的 1.5 倍。

（2）仓库或堆料场所使用的照明灯具与易燃堆垛间至少应保持 1m 的距离。

（3）安装的开关箱、接线盒，应距离堆垛外缘不小于 1.5m。

（4）施工平面布置图设计要求：存放危险品类的仓库应远离现场单独设置，离在建工程距离 ≥ 15m。

**4. 油漆料库与调料间的消防要求**

（1）油漆料库与调料间应分开设置，且应与散发火星的场所保持一定的防火间距。

（2）性质相抵触、灭火方法不同的品种，应分库存放。

（3）涂料和稀释剂的存放和管理，应符合安全规定。

（4）调料间应通风良好，并应采用防爆电器设备，室内禁止一切火源，调料间不能兼作更衣室和休息室。

（5）调料人员应穿不易产生静电的工作服、不带钉子的鞋。

（6）调料间内不应存放超过当日调制所需的原料。

**5. 施工现场消防安全距离的总结**

施工现场消防安全距离的总结，见表 5.6-2。

施工现场消防安全距离的总结　　　　　　　　　　　　　表 5.6-2

| 类别 | 距离 | 备注（口诀） |
| --- | --- | --- |
| 乙炔瓶和氧气瓶之间的存放距离 | ≥ 2m | — |
| 乙炔瓶和氧气瓶之间的使用距离 | ≥ 5m | — |
| 乙炔瓶、氧气瓶距火源的距离 | ≥ 10m | "有火源、危险品、焊割为 10m" |
| 危险物品之间的堆放距离 | | |
| 焊、割作业点与氧气瓶、乙炔瓶等的距离 | | |
| 危险物品与易燃易爆品的堆放距离 | ≥ 30m | "易燃、易爆为 30m" |
| 有明火的生产辅助区和生活用房与易燃材料之间的防火间距 | | |
| 焊、割作业点与易燃易爆物品的距离 | | |

### 5.6.2　施工资源管理

**1. 项目材料计划的分类**

（1）按照计划的用途划分，材料计划分为：材料需用计划、加工订货计划和采购计划。

（2）按照计划的期限划分，材料计划分为：年度计划、季度计划、月计划、单位工程材料计划和临时追加计划。

（3）项目常用的材料计划有：单位工程主要材料需用计划、主要材料年度需用计划、主要材料月（季）度需用计划、半成品加工订货计划、周转料具需用计划、主要材料采购计划、临时追加计划等。

主要材料月度需用计划是项目材料需用计划中最具体的计划，是制定采购计划和向供应商订货的依据。该计划中的每项材料描述主要有：产品的名称、规格型号、单位、数量、主要技术要求（含质量）、进场日期、提交样品时间等。

**2. 不合格材料与半成品退场流程**

（1）项目部物资管理部门提出不合格材料（半成品）退场申请单，经项目主管领导审核同意，报监理工程师批准。

（2）将材料或半成品退场决定通知供应商，商定退场时间。

（3）报请监理工程师见证退场，填写不合格材料（半成品）退场记录，内容包括：材料（半成品）型号、规格、数量、运输车辆、见证人员，以及退场照片等。退场记录经供应商、施工单位、监理工程师签字确认。

（4）项目部物资管理部门提交不合格材料（半成品）退场报告，报监理工程师确认。

**3. 建筑材料检测**

1）材料检测要求

材料检测要求应符合表 5.6-3 规定。

材料检测要求　　　　　　　　　　表 5.6-3

| 类别 | 对象 |
| --- | --- |
| 进场检验 | 工程采用的主要材料、半成品、成品、构配件、器具和设备 |
| 进行复验 | 涉及安全、节能、环境保护和主要使用功能的重要材料、产品 |
| 见证检验 | 对涉及结构安全、节能、环境保护和主要使用功能的试块、试件、材料 |

2）材料复试取样原则

（1）项目应实行见证取样和送检制度。即在建设单位或监理工程师的见证下，由项目试验员在现场取样后送至试验室进行试验。

（2）送检的检测试样，必须从进场材料中随机抽取。试样应有唯一性标识。

（3）见证人应由该工程建设单位书面确认，并委派在现场的建设或监理单位人员 1～2 名担任。见证人应具备与检测工作相适应的专业知识。见证人及送检单位对试样的代表性及真实性负有法定责任。

（4）试验室在接受委托试验任务时，须由送检单位填写委托单。

3）主要材料复试内容

（1）钢筋：屈服强度、抗拉强度、伸长率、弯曲性能、重量偏差。

（2）水泥：抗压强度、抗折强度、安定性、凝结时间。

（3）石子：筛分析、含泥量、泥块含量、含水率、吸水率、非活性骨料。

（4）砂：筛分析、泥块含量、含水率、吸水率、非活性骨料。

（5）混凝土外加剂：检验报告中应有碱含量指标，预应力混凝土结构中严禁使用含氯化物的外加剂。混凝土结构中使用含氯化物的外加剂时，其氯化物总含量应符合规定。

（6）预拌混凝土：混凝土坍落度、抗压强度、抗渗等级等。

（7）建筑外墙金属窗、塑料窗：气密性、水密性、抗风压性能。

（8）装饰装修用人造木板及胶粘剂：甲醛含量。

（9）饰面板（砖）：室内用花岗石放射性、粘贴用水泥的凝结时间、安定性、抗压强度；外墙陶瓷面砖的吸水率、抗冻性能。

4）建筑材料的质量控制环节

建筑材料的质量控制环节：材料的采购、材料进场试验检验、过程保管和材料使用。

材料进场试验检验的规定：

（1）材料进场应提供材料或产品合格证，并进行现场质量验证和记录。质量验证包括：材料品种、型号、规格、数量、外观检查和见证取样。验证结果记录后报监理工程师审批备案。

（2）验证不合格的材料不得使用，也可经相关方协商后按规定降级使用。

（3）对于项目采购的物资，业主的验证不能代替项目对所采购物资的质量责任，而业主采购的物资，项目的验证也不能取代业主对其采购物资的质量责任。

（4）物资进场验证不齐或对其质量有怀疑时，要单独存放该部分物资，待资料齐全和复验合格后，方可使用。

**4. 机械设备管理**

1）施工机械设备选择的依据和原则

（1）机械设备供应渠道：有企业自有设备调配、市场租赁设备、专门购置机械设备、专业分包队伍自带设备。

（2）选择的依据：施工项目的施工条件、工程特点、工程量多少及工期要求等。

（3）选择的原则：主要有适应性、高效性、稳定性、经济性和安全性。

2）大型施工机械设备管理

（1）"三定"制度：在使用中实行定人、定机、定岗位责任的制度。

（2）交接班制度。

（3）安全交底制度。

（4）技术培训制度（表5.6-4）。

技术培训制度的"四懂三会"和"三懂四会"　　表5.6-4

| 类别 | | 内容 |
| --- | --- | --- |
| 操作人员 | "四懂三会" | 懂机械原理、懂机械构造、懂机械性能、懂机械用途 |
| | | 会操作、会维修、会排除故障 |
| 维修人员 | "三懂四会" | 懂技术要求、懂质量标准、懂验收规范 |

续表

| 类别 | | 内容 |
|---|---|---|
| 维修人员 | "三懂四会" | 会拆检、会组装、会调试、会鉴定 |

（5）检查制度。
（6）操作证制度。

# 第 2 篇

# 案例分析题

# 第6章 绿色建筑安全检查与资源管理案例分析题

## 6.1 绿色建筑评价的案例分析题

【例6.1-1】（2023年真题）某新建学校工程，由12栋单体建筑组成。合同要求工程达到绿色建筑三星标准。施工单位中标后，与甲方签订合同并组建项目部。

工程竣工后，项目部组织专家对整体工程进行绿色建筑评价，评分结果见表6.1-1。专家提出资源节约项和提高与创新加分项评分偏低，为主要扣分项，建议重点整改。

绿色建筑评价分值表（部分）（单位：分） 表6.1-1

| 评价内容 | 控制项基础分值 | 评价指标与评分项分值 | | | | | 加分项分值 |
|---|---|---|---|---|---|---|---|
| | | | | | 资源节约 | | |
| 评价分值 | 400 | 100 | 100 | 100 | 200 | 100 | 100 |
| 评价得分 | 400 | 90 | 70 | 80 | 80 | 70 | 40 |

问题：写出表6.1-1中绿色建筑评价指标空缺评分项，计算绿色建筑评价总得分，并判断是否满足绿色建筑三星标准。（保留小数点后一位）

答案：

（1）空缺评分项为：安全耐久、健康舒适、生活便利、环境宜居。

（2）绿色建筑评价总得分 $Q=(400+90+70+80+80+70+40)/100=83.0$ 分

（3）70分＜83.0分＜85分，且每类指标的评分项得分不应小于其评分项满分值的30%，因此不满足绿色建筑三星标准。

【例6.1-2】（2020年真题）工程竣工后，根据合同要求相关部门对该工程进行绿色建筑评价。评价指标中，"生活便利"该项分值相对较低；施工单位将该评分项"出行与无障碍"等4项指标进行了逐一分析，以便得到改善。评价分值见表6.1-2。

某办公楼工程绿色建筑评价分值表（单位：分） 表6.1-2

| 评价内容 | 控制项基本分值 $Q_0$ | 评价指标及分值 | | | | | 加分项分值 $Q_A$ |
|---|---|---|---|---|---|---|---|
| | | 安全耐久 $Q_1$ | 健康舒适 $Q_2$ | 生活便利 $Q_3$ | 资源节约 $Q_4$ | 环境宜居 $Q_5$ | |
| 评价分值 | 400 | 90 | 80 | 75 | 80 | 80 | 120 |

**问题：** 列式计算该工程绿色建筑评价总得分 $Q$。该建筑属于哪个等级？还有哪些等级？"生活便利"评分项还有哪些指标？（保留小数点后一位）

**答案：**

（1）该工程绿色建筑评价总得分 $Q$：

$Q = (400 + 90 + 80 + 75 + 80 + 80 + 100)/10 = 90.5$ 分

（2）该建筑属于三星级；还有：基本级、一星级、二星级。

（3）"生活便利"评分项指标还有：服务设施、智慧运行、运营管理。

**解析：**

本题目根据新的《绿色建筑评价标准（2024 年版）》GB/T 50378—2019 进行解答。

【例 6.1-3】某房屋建筑工程竣工后，根据合同要求，相关部门对该工程进行了绿色建筑评价。评价分值见表 6.1-3。

某房屋建筑工程绿色建筑评价分值（单位：分）　　　表 6.1-3

| 评价内容 | 控制项基本分值 $Q_0$ | 评价指标及分值 | | | | | 加分项分值 $Q_A$ |
|---|---|---|---|---|---|---|---|
| | | 安全耐久 $Q_1$ | 健康舒适 $Q_2$ | 生活便利 $Q_3$ | 资源节约 $Q_4$ | 环境宜居 $Q_5$ | |
| 评价分值 | 400 | 92 | 90 | 85 | 58 | 85 | 110 |

**问题：** 列式计算该工程绿色建筑评价总得分 $Q$。该建筑属于哪个等级？（保留小数点后一位）

**答案：**

（1）该工程绿色建筑评价总得分 $Q$：

$Q = (400 + 92 + 90 + 85 + 58 + 85 + 100)/10 = 91.0$ 分

（2）该建筑属于基本级。

**解析：**

该建筑满足全部控制项要求，但"资源节约"分值为 58 分，其评分项满分值的 30% 为：200×30% = 60 分，58 分 < 60 分，因此该建筑属于基本级。

## 6.2 安全检查评分的案例分析题

【例 6.2-1】（2020 年真题）某办公楼工程，地下 2 层，地上 18 层，框筒结构，地下建筑面积为 0.4 万 m²，地上建筑面积为 2.1 万 m²。某施工单位中标后，派项目经理赵某组织施工。施工至 5 层时，公司安全部叶某带队对该项目进行了定期安全检查，检查依据《建筑施工安全检查标准》JGJ 59—2011 的相关内容进行，项目安全总监理工程师张某也全过程参加，最终检查结果见表 6.2-1。

某办公楼工程建筑施工安全检查评分汇总表（单位：分）　　　表 6.2-1

| 工程名称 | 建筑面积（万 m²） | 结构类型 | 总计得分 | 检查项目内容及分值 | | | | | | | | |
|---|---|---|---|---|---|---|---|---|---|---|---|---|
| 某办公楼 | （A） | 框筒结构 | 检查前总分（B） | 安全管理 10 分 | 文明施工 15 分 | 脚手架 10 分 | 基坑工程 10 分 | 模板支架 10 分 | 高处作业 10 分 | 施工用电 10 分 | 外用电梯 10 分 | 塔式起重机 10 分 | 施工机具 5 分 |
| | | | 检查后得分（C） | 8 | 12 | 8 | 7 | 8 | 8 | 9 | — | 8 | 4 |

评语：该项目安全检查总得分为（D）分，评定等级为（E）

| 检查单位 | 公司安全部 | 负责人 | 叶某 | 受检单位 | 某办公楼项目部 | 项目负责人 | （F） |

**问题：** 写出表 6.2-1 中 A 到 F 所对应的内容（如：A：* 万 m²）。施工安全评定结论分为几个等级？最终评价的依据有哪些？（保留小数点后一位）

**答案：**

（1）A 到 F 所对应的内容为：

A：2.5 万 m²；B：90.0 分；C：72.0 分；D：80.0 分；E：优良；F：赵某。

（2）安全评定结论分为 3 个等级。

（3）最终评价的依据是：汇总表的总得分和分项检查表的得分。

**解析：**

由于外用电梯检查评分表为缺项，因此检查评分汇总表的总得分为：

实查项目在检查评分汇总表的应得满分值之和：

B ＝ 10 ＋ 15 ＋ 10 ＋ 10 ＋ 10 ＋ 10 ＋ 10 ＋ 10 ＋ 5 ＝ 90.0 分（或 B ＝ 100 － 10 ＝ 90.0 分）

实查项目在检查评分汇总表的实得分值之和：

C ＝ 8 ＋ 12 ＋ 8 ＋ 7 ＋ 8 ＋ 8 ＋ 9 ＋ 8 ＋ 4 ＝ 72.0 分

检查评分汇总表的总得分为：

$$D = \frac{72}{90} \times 100 = 80.0 \text{ 分}$$

**【例 6.2-2】** 某办公楼工程，地上 30 层，钢筋混凝土筒体结构，建筑面积为 2.8 万 m²。施工至 12 层时，施工单位安全部对该项目进行了定期安全检查，检查过程依据《建筑施工安全检查标准》JGJ 59—2011 的相关内容进行，脚手架检查情况为：满堂脚手架检查评分表的得分为 81 分，悬挑式脚手架检查评分表的得分为 90 分，高处作业吊篮检查评分表的得分为 84 分，施工升降机检查评分表的得分为 92 分，现场未设置物料提升机。其他检查项目的分值，见表 6.2-2。

某办公楼工程建筑施工安全检查评分汇总表（单位：分）　　　　　　表 6.2-2

| 工程名称 | 建筑面积（万 m²） | 结构类型 | 总计得分（满分100分） | 检查项目内容及分值 | | | | | | | | | |
|---|---|---|---|---|---|---|---|---|---|---|---|---|---|
| | | | | 安全管理 10分 | 文明施工 15分 | 脚手架 10分 | 基坑工程 10分 | 模板支架 10分 | 高处作业 10分 | 施工用电 10分 | 物料提升机与施工升降机 10分 | 塔式起重机与起重吊装 10分 | 施工机具 5分 |
| 某办公楼 | 2.8 | 筒体结构 | | 8 | 12 | | 7 | 8 | 8 | 9 | | 8 | 4 |

**问题：**

1. 写出表 6.2-2 中的脚手架的分值、物料提升机与施工升降机的分值。（保留小数点后一位）

2. 写出该工程的安全检查评分汇总表的总得分和安全检查评定等级。（保留小数点后一位）

**答案：**

1. （1）脚手架

脚手架的实得分＝（81＋90＋84）/3＝85 分

脚手架在检查评分汇总表中的分值：10×85/100＝8.5 分

（2）物料提升机与施工升降机

物料提升机与施工升降机的实得分＝92 分

物料提升机与施工升降机在检查评分汇总表中的分值：10×92/100＝9.2 分

2. 安全检查评分汇总表的总得分：8＋12＋8.5＋7＋8＋8＋9＋9.2＋8＋4＝81.7 分

安全检查评定等级：优良。

**解析：**

分项检查表无 0 分，汇总表得分值 81.7 分＞80 分，因此安全检查评定等级为优良。

【例 6.2-3】某办公楼工程，地下 1 层，地上 10 层，钢筋混凝土框架结构，建筑面积为 1.8 万 m²。该浅基坑工程采用放坡开挖，无支护结构。基坑工程施工时，施工单位安全部对基坑工程进行了定期安全检查，检查依据《建筑施工安全检查标准》JGJ 59—2011 的相关内容进行，基坑工程检查评分表见表 6.2-3。

基坑工程检查评分表（单位：分）　　　　　　表 6.2-3

| 检查项目 | 保证项目 | | | | | | 一般项目 |
|---|---|---|---|---|---|---|---|
| | 施工方案 | 基坑支护 | 降排水 | 基坑开挖 | 坑边荷载 | 安全防护 | |
| 应得分数 | 10 | 10 | 10 | 10 | 10 | 10 | 40 |
| 扣减分数 | 4 | — | 3 | 3 | 4 | 4 | 6 |
| 实得分数 | | | | | | | |

问题：该基坑工程检查评分表的得分值为多少？

答案：

该基坑工程检查评分表的得分值：0 分。

解析：

（1）所有保证项目的实得分值：

（10−4）+（10−3）+（10−3）+（10−4）+（10−4）= 32 分

（2）由于基坑支护为缺项，实查项目在基坑工程检查评分表的应得满分值为：

10 + 10 + 10 + 10 + 10 = 50 分

所有保证项目的实得分值 A：

$A = \dfrac{32}{50} \times 60 = 38.4$ 分＜40 分，保证项目不满足。

因此，该基坑工程检查评分表不应得分，即：0 分。

【例6.2-4】某办公楼工程，地下1层，地上20层，钢筋混凝土框架−剪力墙结构，建筑面积为 2.6 万 m²。该浅基坑工程采用放坡开挖，无支护结构。基坑工程施工时，施工单位安全部对基坑工程进行了定期安全检查，检查依据《建筑施工安全检查标准》JGJ 59—2011 的相关内容进行，基坑工程检查评分表见表6.2-4。施工到第15层时，施工单位安全部对项目进行安全检查，检查依据标准的相关内容进行，除基坑工程外，其他所有的检查项目在"建筑施工安全检查评分汇总表"的汇总得分为 75 分，且安全检查评分汇总表无缺项。

基坑工程检查评分表　　　　　　　　　表 6.2-4

| 检查项目 | 保证项目 | | | | | | 一般项目 |
|---|---|---|---|---|---|---|---|
| | 施工方案 | 基坑支护 | 降排水 | 基坑开挖 | 坑边荷载 | 安全防护 | |
| 应得分数 | 10 | 10 | 10 | 10 | 10 | 10 | 40 |
| 实得分数 | 7 | — | 8 | 9 | 8 | 7 | 34 |

问题：

1. 该基坑工程检查评分表的得分值为多少？（保留小数点后一位）
2. 写出该工程的安全检查评分汇总表的总得分。（保留小数点后一位）

答案：

1. 该基坑工程检查评分表的得分值：81.1 分。
2. 该工程的安全检查评分汇总表的总得分：83.1 分。

解析：

1.（1）基坑工程的所有保证项目的实得分值：

7 + 8 + 9 + 8 + 7 = 39 分

（2）由于基坑支护为缺项，实查项目在基坑工程检查评分表的应得满分值：

10 + 10 + 10 + 10 + 10 + 10 = 60 分

基坑工程的所有保证项目的实得分值：

$\frac{39}{50} \times 60 = 46.8$ 分＞40 分，保证项目满足。

（3）该基坑工程检查评分表的得分：

实查项目（保证项目和一般项目）在基坑工程检查评分表的应得满分值之和为：

10＋10＋10＋10＋10＋40＝90 分（或 100－10＝90 分）

实查项目（保证项目和一般项目）在基坑工程检查评分表的实得分值之和为：

7＋8＋9＋8＋7＋34＝73 分

因此该基坑工程检查评分表的得分值：

$\frac{73}{90} \times 100 = 81.1$ 分

2. 该基坑工程在"建筑施工安全检查评分汇总表"中的分值为：

10×81.1/100＝8.1 分

安全检查评分汇总表无缺项，因此评分汇总表的总得分：8.1＋75＝83.1 分

## 6.3 施工资源管理的案例分析题

### 6.3.1 ABC 分类的案例分析题

#### 1. 材料 ABC 分类表

根据库存材料的占用资金大小和品种数量之间的关系，把材料分为 ABC 三类，见表 6.3-1，找出重点的管理材料。

材料 ABC 分类表　　　　表 6.3-1

| 材料分类 | 品种数占全部品种数（%） | 资金额占资金总额（%） | 累计百分比（%） |
| --- | --- | --- | --- |
| A 类 | 5～10 | 70～75 | 0～75 |
| B 类 | 20～25 | 20～25 | 75～95 |
| C 类 | 60～70 | 5～10 | 95～100 |
| 合计 | 100 | 100 | 100 |

#### 2. ABC 分类法分类步骤

第一步，计算每一种材料的金额。
第二步，按照金额由大到小排序并列成表格。
第三步，计算每一种材料金额占库存总金额的比率。
第四步，计算累计比率。
第五步，分类。

#### 3. 分类管理

（1）A 类材料占用资金比重大，是重点管理的材料，要按品种计算经济库存量和安全

库存量,并对库存量随时进行严格盘点,以便采取相应措施。

(2)对 B 类材料,可按大类控制其库存。

(3)对 C 类材料,可采用简化的方法管理,如定期检查库存,组织在一起订货运输等。

【例 6.3-1】(2014 年真题)某施工总承包单位根据材料清单采购了一批装饰装修材料。经计算分析,各种装饰装修材料价款占该批材料价款的累计百分比,见表 6.3-2。

各种装饰装修材料价款占该批材料价款的累计百分比一览表　　表 6.3-2

| 序号 | 材料名称 | 所占比例(%) | 累计百分比(%) |
|---|---|---|---|
| 1 | 实木门扇(含门套) | 30.10 | 30.10 |
| 2 | 铝合金窗 | 17.91 | 48.01 |
| 3 | 细木工板 | 15.31 | 63.32 |
| 4 | 瓷砖 | 11.60 | 74.92 |
| 5 | 实木地板 | 10.57 | 85.49 |
| 6 | 白水泥 | 9.50 | 94.99 |
| 7 | 其他 | 5.01 | 100.00 |

问题:根据"ABC 分类法",分别指出重点管理材料名称(A 类材料)和次要管理材料名称(B 类材料)。

答案:

(1)重点管理的材料(A 类材料):实木门扇(含门套)、铝合金窗、细木工板和瓷砖。

(2)次要管理的材料(B 类材料):实木地板、白水泥。

【例 6.3-2】某装饰装修工程施工所需部分材料数量及单价,见表 6.3-3。

材料采购计划　　表 6.3-3

| 序号 | 材料名称 | 计量单位 | 消耗数量 | 单价(元) |
|---|---|---|---|---|
| 1 | 水泥 | t | 52 | 310 |
| 2 | 砂 | $m^3$ | 150 | 40 |
| 3 | 实木装饰门扇 | $m^2$ | 136 | 125 |
| 4 | 铝合金窗 | $m^2$ | 260 | 130 |
| 5 | 木地板 | 张 | 350 | 320 |
| 6 | 墙砖 | $m^2$ | 1200 | 48 |
| 7 | 地砖 | $m^2$ | 1000 | 70 |
| 8 | 地面石材 | $m^2$ | 460 | 275 |
| 9 | 洁具 | 件 | 52 | 960 |

**问题：** 按 ABC 分类法分析出主要材料、次要材料和一般材料。

**答案：**

（1）主要材料：地面石材、木地板、地砖、墙砖。

（2）次要材料：洁具、铝合金窗。

（3）一般材料：实木装饰门扇、水泥、砂。

**解析：**

（1）计算每一种材料的金额，见表6.3-4（a）。

合价　　　　　　　　　　　　　　　　　　　　表6.3-4（a）

| 序号 | 材料名称 | 计量单位 | 消耗数量 | 单价（元） | 合价（元） |
|---|---|---|---|---|---|
| 1 | 水泥 | t | 52 | 310 | 16120 |
| 2 | 砂 | m³ | 150 | 40 | 6000 |
| 3 | 实木装饰门扇 | m² | 136 | 125 | 17000 |
| 4 | 铝合金窗 | m² | 260 | 130 | 33800 |
| 5 | 木地板 | 张 | 350 | 320 | 112000 |
| 6 | 墙砖 | m² | 1200 | 48 | 57600 |
| 7 | 地砖 | m² | 1000 | 70 | 70000 |
| 8 | 地面石材 | m² | 460 | 275 | 126500 |
| 9 | 洁具 | 件 | 52 | 960 | 49920 |

（2）按每一种材料的合价由大到小进行排序，然后，计算每一种材料的合价占总价的比率，最后，计算每一种材料的合价所占比率的累计比率，见表6.3-4（b）。

累计比率　　　　　　　　　　　　　　　　　表6.3-4（b）

| 序号 | 材料名称 | 合价（元） | 比率（%） | 累计比率（%） |
|---|---|---|---|---|
| 1 | 地面石材 | 126500 | 25.9 | 25.9 |
| 2 | 木地板 | 112000 | 22.9 | 48.8 |
| 3 | 地砖 | 70000 | 14.3 | 63.1 |
| 4 | 墙砖 | 57600 | 11.8 | 74.9 |
| 5 | 洁具 | 49920 | 10.2 | 85.1 |
| 6 | 铝合金窗 | 33800 | 6.9 | 92.0 |
| 7 | 实木装饰门扇 | 17000 | 3.5 | 95.5 |
| 8 | 水泥 | 16120 | 3.3 | 98.8 |
| 9 | 砂 | 6000 | 1.2 | 100 |
| | 合计 | 488940 | 100 | — |

综上可知：

主要材料：地面石材、木地板、地砖、墙砖。

次要材料：洁具、铝合金窗。

一般材料：实木装饰门扇、水泥、砂。

### 6.3.2 施工机械设备选择方法的案例分析题

【例 6.3-3】某基坑工程的土方开挖量为 45000m³，一台挖掘机的台班工作量为 300m³/台班，现场工作条件影响系数为 0.85，机械生产时间利用系数为 0.90，每天工作两个台班。施工进度计划要求 20d 完成土方开挖。

问题：满足施工进度计划，计算需要的挖掘机的数量。

答案：

挖掘机的数量：$45000/(20 \times 2 \times 300 \times 0.85 \times 0.90) = 4.9$ 台

因此挖掘机的数量为 5 台。

【例 6.3-4】（2023 年真题）工程某施工设备从三种型号中选择，设备每天使用时间均为 8h。设备相关信息见表 6.3-5。

三种型号设备相关信息 表 6.3-5

| 设备 | 固定费用（元/d） | 可变费用（元/h） | 单位时间产量（m³/h） |
|---|---|---|---|
| E | 3200 | 560 | 120 |
| F | 3800 | 785 | 180 |
| G | 4200 | 795 | 220 |

问题：用单位工程量成本比较法列式计算选用哪种型号的设备。除考虑经济性外，施工机械设备选择原则还有哪些？（保留小数点后两位）

答案：

（1）单位工程量成本比较法计算

$E = (3200 + 560 \times 8) \div (120 \times 8) = 8.00$ 元/m³

$F = (3800 + 785 \times 8) \div (180 \times 8) = 7.00$ 元/m³

$G = (4200 + 795 \times 8) \div (220 \times 8) = 6.00$ 元/m³

所以应选择 G 设备。

（2）施工机械设备选择原则还有：适应性、高效性、稳定性和安全性。

### 6.3.3 劳动力投入量的案例分析题

【例 6.3-5】（2023 年真题）施工单位为保证施工进度，针对编制的劳动力需用计划，综合考虑现有工作量、劳动力投入量、劳动效率、材料供应能力等因素，进行了钢筋加工劳动力调整。在 20d 内完成了 3000t 钢筋加工制作任务，满足了施工进度要求。

问题：如果每人每个工作日的劳动效率为 5t，完成钢筋加工制作投入的劳动力是多少人？编制劳动力需求计划时需要考虑的因素还有哪些？

答案：

（1）需要投入劳动力：300÷（20×5）＝30人

或 3000÷20÷5＝30人

（2）编制劳动力需求计划时考虑的因素还有：持续时间、班次、每班工作时间、设备能力、交叉施工、气候。

【例 6.3-6】（2017 年真题）B 施工单位根据工程特点、工作量和施工方法等影响劳动效率的因素，计划主体结构施工工期为 120d，预计总用工为 5.76 万个工日，每天安排 2 个班次，每个班次工作时间为 7h。

问题：计算主体施工阶段需要多少名劳动力？编制劳动力需求计划时，确定劳动效率通常还应考虑哪些因素？

答案：

（1）需要的劳动力：5.76×8×10000÷（2×7×120）＝274人

（2）确定劳动效率通常考虑的因素还有：工期计划的合理性、施工当地的环境、气候、地形、地质、现场平面布置、劳动组合、施工机具。

## 6.4 施工临时用水的案例分析题

**1. 施工用水量计算**

1）现场施工用水量计算

$$q_1 = K_1 \sum \frac{Q_1 \cdot N_1}{T_1 \cdot t} \cdot \frac{K_2}{8 \times 3600} \tag{6.4-1}$$

式中：$q_1$——施工用水量，L/s；

$K_1$——未预计的施工用水系数（可取 1.05～1.15）；

$Q_1$——年（季）度工程量；

$N_1$——施工用水定额（浇筑混凝土耗水量 2400L/m³、砌筑耗水量 250L/m³）；

$T_1$——年（季）度有效作业日，d；

$t$——每天工作班数（班）；

$K_2$——用水不均衡系数（现场施工用水取 1.5）。

2）生活区生活用水量计算

$$q_4 = \frac{P_2 \cdot N_4 \cdot K_5}{524 \times 3600} \tag{6.4-2}$$

式中：$q_4$——生活区生活用水，L/s；

$P_2$——生活区居民人数，人；

$N_4$——生活区昼夜全部生活用水定额；

$K_5$——生活区用水不均衡系数（可取 2.0～2.5）。

3）消防用水量（$q_5$）计算

消防用水量（L/s）：根据临时用房建筑面积之和，或在建单体工程体积的不同，消防栓用水量分为 10L/s、15L/s、20L/s，根据工程实际选用，并应满足《建设工程施工现场消防安全技术规范》GB 50720—2011 的要求。

### 4）总用水量（$Q$）计算

当（$q_1+q_2+q_3+q_4$）≤$q_5$ 时，则 $Q=q_5+(q_1+q_2+q_3+q_4)/2$；

当（$q_1+q_2+q_3+q_4$）>$q_5$ 时，则 $Q=q_1+q_2+q_3+q_4$；

当工地面积小于 5ha，而且（$q_1+q_2+q_3+q_4$）<$q_5$ 时，则 $Q=q_5$。

式中，$q_2$ 为施工机械用水量（L/s），$q_3$ 为施工现场生活用水量（L/s）。

计算出的总用水量，还应增加 10% 的漏水损失。

### 2. 临时用水管径计算

如果已知用水量，按规定设定水流速度，按下式计算出供水管径。

$$d=\sqrt{\frac{4Q}{\pi \cdot v \cdot 1000}} \quad (6.4\text{-}3)$$

式中：$d$——配水管直径，m；

$Q$——耗水量，L/s；

$v$——管网中水流速度（1.5~2m/s）。

### 3.《建设工程施工现场消防安全技术规范》规定

《建设工程施工现场消防安全技术规范》GB 50720—2011 规定：

5.3.2 临时消防用水量应为临时室外消防用水量与临时室内消防用水量之和。

5.3.3 临时室外消防用水量应按临时用房和在建工程的临时室外消防用水量的较大者确定，施工现场火灾次数可按同时发生 1 次确定。

5.3.4 临时用房建筑面积之和大于 1000m² 或在建工程单体体积大于 10000m³ 时，应设置临时室外消防给水系统。当施工现场处于市政消火栓 150m 保护范围内且市政消火栓的数量满足室外消防用水量要求时，可不设置临时室外消防给水系统。

5.3.5 临时用房的临时室外消防用水量不应小于表 5.3.5 的规定：

临时用房的临时室外消防用水量　　　　表 5.3.5

| 临时用房的建筑面积之和 | 火灾延续时间（h） | 消火栓用水量（L/s） | 每支水枪最小流量（L/s） |
|---|---|---|---|
| 1000m² <面积≤5000m² | 1 | 10 | 5 |
| 面积>5000m² | 1 | 15 | 5 |

5.3.6 在建工程的临时室外消防用水量不应小于表 5.3.6 的规定：

在建工程的临时室外消防用水量　　　　表 5.3.6

| 在建工程（单体）体积 | 火灾延续时间（h） | 消火栓用水量（L/s） | 每支水枪最小流量（L/s） |
|---|---|---|---|
| 10000m³ <体积≤30000m³ | 1 | 15 | 5 |
| 体积>30000m³ | 2 | 20 | 5 |

5.3.7 施工现场临时室外消防给水系统的设置应符合下列要求：
 1 给水管网宜布置成环状。
 2 临时室外消防给水干管的管径应依据施工现场临时消防用水量和干管内水流计算速度进行计算确定，且不应小于DN100。
 3 室外消火栓应沿在建工程、临时用房及可燃材料堆场及其加工场均匀布置，距在建工程、临时用房及可燃材料堆场及其加工场的外边线不应小于5m。
 4 消火栓的间距不应大于120m。
 5 消火栓的最大保护半径不应大于150m。

5.3.8 建筑高度大于24m或单体体积超过30000$m^3$的在建工程，应设置临时室内消防给水系统。

5.3.9 在建工程的临时室内消防用水量不应小于表5.3.9的规定：

在建工程的临时室内消防用水量　　　　　　表5.3.9

| 建筑高度、在建工程体积（单体） | 火灾延续时（h） | 消火栓用水量（L/s） | 每支水枪最小流量（L/s） |
|---|---|---|---|
| 24m＜建筑高度≤50m 或 30000$m^3$＜体积≤50000$m^3$ | 1 | 10 | 5 |
| 建筑高度＞50m 或 体积＞50000$m^3$ | 1 | 15 | 5 |

【例6.4-1】某工程统计混凝土的年度工程量约为16000$m^3$/年，混凝土采用商品混凝土，不考虑现场搅拌，混凝土养护用水定额取700L/$m^3$，每天按照1.5个工作班计算，年度有效作业日$T_1=280$d。未预计的施工用水系数$K_1=1.1$，施工现场用水不均衡系数$K_2=1.5$。

生活区高峰人数为600人，生活用水定额包括：卫生设施用水定额为25L/人，食堂用水定额为15L/人，洗浴用水定额为30L/人（人数按照出勤人数的30%计算），洗衣用水定额为30L/人。生活区用水不均衡系数$K_5=2.0$。用水全天开放。

问题：
1. 计算施工现场施工用水量（L/s）。（保留小数点后两位）
2. 计算生活区用水量（L/s）。（保留小数点后两位）

答案：
1. 施工现场施工用水量$q_1$

$$q_1 = 1.1 \times \frac{16000 \times 700}{280 \times 1.5} \times \frac{1.5}{8 \times 3600} = 1.53 \text{L/s}$$

2. 生活区用水量$q_4$

$\sum P_2 N_2 = 600 \times 25 + 600 \times 15 + 600 \times 30\% \times 30 + 600 \times 30 = 47400$L

$q_4 = 47400 \times 2.0 / (24 \times 3600) = 1.10$L/s

【例 6.4-2】（2019 年真题改编）某临时用水支管耗水量 $Q = 1.92\text{L/s}$，管网水流速度 $v = 2\text{m/s}$。

问题：计算水管直径 $d$ 为多少毫米？（保留小数点后两位）
答案：
计算水管直径 $d$ 为：

$$d = \sqrt{\frac{4 \times 1.92}{\pi \times 2 \times 1000}} = 0.03497\text{m} = 34.97\text{mm}$$

【例 6.4-3】（2016 年真题）某住宅楼工程，场地占地面积约 10000m²，建筑面积约 14000m²。地下 2 层，地上 16 层，地下层高均为 4.5m，地上层高均为 2.8m，檐口高 47m，剪力墙结构。

在施工现场消防技术方案中，临时施工道路（宽 4m）与施工（消防）用主水管沿在建住宅楼环状布置，消火栓设在施工道路内侧，距路中线 5m，在建住宅楼外边线距道路中线 9m。施工用水管计算中，现场施工用水量（$q_1 + q_2 + q_3 + q_4$）为 8.5L/s，管网水流速度为 1.6m/s，漏水损失 10%，消防用水量按最小用水量计算。

问题：
1. 指出施工现场消防技术方案的不妥之处，并写出相应的正确做法。
2. 施工总用水量是多少（单位：L/s)? 施工用水主管的计算管径是多少（单位 mm)?（保留小数点后两位）

答案：
1. 不妥之处如下：

不妥 1：消火栓距路边 3m。

正确做法：消火栓距路边应小于 2m。

不妥 2：消火栓距建筑边 4m。

正确做法：消火栓距建筑边应不小于 5m。

2.（1）施工总用水量：22.00L/s；

（2）施工用水主管的计算管径 $d$：132.35mm。

解析：
1. 施工总用水量的计算

每层建筑面积 = 14000/18 = 777.78m²

在建工程体积 = 777.78×4.5×2 + 777.78×2.8×16 = 41844.56m³

本题目求室外消防用水，根据《建设工程施工现场消防安全技术规范》GB 50720—2011 第 5.3.6 条规定：

该在建工程体积 41844.56m³ > 30000m³，因此消防栓最小用水量 $q_5 = 20\text{L/s}$。

工地面积 1hm² < 5hm²，（$q_1 + q_2 + q_3 + q_4$) = 8.5L/s < $q_5$ = 20L/s，则总用水量 $Q = q_5 = 20\text{L/s}$。

漏水损失 10%，因此耗水量 $Q = 20 \times (1 + 10\%) = 22.00\text{L/s}$。

2. 施工用水主管的计算管径 $d$

$$d=\sqrt{\frac{4\times 22}{\pi\times 1.6\times 1000}}=0.13235\mathrm{m}=132.35\mathrm{mm}$$

**解析：**

案例材料中，笔者增加了"地下层高均为 4.5m"，主要考虑地下 2 层作为停车场。假定，地下层高均为 2.8m，可得：

在建工程体积 = $777.78\times 2.8\times 18 = 34844.54\mathrm{m}^3 > 30000\mathrm{m}^3$

此时，仍取消火栓最小用水量 $q_5 = 20\mathrm{L/s}$。

## 6.5 建筑碳排放的案例分析题

【例 6.5-1】（2024 年真题）某新建保障房项目，单位工程为地下 2 层，地上 9～12 层，总建筑面积为 155 万 $\mathrm{m}^2$。项目部编制的绿色施工方案中，采用太阳能热水技术等施工现场绿色能源技术，以减少施工阶段的碳排放；对建造阶段的碳排放进行计算，采用施工能耗清单统计法对施工阶段的能源用量进行估算，以确定施工阶段的用电等产生碳排放的传统能源消耗量。

工程施工阶段碳排放的计算边界确定为：

（1）碳排放计算时间从垫层施工起至项目竣工验收止。

（2）建筑施工场地区域内外的机械设备等使用过程中消耗的能源产生的碳排放应计入。

（3）现场搅拌的混凝土和砂浆产生的碳排放应计入，现场制作的构件和部品产生的碳排放不计入。

（4）建造阶段使用的办公用房、生活用房和材料库房等临时设施的施工、使用和拆除过程中消耗的能源产生的碳排放不计入。

监理工程师在审查绿色施工方案时，提出以上方案内容存在不妥之处，要求整改。

**问题：**

1. 施工阶段的能源用量计算方法选择是否妥当？请说明理由。

2. 改正施工阶段碳排放计算边界中的不妥之处。

**答案：**

1. 施工阶段的能源用量计算方法选择不妥当。

理由：施工阶段的能源总用量宜采用施工工序能耗估算法计算。

2. 施工阶段碳排放计算边界中的不妥之处，改正如下：

（1）碳排放计算时间应从项目开工起至项目竣工验收止。

（2）建筑施工场地区域外的机械设备等使用过程中消耗的能源产生的碳排放不应计入。

（3）现场制作的构件和部品产生的碳排放应计入。

# 第7章 工程造价与施工成本案例分析题

## 7.1 工程造价的案例分析题

### 7.1.1 工程造价按费用要素划分的案例分析题

【例 7.1-1】某项目部购买 800mm×800mm×5mm 的地砖 3900 块，由 A、B、C 三个购买地获得，相关信息见表 7.1-1。材料运输损耗率为 2.0%，采购及保管费率为 3.0%，检验试验费率为 0.8%。

地砖采购信息表　　　　　　　　　　　　　表 7.1-1

| 序号 | 货源地 | 数量（块） | 购买价（元/块） | 运输单价[元/(m²·km)] | 运输距离（km） | 装卸费（元/m²） | 备注 |
|---|---|---|---|---|---|---|---|
| 1 | A | 936 | 36 | 0.04 | 90 | 1.25 | |
| 2 | B | 1014 | 33 | 0.04 | 80 | 1.25 | |
| 3 | C | 1950 | 35 | 0.05 | 86 | 1.25 | |
| | 合计 | 3900 | | | | | |

问题：
1. 计算材料价格是每平方米多少元？（计算中，除地砖用量外，保留小数点后两位）
2. 该物资采购合同标主要包括哪些内容？

答案：
1. 计算材料价格：

各地材料购买的比重：A 地比重 = 936/3900 = 24%

B 地比重 = 1014/3900 = 26%

C 地比重 = 1950/3900 = 50%

每平方米地砖的块数：$1/(0.80×0.80) = 1.5625$ 块/m²

材料原价：$(36×24\% + 33×26\% + 35×50\%)×1.5625 = 54.25$ 元/m²

运输费：$0.04×90×24\% + 0.04×80×26\% + 0.05×86×50\% = 3.85$ 元/m²

运杂费：$3.85 + 1.25 = 5.10$ 元/m²

运输损耗费：$(54.25 + 5.10)×2.0\% = 1.19$ 元/m²

采购及保管费：$(54.25 + 5.1 + 1.19)×3.0\% = 1.82$ 元/m²

材料单价：$54.25 + 5.1 + 1.19 + 1.82 = 62.36$ 元/m²

2. 物资采购合同标的主要内容：牌号、商标、品种、型号、规格、等级、花色、技术标准、质量要求。

## 7.1.2 工程造价按造价形成划分的案例分析题

【例 7.1-2】某土方工程量清单信息见表 7.1-2。该清单中有两项工程量清单子目,分别是平整场地和挖运基础土方。场地平整按照机械平整场地为例,其人工费、材料费、机械费预算单价之和为 1.2 元/$m^2$,管理费为预算单价的 7.0%,利润为 5%。规费费率为 2.60%,增值税税率为 9%。

土方工程量清单　　　　　　　　表 7.1-2

| 序号 | 项目编码 | 项目名称 | 计量单位 | 工程数量 | 综合单价(元/$m^2$) | 合价 |
|---|---|---|---|---|---|---|
| 1 | 10101001001 | 平整场地 | $m^2$ | 2987 | | |
| 2 | 10101003001 | 挖运基础土方 | $m^3$ | 5100 | 31.05 | |

问题:
1. 计算机械平整场地的综合单价和合价。(合价保留小数点后两位)
2. 计算挖运基础土方的合价。(保留小数点后两位)
3. 计算该土方工程的建安工程造价。(保留小数点后两位)

答案:

1. 平整场地子目的综合单价和合价计算:

① 人、材、机费用小计:1.2 元/$m^2$

② 管理费:1.2×7.0% = 0.084 元/$m^2$

③ 利润:(①+②)×5% = 0.0642 元/$m^2$

④ 综合单价:(①+②+③) = 1.3482 元/$m^2$

因此机械平整场地的合价:1.3482×2987 = 4027.07 元

2. 挖运基础土方的合价为:31.05×5100 = 158355.00 元

3. 该土方工程的建安工程造价:

(4027.07 + 158355.00)×(1+2.6%)×(1+9%) = 181598.36 元

【例 7.1-3】某分部工程人、材、机费用合计为 300 万元,管理费费率为 8%,利润为 10%,措施费为人、材、机费用的 5%,其他项目费为 3.50 万元,规费费率为 2.20%,增值税税率为 9%。

问题:按综合单价法列式计算该分部工程建安工程造价是多少万元?(保留小数点后两位)

答案:

(1) 分部分项工程费计算:

① 人、材、机费用:300 万元

② 管理费:300×8% = 24.00 万元

③ 利润:(300+24)×10% = 32.40 万元

④分部分项工程费：300＋24＋32.40＝356.40 万元

（2）措施费：300×5%＝15.00 万元

（3）其他项目费：3.50 万元

（4）规费：（356.40＋15.00＋3.50）×2.20%＝8.25 万元

（5）增值税：（356.40＋15.00＋3.50＋8.25）×9%＝34.48 万元

该分部工程造价：（356.40＋15.00＋3.50＋8.25＋34.48）＝417.63 万元

**解析：**

该分部工程造价也可按下式计算：

（356.40＋15.00＋3.50）×（1＋2.20%）×（1＋9%）＝417.63 万元

**【例 7.1-4】**（2017 年真题改编）某建设单位投资兴建一办公楼，采取工程总承包交钥匙方式对外公开招标。A 工程总承包单位中标。A 单位对工程施工等工程内容进行了招标。

B 施工单位中标了本工程施工标段，中标价为 18060 万元。部分费用如下：安全文明施工费 340 万元，其中按照施工计划 2014 年度安全文明施工费为 226 万元；夜间施工增加费为 22 万元；二次搬运费为 36 万元；大型机械进出场及安拆费为 86 万元；脚手架费为 220 万元；混凝土模板及支架费用为 105 万元；施工总包管理费为 54 万元；暂列金额为 300 万元。

**问题：** 列式计算措施项目费为多少万元？

**答案：**

措施项目费＝340＋22＋36＋86＋220＋105＝809 万元

**【例 7.1-5】**（2023 年真题）某施工单位承接一工程，双方按《建设项目工程总承包合同（示范文本）》GF—2020—0216 签订了工程总承包合同。合同部分内容：质量为合格，工期 6 个月，按月度完成工作量的 85% 支付进度款，总价包干。分部分项工程费见表 7.1-3。

分部分项工程费　　　　表 7.1-3

| 名称 | 工程量 | 综合单价 | 费用（万元） |
| --- | --- | --- | --- |
| A | 9000m³ | 2000 元/m³ | 1800 |
| B | 12000m³ | 2500 元/m³ | 3000 |
| C | 15000m² | 2200 元/m² | 3300 |
| D | 4000m² | 3000 元/m² | 1200 |

措施费为分部分项工程费的 16%，安全文明施工费为分部分项工程费的 6%。其他项目费用包括：暂列金额 100 万元；分包专业工程暂估价为 200 万元，另计总包服务费 5%。规费费率为 2.05%，增值税率为 9%。

**问题：** 分别计算签约合同价中的项目措施费、安全文明施工费、签约合同价各是多少万元？（计算结果四舍五入取整数）

**答案：**

（1）项目措施费：(1800＋3000＋3300＋1200)×16%＝9300×16%＝1488 万元

（2）安全文明施工费：9300×6%＝558 万元

（3）签约合同价：

算法一：

(9300＋1488＋100＋200×1.05)×(1＋2.05%)×(1＋9%)＝12345 万元

算法二：

(1800＋3000＋3300＋1200＋1488＋100＋200×1.05)×(1＋2.05%)×(1＋9%)＝12345 万元

**【例 7.1-6】**（**2022 年真题**）建设单位发布某新建工程招标文件，部分条款有：发包范围为土建、水电、通风空调、消防、装饰等工程，实行施工总承包管理；暂列金额为 1500.00 万元；消防及通风空调专项工程合同金额为 1200.00 万元，由建设单位指定发包，总承包服务费率为 3.00%。

经公开招标，某施工总承包单位中标，签订了施工总承包合同。合同价部分费用有：分部分项工程费 48000.00 万元，措施项目费为分部分项工程费的 15%，规费费率为 2.20%，增值税税率为 9.00%。

**问题：**分别计算各项构成费用（分部分项工程费、措施项目费等 5 项）及施工总承包合同价各是多少？（单位：万元，保留小数点后两位）

**答案：**

分部分项工程费：48000.00 万元

措施项目费：48000×15%＝7200.00 万元

其他项目费：1500＋1200×3%＝1536.00 万元

规费：(48000＋7200＋1536)×2.2%＝1248.19 万元

增值税：(48000＋7200＋1536＋1248.19)×9%＝5218.58 万元

签约合同价：(48000＋7200＋1536＋1248.19＋5218.58)＝63202.77 万元

**【例 7.1-7】** 某消防工程，地下 1 层，地上 15 层，现浇钢筋混凝土框架结构，建设单位依法进行招标，执行《建设工程工程量清单计价规范》GB 50500—2013。工程投标及施工过程中，发生了下列事件：

甲施工单位投标报价书情况是：土石方工程量为 650m³，定额单价人工费为 8.40 元/m³，材料费为 12.00 元/m³，机械费为 1.60 元/m³，分部分项工程量清单合价为 8200 万元，措施费项目清单合价为 360 万元，暂列金额为 50 万元，其他项目清单合价为 120 万元，总包服务费为 30 万元，企业管理费费率为 15%，利润率为 5%，规费为 225.68 万元，税金为 3%。

**问题：**该施工单位填报的土石方工程的综合单价和工程投标报价各是多少？（保留小数点后两位）

**答案：**

土石方工程的综合单价＝(8.40＋12.00＋1.60)×(1＋15%)×(1＋5%)＝26.57 元/m³

工程的投标报价＝（8200＋360＋120＋225.68）×（1＋3%）＝9172.85 万元

### 7.1.3 调整综合单价的案例分析题

**【例 7.1-8】**（2020 年真题）某酒店工程，建设单位采取工程量清单计价模式招标，增值税及附加费为 11.50%。

施工招标时，工程量清单中 C25 钢筋综合单价为 4443.84 元/t，钢筋材料单价暂定为 2500.00 元/t，数量为 260.00t。结算时经双方核实实际用量为 250.00t，经业主签字认可采购价格为 3500.00 元/t，钢筋损耗率为 2%。承包人将钢筋综合单价的明细分别按照钢筋上涨幅度进行调整，调整后的钢筋综合单价为 6221.38 元/t。

**问题：** 承包人调整 C25 钢筋工程量清单的综合单价是否正确？说明理由。并计算该清单项结算综合单价和结算价款各是多少元？（保留小数点后两位）

**答案：**
承包人对综合单价的调整方法不正确。

理由是：钢材的差价应直接在该综合单价上增减材料价差调整，不应当调整综合单价中的人工费、机械费、管理费和利润。

该清单项目结算综合单价与结算价款：

钢筋价差调整为：（3500－2500）×（1＋2%）＝1020 元

结算综合单价为：4443.84＋1020＝5463.84 元

结算价款为：5463.84×250×（1＋11.50%）＝1523045.40 元

**【例 7.1-9】**（2021 年二级真题）建设单位投资酒店工程，编制了招标文件，项目实行施工总承包。D 施工单位以 9900.00 万元中标。双方按照《建设工程施工合同（示范文本）》GF—2017—0201 签订了施工总承包合同，部分条款约定为：工程质量合格；实际工程量差异在 ±5%（含 ±5%）以内时按照工程量清单综合单价结算，超出幅度大于 5% 时按照工程量清单综合单价的 0.9 倍结算，减少幅度大于 5% 时按照工程量清单综合单价的 1.1 倍结算。

有两项分项工程完成后，双方及时确认了实际完成工作量，见表 7.1-4。

分项工程单价及工作量统计表　　　　　　表 7.1-4

| 分项工程 | A1 | A2 |
| --- | --- | --- |
| 清单综合单价（元/m³） | 420 | 560 |
| 清单工程量（m³） | 5450 | 6230 |
| 实际完成工程量（m³） | 5890 | 5890 |

**问题：** 分析计算 A1、A2 分项工程的清单综合单价是否需要调整？并计算 A2 分项工程实际完成的工作量是多少元？

**答案：**

1.（1）A1 分项工程：（5890－5450）÷5450×100%＝8.07%

8.07%＞5%，故超出部分的综合单价应进行调整。

A1分项工程实际完成的工作量为：

5450×1.05×420＋(5890－5450×1.05)×420×0.9＝2466765元

（2）A2分项工程：(6230－5890)÷6230×100%＝5.46%

5.46%＞5%，故综合单价应调整。

2. A2分项工程实际完成的工作量为：5890×560×1.1＝3628240元

## 7.2 合同管理的案例分析题

### 7.2.1 合同的预付款与进度款的案例分析题

【例7.2-1】（2021年真题）某新建住宅楼工程，建筑面积为25000$m^2$，装配式钢筋混凝土结构。建设单位编制了招标工程量清单等招标文件，其中部分条款内容为：本工程实行施工总承包模式，承包范围为土建、电气等全部工程内容；质量标准为合格；开工前业主向承包商支付合同工程造价的25%作为预付备料款；工程质量保修金为总价的3%。经公开招标投标，某施工总承包单位以12500万元中标。其中：工地总成本为9200万元；公司管理费按10%计；利润按5%计；暂列金额为1000万元。主要材料及构配件金额占合同额的70%。双方签订了工程施工总承包合同。

**问题**：该工程预付款和起扣点分别是多少万元？（精确到小数点后两位）

**答案**：

工程预付款：(12500－1000)×25%＝2875.00万元

预付款起扣点：(12500－1000)－2875/70%＝7392.86万元

【例7.2-2】（2019年真题）某施工单位通过竞标承建一工程项目，甲乙双方签订了施工合同，合同文件按照《建设工程施工合同（示范文本）》GF—2017—0201规定的优先顺序进行解释。施工合同中包含以下工程价款主要内容：

（1）工程中标价为5800万元，暂列金额为580万元，主要材料所占比重为60%；

（2）工程预付款为工程造价的20%；

（3）工程进度款逐月计算；

（4）工程质量保修金为3%，在每月工程进度款中扣除，质保期满后返还。

工程1~5月份完成产值见表7.2-1。

工程1~5月份完成产值表　　　　表7.2-1

| 月份 | 1月 | 2月 | 3月 | 4月 | 5月 |
|---|---|---|---|---|---|
| 完成产值（万元） | 180 | 500 | 750 | 1000 | 1400 |

**问题**：计算工程的预付款、起扣点是多少？分别计算3、4、5月份应付进度款、累计支付进度款是多少？（保留小数点后两位，单位为万元）

答案：

（1）预付款为：（5800－580）×20% = 1044 万元

起扣点为：（5800－580）－1044/60% = 3480 万元

（2）计算 3、4、5 月份应付进度款、累计支付进度款是：

3 月份应付进度款：750×（1－3%）= 727.5 万元

累计支付进度款：（180＋500）×（1－3%）＋727.5 = 1387.1 万元

4 月份应付进度款：1000×（1－3%）= 970 万元

累计支付进度款：1387.1＋970 = 2357.1 万元

5 月份完成产值 1400 万元，扣除质保金后 1400×（1－3%）= 1358.0 万元

2357.1＋1358.0 = 3715.1 ＞ 3480，应从 5 月开始扣回预付款。

则 5 月份应付进度款：1358－（3715.1－3480）×60% = 1216.94 万元

累计支付进度款：2357.1＋1216.94 = 3574.04 万元

【例 7.2-3】某建筑维修工程的合同价为 660 万元，主要材料及构件占合同价的 60%，工程预付款为合同价的 20%，工程进度款每月按实际完成产值支付。工程 5 月完工，按照工程结算款支付。每月完成产值见表 7.2-2。

每月完成产值（单位：万元） 表 7.2-2

| 月份 | 1月 | 2月 | 3月 | 4月 | 5月 |
|---|---|---|---|---|---|
| 月产值 | 55 | 110 | 165 | 220 | 110 |

工程预付款从未施工工程尚需的主要材料及构件的价值相当于工程预付款时起扣，从每次工程结算款中按材料和构件占施工产值的比重抵扣工程预付款，竣工前全部扣清。工程质量保修金为工程造价的 3%，竣工结算支付时一次扣除。

因施工中材料及构件涨价，双方约定在 5 月份统一按照 10% 进行调差。在保修期间发生地砖起鼓、开裂质量问题，建设单位多次催促维修，施工单位一再拖延。建设单位安排其他单位修理，发生维修费用 2.50 万元。

问题：

1. 工程预付款是多少万元？
2. 工程预付款起扣点是多少万元？
3. 1~4 月每月支付进度款和累计支付款各是多少万元？
4. 工程竣工结算是多少万元？建设单位应付工程结算款是多少万元？
5. 该工程质量保修金是多少万元？
6. 发生的维修费用如何处理？

（保留小数点后三位）

答案：

1. 工程预付款 = 660×20% = 132.000 万元
2. 预付款起扣点 = 660－132/60% = 440.000 万元

3. 每月拨付进度款、累计拨款分别是：

① 1 月进度款 55 万元；累计 55 万元。

② 2 月进度款 110 万元，累计 165 万元。

③ 3 月进度款 165 万元，累计 330 万元。

④ 4 月完成产值 220 万元，但进度款达到预付款起扣点时，开始扣回预付款，因此四月份的进度款是：220－(220＋330－440)×60％＝154.000 万元，累计拨款 484 万元。

4. 工程结算价＝660＋660×60％×10％＝699.600 万元。（主材及构件占造价的比例为 60％，这部分材料及构件调差 10％）

应付工程结算款＝结算总价－（累计拨款）－保修金－预付款

＝699.600－484－（699.600×3％）－132＝62.612 万元

5. 工程质量保修金：699.600×3％＝20.988 万元

6. 维修费 2.5 万元应从施工单位保修金中扣除。

### 7.2.2 合同竣工结算的案例分析题

【例 7.2-4】（2024 年真题）建设单位投资兴建某工程，工程的招标文件部分要求有：承包模式为施工总承包，报价采用工程量清单计价，投标单位须遵守工程量清单使用范围等强制性内容的规定等；工程竣工验收后 6 个月内完成结算，工程结算据实调整。

某施工单位工程中标造价为 7782.60 万元。其中：分部分项工程费为 6000.00 万元；措施项目费为 600.00 万元（按分部分项工程费的 10％计取）；其他项目费为 400.00 万元，其中，暂列金额为 297.00 万元，专业分包暂估价为 100.00 万元，总承包服务费费率为 3％；规费为 140.00 万元（费率为 2％）；税金为 642.60 万元（税率为 9％）。

经建设单位和施工单位确认：增补某缺项工程量清单费用，其工程量为 2000.00m³，综合单价为 500.00 元/m³；签订施工总承包合同时未确定的设备实际采购价为 268.00 万元；工程价款调整及设计变更为 119.00 万元；专业分包费为 90.00 万元。

工程按期完工，各方办理了竣工验收，建设单位和施工单位办理了竣工结算。

问题：按照综合单价法，分步骤列式计算施工单位的结算造价是多少万元？（最终保留小数点后两位）

答案：

分部分项工程费＝6000＋2000×500÷10000＝6100 万元

措施项目费＝6100×10％＝610 万元

其他项目费＝268＋119＋90＋90×3％＝479.7 万元

规费＝（6100＋610＋479.7）×2％＝143.794 万元

增值税＝（6100＋610＋479.7＋143.794）×9％＝660.01446 万元

结算造价＝6100＋610＋479.7＋143.794＋660.01446＝7993.51 万元

【例 7.2-5】某项目合同价为 14250 万元，合同约定根据人工费和四项主要材料的价格进行工程结算价的调整。相关调值因素的比重、基准价和当期价格指数，见表 7.2-3。

调值因素指标  表 7.2-3

| 可调因素 | 人工费 | 材料 1 | 材料 2 | 材料 3 | 材料 4 |
| --- | --- | --- | --- | --- | --- |
| 因素比重 | 0.15 | 0.30 | 0.12 | 0.15 | 0.08 |
| 基期价格指数 | 0.98 | 1.01 | 0.99 | 0.96 | 0.78 |
| 当期价格指数 | 1.12 | 1.16 | 0.85 | 0.80 | 1.05 |

**问题**：用调值公式法计算工程实际结算价是多少万元?（保留小数点后两位）

**答案**：

（1）固定系数：$a_0 = 1-(0.15+0.30+0.12+0.15+0.08)=0.20$

（2）工程实际结算价：

$P = 14250 \times (0.20 + 0.15 \times 1.12/0.98 + 0.30 \times 1.16/1.01 + 0.12 \times 0.85/0.99 + 0.15 \times 0.80/0.96 + 0.08 \times 1.05/0.78)$

$= 14986.81$ 万元

【例 7.2-6】某房屋建筑工程进行施工招标，合同总价为 18600 万元，投标截止日期为 2021 年 8 月 1 日。合同约定根据人工费和四项主要材料的价格进行工程结算价的调整。相关调值因素的比重和当期价格指数等，见表 7.2-4。

调值因素指标  表 7.2-4

| 可调因素 | 人工费 | 材料 1 | 材料 2 | 材料 3 | 材料 4 |
| --- | --- | --- | --- | --- | --- |
| 因素比重 | 0.15 | 0.20 | 0.12 | 0.15 | 0.08 |
| 2021 年 6 月指数 | 0.92 | 1.05 | 0.98 | 0.96 | 0.78 |
| 2021 年 7 月指数 | 0.93 | 1.02 | 0.92 | 0.91 | 0.82 |
| 2021 年 8 月指数 | 0.95 | 1.06 | 0.91 | 0.89 | 0.84 |
| 2021 年 9 月指数 | 0.98 | 1.01 | 0.95 | 0.83 | 0.88 |
| 当期价格指数 | 1.14 | 1.15 | 0.86 | 0.81 | 1.06 |

**问题**：用调值公式法计算工程实际结算价是多少万元?（保留小数点后两位）

**答案**：

（1）固定系数：$a_0 = 1-(0.15+0.20+0.12+0.15+0.08)=0.30$

（2）工程实际结算价：

$P = 18600 \times (0.30 + 0.15 \times 1.14/0.93 + 0.20 \times 1.15/1.02 + 0.12 \times 0.86/0.92 + 0.15 \times 0.81/0.91 + 0.08 \times 1.06/0.82)$

$= 19687.47$ 万元

**解析**：

基准日期的定义是：招标发包的工程以投标截止日前 28d 的日期为基准日期；直接发

包的工程以合同签订日前 28d 的日期为基准日期。

该工程项目的投标截止日期为 2021 年 8 月 1 日，所以基准日期为 2021 年 7 月 4 日，因此，基期价格指数采用 2021 年 7 月指数。

【例 7.2-7】某房屋建筑工程施工项目由于施工单位的原因导致工期延误，其后续工程造价为 1200 万元。施工合同约定根据人工费和三项主要材料的价格进行工程结算价的调整。相关调值因素的比重、基准价和当期价格指数，见表 7.2-5。

调值因素指标　　　　　　　　　　　　　表 7.2-5

| 可调因素 | 人工费 | 材料 1 | 材料 2 | 材料 3 |
|---|---|---|---|---|
| 因素比重 | 0.15 | 0.30 | 0.12 | 0.15 |
| 基期价格指数 | 0.98 | 1.01 | 0.99 | 0.96 |
| 计划竣工价格指数 | 1.12 | 1.16 | 0.86 | 0.84 |
| 实际竣工价格指数 | 1.18 | 1.13 | 0.90 | 0.81 |

问题：用调值公式法计算后续工程的结算价是多少万元？（保留小数点后两位）

答案：

（1）固定系数：$a_0 = 1-(0.15+0.30+0.12+0.15) = 0.28$

（2）工程实际结算价：

$P = 1200 \times (0.28 + 0.15 \times 1.12/0.98 + 0.30 \times 1.13/1.01 + 0.12 \times 0.86/0.99 + 0.15 \times 0.81/0.96)$

$= 1221.45$ 万元

解析：

因非承包人原因导致工期延误的，计划进度日期后工程的价格指数，采用进度计划日期与实际进度日期两个价格指数的较高者作为现行价格指数。

因承包人原因导致工期延误的，计划进度日期后工程的价格指数，采用进度计划日期与实际进度日期两个价格指数的较低者作为现行价格指数。

## 7.3　施工成本管理的案例分析题

### 7.3.1　施工成本核算及目标成本的案例分析题

【例 7.3-1】（2021 年二级真题）建设单位投资酒店工程，建设单位编制了招标文件，招标控制价为 1.056 亿元。D 施工单位以 9900.00 万元中标，中标后正常开展了相关工作，进行项目成本分析、成本目标的制定，通过分析中标价得知，期间费用为 642.00 万元，利润为 891.00 万元。增值税为 990.00 万元。

问题：分别按照制造成本法、完全成本法计算该工程的施工成本是多少万元？（保留小数点后两位）

答案：

（1）制造成本法

工程的施工成本 = 9900 − 642 − 891 − 990 = 7377.00 万元

（2）完全成本法

工程的施工成本 = 9900 − 990 − 891 = 8019.00 万元

【例 7.3–2】（2022 年二级真题改编）甲公司投资建造一座太阳能电池厂，工程包括：1 个厂房及附属设施、1 栋办公楼、2 栋宿舍楼。甲公司按工程量清单计价规范进行了公开招标，乙施工公司中标，合同价为 2800 万元，增值税税率为 9.00%。乙施工公司以合同价为基数，以 2% 的目标利润率预测目标成本。

问题：乙施工公司项目目标成本是多少万元？（保留小数点后两位）

答案：

不含税的合同价：2800÷（1＋9%）= 2568.81 万元

乙施工公司的项目目标成本：2568.81×（1−2%）= 2517.43 万元

【例 7.3–3】（2024 年真题）建设单位投资兴建某工程，工程的招标文件部分要求有：承包模式为施工总承包，报价采用工程量清单计价等。某施工单位工程中标造价为 7782.60 万元。

施工单位确定项目自行施工工程造价为 7222.22 万元，目标利润率为 10%。项目部对目标成本进行了专项施工成本分析，内容包括工期成本分析、技术措施节约效果分析等，做好成本管理工作。

问题：施工单位自行施工工程的目标成本是多少万元（四舍五入取整数）？专项施工成本的分析内容还有哪些？

答案：

（1）施工单位自行施工工程的目标成本 = 7222.22×（1−10%）= 6500 万元。

（2）专项施工成本的分析内容还有：成本盈亏异常分析、质量成本分析、资金成本分析、其他有利因素和不利因素分析。

### 7.3.2　因素分析法等成本分析法的案例分析题

【例 7.3–4】（2020 年真题）承包人对某月砌筑工程的目标成本与实际成本对比，结果见表 7.3-1。

砌筑工程目标成本与实际成本对比表　　　　表 7.3-1

| 项目 | 单位 | 目标成本 | 实际成本 |
| --- | --- | --- | --- |
| 砌筑量 | 千块 | 970.00 | 985.00 |
| 单价 | 元/千块 | 310.00 | 332.00 |
| 损耗率 | % | 1.5 | 2 |
| 成本 | 元 | 305210.50 | 333560.40 |

问题：砌筑工程各因素对实际成本的影响各是多少元？（保留小数点后两位）

答案：

以目标 305210.50 ＝ 970×310×1.015 为分析替代的基础。

（1）第一次替代砌筑量因素：

以 985 替代 970，985×310×1.015 ＝ 309930.25 元

第二次代换以 332 代替 310，985×332×1.015 ＝ 331925.30 元

第三次代换以 1.02 代替 1.015，985×332×1.02 ＝ 333560.40 元

（2）计算差额：

第一次替代与目标数的差额为：309930.25－305210.50 ＝ 4719.75 元，说明砌筑量增加使成本增加了 4719.75 元。

第二次替代与第一次替代的差额为：331925.30－309930.25 ＝ 21995.05 元，单价上升使成本增加了 21995.05 元。

第三次替代与第二次替代的差额为：333560.40－331925.30 ＝ 1635.10 元，说明损耗率提高使成本增加了 1635.10 元。

【例 7.3-5】某施工项目某月的实际成本降低额比目标值提高了 2.4 万元，成本降低计划与实际对比见表 7.3-2。

成本降低计划与实际对比表　　　　　　　　　表 7.3-2

| 项目 | 计划 | 实际 | 差额 |
| --- | --- | --- | --- |
| 目标成本（万元） | 300 | 320 | ＋20 |
| 降低率（%） | 4 | 4.5 | ＋0.5 |
| 成本降低额（万元） | 12 | 14.40 | ＋2.4 |

问题：用差额计算法分析目标成本和成本降低率对成本降低额的影响程度。（保留小数点后两位）

答案：

目标成本增加的影响：（320－300）×4% ＝ 0.80 万元

成本降低率提高的影响：（4.5%－4%）×320 ＝ 1.60 万元

以上两项合计为：0.80＋1.60 ＝ 2.40 万元

【例 7.3-6】某施工项目按动态比率法分析施工成本，见表 7.3-3。

指标动态比较表　　　　　　　　　表 7.3-3

| 指标 | 第一季度 | 第二季度 | 第三季度 | 第四季度 |
| --- | --- | --- | --- | --- |
| 降低成本（万元） | 45.60 | 47.80 | 52.50 | 64.30 |
| 基期指数（%）（一季度＝100） | — | 104.82 | A | B |
| 环比指数（%）（上一季度＝100） | — | 104.82 | C | D |

253

问题：写出上表中 A、B、C 和 D 的指数值。（保留小数点后两位）

答案：

A＝52.50÷45.60×100%＝115.13

B＝64.30÷45.60×100%＝141.01

C＝52.50÷47.80×100%＝109.83

D＝64.30÷52.50×100%＝122.48

### 7.3.3 价值工程控制工程成本的案例分析题

【例7.3-7】（2018年真题）施工单位项目部对基坑围护提出了三个方案：A方案成本为8750.00万元，功能系数为0.33；B方案成本为8640.00万元，功能系数为0.35，C方案成本为8525.00万元，功能系数为0.32。最终运用价值工程方法确定了实施方案。

问题：列式计算三个基坑围护方案的成本系数、价值系数（保留小数点后三位），并确定选择哪个方案。

答案：

（1）成本系数

A施工方案的成本系数＝8750/（8750＋8640＋8525）＝0.338

B施工方案的成本系数＝8640/（8750＋8640＋8525）＝0.333

C施工方案的成本系数＝8525/（8750＋8640＋8525）＝0.329

（2）价值系数

A施工方案的价值系数＝0.33/0.338＝0.976

B施工方案的价值系数＝0.35/0.333＝1.051

C施工方案的价值系数＝0.32/0.329＝0.973

因B施工方案价值系数为1.051，所以最终选择B施工方案。

【例7.3-8】某施工单位承接了某项工程的总承包施工任务，该工程由A、B、C、D四项工作组成，施工场地狭小，为了进行成本控制，项目经理针对各项工作进行了分析，其结果见表7.3-4。

功能评分和预算成本　　　表7.3-4

| 工作 | 功能评分 | 预算成本（万元） |
| --- | --- | --- |
| A | 15 | 650 |
| B | 35 | 1200 |
| C | 30 | 1030 |
| D | 20 | 720 |
| 合计 | 100 | 3600 |

**问题：**

1. 计算表 7.3-5 中 A、B、C、D 四项工作的功能系数、成本系数和价值系数（将此表复制到答题卡上，计算结果保留小数点后两位）。

功能系数、成本系数和价值系数　　　　　　表 7.3-5

| 工作 | 功能评分 | 预算成本（万元） | 功能系数 | 成本系数 | 价值系数 |
|---|---|---|---|---|---|
| A | 15 | 650 | | | |
| B | 35 | 1200 | | | |
| C | 30 | 1030 | | | |
| D | 20 | 720 | | | |
| 合计 | 100 | 3600 | | | |

2. 在 A、B、C、D 四项工作中，施工单位应首选哪项工作作为降低成本的对象？说明理由。

**答案：**

1. 功能系数、成本系数和价值系数的计算结果，见表 7.3-6。

功能系数、成本系数和价值系数　　　　　　表 7.3-6

| 工作 | 功能评分 | 预算成本（万元） | 功能系数 | 成本系数 | 价值系数 |
|---|---|---|---|---|---|
| A | 15 | 650 | 0.15 | 0.18 | 0.83 |
| B | 35 | 1200 | 0.35 | 0.33 | 1.00 |
| C | 30 | 1030 | 0.30 | 0.29 | 1.03 |
| D | 20 | 720 | 0.20 | 0.20 | 1.00 |
| 合计 | 100 | 3600 | 1.00 | 1.00 | — |

2. 首选 A 工作作为降低成本的对象。

理由是：A 工作的价值系数最小，降低成本的可行性最大。

**【例 7.3–9】** 某项目通过调研分析，了解到外墙的功能主要是抵抗水平力（F1）、挡风防雨（F2）、隔热防寒（F3）。现有设计方案为陶粒混凝土板，成本是 345 万元，其中抵抗水平力的功能占成本的 60%，挡风防雨的功能占成本的 16%，隔热防寒的功能占造价成本的 24%。这三项功能的重要程度比为 F1：F2：F3 = 6：1：3。

**问题：**

对该现有方案作出评价。如果限额设计目标成本为 320 万元，每项功能的成本改进期望值是多少？每个功能的成本控制如何进行？

**答案：**

（1）计算功能评价系数，见表 7.3-7。

功能评价系数　　　　　　　　　　　　　　　　表 7.3-7

| 功能 | 重要度比 | 得分 | 功能评价系数 |
|---|---|---|---|
| F1 | F1：F2＝6：1 | 6 | 0.6 |
| F2 | F2：F3＝1：3 | 1 | 0.1 |
| F3 |  | 7 | 0.3 |
| 合计 |  | 10 | 1.0 |

（2）计算成本系数：本题中已经给出。
（3）计算价值系数，见表 7.3-8。

价值系数　　　　　　　　　　　　　　　　　表 7.3-8

| 功能 | 功能评价系数 | 成本系数 | 价值系数 |
|---|---|---|---|
| F1 | 0.6 | 0.6 | 1.0 |
| F2 | 0.1 | 0.16 | 0.625 |
| F3 | 0.3 | 0.24 | 1.25 |

由上表计算结果可知，抵抗水平力功能与成本匹配较好；挡风防雨的功能不太重要，应降低成本；隔热防寒的功能比较重要，应适当增加成本。

（4）计算成本改进期望值，见表 7.3-9。

成本改进期望值　　　　　　　　　　　　　　表 7.3-9

| 功能 | 功能评价系数 ① | 成本指数 ② | 目前成本 ③＝345×② | 目标成本 ④＝320×① | 成本改进期望值 ⑤＝③－④ |
|---|---|---|---|---|---|
| F1 | 0.6 | 0.6 | 207.0 | 192 | 15 |
| F2 | 0.1 | 0.16 | 55.2 | 32 | 23.2 |
| F3 | 0.3 | 0.24 | 82.8 | 96 | −13.2 |

由上表计算结果可知，应首先降低 F2 的成本，其次是 F1 的成本，最后适当增加 F3 的成本。

### 7.3.4　挣值法（赢得值法）控制工程成本的案例分析题

【例 7.3–10】（历年真题改编）某小区内拟建一座 6 层普通砖墙结构住宅楼，外墙厚 370mm，内墙厚 240mm，抗震设防烈度为 7 度，某施工单位与建设单位签订了该工程总承包合同，合同工程量清单报价中写明：瓷砖墙面积为 1000m²，综合单价为 110 元/m²。

施工过程中，建设单位调换了瓷砖的规格、型号。经施工单位核算综合单价为 150 元/m²。该分项工程施工完成后，经监理工程师实测确认瓷砖粘贴面积为 1200m²，施工单位用挣值法进行了成本分析。

**问题：** 计算墙面瓷砖粘贴分项工程的 BCWS、BCWP、ACWP、CV，并分析成本情况。（保留小数点后一位）

**答案：**

BCWS ＝ 计划工作量 × 预算单价 ＝ 1000×110 ＝ 11.0 万元

BCWP ＝ 已完工作量 × 预算单价 ＝ 1200×110 ＝ 13.2 万元

ACWP ＝ 已完工作量 × 实际单价 ＝ 1200×150 ＝ 18.0 万元

$CV = BCWP － ACWP = 13.2－18.0 = －4.8$ 万元

费用偏差为负差，表示实际费用超支。

**【例 7.3–11】** 某项目进展到 6 周后，对前 5 周的工作进行了统计检查，有关情况见表 7.3-10。

检查记录表　　　　　　　　　　　　　表 7.3-10

| 工作代号 | 计划完成工作预算成本 BCWS（万元） | 已完成工作量（%） | 实际发生成本 ACWP（万元） | 挣（赢得）值 BCWP（万元） |
|---|---|---|---|---|
| A | 200 | 100 | 210 | |
| B | 220 | 100 | 220 | |
| C | 400 | 100 | 430 | |
| D | 250 | 40 | 250 | |
| E | 150 | 0 | 0 | |
| F | 0 | 30 | 1000 | 1200 |
| 合计 | | | | |

注：F 原来没有计划，统计时已经进行了施工。E 虽有计划，但是没有施工。

**问题：**

1. 求前 5 周每项工作的 BCWP 及 5 周末总的 BCWP。
2. 计算 5 周末的合计 ACWP、BCWS。
3. 计算 5 周末的 CV 与 SV，并分析成本和进度状况。（保留小数点后两位）
4. 计算 5 周末的 CPI、SPI，并分析成本和进度状况。（保留小数点后两位）

**答案：**

1. 前 5 周每项工作的 BCWP 及 5 周末总的 BCWP，见表 7.3-11，求得第 5 周末每项工作的 BCWP；5 周末总的 BCWP 为 2270 万元。

计算结果　　　　　　　　　　　　　表 7.3-11

| 工作代号 | 计划完成工作预算成本 BCWS（万元） | 已完成工作量（%） | 实际发生成本 ACWP（万元） | 挣（赢得）值 BCWP（万元） |
|---|---|---|---|---|
| A | 200 | 100 | 210 | 200 |
| B | 220 | 100 | 220 | 220 |

续表

| 工作代号 | 计划完成工作预算成本 BCWS（万元） | 已完成工作量（%） | 实际发生成本 ACWP（万元） | 挣（赢得）值 BCWP（万元） |
|---|---|---|---|---|
| C | 400 | 100 | 430 | 400 |
| D | 250 | 80 | 250 | 200 |
| E | 150 | 0 | 0 | 0 |
| F | 0 | 30 | 1000 | 1250 |
| 合计 | 1220 | — | 2110 | 2270 |

2. 第 5 周末 $ACWP$ 为 2110 万元，$BCWS$ 为 1220 万元。

3. $CV = BCWP - ACWP = 2270 - 2110 = 160$ 万元，由于 $CV$ 为正，说明成本节约 160 万元。

$SV = BCWP - BCWS = 2270 - 1220 = 1050$ 万元，由于 $SV$ 为正，说明进度提前 1050 万元。

4. $CPI = BCWP / ACWP = 2270/2110 = 1.08$，由于 $CPI > 1$，成本节约 8%。

$SPI = BCWP / BCWS = 2270/1220 = 1.86$，由于 $SPI > 1$，进度提前 86%。

【例 7.3-12】题目条件同【例 7.3-11】。

问题：分别计算 A 工作、B 工作和 C 工作的成本降低率。

答案：

A 工作的成本降低率＝（计划成本－实际成本）/计划成本×100%
　　　　　　　　＝（200－210）/200×100%＝－5%

B 工作的成本降低率＝（220－220）/220×100%＝0

C 工作的成本降低率＝（400－430）/400×100%＝－7.5%

# 第 8 章 施工进度管理与索赔案例分析题

## 8.1 流水施工进度计划的案例分析题

### 8.1.1 流水施工进度计划横道图的基础知识

**1. 等节奏流水施工**

等节奏流水施工是指在有节奏流水施工中,各施工过程的流水节拍都相等的流水施工,也称为固定节拍流水施工或全等节拍流水施工。

1)基本特点

(1)所有施工过程在各个施工段上的流水节拍均相等。
(2)相邻施工过程的流水步距相等,且等于流水节拍。
(3)专业工作队数等于施工过程数,即每一个施工过程组建一个专业工作队。
(4)各专业工作队在各施工段上能够连续作业,施工段之间没有空闲时间。

2)流水施工工期的计算

在组织流水施工时,除考虑相邻两个专业工作队之间的流水步距外,还应考虑合理的工艺间歇时间,称之为技术间歇时间。如混凝土浇筑后的养护时间,抹灰、油漆粉刷后的干燥时间等。有时,为了缩短工期,在前一个专业工作队完成部分作业,为后一个专业工作队提供一定工作面后,后者可提前进入,从而使两者在同一个施工段上平行搭接施工,这段搭接时间称为平行搭接时间或提前插入时间。在考虑技术间歇时间和提前插入时间的情形下,流水施工工期计算公式为:

$$T = (m+n-1)K + \sum Z - \sum C \tag{8.1-1}$$

式中:$T$——流水施工工期;
$m$——施工段数;
$n$——施工过程数;
$K$——流水步距;
$\sum Z$——技术间歇时间之和;
$\sum C$——提前插入时间之和。

当考虑施工层时,流水施工工期计算公式为:

$$T = (m \times r + n - 1)K + \sum Z - \sum C \tag{8.1-2}$$

式中:$r$——施工层数目。

【例 8.1-1】某工程分为 Ⅰ、Ⅱ、Ⅲ、Ⅳ 四个施工过程,各施工过程的流水节拍均为 4d。其中,施工过程 Ⅰ 与 Ⅱ 之间有 2d 提前插入时间,Ⅲ 与 Ⅳ 之间有 1d 技术间歇时间。

问题:编制流水施工进度计划,并确定流水施工工期。

**答案:**

由于各施工过程的流水节拍均为 4d,故该工程可组织全等节拍流水施工。编制全等节拍流水施工进度计划如图 8.1-1 所示,流水施工工期计算如下:

$$T = (m+n-1)K + \sum Z - \sum C = (4+4-1)\times 4 + 2 - 1 = 29d$$

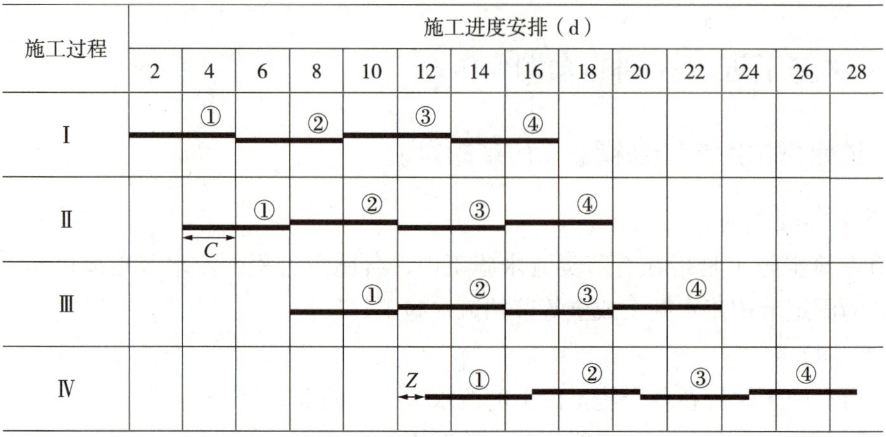

图 8.1-1 全等节拍流水施工进度计划

**2. 异节奏流水施工**

在组织异节奏流水施工时,可采用等步距异节奏流水施工和异步距异节奏流水施工两种方式。

(1)等步距异节奏流水施工(亦称成倍节拍流水施工)的特点:

① 同一施工过程在各个施工段上的流水节拍均相等;不同施工过程的流水节拍为倍数关系。

② 相邻施工过程的流水步距相等,且等于流水节拍的最大公约数。

③ 专业工作队数大于施工过程数。对于流水节拍大的施工过程,可按其倍数增加相应专业工作队数目。

④ 各专业工作队在施工段上能够连续作业,施工段之间没有空闲时间。

(2)等步距异节奏流水施工,流水施工工期的计算公式为:

$$T = (m+N-1)K + \sum Z - \sum C \tag{8.1-3}$$

考虑施工层时,流水施工工期的计算公式为:

$$T = (m\times r + N - 1)K + \sum Z - \sum C \tag{8.1-4}$$

式中:$K$——流水步距,取各施工过程流水节拍的最大公约数;

$N$——参加流水作业的专业工作队数。

其他符号同前。

**【例 8.1-2】** 某工程包括 3 个结构形式与建造规模完全一样的单体建筑,由 5 个施工过程组成,分别为:土方开挖、基础施工、地上结构、二次砌筑、装饰装修。根据施工工艺要求,地上结构、二次砌筑两施工过程间时间间隔为 2 周。

计划组织 5 个工作队进行流水施工,各施工过程的流水节拍,见表 8.1-1。

流水节拍表  表8.1-1

| 施工过程编号 | 施工过程 | 流水节拍（周） |
|---|---|---|
| Ⅰ | 土方开挖 | 2 |
| Ⅱ | 基础施工 | 2 |
| Ⅲ | 地上结构 | 6 |
| Ⅳ | 二次砌筑 | 4 |
| Ⅴ | 装饰装修 | 4 |

**问题**：采用等步距异节奏流水，编制其流水进度计划，确定流水施工工期。
**答案**：
列出施工段的各施工过程的流水节拍表，见表8.1-2。

施工段的各施工过程的流水节拍表（单位：周）  表8.1-2

| 施工过程 | 施工段 | | |
|---|---|---|---|
| | 单体一 | 单体二 | 单体三 |
| 土方开挖 | 2 | 2 | 2 |
| 基础施工 | 2 | 2 | 2 |
| 地上结构 | 6 | 6 | 6 |
| 二次砌筑 | 4 | 4 | 4 |
| 装饰装修 | 4 | 4 | 4 |

采用等步距异节奏流水施工，则应增加相应的专业队：
流水步距：$K = \min(2, 2, 6, 4, 4) = 2$ 周
确定专业队数：$b_Ⅰ = 2/2 = 1$
$b_Ⅱ = 2/2 = 1$
$b_Ⅲ = 6/2 = 3$
$b_Ⅳ = 4/2 = 2$
$b_Ⅴ = 4/2 = 2$
故专业队总数：$N = 1 + 1 + 3 + 2 + 2 = 9$
二次砌筑与地上结构的技术间歇为2周，其流水施工工期：
$T = (m + N - 1) \cdot K + \sum Z - \sum C = (3 + 9 - 1) \times 2 + 2 - 0 = 24$ 周
等步距异节奏流水施工进度计划如图8.1-2所示。

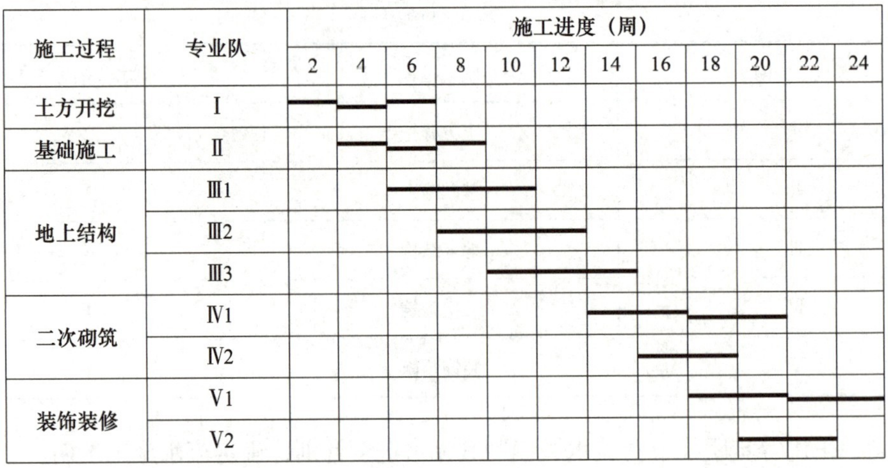

| 施工过程 | 专业队 | 施工进度（周） | | | | | | | | | | | |
|---|---|---|---|---|---|---|---|---|---|---|---|---|---|
| | | 2 | 4 | 6 | 8 | 10 | 12 | 14 | 16 | 18 | 20 | 22 | 24 |
| 土方开挖 | Ⅰ | ━━━━━ | | | | | | | | | | | |
| 基础施工 | Ⅱ | | ━━━━━ | | | | | | | | | | |
| 地上结构 | Ⅲ1 | | | ━━━━━━━━━ | | | | | | | | | |
| | Ⅲ2 | | | | ━━━━━━━━━ | | | | | | | | |
| | Ⅲ3 | | | | | ━━━━━━━━━ | | | | | | | |
| 二次砌筑 | Ⅳ1 | | | | | | | ━━━━━━ | | | | | |
| | Ⅳ2 | | | | | | | | ━━━━━━ | | | | |
| 装饰装修 | Ⅴ1 | | | | | | | | | ━━━━━━ | | | |
| | Ⅴ2 | | | | | | | | | | ━━━━━━ | | |

图 8.1-2　等步距异节奏流水施工进度计划

### 3. 无节奏流水施工（亦称非节奏流水施工）

1）无节奏流水施工的特点

（1）各施工过程在各施工段上的流水节拍不全相等。

（2）相邻施工过程的流水步距不尽相等。

（3）专业工作队数等于施工过程数。

（4）各专业工作队能够在施工段上连续作业，但有的施工段之间可能有空闲时间。

2）流水步距的确定

组织非节奏流水施工的关键是确定相邻专业工作队之间的流水步距，使其在开始时间上能够最大限度地进行搭接。通常采用累加数列错位相减取大差法计算流水步距。累加数列错位相减取大差法（简称"大差法"）的基本步骤如下：

（1）依次累加每一施工过程在各施工段上的流水节拍，求得各施工过程流水节拍的累加数列。

（2）将相邻施工过程流水节拍累加数列中的后者错后一位，相减后求得一个差数列。

（3）在差数列中取最大值，即为相邻两个施工过程的流水步距。

3）流水施工工期的计算

计算公式为：

$$T = \sum K + \sum t_n + \sum Z - \sum C \quad (8.1-5)$$

式中：$\sum K$——各施工过程（或专业工作队）之间流水步距之和。

$\sum t_n$——最后一个施工过程（或专业工作队）在各施工段上的流水节拍之和。

其他符号同前。

**【例 8.1-3】** 题目条件同【例 8.1-2】。

问题：采用无节奏流水施工时，编制其流水进度计划，确定流水施工工期。

答案：

采用"累加数列错位相减取大差法"计算流水步距：

各施工过程流水节拍的累加数列：（从第一个施工段开始累加至最后一个施工段）

施工过程Ⅰ：2　4　6；

施工过程Ⅱ：2　4　6；

施工过程Ⅲ：6　12　18；

施工过程Ⅳ：4　8　12；

施工过程Ⅴ：4　8　12。

错位相减，取最大值得流水步距：

$K_{Ⅰ,Ⅱ}$　2　4　6　　　　　　$K_{Ⅱ,Ⅲ}$　2　4　6
　－　　　2　4　6　　　　　　　－　　　6　12　18
　　　2　2　2　－6　　　　　　　　2　－2　－6　－18

$K_{Ⅰ,Ⅱ}=2$　　　　　　　　　　$K_{Ⅱ,Ⅲ}=2$

$K_{Ⅲ,Ⅳ}$　6　12　18　　　　　$K_{Ⅳ,Ⅴ}$　4　8　12
　－　　　4　8　12　　　　　　　－　　　4　8　12
　　　6　8　10　－12　　　　　　　4　4　4　－12

$K_{Ⅲ,Ⅳ}=10$　　　　　　　　　$K_{Ⅳ,Ⅴ}=4$

流水施工工期为：

$T=\sum K+\sum t_n+\sum Z-\sum C=(2+2+10+4)+(4+4+4)+2-0=32$ 周

流水施工进度计划如图 8.1-3 所示。

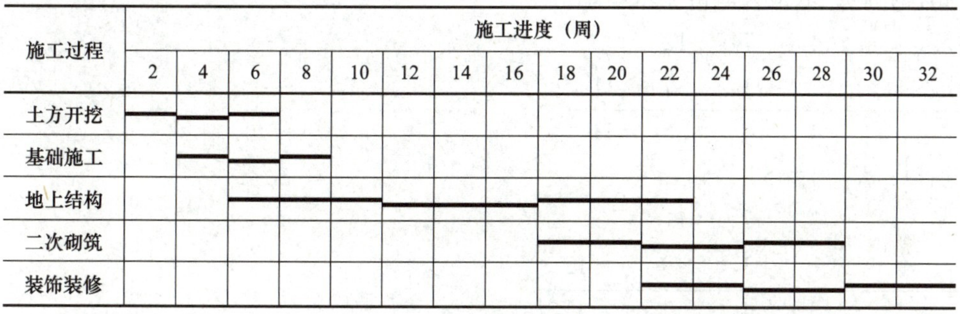

| 施工过程 | 施工进度（周） | | | | | | | | | | | | | | | |
|---|---|---|---|---|---|---|---|---|---|---|---|---|---|---|---|---|
| | 2 | 4 | 6 | 8 | 10 | 12 | 14 | 16 | 18 | 20 | 22 | 24 | 26 | 28 | 30 | 32 |
| 土方开挖 | | | | | | | | | | | | | | | | |
| 基础施工 | | | | | | | | | | | | | | | | |
| 地上结构 | | | | | | | | | | | | | | | | |
| 二次砌筑 | | | | | | | | | | | | | | | | |
| 装饰装修 | | | | | | | | | | | | | | | | |

图 8.1-3　无节奏流水施工进度计划

## 8.1.2　流水施工进度计划横道图的案例分析题

【例 8.1-4】（2016 年真题）装修施工单位将地上标准层（F6～F20）划分为三个施工段组织流水施工，各施工段上均包含三个施工工序，其流水节拍见表 8.1-3。

标准层装修施工流水节拍参数一览表（时间单位：周）　　　表 8.1-3

| 流水节拍 | | 施工过程 | | |
|---|---|---|---|---|
| | | 工序① | 工序② | 工序③ |
| 施工段 | F6～F10 | 4 | 3 | 3 |
| | F11～F15 | 3 | 4 | 6 |
| | F16～F20 | 5 | 4 | 3 |

**问题：** 参照图 8.1-4，在相应位置绘制标准层装修的流水施工横道图。

| 施工过程 | 施工进度（周） | | | | | | | | | | |
|---|---|---|---|---|---|---|---|---|---|---|---|
| | 1 | 2 | 3 | 4 | 5 | 6 | 7 | 8 | 9 | 10 | …… |
| 工序① | | | | | | | | | | | |
| 工序② | | | | | | | | | | | |
| 工序③ | | | | | | | | | | | |

图 8.1-4　标准层装修的流水施工横道图

**答案：**

采用"累加数列错位相减取大差法"计算流水步距：

各施工过程流水节拍的累加数列：

工序①：4　7　12
工序②：3　7　11
工序③：3　9　12

错位相减，取最大值得流水步距：

$K_{I,II}$　　4　7　12
－　　　　　　3　7　11
　　　　　　4　4　5　-11

所以：$K_{I,II} = 5$

$K_{II,III}$　　3　7　11
－　　　　　　3　9　12
　　　　　　3　4　2　-12

所以：$K_{II,III} = 4$

流水施工工期，$T = \sum K_{i,i+1} + \sum t_n + \sum Z - \sum C = (5+4) + 12 + 0 + 0 = 21$ 周

画出流水施工横道图，如图 8.1-5 所示。

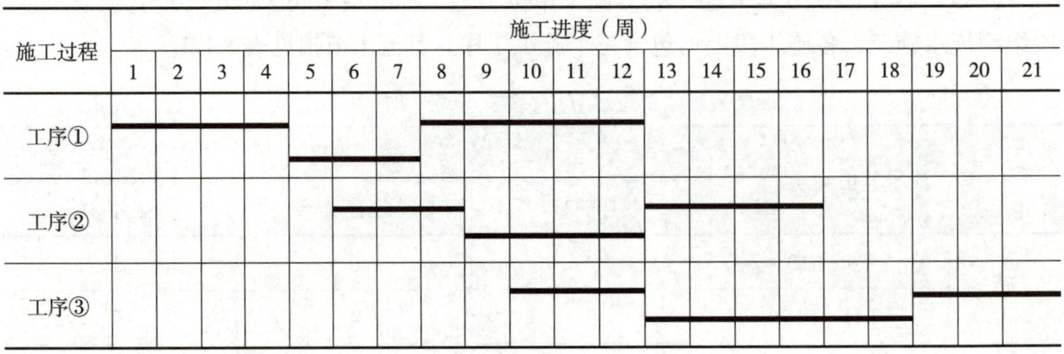

| 施工过程 | 施工进度（周） | | | | | | | | | | | | | | | | | | | | |
|---|---|---|---|---|---|---|---|---|---|---|---|---|---|---|---|---|---|---|---|---|---|
| | 1 | 2 | 3 | 4 | 5 | 6 | 7 | 8 | 9 | 10 | 11 | 12 | 13 | 14 | 15 | 16 | 17 | 18 | 19 | 20 | 21 |
| 工序① | ━ | ━ | ━ | ━ | ─ | ─ | ─ | ━ | ━ | ━ | ━ | ━ | | | | | | | | | |
| 工序② | | | | | ━ | ━ | ━ | ─ | ─ | ─ | ─ | ─ | ━ | ━ | ━ | ━ | | | | | |
| 工序③ | | | | | | | | ━ | ━ | ━ | ━ | ━ | ─ | ─ | ─ | ─ | ─ | ─ | ━ | ━ | ━ |

图 8.1-5　流水施工横道图

【例 8.1–5】某办公楼工程，地下 1 层，地上 10 层。施工总承包单位提交了施工总进度计划，该计划通过了监理工程师的审查和确认。合同履行过程中，发生了如下事件：

在 H 工作开始前，为了缩短工期，施工总承包单位将原施工方案中 H 工作的异节奏流水施工调整为成倍节拍流水施工。原施工方案中 H 工作异节奏流水施工横道图如图 8.1-6 所示（时间单位：月）。

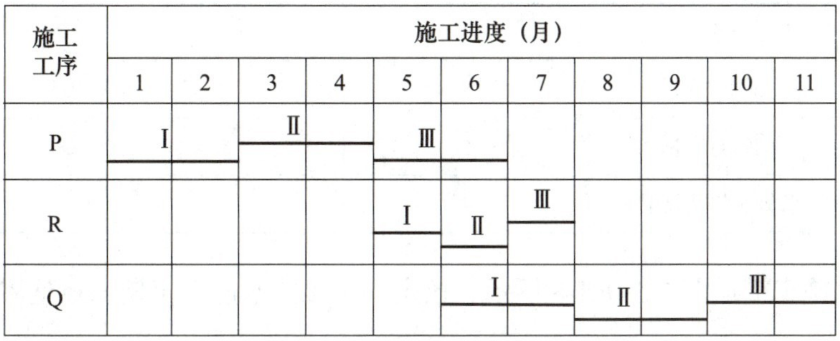

| 施工工序 | 施工进度（月） | | | | | | | | | | |
|---|---|---|---|---|---|---|---|---|---|---|---|
| | 1 | 2 | 3 | 4 | 5 | 6 | 7 | 8 | 9 | 10 | 11 |
| P | Ⅰ | | Ⅱ | | Ⅲ | | | | | | |
| R | | | | | Ⅰ | Ⅱ | Ⅲ | | | | |
| Q | | | | | | Ⅰ | | Ⅱ | | Ⅲ | |

图 8.1-6　H 工作异节奏流水施工横道图

**问题：** 流水施工调整后，H 工作相邻工序的流水步距为多少个月？工期可缩短多少个月？按照图 8.1-6 格式绘制出调整后 H 工作的施工横道图。

**答案：**

（1）各施工工序的流水节拍分别是：工序 P 为 2 个月，工序 R 为 1 个月，工序 Q 为 2 个月。

流水节拍的最大公约数 $K = \min(2, 1, 2) = 1$ 月，因此流水步距为 1 个月。

（2）施工工期：

各工序的施工工作队数量为：$b_P = 2/1 = 2$，$b_R = 1/1 = 1$，$b_Q = 2/1 = 2$。

施工工作队总数量：$N = 2 + 1 + 2 = 5$

施工工期：$T = (m + N - 1)K + \sum Z - \sum C = (3 + 5 - 1) \times 1 + 0 - 0 = 7$ 月

工期缩短月数 = $11 - 7 = 4$ 月

（3）调整后 H 工作的施工横道图，如图 8.1-7 所示。

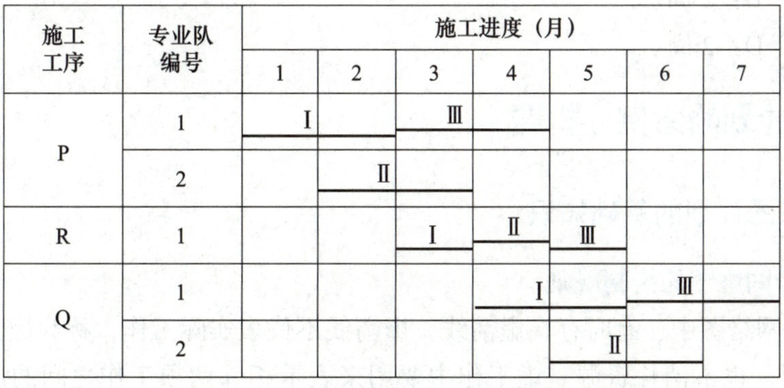

| 施工工序 | 专业队编号 | 施工进度（月） | | | | | | |
|---|---|---|---|---|---|---|---|---|
| | | 1 | 2 | 3 | 4 | 5 | 6 | 7 |
| P | 1 | Ⅰ | | Ⅲ | | | | |
| | 2 | | | Ⅱ | | | | |
| R | 1 | | | | Ⅰ | Ⅱ | Ⅲ | |
| Q | 1 | | | | | Ⅰ | | Ⅲ |
| | 2 | | | | | | Ⅱ | |

图 8.1-7　施工横道图

【例 8.1–6】（2021 年二级真题）某新建职业技术学校工程，由教学楼、实验楼、办公楼及3栋相同的公寓楼组成，均为钢筋混凝土现浇框架结构，合同中有创省优质工程的目标。施工单位中标进场后，项目部项目经理组织编制施工组织设计。施工组织设计中，针对3栋公寓楼组织流水施工，各工序流水节拍参数见表8.1-4。

流水节拍参数表　　　　　　　　　　　表8.1-4

| 工序编号 | 施工过程 | 流水节拍（周） | 与前序工序的关系（搭接/间隔）及时间 |
|---|---|---|---|
| ① | 土方开挖与基础 | 3 | — |
| ② | 地上结构 | 5 | A、B |
| ③ | 砌筑与安装 | 5 | C、D |
| ④ | 装饰装修及收尾 | 4 | — |

绘制流水施工横道图如图8.1-8所示，核定公寓楼流水施工工期满足整体工期要求。

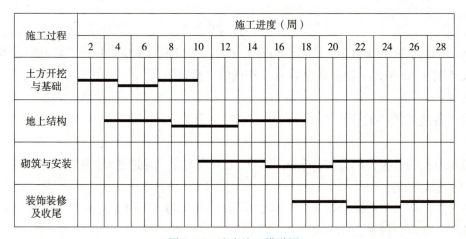

图8.1-8　流水施工横道图

**问题**：写出流水节拍参数表中：A、C对应的工序关系，B、D对应的时间。
**答案**：
A：搭接；B：1周。
C：间隔；D：2周。

## 8.2　网络计划的案例分析题

### 8.2.1　网络图计划的基础知识

#### 1. 双代号网络图的绘制规则

在双代号网络图中，有时存在虚箭线，虚箭线不代表实际工作，称为虚工作。虚工作既不消耗时间，也不消耗资源。虚工作主要用来表示相邻两项工作之间的逻辑关系。如图8.2-1所示，工作2-3、工作2-4、工作5-6均为虚工作。此外，为了避免两项同时开始、同时进行的工作具有相同的开始节点和完成节点，也需要用虚工作加以区分。

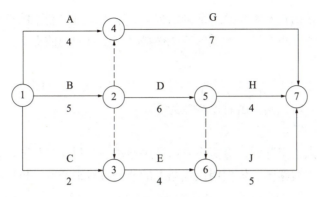

图 8.2-1　双代号网络计划

双代号网络图的绘制规则如下:

(1) 网络图必须按照已定逻辑关系绘制。网络图中的节点都必须有编号,其编号严禁重复,并应使每一条箭线上箭尾节点编号小于箭头节点编号。

(2) 网络图中严禁出现从一个节点出发,顺箭头方向又回到原出发点的循环回路。

(3) 网络图中的箭线(包括虚箭线,以下同)应保持自左向右的方向,不应出现箭头指向左方的水平箭线和箭头偏向左方的斜向箭线(即逆向箭线)。

(4) 网络图中严禁出现双向箭头和无箭头的连线,严禁出现没有箭尾节点的箭线和没有箭头节点的箭线,严禁在箭线上引入或引出箭线。

(5) 应尽量避免网络图中工作箭线的交叉。当交叉不可避免时,可以采用过桥法或指向法处理。

(6) 网络图应只有一个起点节点和一个终点节点(任务中部分工作需要分期完成的网络计划除外)。

**2. 双代号网络图的时间参数与关键线路及关键工作**

工作持续时间是指一项工作从开始到完成的时间。在双代号网络计划中,工作 $i-j$ 的持续时间用 $D_{i-j}$ 表示。

1) 工作的六个时间参数

(1) 最早开始时间($ES_{i-j}$)和最早完成时间($EF_{i-j}$)

工作的最早开始时间是指在其所有紧前工作全部完成后,本工作有可能开始的最早时刻。

工作的最早完成时间是指在其所有紧前工作全部完成后,本工作有可能完成的最早时刻。工作的最早完成时间等于本工作的最早开始时间与其持续时间之和。

(2) 最迟完成时间($LF_{i-j}$)和最迟开始时间($LS_{i-j}$)

工作的最迟完成时间是指在不影响整个任务按期完成的前提下,本工作必须完成的最迟时刻。

工作的最迟开始时间是指在不影响整个任务按期完成的前提下,本工作必须开始的最迟时刻。工作的最迟开始时间等于本工作的最迟完成时间与其持续时间之差。

(3) 总时差($TF_{i-j}$)和自由时差($FF_{i-j}$)

工作的总时差是指在不影响总工期的前提下，本工作可以利用的机动时间。

工作的自由时差是指在不影响其紧后工作最早开始时间的前提下，本工作可以利用的机动时间。

从总时差和自由时差的定义可知，对于同一项工作而言，自由时差不会超过总时差。当工作的总时差为零时，其自由时差必然为零。

2）关键线路和关键工作

网络图中从起点节点开始，沿箭头方向顺序通过一系列箭线与节点，最后到达终点节点的通路称为线路。线路既可依次用该线路上的节点编号来表示，也可依次用该线路上的工作名称来表示。

在关键线路法中，线路上所有工作的持续时间总和称为该线路的总持续时间。总持续时间最长的线路称为关键线路，关键线路的长度就是网络计划的总工期。工程网络计划中的关键线路可能不止一条。关键线路上的工作称为关键工作。

3. **用标号法判定双代号网络计划的关键线路和关键工作及计划工期**

以图 8.2-1 所示网络计划为例，说明标号法的计算过程。双代号网络计划标号法计算结果如图 8.2-2 所示。

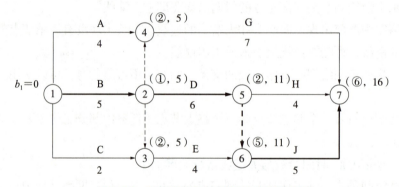

图 8.2-2 双代号网络计划标号法计算结果

（1）网络计划起点节点的标号值为零。在本例中，节点①的标号值为零，即：$b_1 = 0$。

（2）其他节点的标号值应根据下式按节点编号从小到大的顺序逐个进行计算：

$$b_j = \max\{b_i + D_{i-j}\}$$

式中，$b_j$ 为工作 $i-j$ 的完成节点 $j$ 的标号值，$b_i$ 为工作 $i-j$ 的开始节点 $i$ 的标号值，$D_{i-j}$ 为工作 $i-j$ 的持续时间。

在本例中，节点②和节点③的标号值分别为：

$$b_2 = b_1 + D_{1-2} = 0 + 5 = 5$$
$$b_3 = \max\{b_1 + D_{1-3}, b_2 + D_{2-3}\} = \max\{0+2, 5+0\} = 5$$

当计算出节点的标号值后，应用其标号值及其源节点对该节点进行双标号。源节点就是用来确定本节点标号值的节点。在本例中，节点③的标号值 5 是由节点②所确定，故节点③的源节点就是节点②。如果源节点有多个，应将所有源节点标出。

（3）网络计划的计算工期就是网络计划终点节点的标号值。在本例中，计算工期就等于终点节点⑦的标号值 16。

（4）关键线路应从网络计划的终点节点开始，逆着箭线方向按源节点确定。在本例中，从终点节点⑦开始，逆着箭线方向按源节点可以找出关键线路：当按节点编号来表示：①→②→⑤→⑥→⑦；当按工作名称来表示：B→D→J。

### 4. 双代号时标网络计划

双代号时标网络计划（简称时标网络计划）是指以时间坐标为尺度（小时、天、周、月或季度等）表示工作进度安排的双代号网络计划。时标网络计划宜按各项工作的最早开始时间编制。在时标网络计划中，以实箭线表示工作，实箭线的水平投影长度表示该工作的持续时间；以虚箭线表示虚工作，由于虚工作的持续时间为零，虚箭线按垂直画（虚箭线也可能出现波纹线）；以波形线表示工作与其紧后工作之间的时间间隔；以终点节点为完成节点的工作除外，当计划工期等于计算工期时，这些工作（非虚工作）箭线中波形线的水平投影长度表示其自由时差。由于时标网络计划可将网络计划的时间参数直观地表达出来，故可从时标网络计划中直接判定时间参数。

根据图 8.2-1 绘制的双代号时标网络计划如图 8.2-3 所示。

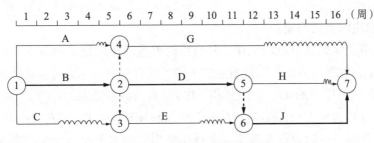

图 8.2-3　双代号时标网络计划

以图 8.2-3 所示双代号时标网络计划为例，说明时间参数的判定方法。

1）计算工期的判定

网络计划的计算工期应等于终点节点所对应的时标值与起点节点所对应的时标值之差。例如，图 8.2-3 所示时标网络计划的计算工期为：$T_c = 16 - 0 = 16$ 周。

2）相邻两项工作之间时间间隔的判定

除以终点节点为完成节点的工作外，工作箭线中波形线的水平投影长度表示工作与其紧后工作之间的时间间隔。**注意：虚工作也可以出现波形线。**虚工作中波形线的水平投影长度表示与该虚工作联系的紧前工作、紧后工作之间的时间间隔。

例如，在图 8.2-3 中，工作 A 与工作 G 之间的时间间隔为 1 周；工作 C 与工作 E 之间的时间间隔为 3 周；工作 E 与工作 J 之间的时间间隔为 2 周；其他工作之间的时间间隔均为零。

3）工作六个时间参数的判定

（1）工作最早开始时间和最早完成时间的判定。工作箭线左端节点中心所对应的时标值为该工作的最早开始时间。当工作箭线中没有波形线时，其右端节点中心所对应的时标值为该工作的最早完成时间；当工作箭线中有波形线时，工作箭线实线部分右端点所对应的时标值为该工作的最早完成时间。例如在图 8.2-3 中，工作 A 和工作 D 的最早开始时间分别为第 1 周初和第 6 周初，最早完成时间分别为第 4 周末和第 11 周末。

（2）工作总时差的判定。工作总时差的判定应从网络计划的终点节点开始，逆着箭线方向依次进行。

① 以终点节点为完成节点的工作，其总时差应等于计划工期与本工作最早完成时间之差。

在图 8.2-3 中，计划工期为 16 周，工作 G、工作 H 和工作 J 的总时差分别为：$TF_{4-7} = T_p - EF_{2-7} = 16 - 12 = 4$ 周；$TF_{5-7} = T_p - EF_{5-7} = 16 - 15 = 1$ 周；$TF_{6-7} = T_p - EF_{6-7} = 16 - 16 = 0$ 周。

② 其他工作的总时差等于其紧后工作（非虚工作）的总时差加本工作与该紧后工作（非虚工作）之间的时间间隔所得之和的最小值。

例如，在图 8.2-3 中，工作 A、工作 C 和工作 D 的总时差分别为：

$TF_{1-4} = TF_{4-7} + LAG_{1-4, 4-7} = 4 + 1 = 5$ 周

$TF_{1-3} = TF_{3-6} + LAG_{1-3, 3-6} = 2 + 3 = 5$ 周

$TF_{2-5} = \min\{TF_{5-7} + LAG_{2-5, 5-7}, TF_{6-7} + LAG_{2-5, 6-7}\} = \min\{1+0, 0+0\} = 0$ 周

（3）工作自由时差的判定：

① 以终点节点为完成节点的工作，其自由时差应等于计划工期与本工作最早完成时间之差。事实上，以终点节点为完成节点的工作，其自由时差与总时差必然相等。

例如在图 8.2-3 中，工作 G、工作 H 和工作 J 的自由时差分别为：$FF_{4-7} = T_p - EF_{4-7} = 16 - 12 = 4$ 周；$FF_{5-7} = T_p - EF_{5-7} = 16 - 15 = 1$ 周；$FF_{6-7} = T_p - EF_{6-7} = 16 - 16 = 0$ 周。

② 其他工作的自由时差就是该工作箭线中波形线的水平投影长度。**注意：当工作之后只紧接虚工作时，则该工作箭线上一定不存在波形线，而其紧接的虚箭线中波形线水平投影长度的最短者为该工作的自由时差。**举例见后面图 8.2-4 中的工作 F 的自由时差的判定。

例如在图 8.2-3 中，工作 B 和工作 D 的自由时差均为零，而工作 A、工作 C 和工作 E 的自由时差分别为 1 周、3 周和 2 周。

（4）工作最迟开始时间和最迟完成时间的判定：

① 工作的最迟开始时间等于本工作的最早开始时间与其总时差之和。

② 工作的最迟完成时间等于本工作的最早完成时间与其总时差之和。

例如在图 8.2-3 中，工作 A 和工作 C 的最迟开始时间分别为：

$LS_{1-4} = ES_{1-4} + TF_{1-4} = 0 + 5 = 5$ 周（也即第 6 周初）

$LS_{1-3} = ES_{1-3} + TF_{1-3} = 0 + 5 = 5$ 周（也即第 6 周初）

工作 A 和工作 C 的最迟完成时间分别为：

$LF_{1-4} = EF_{1-4} + TF_{1-4} = 4 + 5 = 9$ 周（第 9 周末）

$LF_{1-3} = EF_{1-3} + TF_{1-3} = 2 + 5 = 7$ 周（第 7 周末）

再举一例，如图 8.2-4 所示的双代号时标网络计划，工作 F 的自由时差为：

$FF_{5-6} = \min\{LAG_{5-6, 7-9}, LAG_{5-6, 8-9}\} = \min\{0, 1\} = 0$ 周

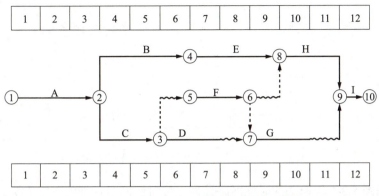

图 8.2-4 双代号时标网络计划（单位：周）

### 5. 快速法计算双代号网络计划的时间参数

所谓快速法计算双代号网络计划的时间参数，就是结合标号法和双代号时标网络计划各自的优点，在双代号网络计划上画出类似时标网络计划的波形线，即：双代号网络计划转化为时标网络计划，再判定各工作的时间参数。

例如图 8.2-1 双代号网络计划，绘制其快速法的时标网络计划如下（其最终结果图如图 8.2-5 所示）：

（1）用标号法，在双代号网络计划上标出各节点的双标号，即：源节点，标号值。

（2）在标有双标号的网络计划上，从其起点节点开始，顺着箭线方向依次进行，画出各工作的波形线。

例如，工作 A，0＋4＝4，与④节点的标号值 5 进行比较，相差 1，则在工作 A 的右端用波形线表示，在波形线上标注带有下划线的 <u>1</u>。

工作 B，0＋5＝5，与②节点的标号值 5 进行比较，两者相等，则工作 B 没有波形线。

工作 C，0＋2＝2，与③节点的标号值 5 进行比较，相差 3，则在工作 C 的右端用波形线表示，在波形线上标注带有下划线的 <u>3</u>。

②→④虚工作，②的标号值 5，④的标号值 5，两者相等，故工作 B 与工作 G 的时间间隔为 0，则在②→④的虚箭线处标注带有下划线的 <u>0</u>。同理，②→③虚工作，在其虚箭线处标注带有下划线的 <u>0</u>。

工作 D，其②节点的标号值 5，5＋6＝11，与⑤节点的标号值 11 进行比较，两者相等，则工作 D 没有波形线。

工作 E，其③节点的标号值 5，5＋4＝9，与⑥节点的标号值 11 进行比较，相差 2，则在工作 E 的右端用波形线表示，在波形线上标注带有下划线的 <u>2</u>。

工作 H，其⑤节点的标号值 11，11＋4＝15，与⑦节点的标号值 16 进行比较，相差 1，则在工作 H 的右端用波形线表示，在波形线上标注带有下划线的 <u>1</u>。

同理，工作 G、工作 J，均没有波形线。⑤→⑥的虚工作，在其虚箭线处标注带有下划线的 <u>0</u>。

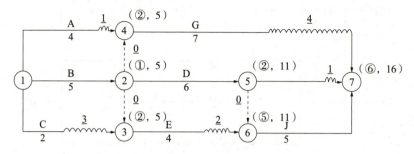

图 8.2-5 快速法的时标网络计划（单位：周）

（3）根据图 8.2-5 快速法的时标网络计划，按时标网络计划的判定方法，可以快速得到各工作的自由时差、总时差等时间参数。

再举一例，如图 8.2-6 所示双代号网络计划，计算各工作的时间参数，其相应的快速法的时标网络计划如图 8.2-7 所示。

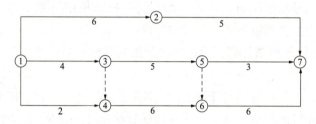

图 8.2-6 双代号网络计划（单位：周）

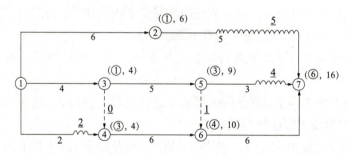

图 8.2-7 快速法的时标网络计划（单位：周）

## 8.2.2 根据工作的逻辑关系绘制双代号网络图的案例分析题

**【例 8.2-1】**（2018 年二级真题）某办公楼工程，合同签订后，施工单位实施了项目进度策划，其中上部标准层结构工序安排见表 8.2-1。

上部标准层结构工序安排表　　　　表 8.2-1

| 工作内容 | 施工准备 | 模板支撑体系搭设 | 模板支设 | 钢筋加工 | 钢筋绑扎 | 管线预埋 | 混凝土浇筑 |
|---|---|---|---|---|---|---|---|
| 工序编号 | A | B | C | D | E | F | G |
| 时间（d） | 1 | 2 | 2 | 2 | 2 | 1 | 1 |

272

续表

| 工作内容 | 施工准备 | 模板支撑体系搭设 | 模板支设 | 钢筋加工 | 钢筋绑扎 | 管线预埋 | 混凝土浇筑 |
|---|---|---|---|---|---|---|---|
| 紧后工序 | B、D | C、F | E | E | G | G | — |

**问题**：根据上部标准层结构工序安排表绘制出双代号网络图，找出关键线路，并计算上部标准层结构每层工期是多少日历天？

**答案**：

绘制的双代号网络图，如图8.2-8所示。

关键线路为：A→B→C→E→G（或者：①→②→③→④→⑤→⑥）

上部标准层结构每层工期是：1+2+2+2+1=8日历天。

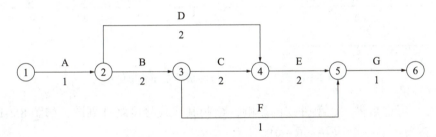

图8.2-8 双代号网络图（单位：d）

**解析**：

确定双代号网络图的关键线路、施工工期，采用标号法。

【例8.2-2】（2013年真题）某工程基础底板施工，合同工期为50d，项目经理部根据业主提供的电子版图纸编制了施工进度计划（图8.2-9），底板施工暂未考虑流水施工。

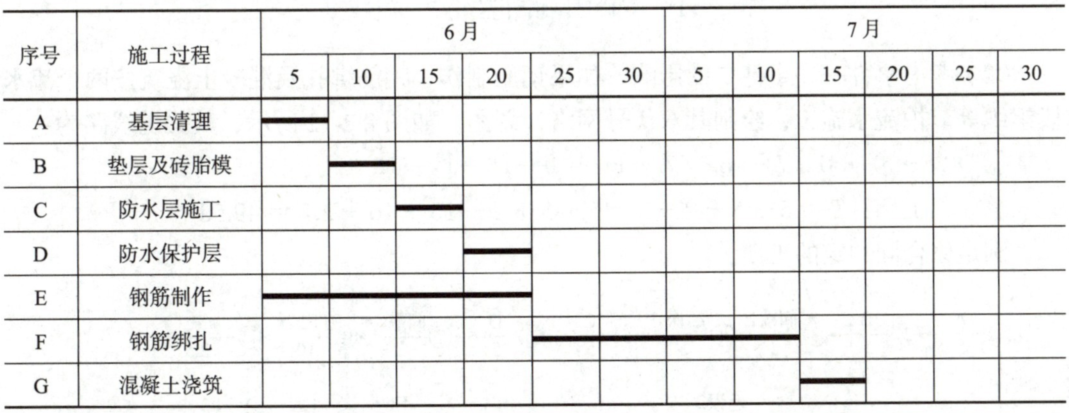

| 序号 | 施工过程 | 6月 | | | | | | 7月 | | | | | |
|---|---|---|---|---|---|---|---|---|---|---|---|---|---|
| | | 5 | 10 | 15 | 20 | 25 | 30 | 5 | 10 | 15 | 20 | 25 | 30 |
| A | 基层清理 | | | | | | | | | | | | |
| B | 垫层及砖胎模 | | | | | | | | | | | | |
| C | 防水层施工 | | | | | | | | | | | | |
| D | 防水保护层 | | | | | | | | | | | | |
| E | 钢筋制作 | | | | | | | | | | | | |
| F | 钢筋绑扎 | | | | | | | | | | | | |
| G | 混凝土浇筑 | | | | | | | | | | | | |

图8.2-9 施工进度计划图（单位：d）

在施工准备和施工过程中发生了下列事件：

事件一：公司在审批该施工进度计划（横道图）时指出，计划未考虑工序B与C、D与F之间的技术间歇（养护）时间，要求项目经理部修改，两处间歇（养护）时间均为

2d，项目经理按要求调整了计划，经监理工程师批准后实施。

事件二：施工单位采购的防水材料进场复试不合格，致使工序 C 比调整后的计划开始时间延后了 3d；因业主未能按时提供正式图纸，致使 E 在 6 月 11 日才开始。

**问题：**

1. 绘制事件一中调整后的双代号网络计划图，并用双线表示出关键线路。
2. 考虑事件一、事件二的影响，计算总工期（假定各工序持续时间不变），如果钢筋制作、钢筋绑扎及混凝土浇筑按两个流水段组织等节拍流水施工，其总工期将变为多少天，是否满足原合同约定的工期？

**答案：**

1. 绘制调整后的双代号网络计划图，如图 8.2-10 所示。

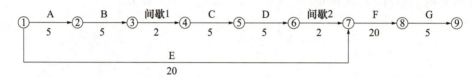

图 8.2-10　调整后的双代号网络计划图（单位：d）

2.（1）考虑事件一、事件二的影响，绘制其双代号网络计划图，如图 8.2-11 所示，其关键线路为：①→⑧→⑨→⑩→⑪。

总施工工期：$T = 10 + 20 + 20 + 5 = 55d$

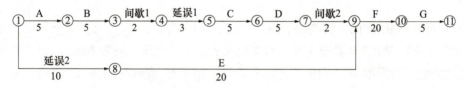

图 8.2-11　双代号网络计划图一（单位：d）

（2）考虑事件一、事件二的影响，如果钢筋制作、钢筋绑扎及混凝土浇筑按两个流水段组织等节拍流水施工，绘制其双代号网络计划图，如图 8.2-12 所示，其关键线路为：①→②→③→④→⑤→⑥→⑦→⑩→⑪→⑫→⑬→⑭。

总施工工期：$T = 5 + 5 + 2 + 3 + 5 + 5 + 2 + 10 + 10 + 2.5 = 49.5d$

满足原合同约定的工期。

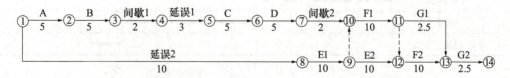

图 8.2-12　双代号网络计划图二（单位：d）

【例 8.2-3】某工程基础底板施工，合同工期为 39d，项目经理部根据业主提供的电子版图纸编制了施工进度计划，如图 8.2-13 所示。为了加快工程施工进度，支模板、绑扎钢筋和浇筑混凝土按三个流水段组织等节拍流水施工。

施工过程
施工进度安排（d）
3
6
9
12
15
18
21
24
27
30
33
36
39
支模板
绑扎钢筋
浇筑混凝土


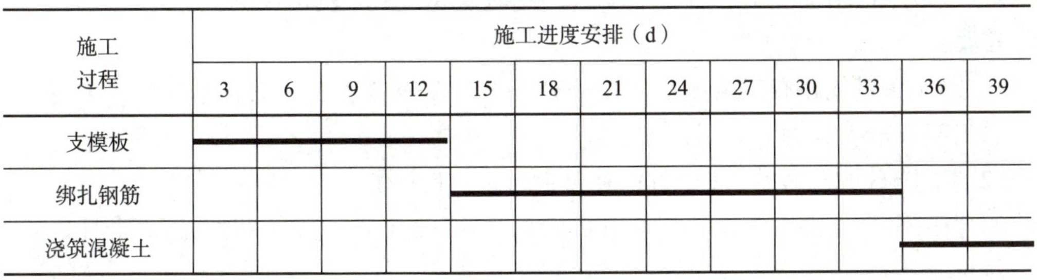

图 8.2-13　流水施工进度计划

**问题：** 按三个流水段组织等节拍流水施工，绘制其双代号网络计划图，并确定其施工工期。

**答案：**

绘制双代号网络计划图，如图 8.2-14 所示。

其施工工期 $T = 27$d。

支模板1
4
支模板2
4
支模板3
4
绑扎钢筋1
7
绑扎钢筋2
7
绑扎钢筋3
7
浇筑混凝土1
2
浇筑混凝土2
2
浇筑混凝土3
2


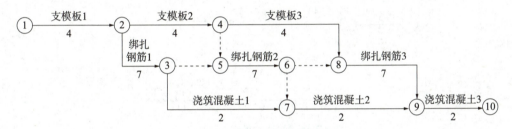

图 8.2-14　双代号网络计划图（单位：d）

### 8.2.3　根据双代号网络图计算某工作的自由时差和总时差的案例分析题

**【例 8.2-4】** 某工程项目总承包单位上报了施工进度计划网络图（单位：月），如图 8.2-15 所示，经总监理工程师批准执行。

在工作 A 施工过程中，由于建设单位的原因，工作 D 发生工程变更，导致工作 D 增加 2 个月。

A
4
B
7
C
6
D
4
E
4
F
14
G
8
H
9


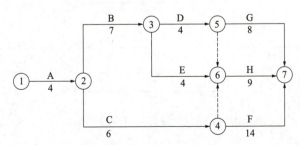

图 8.2-15　某工程施工进度计划网络图

**问题：**

1. 写出图 8.2-15 中关键线路（以工作表示），并计算总工期。工作 G 的总时差和自由时差是多少?

2. 当工作 D 增加 2 个月后,工作 C 的总时差和自由时差是多少?

**答案:**

1.(1)关键线路有三条:A→B→D→H,A→B→E→H,A→C→F。

总工期:$T = 24$ 月。

(2)工作 G 的总时差:1 个月;其自由时差:1 个月。

2. 当工作 D 增加 2 个月后,工作 C 的总时差:2 个月;其自由时差:0 个月。

**解析:**

确定关键线路、总工期,采用标号法。

当工作 D 增加 2 个月后,其快速法的时标网络计划,如图 8.2-16 所示。

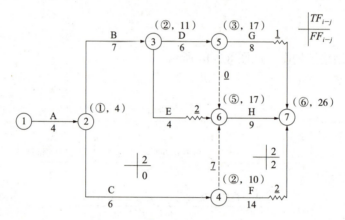

图 8.2-16 快速法的时标网络计划

工作 C 的自由时差:0 个月。

工作 C 的总时差:min =(0+2,7+0)= 2 个月。

【例 8.2-5】(2022 年二级真题改编)工程进入装饰装修施工阶段后,施工单位编制了装饰装修阶段施工进度计划网络图(单位:d),如图 8.2-17 所示,并经总监理工程师和建设单位批准。施工过程中 C 工作因故延迟开工 8d。

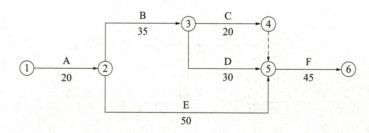

图 8.2-17 施工进度计划网络图(单位:d)

**问题:**

1. 写出施工进度计划网络图中 C 工作的总时差和自由时差。

2. C 工作因故延迟后,是否影响总工期,说明理由。写出 C 工作延迟后的总工期。

**答案：**

1. C 工作的总时差为：10d，自由时差为：10d。
2. C 工作因故延迟后，不会影响总工期。

理由是：C 工作的总时差为 10d，延误 8d 没有超过总时差 10d，因此不会影响总工期。C 工作延迟后的总工期为 130d。

**解析：**

确定 C 工作的总时差和自由时差，采用快速法的时标网络图。

【例 8.2–6】（2018 年真题）在工程开工前，施工单位按照收集依据、划分施工过程（段）、计算劳动量、优化并绘制正式进度计划图等步骤编制了施工进度计划，并通过了总监理工程师的审查与确认。项目部在开工后进行了进度检查，发现施工进度拖延，其部分检查结果如图 8.2-18 所示。

项目部为优化工期，通过改进装饰装修施工工艺，使其作业时间缩短为 4 个月，据此调整的进度计划得到了总监理工程师的确认。

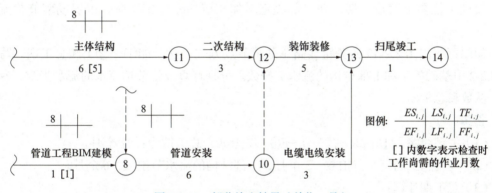

图 8.2-18 部分检查结果（单位：月）

问题：在图 8.2-18 中，工程总工期是多少？管道安装的总时差和自由时差分别是多少？

**答案：**

工程总工期是 22 个月。

管道安装的总时差为 1 个月，自由时差为 0 个月。

**解析：**

确定管道安装的总时差和自由时差，采用快速法的时标网络图。

【例 8.2–7】（2023 年真题）某新建商品住宅项目，建筑面积为 2.4 万 $m^2$，地下 2 层，地上 16 层，由两栋结构类型与建筑规模完全相同的单体建筑组成。总承包项目部进场后绘制了进度计划网络图，如图 8.2-19 所示。项目部针对 4 个施工过程拟采用 4 个专业施工队组织流水施工，各施工过程的流水节拍见表 8.2-2。

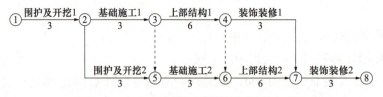

图 8.2-19 项目进度计划网络图（单位：月）

流水节拍表（部分）　　　　　　　　　　　　　　表 8.2-2

| 施工过程编号 | 施工过程 | 流水节拍（月） |
| --- | --- | --- |
| Ⅰ | 围护及开挖 | 3 |
| Ⅱ | 基础施工 | — |
| Ⅲ | 上部结构 | — |
| Ⅳ | 装饰装修 | 3 |

建设单位要求缩短工期，项目部决定增加相应的专业施工队，组织成倍节拍流水施工。

**问题：** 写出图 8.2-19 的关键线路（采用节点方式表达，如①→②）和总工期。写出表 8.2-2 中基础施工和上部结构的流水节拍数。分别计算成倍节拍流水的流水步距、专业施工队数和总工期。

**答案：**

（1）关键线路：①→②→③→④→⑥→⑦→⑧，总工期为：21 个月。

（2）基础施工的流水节拍数：3 个月，上部结构的流水节拍数：6 个月。

（3）总工期计算：

流水步距 $K = \min(3, 3, 6, 3) = 3$ 个月

专业施工队数 $N = 3/3 + 3/3 + 6/3 + 3/3 = 5$ 个月

总工期 $T = (m+N-1)K + \sum Z - \sum C = (2+5-1) \times 3 + 0 - 0 = 18$ 个月

## 8.2.4 利用前锋线比较法分析某工作的拖后对计划总工期影响的案例分析题

实际进度前锋线是指在施工进度时标网络计划中，从实际进度检查时刻的时标点出发，用点划线依次将各项工作实际进展位置点连接而成的折线。前锋线比较法是指在时标网络计划中通过绘制实际进度前锋线进行实际进度与计划进度比较的方法。

实际进度前锋线通常应从时标网络计划图上方时间坐标的实际进度检查时刻开始绘制，依次连接相邻工作的实际进展位置点，最后与时标网络计划图下方坐标的实际进度检查时刻相连接。

某项工作的实际进度与计划进度之间的关系可能存在以下三种情况：

（1）工作实际进展位置点落在实际进度检查时刻的左侧，表明该工作实际进度拖后，二者之差即为实际进度拖后的时间。

（2）工作实际进展位置点与实际进度检查时刻重合，表明该工作实际进度与计划进度

一致。

（3）工作实际进展位置点落在实际进度检查时刻的右侧，表明该工作实际进度超前，二者之差即为实际进度超前的时间。

利用前锋线比较法，不仅可以分析施工进度计划中工作实际进度与计划进度的偏差，而且可以根据工作的自由时差和总时差进一步分析预测工作进度偏差对该工作后续工作及工程总工期的影响。

【例 8.2-8】某工程施工进度时标网络计划如图 8.2-20 所示。该计划执行到第 6 周末检查实际进度时发现，工作 A 和 B 已全部完成，工作 D、E 分别完成计划任务量的 20% 和 50%，工作 C 尚需 4 周完成。

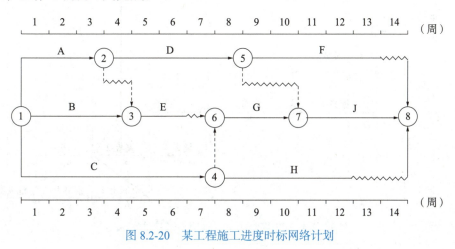

图 8.2-20　某工程施工进度时标网络计划

**问题：**
1. 根据第 6 周末的实际进度检查结果，绘制实际进度前锋线。
2. 分别分析工作 D、工作 E 和工作 C 的实际进度情况，及其对计划总工期的影响。

**答案：**
1. 绘制实际进度前锋线，如图 8.2-21 中所示的点划线。

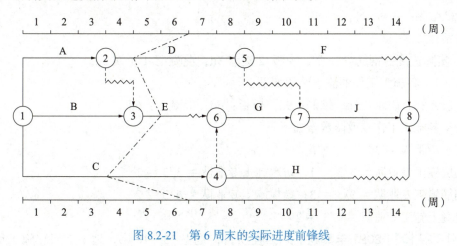

图 8.2-21　第 6 周末的实际进度前锋线

2.（1）工作 D 实际进度拖后 2 周，将使其后续工作 F 的最早开始时间推迟 2 周，并使总工期延长 1 周。

（2）工作 E 实际进度拖后 1 周，既不影响其后续工作的正常进行，也不影响总工期。

（3）工作 C 实际进度拖后 3 周，将使其后续工作 G、H、J 的最早开始时间推迟 3 周。由于工作 C 为关键工作，其实际进度拖后 3 周将会使总工期延长 3 周。

【例 8.2-9】（2019 年真题）某新建办公楼工程，地下 2 层、地上 20 层。建设单位通过公开招标选定了施工总承包单位并签订了工程施工合同。基坑深 7.6m，基础底板施工计划网络图如图 8.2-22 所示。

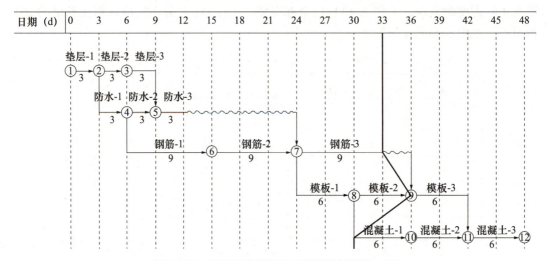

图 8.2-22　基础底板施工计划网络图（单位：d）

项目部在施工至第 33 天时，对施工进度进行了检查，实际施工进度如网络图中实际进度前锋线所示，对进度有延误的工作采取了改进措施。

**问题：**

1. 写出第 33 天的实际进度检查结果。

2. 指出网络图中各施工工作的流水节拍。如采用成倍节拍流水施工，计算各施工工作专业队数量。

**答案：**

1. 实际进度：钢筋 -3 正常，模板 -2 提前 3d，混凝土 -1 延误 3d。

2.（1）各施工工作的流水节拍如下：

垫层：3d；防水：3d；钢筋：9d；模板：6d；混凝土：6d。

（2）各施工工作专业队数量如下：

流水步距 $K = 3d$

垫层施工专业队 $= 3/3 = 1$；防水施工专业队 $= 3/3 = 1$

钢筋施工专业队 $= 9/3 = 3$；模板施工专业队 $= 6/3 = 2$

混凝土施工专业队 $= 6/3 = 2$

【例 8.2-10】（2021 年真题）某工程项目，地上 15~18 层，地下 2 层。施工单位项目经理部计划施工组织方式采用流水施工，根据劳动力储备和工程结构特点确定流水施工的工艺参数、时间参数和空间参数，如空间参数中的施工段、施工层划分等，合理配置了组织和资源，编制项目双代号网络计划，如图 8.2-23 所示。

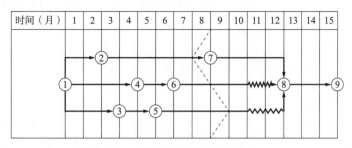

图 8.2-23　项目双代号网络计划（一）

项目经理部在工程施工到第 8 月底时，对施工进度进行了检查，工程进展状态如图 8.2-24 中前锋线所示。工程部门根据检查分析情况，调整措施后重新绘制了从第 9 月开始到工程结束的双代号网络计划，部分内容如图 8.2-24 所示。

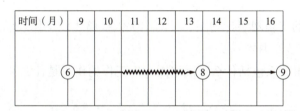

图 8.2-24　项目双代号网络计划（二）

**问题：**

1. 根据图 8.2-23 中进度前锋线分析第 8 月底工程的实际进展情况。
2. 在答题纸上绘制（可以手绘）正确的从第 9 月开始到工程结束的双代号网络计划图。

**答案：**

1. 第 8 月底检查结果：工作②→⑦进度滞后 1 个月，工作⑥→⑧进度与原计划一致，工作⑤→⑧进度提前 1 个月。
2. 绘图，如图 8.2-25 所示。

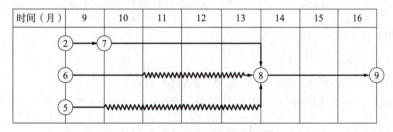

图 8.2-25　双代号网络计划图

### 8.2.5　按题目要求增加虚工作，分析调整后的网络图的案例分析题

【例 8.2-11】（2022 年真题）某新建办公楼工程，地下 1 层、地上 18 层。总承包项

目部在工程施工准备阶段，根据合同要求编制了工程施工网络进度计划，如图 8.2-26 所示。在进度计划审查时，监理工程师提出在工作 A 和工作 E 中含有特殊施工技术，涉及知识产权保护，须由同一专业单位按先后顺序依次完成。项目部对原进度计划进行了调整，以满足工作 A 与工作 E 先后施工的逻辑关系。

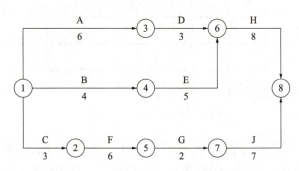

图 8.2-26　施工网络进度计划图（单位：月）

**问题：**

1. 画出调整后的工程网络计划图，并写出关键线路（以工作表示：如 A→B→C）。调整后的总工期是多少个月？
2. 网络图的逻辑关系包括什么？网络图中虚工作的作用是什么？

**答案：**

1. 调整后的工程网络计划图，如图 8.2-27 所示。

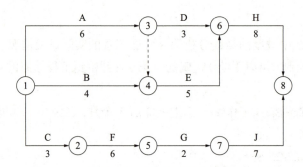

图 8.2-27　调整后的工程网络计划图（单位：月）

关键线路：A→E→H。

调整后的总工期：19 个月。

2.（1）网络图的逻辑关系：工艺关系、组织关系。

（2）网络图中虚工作的作用：联系、区分、断路。

**解析：**

确定调整后的关键线路、总工期，采用标号法。

【例 8.2–12】（2020 年真题）某新建住宅群体工程，包含 10 栋装配式高层住宅、5 栋现浇框架小高层公寓、1 栋社区活动中心及地下车库。社区活动中心开工后，由项目技术负责人组织专业工程师根据施工进度总计划编制社区活动中心施工进度计划，内部评审中项目经理提出 C、G、J 工作由于特殊工艺共同租赁一台施工机具，在工作 B、E 按计划完成的前提下，考虑该机具租赁费用较高，尽量连续施工，要求对进度计划进行调整。经调整，最终形成既满足工期要求又经济可行的进度计划。社区活动中心调整后的部分施工进度计划如图 8.2-28 所示。

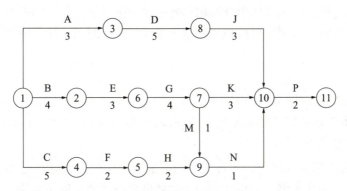

图 8.2-28　社区活动中心施工进度计划（部分）（单位：d）

**问题**：列出图 8.2-28 调整后有变化的逻辑关系（以工作节点表示如：①→②或②→③）。计算调整后的总工期，列出关键线路（以工作名称表示如：A→D）。

**答案**：
调整后，逻辑关系变化的有：④→⑥和⑦→⑧。
调整后的总工期：16d。
关键线路有两条，分别为：B→E→G→K→P，B→E→G→J→P。

**解析**：
本题目是改变某些工作的逻辑关系，因此增加虚工作，采用虚箭线。
确定调整后的关键线路、总工期，采用标号法。

【**例 8.2-13**】（2019 年二级真题）某洁净厂房工程，项目经理指示项目技术负责人编制施工进度计划，并评估项目总工期，项目技术负责人编制了相应施工进度安排（图 8.2-29），报项目经理审核。项目经理提出：施工进度计划不等同于施工进度安排，还应包含相关施工计划必要组成内容，要求技术负责人补充。

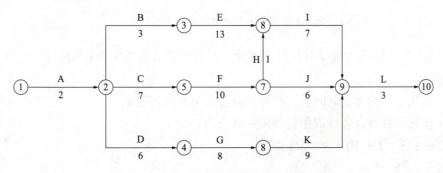

图 8.2-29　施工进度计划网络图（单位：周）

因为本工程采用了某项专利技术，其中工序 B、工序 F、工序 K 必须使用某种特种设备,且需按"B→F→K"先后顺次施工。该设备在当地仅有一台,租赁价格昂贵,租赁时长计算从进场开始直至设备退场为止,且场内停置等待的时间均按正常作业时间计取租赁费用。

项目技术负责人根据上述特殊情况,对网络图进行了调整,并重新计算项目总工期,报项目经理审批。项目经理二次审查发现:各工序均按最早开始时间考虑,导致特种设备存在场内停置等待时间。项目经理指示调整各工序的起止时间,优化施工进度安排以节约设备租赁成本。

**问题:**

1. 写出图 8.2-29 中网络图的关键线路(用工作表示)和总工期。

2. 根据特种设备使用的特殊情况,重新绘制调整后的施工进度计划网络图,调整后的网络图总工期是多少?

3. 根据重新绘制的网络图,如各工序均按最早开始时间考虑,特种设备计取租赁费用的时长为多少?优化工序的起止时间后,特种设备应在第几周初进场?优化后特种设备计取租赁费用的时长为多少?

**答案:**

1. 网络图的关键线路为:A→C→F→H→I→L。

总工期为:$T = 2+7+10+1+7+3 = 30$ 周

2. (1) 调整后的施工进度计划网络图,如图 8.2-30 所示。

(2) 调整后的网络图关键线路为:A→C→F→K→L。

调整后的网络图总工期为:$2+7+10+9+3 = 31$ 周

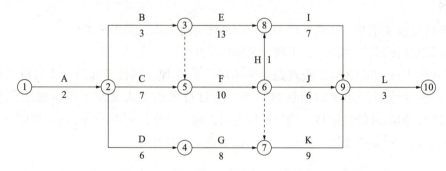

图 8.2-30 调整后的施工进度计划网络图(单位:周)

3. (1) 各工序均按最早开始时间考虑,特种设备计取租赁费用的时长为:$7+10+9 = 26$ 周。

(2) 优化工序的起止时间后,特种设备应在第 6 周初进场。

(3) 优化后特种设备计取租赁费用的时长为:

算法一:$3+1+10+9 = 23$ 周

算法二:$28-5 = 23$ 周

**解析:**

1. 确定网络计划图的关键线路、总工期,采用标号法。

2. 确定调整后网络计划图的关键线路、总工期,采用标号法。

3. 确定工作 B 的时间参数,采用快速法的时标网络计划,如图 8.2-31 所示。

因此,工作 B 的总时差为:$TF_B = \min\{0+3, 4+0\} = 3$ 周

算法一:

工作 B 的总时差为 3 周,3+3=6 周,工作 C 的持续时间为 7 周,当工作 C 最早完成时,特种设备需要闲置 1 周,因此优化后特种设备计取费用的时长为:3+1+10+9=23 周。

算法二:

工作 B 的总时差为 3 周,工作 B 的最迟开始时间为:2+3=5 周,工作 K 的最早完成时间(即标号值)为 28 周,因此,优化后特种设备计取租赁费用的时长为:28-5=23 周。

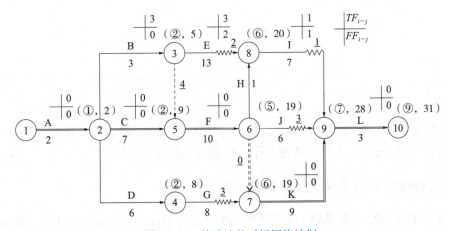

图 8.2-31 快速法的时标网络计划

【例 8.2-14】某新建办公楼工程,总承包项目部在工程施工准备阶段,根据合同要求编制了工程施工网络进度计划,如图 8.2-32 所示(单位:月)。在进度计划审查时,监理工程师提出在工作 A 和工作 G 中含有特殊施工技术,涉及知识产权保护,须由同一专业单位按先后顺序依次完成。项目部对原进度计划进行了调整,以满足工作 A 与工作 G 先后施工的逻辑关系。

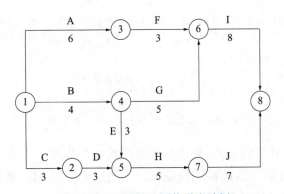

图 8.2-32 工程施工网络进度计划

**问题**：画出调整后的工程网络计划图，并写出关键线路（以工作表示：如 A → B → C）。调整后的总工期是多少个月？

**答案**：

调整后的工程网络计划图，如图 8.2-33 所示。

关键线路有两条：A → G → I，B → E → H → J。

调整后的总工期是：$T = 19$ 个月

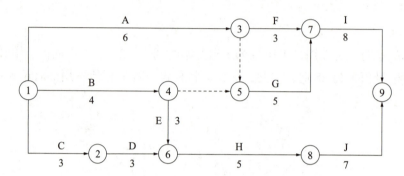

图 8.2-33 调整后的工程网络计划图（单位：月）

**解析**：

工作 E 的紧前工作只有工作 B，工作 E 与工作 A 没有逻辑关系，因此调整后的工程网络计划图，必须增加虚工作，使得工作 E 的紧前工作只有工作 B。

### 8.2.6 工期优化与费用优化的案例分析题

【**例 8.2–15**】（2017 年真题）某新建别墅群项目，各幢别墅均为地下 1 层、地上 3 层，砖砌体混合结构。施工总承包单位项目部按幢编制了单幢工程施工进度计划。某幢计划工期为 180 日历天，施工进度计划图如图 8.2-34 所示。

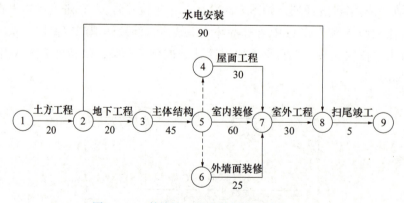

图 8.2-34 某幢施工进度计划图（单位：d）

在该幢别墅工程开工后第 46 天进行的进度检查时发现，土方工程和地基基础工程在第 45 天完成，已开始主体结构工程施工，工期进度滞后 5d。项目部依据赶工参数表（表 8.2-3），对相关施工过程进行压缩，确保工期不变。

赶工参数表  表 8.2-3

| 序号 | 施工过程 | 最大可压缩时间（d） | 赶工费用（元/d） |
|---|---|---|---|
| 1 | 土方工程 | 2 | 800 |
| 2 | 地下工程 | 4 | 900 |
| 3 | 主体结构 | 2 | 2700 |
| 4 | 水电安装 | 3 | 450 |
| 5 | 室内装修 | 8 | 3000 |
| 6 | 屋面工程 | 5 | 420 |
| 7 | 外墙面装修 | 2 | 1000 |
| 8 | 室外工程 | 3 | 4000 |
| 9 | 扫尾竣工 | 0 | — |

**问题**：按照经济、合理原则对相关施工过程进行压缩，请分别写出最适宜压缩的施工过程和相应的压缩天数。

**答案**：需要压缩的工序是：主体结构、室内装修，其相应的压缩天数分别为：2d、3d。

**解析**：

关键线路是：①→②→③→④→⑦→⑧→⑨。

关键线路上，后续可压缩的工作是：主体结构、室内装修、室外工程、扫尾工程，再结合赶工参数表，确定需要压缩的工序是：主体结构、室内装修，相应的压缩天数分别为：2d、3d。

【例 8.2–16】某单项工程，如图 8.2-35 所示的进度计划网络图组织施工。

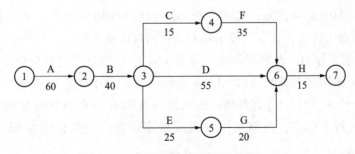

图 8.2-35　进度计划网络图（单位：d）

原计划工期是 170d，在第 75 天进行的进度检查时发现：工作 A 已全部完成，工作 B 刚刚开工。由于工作 B 是关键工作，所以它拖后 15d 将导致总工期延长 15d 完成。

本工程各工作相关参数见表 8.2-4。

相关参数表　　　　　　　　　表 8.2-4

| 序号 | 工作 | 最大可压缩时间（d） | 赶工费用（元/d） |
|---|---|---|---|
| 1 | A | 10 | 200 |
| 2 | B | 5 | 200 |
| 3 | C | 3 | 100 |
| 4 | D | 10 | 300 |
| 5 | E | 5 | 200 |
| 6 | F | 10 | 150 |
| 7 | G | 10 | 120 |
| 8 | H | 5 | 420 |

**问题：**

1. 若本工程仍按原工期完成，应如何调整原计划，使增加费用最小。列出详细调整过程。

2. 计算经调整后的赶工费用。

3. 重新绘制调整后的进度计划网络图，并列出关键线路（以工作表示）。

**答案：**

1. 总工期拖后 15d，此时的关键线路：B→D→H。

（1）工作 B 赶工费率最低，先对工作 B 压缩 5d：增加费用为：5×200＝1000 元；此时总工期为：185－5＝180d；关键线路：B→D→H。

（2）现在关键工作中，工作 D 赶工费率最低，对工作 D 进行压缩。同时考虑各线路工作正常进展均不影响总工期为限。工作 D 只能压缩 5d，增加费用为：5×300＝1500 元；此时总工期为：180－5＝175d；关键线路：B→D→H 和 B→C→F→H 两条。

（3）现在关键工作中，存在三种压缩方式：同时压缩工作 C、工作 D，同时压缩工作 F、工作 D，压缩工作 H。而同时压缩工作 C 和工作 D 的赶工费率最低，工作 C 最大可压缩天数为 3d，故本次调整只压缩 3d，增加费用为：3×100＋3×300＝1200 元；此时总工期为：175－3＝172d；关键线路：B→D→H 和 B→C→F→H 两条。

（4）现在关键工作中，压缩工作 H 赶工费率最低，工作 H 压缩 2d，增加费用为：2×420＝840 元。

此时总工期为：172－2＝170d，满足原计划要求。

2. 调整后的赶工费用为：1000＋1500＋1200＋840＝4540 元

3. 调整后的进度计划网络图，如图 8.2-36 所示。

其关键线路为：A→B→D→H 和 A→B→C→F→H。

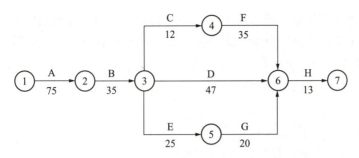

图 8.2-36 调整后的进度计划网络图（单位：d）

## 8.3 索赔与现场签证的案例分析题

### 1. 不可抗力后果的分担原则

除专用合同条款另有约定外，不可抗力导致的人员伤亡、财产损失、费用增加和（或）工期延误等后果，由合同双方按以下原则承担：

（1）永久工程，包括已运至施工场地的材料和工程设备的损害，以及因工程损害造成的第三者人员伤亡和财产损失由发包人承担。

（2）承包人设备的损坏由承包人承担。

（3）发包人和承包人各自承担其人员伤亡和其他财产损失及其相关费用。

（4）承包人的停工损失由承包人承担，但停工期间应监理人要求照管工程和清理、修复工程的金额由发包人承担。

（5）不能按期竣工的，应合理延长工期，承包人不需支付逾期竣工违约金。发包人要求赶工的，承包人应采取赶工措施，赶工费用由发包人承担。

### 2. 工期索赔计算

（1）网络分析法：通过分析延误前后的施工网络计划，比较两种工期计算结果，计算出工程顺延的工程工期。

（2）比例分析法：干扰事件影响某些单项工程、单位工程或分部分项工程的工期，同时分析它们对总工期的影响。

$$工期索赔值 = 原工期 \times 新增工程量 / 原工程量$$

（3）其他方法：按照索赔事件实际增加天数确定索赔的工期，或通过双方协议确定索赔工期。

### 3. 费用索赔计算

（1）总费用法（亦称总成本法）。计算出某单项工程的总费用，减去该单项工程的合同费用，得出索赔费用。

（2）分项法：按照工程造价的确定方法，逐项进行工程费用的索赔。可以分为人工费、材料费、机械费、管理费、利润等分别计算索赔费用。

#### 8.3.1 费用索赔与工期索赔计算方法的案例分析题

【例 8.3-1】某工程原合同报价为：现场施工成本（不含公司管理费）380 万元；公司

管理费为38万元（现场施工成本的10%）；利润为29.26万元（现场施工成本和公司管理费的7%）；不含税的合同价为447.26万元。由于非承包商原因造成实际工地总成本增加至420万元，成本增加产生的利息约定为0。

**问题：** 用总费用法计算索赔费用。

**答案：**

（1）现场施工成本增加：（420－380）＝40万元

（2）总部管理费增加：40×10%＝4万元

（3）利润增加：（40＋4）×7%＝3.08万元

（4）利息支付（按实计）：0

（5）索赔费用：40＋4＋3.08＋0＝47.08万元

**【例8.3-2】**（2021年真题）某新建住宅楼工程，装配式钢筋混凝土结构。建设单位编制了招标工程量清单等招标文件。经公开招标投标，某施工总承包单位以12500万元中标。其中：工地总成本为9200万元；公司管理费按10%计；利润按5%计；暂列金额为1000万元。主要材料及构配件金额占合同额70%。双方签订了工程施工总承包合同。

施工单位按照建设单位要求，通过专家论证，采用了一种新型预制钢筋混凝土剪力墙结构体系，致使实际工地总成本增加到9500万元。施工单位在工程结算时，对增加费用进行了索赔。

**问题：** 施工单位工地总成本增加，用总费用法分步计算索赔值是多少万元？（精确到小数点后两位）

**答案：**

（1）总成本增加：9500－9200＝300万元

（2）公司管理费增加：300×10%＝30万元

（3）利润增加：（300＋30）×5%＝16.5万元

（4）索赔费用：300＋30＋16.5＝346.5万元

**【例8.3-3】**（2014年真题）某办公楼工程，地下2层、地上10层，现浇钢筋混凝土框架结构。建设单位与施工总承包单位签订了施工总承包合同，双方约定工期为20个月，建设单位供应部分主要材料。施工总承包单位按规定向项目监理工程师提交了施工总进度计划网络图（图8.3-1），该计划通过了监理工程师的审查和确认。

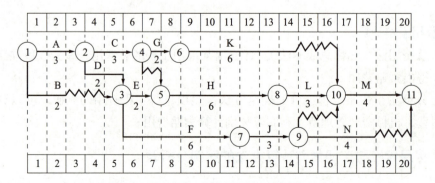

图8.3-1 施工总进度计划网络图（单位：月）

在合同履行过程中，发生了下列事件：

事件一：工作B（特种混凝土工程）进行1个月后，因建设单位原因修改设计导致停工2个月。设计变更后，施工总承包单位及时向监理工程师提出了费用索赔申请（表8.3-1），索赔内容和数量经监理工程师审查符合实际情况。

费用索赔申请一览表　　　　　　　　　　　　　表 8.3-1

| 序号 | 内容 | 数量 | 计算式 | 备注 |
|---|---|---|---|---|
| 1 | 新增特种混凝土工程费 | 500m³ | 500×1050 = 525000 元 | 新增特种混凝土工程综合单价 1050 元 /m³ |
| 2 | 机械设备闲置费补偿 | 60 台班 | 60×210 = 12600 元 | 台班费 210 元 / 台班 |
| 3 | 人工窝工费补偿 | 1600 工日 | 1600×85 = 136000 元 | 人工工日单价 85 元 / 工日 |

事件二：在施工过程中，由于建设单位供应的主材未能按时交付给施工总承包单位，致使工作K的实际进度在第11月底时拖后三个月；部分施工机械由于施工总承包单位原因未能按时进场，致使工作H的实际进度在第11月底时拖后一个月；在工作F进行过程中，由于施工工艺不符合施工规范要求导致发生质量问题，被监理工程师责令整改，致使工作F的实际进度在第11月底时拖后一个月。施工总承包单位就工作K、H、F工期拖后分别提出了工期索赔。

问题：

1. 事件一中，费用索赔申请一览表中有哪些不妥之处？分别说明理由。
2. 事件二中，分别分析工作K、H、F的总时差，并判断其进度偏差对施工总工期的影响。分别判断施工总承包单位就工作K、H、F工期拖后提出的工期索赔是否成立？

答案：

1.（1）机械设备闲置费补偿计算不妥。

理由：计算机械闲置费不能依据台班费（或只能依据机械的折旧费或租赁费）。

（2）人工窝工费补偿计算不妥。

理由：计算人工窝工费补偿不能依据人工工日单价（或只能依据合同文件明确或约定的人工窝工费标准计算）。

2.（1）总时差及进度偏差对总工期的影响：

① 工作K有总时差2个月，延误3个月，将影响总工期1个月。

② 工作H为关键工作（或总时差为0），延误1个月，将影响总工期1个月。

③ 工作F有总时差2个月，延误1个月，不影响总工期。

（2）工期索赔判断：

工作H和工作F的工期索赔不成立；工作K的工期索赔成立（或可以提出合理工期索赔为1个月）。

【例 8.3-4】（2018 年真题）某高校图书馆工程，地下2层、地上5层，现浇钢筋混凝土框架结构。在工程开工前，施工单位编制了施工进度计划，并通过了总监理工程师的审查与确认。项目部在开工后进行进度检查时，发现施工进度拖延，其部分检查结果如图 8.3-2 所示。

项目部为优化工期，通过改进装饰装修施工工艺，使其作业时间缩短为 4 个月，据此调整的进度计划得到了总监理工程师的确认。

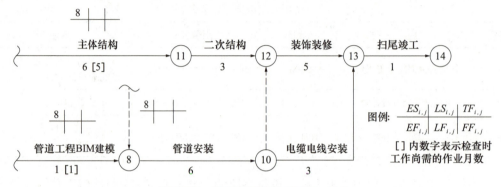

图 8.3-2　部分检查结果（单位：月）

管道安装按照计划进度完成后，因甲供电缆电线未按计划进场，导致电缆电线安装工程最早开始时间推迟了 1 个月，施工单位按规定提出索赔工期 1 个月。

**问题：** 施工单位提出的工期索赔是否成立？并说明理由。

**答案：** 工期索赔 1 个月的申请不成立。

其理由是：延迟开始 1 个月不影响总工期（或电缆电线工程总时差有 2 个月；或自由时差有 2 个月）。

**解析：** 根据部分检查结果，装饰装修施工工艺缩短为 4 个月，利用快速法的时标网络图，判定关键线路：主体结构→二次结构→装饰装修→扫尾竣工。因此，电缆电线安装为非关键工作，其自由时差有 2 个月，总时差有 2 个月。

### 8.3.2　工程变更的索赔的案例分析题

**【例 8.3–5】**（2024 年真题）某商品住宅项目，地下 2 层，地上 12～18 层，装配式剪力墙结构。施工总承包单位中标后组建项目部进场施工。项目部编制了项目网络进度计划图，如图 8.3-3 所示。

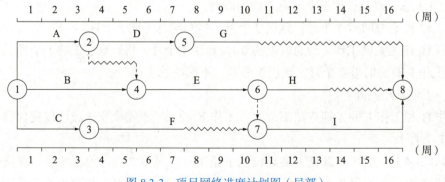

图 8.3-3　项目网络进度计划图（局部）

施工过程中发生了下列事件：

事件一：由于设计变更，致使工作 E 工程量增加，作业时间延长 2 周。

事件二：施工单位的施工机械出现故障，需订购零部件替换，致使工作 G 作业时间延长 1 周。

**问题：**

1. 写出图 8.3-3 中（调整前）的关键线路（表达如 A→B）和工作 A、工作 F 的总时差。

2. 分别写出事件一、二工期索赔是否成立？并说明理由。

**答案：**

1. 图 8.3-3 中（调整前）的关键线路：B→E→I。

工作 A 的总时差为 2 周；工作 F 的总时差为 3 周。

2. 索赔处理

事件一：工期索赔成立。

理由：工作 E 是关键工作，且设计变更是建设单位的原因造成的。

事件二：工期索赔不成立。

理由：施工机械出现故障影响工期是施工单位自身的原因。

【例 8.3-6】（2015 年真题）某单体工程，主楼地下 2 层、地上 8 层，现浇钢筋混凝土框剪结构。建设单位分别与施工单位、监理单位按照《建设工程施工合同（示范文本）》GF—2017—0201、《建设工程监理合同（示范文本）》GF—2012—0202 签订了施工合同和监理合同。

合同履行过程中，发生了下列事件：

事件一：该工程的施工进度计划网络图如图 8.3-4 所示。因工艺设计采用某专利技术，工作 F 需要工作 B 和工作 C 完成以后才能开始施工。监理工程师要求施工单位对该施工进度计划网络图进行调整。

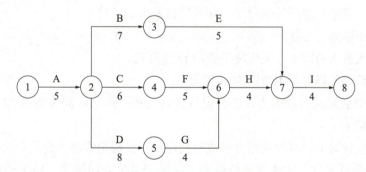

图 8.3-4 施工进度计划网络图（单位：月）

事件二：由于项目功能调整变更设计，导致工作 C 中途出现停歇，持续时间比原计划超出 2 个月，造成施工人员窝工损失 13.6 万元/月×2 月＝27.2 万元。

针对上述事件二，施工单位在有效时限内向建设单位提出 2 个月的工期索赔、27.2 万元的费用索赔（所有事项均与实际相符）。

问题：事件二中，指出施工单位提出的工期索赔和费用索赔是否成立，并说明理由。

答案：

（1）工期索赔 2 个月：不成立。

理由：工作 C 有 1 个月的总时差（或工作 C 虽延误 2 个月，只影响总工期 1 个月）。

（2）费用索赔 27.2 万元：成立。

理由：因设计变更引起造成的损失由建设单位承担。

### 8.3.3 不可抗力作用的索赔的案例分析题

【例 8.3-7】题目条件同【例 8.3-6】。

合同履行过程中，发生了下列事件：

当地发生百年一遇大暴雨引发泥石流，导致工作 E 停工、清理恢复施工共用时 3 个月，造成施工设备损失费用 8.2 万元、清理和修复工程费用 24.5 万元。

针对上述事件，施工单位在有效时限内向建设单位提出 3 个月的工期索赔、32.7 万元的费用索赔（所有事项均与实际相符）。

问题：事件中，指出施工单位提出的工期索赔和费用索赔是否成立，并说明理由。

答案：

（1）工期索赔 3 个月：不成立。

理由是：E 工作有 4 个月的总时差（或延误 3 个月不影响总工期）。

（2）费用索赔 32.7 万元：不成立。

理由是：（1）施工设备损失由施工方承担，即施工设备损失费用 8.2 万元由施工单位自己承担，费用 8.2 万元的索赔不成立；（2）清理和修复工程费用由建设单位承担，即清理和修复工程费用 24.5 万元由建设单位承担，费用 24.5 万元成立。

【例 8.3-8】（2019 年二级真题）沿海地区某群体住宅工程，建设单位参照《建设工程施工合同（示范文本）》GF—2017—0201 与 A 施工单位按固定总价签订施工承包合同。在施工过程中，当地遭遇罕见强台风，导致项目发生如下情况：

（1）整体中断施工 24d。

（2）施工人员大量窝工，发生窝工费用 88.4 万元。

（3）工程清理及修复发生费用 30.7 万元。

（4）为提高后续抗台风能力，部分设计进行变更，经估算涉及费用 22.5 万元，该变更不影响总工期。

A 施工单位针对上述情况均按合规程序向建设单位提出索赔，建设单位认为上述事项全部由罕见强台风导致，非建设单位过错，应属于总价合同模式下施工单位应承担的风险，均不予同意。

问题：针对 A 施工单位提出的选项索赔，分别判断是否成立。

答案：

（1）24d 工期索赔成立。

理由：不可抗力造成的工期延误应该由建设单位承担。

（2）窝工费用索赔不成立。

理由：不可抗力造成的人员窝工，各自承担。

（3）工程清理及修复费用索赔成立。

理由：不可抗力造成的工程损失以及修复费用由建设单位承担。

（4）设计变更涉及的费用索赔成立。

理由：设计变更所造成的费用增加由建设单位承担。

### 8.3.4 业主违约的索赔的案例分析题

**【例 8.3-9】**（2016 年真题改编）某综合楼工程，地下 3 层、地上 20 层，现浇钢筋混凝土框架剪力墙结构。建设单位与施工单位按照《建设工程施工合同（示范文本）》GF—2017—0201 签订了施工合同。

建设单位采购的材料进场复检结果不合格，监理工程师要求退场；因停工待料导致窝工，施工单位提出 8 万元费用索赔。材料重新进场施工完毕后，监理工程师验收通过；由于该部位的特殊性，建设单位要求进行剥离检验，检验结果符合要求；剥离检验及恢复共发生费用 4 万元，施工单位提出 4 万元费用索赔。上述索赔均在要求时限内提出，数据经监理工程师核实无误。

**问题：** 分别判断施工单位提出的两项费用索赔是否成立，并写出相应理由。

**答案：**

（1）8 万元费用索赔，成立。

理由：该损失是由于建设单位责任（原因）（或建设单位供应主材不合格）所造成的。

（2）4 万元费用索赔，成立。

理由：监理工程师验收通过，建设单位要求进行剥离检验，属于重新检验。因剥离检验质量合格，由此造成的损失由建设单位承担。

### 8.3.5 材料检验试验费和总承包服务费的索赔的案例分析题

**【例 8.3-10】**（2018 年真题）某开发商拟建一城市综合体项目，预计总投资 15 亿元。发包方式采用施工总承包，施工单位承担部分垫资。竣工结算时，总承包单位提出索赔事项如下：

（1）特大暴雨造成停工 7d，开发商要求总承包单位安排 20 人留守现场照管工地，发生费用 5.60 万元。

（2）本工程设计采用了某种新材料，总承包单位为此支付给检测单位检验试验费 4.60 万元，要求开发商承担。

（3）工程主体完工 3 个月后，总承包单位为配合开发商自行发包的燃气等专业工程施工，脚手架留置比计划延长 2 个月拆除。为此要求开发商支付 2 个月脚手架租赁费 68.00 万元。

（4）总承包单位要求开发商按照银行同期同类贷款利率，支付垫资利息 1142.00 万元。

**问题：** 总承包单位提出的索赔是否成立？并说明理由。

**答案：**

（1）索赔成立，可获得索赔金额为 5.60 万元；

理由：特大暴雨属于不可抗力，总承包单位留在工地人员是照管工程现场，开发商应予以支付。

（2）索赔成立，可获得索赔金额为 4.6 万元；

理由：工程造价中记取的检验试验费是对建筑、材料等进行的一般性鉴定，不包括对新结构、新材料的检验试验费。

（3）索赔成立，可获得索赔金额为 68.00 万元；

理由：合同价中的总承包服务费是建设单位进行专业工程发包以及建设单位自行采购供应的材料、设备时，要求承包人对其提供协调和配合服务，支付给承包人的费用，并没有记取配合费用。

（4）索赔不成立，可获得的索赔金额为 0.00 万元；

理由：按照高法司法解释规定，合同对垫资利息没有约定而承包人请求支付利息的，不予支付。

【例 8.3-11】（2021 年真题）某新建住宅楼工程，装配式钢筋混凝土结构。建设单位与施工单位签订了工程施工总承包合同。施工单位按照建设单位要求，通过专家论证，采用了一种新型预制钢筋混凝土剪力墙结构体系，致使实际工地总成本增加到 9500 万元。

项目检验试验由建设单位委托具有资质的检测机构负责，施工单位支付了相关费用，并向建设单位提出以下索赔事项：

（1）现场自建试验室费用超出预算费用 3.5 万元；

（2）新型钢筋混凝土预制剪力墙结构验证试验费用 25 万元；

（3）新型钢筋混凝土剪力墙预制构件抽样检测费用 12 万元；

（4）预制钢筋混凝土剪力墙板破坏性试验费用 8 万元；

（5）施工企业采购的钢筋连接套筒抽检不合格而增加的检测费用 1.5 万元。

问题：分别判断检测试验索赔事项的各项费用是否成立？（如 1 万元成立）

**答案：**

（1）3.5 万元不成立。

（2）25 万元成立。

（3）12 万元不成立。

（4）8 万元成立。

（5）1.5 万元不成立。

**解析：**

新型钢筋混凝土剪力墙预制构件抽样检测费用 12 万元，属于对构件的一般鉴定、检查所发生的费用，它包括在检验试验费用内，因此索赔不成立。

### 8.3.6 现场签证的案例分析题

【例 8.3-12】（2016 年真题）某酒店工程，采取工程量清单计价模式招标，2018 年 5

月 28 日确定某施工企业以 2.18 亿元中标,其中土方挖运综合单价为 25.00 元 /m³,增值税及附加费为 11.50%。建设单位与施工承包单位签订了施工总承包合同,部分合同条款如下:因建设单位责任引起的鉴证变更费用予以据实调整;工程质量标准为优良。工程量清单附表中约定,拆除工程为 520.00 元 /m³,零星用工为 260.00 元 / 工日……。

基坑开挖时,承包人发现地下位于基底标高以上部位,埋有一条尺寸为 25m×4m×4m(外围长 × 宽 × 高)、厚度均为 400mm 的废弃混凝土泄洪沟。建设单位、承包人、监理单位共同确认并进行了签证。

**问题:** 承包人在基坑开挖过程中的签证费用是多少元?(保留小数点后两位)

**答案:**

(1)因废弃泄洪沟减少土方挖运体积为:25×4×4 = 400.00m³

(2)废弃泄洪沟混凝土拆除量为:泄洪沟外围体积－空洞体积 = 400.00－3.2×3.2×25 = 144.00m³

(3)工程签证金额为:拆除混凝土总价－土方体积总价(即泄洪沟所占总价)= 144×520×(1＋11.5%)－400×25×(1＋11.5%)= 72341.20 元

**解析:**

混凝土泄洪沟的横截面是外围四周封闭、内部空心泄洪的截面,否则,无法泄洪。

# 第 3 篇

## 实务操作题

# 第9章 钢筋与混凝土工程及砌体工程实务操作题

## 9.1 钢筋工程

### 9.1.1 钢筋进场检验与钢筋加工

《混凝土结构工程施工质量验收规范》GB 50204—2015 规定：

> 5.1.2 钢筋、成型钢筋进场检验，当满足下列条件之一时，其检验批容量可扩大一倍：
> 1 获得认证的钢筋、成型钢筋。
> 2 同一厂家、同一牌号、同一规格的钢筋，连续三批均一次检验合格。
> 3 同一厂家、同一类型、同一钢筋来源的成型钢筋，连续三批均一次检验合格。
>
> 5.2.1 钢筋进场时，应按国家现行标准的规定抽取试件做屈服强度、抗拉强度、伸长率、弯曲性能和重量偏差检验，检验结果应符合相关标准的规定。

《钢筋混凝土用钢 第1部分：热轧光圆钢筋》GB 1499.1—2024 和《钢筋混凝土用钢 第2部分：热轧带肋钢筋》GB 1499.2—2024 规定：

每批重量不大于 60t 时，应按规范要求取样并检验。每批重量大于 60t 时，每增加 40t 或不足 40t 的余数，应增加一个拉伸试验试样和一个弯曲试验试样。

测量钢筋重量偏差时，试样应从不同根钢筋上截取，数量为 5 支，每支试样长度不小于 500mm，长度应逐支测量，精确到 1mm。测量试样总重量时，应精确到 1g。

$$重量偏差 = \frac{试样实际总重量 - (试样总长度 \times 理论重量)}{试样总长度 \times 理论重量} \times 100\%$$

钢筋实际重量与理论重量的允许偏差　　　表 9.1-1

| 钢筋类别 | 直径 6～12mm | 直径 14～20mm | 直径 ≥ 22mm |
| --- | --- | --- | --- |
| 热轧光圆钢筋 | ±5.5% | ±4.5% | ±3.5% |
| 热轧带肋钢筋 | | | |

**注意：**《混凝土结构设计规范（2015年版）》GB 50010—2010 限制热轧光圆钢筋直径为 6～14mm。

《混凝土结构工程施工质量验收规范》GB 50204—2015 规定：

5.2.2 成型钢筋进场时，应抽取试件做屈服强度、抗拉强度、伸长率和重量偏差检验，检验结果应符合国家现行相关标准的规定。

对由热轧钢筋制成的成型钢筋，当有施工单位或监理单位的代表驻厂监督生产过程，并提供原材钢筋力学性能第三方检验报告时，可仅进行重量偏差检验。

检查数量：同一厂家、同一类型、同一钢筋来源的成型钢筋，不超过30t为一批，每批中每种钢筋牌号、规格均应至少抽取1个钢筋试件，总数不应少于3个。

5.2.3 对按一、二、三级抗震等级设计的框架和斜撑构件（含梯段）中的纵向受力普通钢筋应采用HRB400E、HRB500E、HRBF400E或HRBF500E钢筋，其强度和最大力下总伸长率的实测值应符合下列规定：

1 抗拉强度实测值与屈服强度实测值的比值不应小于1.25。

2 屈服强度实测值与屈服强度标准值的比值不应大于1.30。

3 最大力下总伸长率不应小于9%。

5.3.4 盘卷钢筋调直后应进行力学性能和重量偏差的检验，其强度应符合国家现行有关标准的规定，其断后伸长率、重量偏差应符合表5.3.4的规定。力学性能和重量偏差检验应符合下列规定：

1 应对3个试件先进行重量偏差检验，再取其中2个试件进行力学性能检验。

2 重量偏差应按下式计算：

$$\Delta = \frac{W_d - W_0}{W_0} \times 100 \qquad (5.3.4)$$

式中：$\Delta$——重量偏差（%）；

$W_d$——3个调直钢筋试件的实际重量之和（kg）；

$W_0$——钢筋理论重量（kg），取每米理论重量（kg/m）与3个调直钢筋试件长度之和（m）的乘积。

3 检验重量偏差时，试件切口应平滑并与长度方向垂直，其长度不应小于500mm；长度和重量的量测精度分别不应低于1mm和1g。

采用无延伸功能的机械设备调直的钢筋，可不进行本条规定的检验。

表5.3.4 盘卷钢筋调直后的重量偏差要求

| 钢筋品种 | 重量偏差（%） | |
|---|---|---|
| | 直径6～12mm | 直径14～16mm |
| 光圆钢筋 | ≥-10 | — |
| 热轧钢筋 | ≥-8 | ≥-6 |

【例9.1-1】施工总承包单位进场后，采购了110t HRB400级钢筋，钢筋出厂合格证明材料齐全，施工总承包单位将同一炉罐号的钢筋组批，在监理工程师见证下，取样复试。复试合格后，施工总承包单位在现场采用冷拉方法调直钢筋，冷拉率控制为3%，监

理工程师责令施工总承包单位停止钢筋加工工作。

问题：指出施工总承包单位做法的不妥之处，分别写出正确做法。

答案：

（1）不妥1：施工总承包单位将同一炉罐号的钢筋组批。

理由：钢筋进场检验应按同一厂家、同一牌号、同一规格的钢筋组批，且每批复验重量不超过60t。

（2）不妥2：施工总承包单位在现场采用冷拉方法调直钢筋，冷拉率控制为3%。

理由：HRB400级钢筋冷拉伸长率不宜大于1%。

【例9.1-2】（2014年真题）项目部按规定向监理工程师提交调直后HRB400E⊕12钢筋复试报告，主要检测数据为：抗拉强度实测值561N/mm²，屈服强度实测值460N/mm²，实测重量0.816kg/m（HRB400E⊕12钢筋：屈服强度标准值400N/mm²，极限强度标准值540N/mm²，理论重量0.888kg/m）。

问题：计算钢筋的强屈比、屈强比（超屈比）、重量偏差（保留两位小数），并根据计算结果分别判断该指标是否符合要求。

答案：

（1）强屈比＝561/460＝1.22＜1.25，不符合要求。

（2）屈强比（超屈比）＝460/400＝1.15＜1.30，符合要求。

（3）钢筋重量偏差＝（0.816－0.888）/0.888×100%＝－8.11%，

直径6～12mm的HRB400E的重量偏差≥－8%。

－8.11%＜－8%，不符合要求。

【例9.1-3】2022年4月5日，某批次国产钢筋常规检测合格，建设单位以验证工程质量为由，要求施工总承包单位还需对该批次钢筋进行化学成分分析，施工总承包单位委托具备资质的检测单位进行了检测，化学成分检测费用为8万元，检测结果合格。施工总承包单位按索赔程序和时限要求，提出8万元检测费用的索赔。

问题：指出施工总承包单位的索赔是否成立？并说明理由。

答案：

施工总承包单位的索赔成立。

理由：工程施工合同价中的材料检验试验费是指对材料进行的常规检验的费用，钢筋常规检验的内容是屈服强度、抗拉强度、伸长率、弯曲性能和重量偏差，不包括钢筋化学成分检验，即钢筋化学成分检验未计入施工合同价。因此，当发生钢筋化学成分检验时，建设单位应承担并支付其费用。

【例9.1-4】（2016年二级真题）主体结构施工过程中，施工单位对进场的钢筋按国家现行有关标准抽样检验了抗拉强度、屈服强度。结构施工至四层时，施工单位进场一批72t⊕18的HREB400E钢筋，在此前因同厂家、同牌号的该规格钢筋已连续三次进场检验均一次检验合格，施工单位对此批钢筋仅抽取一组试件送检，监理工程师认为取样组数不足。

问题：施工单位还应增加哪些钢筋原材检测项目？通常情况下钢筋原材检验批量最大

不宜超过多少吨？监理工程师的意见是否正确？并说明理由。

**答案：**

（1）还应增加检测：伸长率、弯曲性能、重量偏差。

（2）钢筋原材检验批量最大不宜超过60t。

（3）监理工程师的意见不正确。

理由：同一厂家、同一牌号、同一规格的钢筋进场检验，连续三批均一次检验合格，其检验批容量可扩大一倍，即120t为一个批次。因此，72t可仅抽取一组试件送检。

## 9.1.2 钢筋连接与钢筋安装

### 1. 钢筋连接

钢筋的连接、接头面积百分率的要求，见本书第3章第3.4.1节。

框架梁、柱的接头位置，见本书第3章第3.4.1节。

《混凝土结构工程施工质量验收规范》GB 50204—2015规定：

> 5.4.4 钢筋接头的位置应符合设计和施工方案要求。有抗震设防要求的结构中，梁端、柱端箍筋加密区内不应进行钢筋搭接。

### 2. 钢筋连接的质量检查与验收

《混凝土结构工程施工质量验收规范》GB 50204—2015规定：

> 5.4.2 钢筋采用机械连接或焊接连接时，钢筋机械连接接头、焊接接头的力学性能、弯曲性能应符合国家现行有关标准的规定。接头试件应从工程实体中截取。

钢筋机械连接的质量验收，详细内容见后文。

### 3. 钢筋安装

（1）条形基础、独立基础和筏板基础的钢筋安装，见本书第3章第3.3.3节。

（2）主体结构的柱、墙、梁和板钢筋安装，见本书第3章第3.4.1节。

灌注桩的钢筋笼的制作，《建筑地基基础工程施工规范》GB 51004—2015规定：

> 5.6.14 钢筋笼制作应符合下列规定：
> 1 钢筋笼宜分段制作，分段长度应根据钢筋笼整体刚度、钢筋长度以及起重设备的有效高度等因素确定。钢筋笼接头宜采用焊接或机械式接头，接头应相互错开。
> 2 钢筋笼应采用环形胎模制作，钢筋笼主筋净距应符合设计要求。
> 3 钢筋笼的材质、尺寸应符合设计要求，钢筋笼制作允许偏差应符合表5.6.14（此处略）的规定。
> 4 钢筋笼主筋混凝土保护层允许偏差应为±20mm，钢筋笼上应设置保护层垫块，每节钢筋笼不应少于2组，每组不应少于3块，且应均匀分布于同一截面上。

【例9.1-5】（2023年真题）钢筋施工专项技术方案中规定：采用专用量规等检测工

具对钢筋直螺纹加工和安装质量进行检测；纵向受力钢筋采用机械连接或焊接接头时的接头面积百分率等要求如下：

（1）受拉接头不宜大于50%；

（2）受压接头不宜大于75%；

（3）直接承受动力荷载的结构构件不宜采用焊接；

（4）直接承受动力荷载的结构构件采用机械连接时，不宜超过50%。

问题：

1. 指出钢筋连接接头面积百分率等要求中的不妥之处，并写出正确做法。（本问题2项不妥，多答不得分）

2. 现场钢筋直螺纹接头加工和安装质量检测专用工具还有哪些？

答案：

1. 不妥一：要求（2）受压接头不宜大于75%；

正确做法：受压接头的接头面积百分率可不受限制。

不妥二：要求（4）不宜超过50%；

正确做法：直接承受动力荷载的结构构件采用机械连接时，不应超过50%。

2. 检查工具有：通规、止规、扭力扳手。

【例9.1-6】某建筑工程，主体结构为现浇混凝土框架-剪力墙结构，抗震设防烈度为7度。

钢筋工程施工时，发现梁、柱钢筋的直螺纹套筒连接接头有位于梁、柱端箍筋加密区的情况。在现场留取接头试件样本时，是以同一层每600个为一个验收批，并按规定抽取试件样本进行合格性检验。

问题：

1. 梁、柱端箍筋加密区出现直螺纹套筒接头是否妥当？如不可避免，应如何处理？

2. 指出本工程钢筋直螺纹套筒接头的现场检验验收批确定有何不妥？应如何改正？

答案：

1. 因本工程有抗震设防要求，因此，梁、柱端箍筋加密区出现直螺纹套筒接头不妥当无法避开时，应采用Ⅱ级接头或Ⅰ级接头，且接头面积百分率不应大于50%。

2. 在现场取留接头试件时，在同一层选取试件600个为一验收批不妥。

正确做法：应按每500个为一个验收批，不足500个也应作为一个验收批。

【例9.1-7】（2020年二级真题）某新建商住楼工程，钢筋混凝土框架-剪力墙结构，地下1层、地上16层，建筑面积为2.8万$m^2$，基础桩为泥浆护壁钻孔灌注桩。项目部进场后，在泥浆护壁灌注桩钢筋笼作业交底会上，重点强调钢筋笼制作和钢筋笼保护层垫块的注意事项，要求钢筋笼分段制作，分段长度要综合考虑成笼的三个因素，钢筋保护层垫块，每节钢筋笼不少于2组，长度大于12m的中间加设1组，每组块数为2块，垫块可自由分布。

问题：写出灌注桩钢筋笼制作和安装综合考虑的三个因素，指出钢筋笼保护层垫块的设置数量及位置的错误之处并改正。

**答案：**

（1）灌注桩钢筋笼制作和安装综合考虑的三个因素：钢筋笼的整体刚度、材料长度、起重设备的有效高度。

（2）错误之处一：每组块数为2块。

正确做法：每组块数不得小于3块。

错误之处二：垫块可自由分布。

正确做法：均匀分布在同一截面的主筋上。

### 9.1.3 钢筋机械连接的质量检查与验收

《钢筋机械连接技术规程》JGJ 107—2016 规定：

3.0.5 Ⅰ级、Ⅱ级、Ⅲ级接头的极限抗拉强度必须符合表3.0.5的规定。

表3.0.5 接头极限抗拉强度

| 接头等级 | Ⅰ级 | Ⅱ级 | Ⅲ级 |
|---|---|---|---|
| 极限抗拉强度 | $f_{mst}^0 \geq f_{stk}$ 或 $f_{mst}^0 \geq 1.10 f_{stk}$ 钢筋拉断 连接件破坏 | $f_{mst}^0 \geq f_{stk}$ | $f_{mst}^0 \geq 1.25 f_{yk}$ |

注：1 钢筋拉断指断于钢筋母材、套筒外钢筋丝头和钢筋镦粗过渡段；
    2 连接件破坏指断于套筒、套筒纵向开裂或钢筋从套筒中拔出以及其他连接组件破坏。

4.0.3 结构构件中纵向受力钢筋的接头宜相互错开。钢筋机械连接的连接区段长度应按 $35d$ 计算，当直径不同的钢筋连接时，按直径较小的钢筋计算。位于同一连接区段内的钢筋机械连接接头的面积百分率应符合下列规定：

1 接头宜设置在结构构件受拉钢筋应力较小部位，高应力部位设置接头时，同一连接区段内Ⅲ级接头的接头面积百分率不应大于25%，Ⅱ级接头的接头面积百分率不应大于50%。Ⅰ级接头的接头面积百分率除本条第2款和第4款所列情况外可不受限制。

2 接头宜避开有抗震设防要求的框架的梁端、柱端箍筋加密区；当无法避开时，应采用Ⅱ级接头或Ⅰ级接头，且接头面积百分率不应大于50%。

3 受拉钢筋应力较小部位或纵向受压钢筋，接头面积百分率可不受限制。

4 对直接承受重复荷载的结构构件，接头面积百分率不应大于50%。

6.2.1 直螺纹钢筋丝头加工应符合下列规定：

1 钢筋端部应采用带锯、砂轮锯或带圆弧形刀片的专用钢筋切断机切平；

2 镦粗头不应有与钢筋轴线相垂直的横向裂纹；

3 钢筋丝头长度应满足产品设计要求，极限偏差应为 $0 \sim 2.0p$；

4 钢筋丝头宜满足6f级精度要求，应采用专用直螺纹量规检验，通规应能顺利旋入并达到要求的拧入长度，止规旋入不得超过 $3p$。各规格的自检数量不应少于10%，检验合格率不应小于95%。

6.3.1 直螺纹接头的安装应符合下列规定：

1　安装接头时可用管钳扳手拧紧，钢筋丝头应在套筒中央位置相互顶紧，标准型、正反丝型、异径型接头安装后的单侧外露螺纹不宜超过 $2p$；对无法对顶的其他直螺纹接头，应附加锁紧螺母、顶紧凸台等措施紧固。

2　接头安装后应用扭力扳手校核拧紧扭矩，最小拧紧扭矩值应符合表 6.3.1 的规定。

7. 0. 5　接头现场抽检项目应包括极限抗拉强度试验、加工和安装质量检验。抽检应按验收批进行，同钢筋生产厂、同强度等级、同规格、同类型和同型式接头应以 500 个为一个验收批进行检验与验收，不足 500 个也应作为一个验收批。

7. 0. 7　对接头的每一验收批，应在工程结构中随机截取 3 个接头试件做极限抗拉强度试验，按设计要求的接头等级进行评定。当 3 个接头试件的极限抗拉强度均符合本规程表 3.0.5 中相应等级的强度要求时，该验收批应评为合格。当仅有 1 个试件的极限抗拉强度不符合要求，应再取 6 个试件进行复检。复检中仍有 1 个试件的极限抗拉强度不符合要求，该验收批应评为不合格。

**【例 9.1-8】（2020 年二级真题）**某新建住宅楼，框剪结构，地下 2 层、地上 18 层，建筑面积 2.5 万 $m^2$。甲公司总承包施工。

项目部质量月活动中，组织了直螺纹套筒连接、现浇构件拆模管理等知识竞赛活动，以提高管理人员、操作工人的质量意识和业务技能，减少质量通病的发生。钢筋直螺纹加工、连接常用检查和使用工具的作用如图 9.1-1 所示。

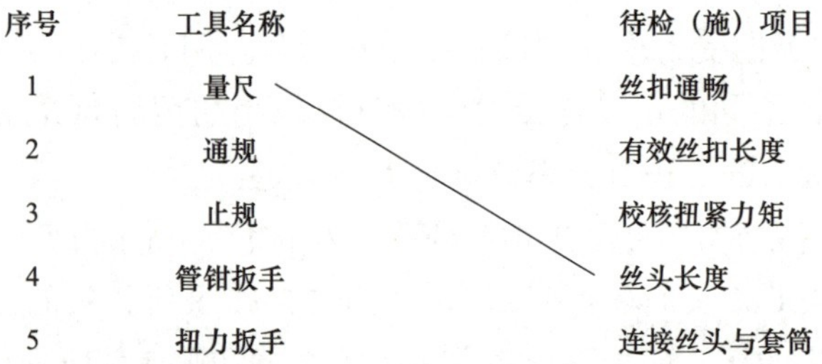

序号
工具名称
待检（施）项目
1
量尺
丝扣通畅
2
通规
有效丝扣长度
3
止规
校核扭紧力矩
4
管钳扳手
丝头长度
5
扭力扳手
连接丝头与套筒

图 9.1-1　钢筋直螺纹加工、连接常用检查和使用工具的作用（部分）

**问题：**对图 9.1-1 中钢筋直螺纹加工、连接常用工具及待检（施）项目对应关系进行正确连线。（在答题卡上重新绘制）

**答案：**

钢筋直螺纹加工、连接常用工具及待检（施）项目连线图如图 9.1-2 所示。

序号
工具名称
待检（施）项目
1
量尺
丝扣通畅
2
通规
有效丝扣长度
3
止规
校核扭紧力矩
4
管钳扳手
丝头长度
5
扭力扳手
连接丝头与套筒

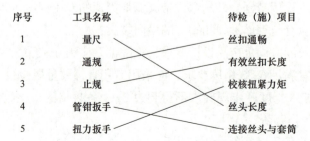

图 9.1-2　钢筋直螺纹加工、连接常用工具及待检（施）项目连线图

## 9.2 混凝土工程

### 9.2.1 混凝土的材料与配合比的要求

**1. 混凝土材料的要求**

在钢筋混凝土结构工程中，粗骨料的最大粒径不得超过结构截面最小尺寸的1/4，同时不得大于钢筋间最小净距的3/4。对于混凝土实心板，可允许采用最大粒径达1/3板厚的骨料，但最大粒径不得超过40mm。对于采用泵送的混凝土，碎石的最大粒径应不大于输送管径的1/3，卵石的最大粒径应不大于输送管径的1/2.5。

**2. 混凝土的配合比**

本书第3章第3.4.1节阐述了最小胶凝材料、抗渗混凝土配合比的要求。

【例9.2-1】（2019年真题）某工程钢筋混凝土基础底板，长120m、宽100m、厚2.0m。混凝土设计强度等级为P6C35，设计无后浇带。施工单位选用商品混凝土浇筑，P6C35混凝土设计配合比为：1：1.7：2.8：0.46（水泥：中砂：碎石：水），水泥用量为400kg/m³。粉煤灰掺量20%（等量替换水泥），实测中砂含水率4%、碎石含水率1.2%。

问题：

1. 计算每立方米P6C35混凝土设计配合比的水泥、中砂、碎石、水的用量是多少？
2. 计算每立方米P6C35混凝土施工配合比的水泥、中砂、碎石、水、粉煤灰的用量是多少？（单位：kg，小数点后保留2位）

**答案：**

1. 设计配合比

每立方米P6C35混凝土设计配合比的水泥、中砂、碎石、水的用量为：

水泥：400kg/m³

中砂：400×1.7 = 680kg/m³

碎石：400×2.8 = 1120kg/m³

水：400×0.46 = 184kg/m³

2. 施工配合比

每立方米P6C35混凝土施工配合比的水泥、中砂、碎石、水、粉煤灰的用量为：

水泥：400×(1−20%) = 320.00kg/m³

中砂：680×(1+4%) = 707.20kg/m³

碎石：1120×(1+1.2%) = 1133.44kg/m³

水：184−680×4%−1120×1.2% = 143.36kg/m³

粉煤灰：400×20% = 80.00kg/m³

**解析：**

混凝土设计配合比1：1.7：2.8：0.46（水泥：中砂：碎石：水）为重量比。

现场的砂含水率、碎石含水率仅对砂、碎石、水的重量有影响，对其他材料的重量没有影响。

**【例 9.2-2】** 某建筑工程，建筑面积为 23800m²，地上 10 层、地下 2 层（地下水位为 -2.000m）。主体结构为现浇混凝土框架－剪力墙结构，抗震设防烈度为 7 度。结构主体地下室外墙采用 P8 防水混凝土浇筑，墙厚 250mm，钢筋净距 60mm，混凝土为商品混凝土。一、二层柱混凝土强度等级为 C40，以上各层柱混凝土强度等级为 C30。结构主体地下室外墙防水混凝土浇筑过程中，现场对粗骨料的最大粒径进行了检测，检测结果为 40mm。

**问题：** 商品混凝土粗骨料最大粒径控制是否正确？请从地下结构外墙的截面尺寸、钢筋净距和防水混凝土的设计原则三方面分析本工程防水混凝土粗骨料的最大粒径。

**答案：**

（1）商品混凝土粗骨料最大粒径控制为 40mm：正确。

（2）本工程防水混凝土粗骨料的最大粒径 $d$ 应满足下列要求：

从截面尺寸角度：$d \leqslant$ 截面最小尺寸的 1/4，即：$d \leqslant 250 \times 1/4 = 62.5$mm

从钢筋净距角度：$d \leqslant$ 钢筋净距的 3/4，即：$d \leqslant 600 \times 3/4 = 45$mm

从防水混凝土角度：$d$ 不宜大于 40mm。

因此，该工程防水混凝土粗骨料最大粒径为 40mm。

### 9.2.2 混凝土的搅拌、输送与浇筑

**1. 混凝土的输送和布料设备**

混凝土水平运输设备主要有混凝土搅拌输送车、机动翻斗车、手推车等。

混凝土垂直运输设备主要有混凝土汽车泵（移动泵）、固定泵、塔式起重机、汽车起重机、施工电梯、井架等。

混凝土布料设备主要有混凝土汽车泵、布料机、布料杆、塔式起重机、手推车等。

**2. 混凝土的浇筑与施工缝及后浇带**

相关内容见本书第 3 章第 3.4.1 节。

**3. 大体积混凝土的浇筑与温度控制**

相关内容见本书第 3 章第 3.3.3 节。

**4. 柱（或墙）与梁板的混凝土强度等级不同时混凝土浇筑**

《混凝土结构工程施工规范》GB 50666—2011 规定：

> 8.3.8 柱、墙混凝土设计强度等级高于梁、板混凝土设计强度等级时，混凝土浇筑应符合下列规定：
>
> 1 柱、墙混凝土设计强度比梁、板混凝土设计强度高一个等级时，柱、墙位置梁、板高度范围内的混凝土经设计单位同意，可采用与梁、板混凝土设计强度等级相同的混凝土进行浇筑。
>
> 2 柱、墙混凝土设计强度比梁、板混凝土设计强度高两个等级及以上时，应在交界区域采取分隔措施。分隔位置应在低强度等级的构件中，且距高强度等级构件边缘不应小于 500mm。
>
> 3 宜先浇筑高强度等级混凝土，后浇筑低强度等级混凝土。

柱混凝土设计强度比梁、板混凝土设计强度高两个等级及以上时，应在交界区域采取分隔措施，其分隔位置示意图如图 9.2-1 所示。

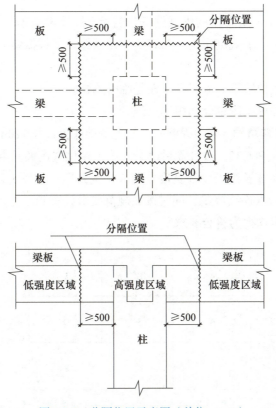

图 9.2-1 分隔位置示意图（单位：mm）

【例 9.2-3】（2019 年二级真题）某办公楼工程，建筑面积为 24000m²，地下 1 层、地上 12 层，筏板基础，钢筋混凝土框架结构。本工程混凝土设计强度等级：梁板均为 C30，地下部分框架柱为 C40，地上部分框架柱为 C35。施工总承包单位针对梁柱核心区（梁柱节点部位）混凝土浇筑制定了专项技术措施，拟采取竖向结构与水平结构连续浇筑的方式：地下部分梁柱核心区中，沿柱边设置隔离措施，先浇筑框架柱及隔离措施内的 C40 混凝土，再浇筑隔离措施外的 C30 梁板混凝土；地上部分，先浇筑柱 C35 混凝土至梁柱核心区底面梁底标高处，梁柱核心区与梁、板一起浇筑 C30 混凝土。针对上述技术措施，监理工程师提出异议，要求修正其中的错误和补充必要的确认程序，现场才能实施。

问题：

1. 针对混凝土浇筑措施中监理工程师提出的异议，施工总承包单位应修正和补充哪些措施和确认程序？
2. 写出施工现场混凝土浇筑常用的机械设备名称。

答案：

1.（1）地下部分应修正补充的措施：梁柱核心区分隔位置应在梁中，其距柱边缘不应小于 500mm。

（2）地上部分应补充确认的程序：梁柱核心区浇筑同一等级 C30 混凝土应经设计单位同意。

2. 施工现场混凝土浇筑常用的机械设备：混凝土搅拌输送车、机动翻斗车、手推车、混凝土汽车泵、固定泵、塔式起重机、布料机、振动棒、平板振动器、收面机。

解析：

梁柱核心区的分隔位置不是施工缝，而是临时隔断。

梁柱核心区的分隔可采用钢丝网板等措施。

【例9.2-4】(2019年真题)某工程钢筋混凝土基础底板，长120m、宽100m、厚2.0m。混凝土设计强度等级为 P6C35，设计无后浇带。施工单位选用商品混凝土浇筑。采用跳仓法施工方案，分别按 1/3 长度与 1/3 宽度分成 9 个浇筑区，如图 9.2-2 所示，每区混凝土浇筑时间为 3d，各区依次连续浇筑，同时按照规范要求设置测温点，如图 9.2-3 所示。（资料中未说明条件及因素均视为符合要求）。

| 4 | B | 5 |
| --- | --- | --- |
| A | 3 | D |
| 1 | C | 2 |

注：① 1～5 为第一批浇筑顺序；② A、B、C、D 为填充浇筑区编号

图 9.2-2　跳仓法分区示意图

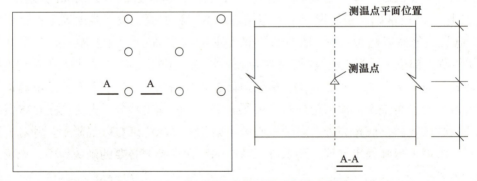

图 9.2-3　分区测温点位置平面布置示意图

问题：

1. 写出正确的填充浇筑区 A、B、C、D 的先后浇筑顺序（如表示为 A-B-C-D）。
2. 在答题卡上画出 A-A 剖面示意图（可手绘），并补齐应布置的竖向测温点位置。

答案：

1. 浇筑顺序：C → A → D → B。

2. 竖向测温点布置 5 层，如图 9.2-4 所示。

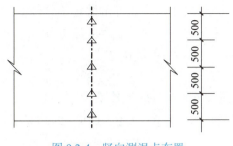

图 9.2-4　竖向测温点布置

【例 9.2-5】（2022 年真题）某新建医院工程，地下 2 层、地上 8~16 层，基坑深度为 9.8m，沉管灌注桩基础，钢筋混凝土结构。

基础底板大体积混凝土浇筑方案确定了包括环境温度、底板表面与大气温差等多项温度控制指标；明确了温控监测点布置方式，要求沿底板厚度方向测温点间距不大于 500mm。

问题：大体积混凝土温控指标还有哪些？沿底板厚度方向的测温点应布置在什么位置？

答案：
（1）温控指标还有：里表温差、降温速率、最高温升值。
（2）沿底板厚度方向的测温点位置：表面以内 50mm 处、中心位置、底面以上 50mm 处。

### 9.2.3　混凝土试件的留置与强度检验

**1. 取样与试件留置**

用于检查结构构件混凝土强度的试件，应在混凝土的浇筑地点随机抽取。同一配合比的混凝土，取样与试件留置应符合下列规定：

（1）每拌制 100 盘且不超过 100m³ 时，取样不得少于一次。
（2）每工作班拌制不足 100 盘时，取样不得少于一次。
（3）连续浇筑超过 1000m³ 时，每 200m³ 取样不得少于一次。
（4）每一楼层取样不得少于一次。
（5）每次取样应至少留置一组试件。

**2. 混凝土结构实体检验的基本规定**

《混凝土结构工程施工质量验收规范》GB 50204—2015 第 10.1.2 条规定：

10.1.2　结构实体混凝土强度应按不同强度等级分别检验，检验方法宜采用同条件养护试件方法；当未取得同条件养护试件强度或同条件养护试件强度不符合要求时，可采用回弹－取芯法进行检验。

结构实体混凝土同条件养护试件强度检验应符合本规范附录 C 的规定；结构实体混凝土回弹－取芯法强度检验应符合本规范附录 D 的规定。

混凝土强度检验时的等效养护龄期可取日平均温度逐日累计达到 600℃·d 时所对

应的龄期，且不应小于14d。日平均温度为0℃及以下的龄期不计入。

冬期施工时，等效养护龄期计算时温度可取结构构件实际养护温度，也可根据结构构件的实际养护条件，按照同条件养护试件强度与在标准养护条件下28d龄期试件强度相等的原则由监理、施工等各方共同确定。

### 3. 结构实体混凝土同条件养护试件强度检验

《混凝土结构工程施工质量验收规范》GB 50204—2015 附录 C 规定：

C.0.1 同条件养护试件的取样和留置应符合下列规定：
    1 同条件养护试件所对应的结构构件或结构部位，应由施工、监理等各方共同选定，且同条件养护试件的取样宜均匀分布于工程施工周期内。
    2 同条件养护试件应在混凝土浇筑入模处见证取样。
    3 同条件养护试件应留置在靠近相应结构构件的适当位置，并应采取相同的养护方法。
    4 同一强度等级的同条件养护试件不宜少于10组，且不应少于3组。每连续两层取样不应少于一组；每2000m²取样不得少于一组。
C.0.2 每组同条件养护试件的强度值应根据强度试验结果按现行国家标准《混凝土物理力学性能试验方法标准》GB/T 50081的规定确定。
C.0.3 对同一强度等级的同条件养护试件，其强度值应除以0.88后按现行国家标准《混凝土强度检验评定标准》GB/T 50107的有关规定进行评定，评定结果符合要求时可判结构实体混凝土强度合格。

### 4. 混凝土试件的强度代表值确定与强度评定

1）混凝土试件的强度代表值确定

《混凝土强度检验评定标准》GB/T 50107—2010 第 4.3.1 条规定：

4.3.1 混凝土试件的立方体抗压强度试验应根据现行国家标准《混凝土物理力学性能试验方法标准》GB/T 50081的规定执行。每组混凝土试件强度代表值的确定，应符合下列规定：
    1 取3个试件强度的算术平均值作为该组试件的强度代表值。
    2 当一组试件中强度的最大值或最小值与中间值之差超过中间值的15%时，取中间值作为该组试件的强度代表值。
    3 当一组试件中强度的最大值和最小值与中间值之差均超过中间值的15%时，该组试件的强度不应作为评定得依据。

口诀："一超取中、两超无效、无超平均"。

2）混凝土强度的评定

《混凝土强度检验评定标准》GB/T 50107—2010 规定：

5.1.1 采用统计方法评定时,应按下列规定进行:

1 当连续生产的混凝土,生产条件在较长时间内保持一致,且同一品种、同一强度等级混凝土的强度变异性保持稳定时,应按本标准第5.1.2条的规定进行评定。

2 其他情况应按本标准第5.1.3条的规定进行评定。

5.1.2 一个检验批的样本容量应为连续的3组试件,其强度应同时符合下列规定:

$$m_{f_{cu}} \geqslant f_{cu,k} + 0.7\sigma_0 \quad (5.1.2\text{-}1)$$

$$f_{cu,min} \geqslant f_{cu,k} - 0.7\sigma_0 \quad (5.1.2\text{-}2)$$

当混凝土强度等级高于C20时,其强度的最小值尚应满足下列要求:

$$f_{cu,min} \geqslant 0.90 f_{cu,k} \quad (5.1.2\text{-}3)$$

式中:$m_{f_{cu}}$——同一检验批混凝土立方体抗压强度的平均值($N/mm^2$),精确到0.1($N/mm^2$);

$f_{cu,k}$——混凝土立方体抗压强度标准值($N/mm^2$),精确到0.1($N/mm^2$);

$\sigma_0$——检验批混凝土立方体抗压强度的标准差($N/mm^2$),精确到0.01($N/mm^2$);

当检验批混凝土强度标准差$\sigma_0$计算值小于$2.5N/mm^2$时,应取$2.5N/mm^2$;

$f_{cu,min}$——同一检验批混凝土立方体抗压强度的最小值($N/mm^2$),精确到0.1($N/mm^2$)。

5.1.3 当样本容量不少于10组时,其强度应同时满足下列要求:

$$m_{f_{cu}} \geqslant f_{cu,k} + \lambda_1 \cdot S_{f_{cu}} \quad (5.1.3\text{-}1)$$

$$f_{cu,min} \geqslant \lambda_2 \cdot f_{cu,k} \quad (5.1.3\text{-}2)$$

式中:$S_{f_{cu}}$——同一检验批混凝土立方体抗压强度的标准差($N/mm^2$),精确到0.01($N/mm^2$);

当检验批混凝土强度标准差$S_{f_{cu}}$计算值小于$2.5N/mm^2$时,应取$2.5N/mm^2$;

$\lambda_1,\lambda_2$——合格评定系数,按表5.1.3取用。

表5.1.3 混凝土强度的合格评定系数

| 试件组数 | 10~14 | 15~19 | ≥20 |
|---|---|---|---|
| $\lambda_1$ | 1.15 | 1.05 | 0.95 |
| $\lambda_2$ | 0.90 | 0.85 | |

5.2.1 当用于评定的样本容量小于10组时,应采用非统计方法评定混凝土强度。

5.2.2 按非统计方法评定混凝土强度时,其强度应同时符合下列规定:

$$m_{f_{cu}} \geqslant \lambda_3 \cdot f_{cu,k} \quad (5.2.2\text{-}1)$$

$$f_{cu,min} \geqslant \lambda_4 \cdot f_{cu,k} \quad (5.2.2\text{-}2)$$

式中:$\lambda_3,\lambda_4$——合格评定系数,应按表5.2.2取用。

表5.2.2 混凝土强度的非统计法合格评定系数

| 混凝土强度等级 | <C60 | ≥C60 |
|---|---|---|
| $\lambda_3$ | 1.15 | 1.10 |
| $\lambda_4$ | 0.95 | |

5.3.1 当检验结果满足第 5.1.2 条或第 5.1.3 条或第 5.2.2 条的规定时，则该批混凝土强度应评定为合格；当不能满足上述规定时，该批混凝土强度应评定为不合格。

5.3.2 对评定为不合格批的混凝土，可按国家现行的有关标准进行处理。

【例 9.2-6】（2016 年真题）某住宅楼工程，场地占地面积约 10000m²，建筑面积约 14000m²。地下 2 层、地上 16 层，层高 2.8m，檐口高 47m，结构设计为筏板基础，剪力墙结构。

根据项目试验计划，项目总工程师会同试验员选定在 1、3、5、7、9、11、13、16 层各留置 1 组 C30 混凝土同条件养护试件，试件在浇筑点制作，脱模后放置在下一层楼梯口处。第 5 层的 C30 混凝土同条件养护试件强度试验结果为 28MPa。

问题：题中同条件养护试件的做法有何不妥？并写出正确做法。第 5 层 C30 混凝土同条件养护试件的强度代表值是多少？

答案：

（1）不妥之处：

不妥之一：项目总工程师会同试验员选定试件。

正确做法：会同监理方（建设单位）共同选定。

不妥之二：1、3、5、7、9、11、13、16 层各留置 1 组 C30 混凝土同条件养护试件。

正确做法：每连续两层楼取样不应少于 1 组 C30 混凝土同条件养护试件。

不妥之三：脱模后放置在下一层楼梯口处。

正确做法：脱模后应放置在本楼层浇筑点，与结构同条件养护。

（2）C30 混凝土同条件养护试件的强度代表值：28÷0.88 = 31.82MPa。

【例 9.2-7】（2022 年真题）新建住宅小区，单位工程地下 2~3 层，地上 2~12 层，总建筑面积为 12.5 万 m²。

某配套工程地上 1~3 层结构柱混凝土设计强度等级为 C40。于 2022 年 8 月 1 日浇筑 1F 柱，8 月 6 日浇筑 2F 柱，8 月 12 日浇筑 3F 柱，分别留置了一组 C40 混凝土同条件养护试件。1F、2F、3F 柱同条件养护试件在规定等效龄期内（自浇筑日起）进行抗压强度试验，其试验强度值转换成实体混凝土抗压强度评定值分别为：38.5N/mm²、54.5N/mm²、47.0N/mm²。施工现场 8 月份日平均气温记录见表 9.2-1。

施工现场 8 月份日平均气温记录表　　表 9.2-1

| 日期 | 1 | 2 | 3 | 4 | 5 | 6 | 7 | 8 | 9 | 10 | 11 |
|---|---|---|---|---|---|---|---|---|---|---|---|
| 日平均气温（℃） | 29 | 30 | 29.5 | 30 | 31 | 32 | 33 | 35 | 31 | 34 | 32 |
| 累计气温（℃） | 29 | 59 | 88.5 | 118.5 | 149.5 | 181.5 | 214.5 | 249.5 | 280.5 | 314.5 | 346.5 |
| 日期 | 12 | 13 | 14 | 15 | 16 | 17 | 18 | 19 | 20 | 21 | 22 |
| 日平均气温（℃） | 31 | 32 | 30.5 | 34 | 33 | 35 | 35 | 34 | 34 | 36 | 35 |
| 累计气温（℃） | 377.5 | 409.5 | 440 | 474 | 507 | 542 | 577 | 611 | 645 | 681 | 716 |

续表

| 日期 | 23 | 24 | 25 | 26 | 27 | 28 | 29 | 30 | 31 | | |
|---|---|---|---|---|---|---|---|---|---|---|---|
| 日平均气温（℃） | 34 | 35 | 36 | 36 | 35 | 36 | 35 | 34 | 34 | | |
| 累计气温（℃） | 750 | 785 | 821 | 857 | 892 | 928 | 963 | 997 | 1031 | | |

问题：

1. 分别写出配套工程 1F、2F、3F 柱 C40 混凝土同条件养护试件的等效龄期（d）和日平均气温累计数（℃·d）。

2. 两种混凝土强度检验评定方法是什么？1F～3F 柱 C40 混凝土实体强度评定是否合格？并写出评定理由。（合格评定系数 $\lambda_3 = 1.15$、$\lambda_4 = 0.95$）

答案：

1. 等效龄期和日平均气温累计数分别为：

1F 柱 C40 混凝土同条件养护试件的等效龄期 19d、日平均气温累计 611℃·d

2F 柱 C40 混凝土同条件养护试件的等效龄期 18d、日平均气温累计 600.5℃·d

3F 柱 C40 混凝土同条件养护试件的等效龄期 18d、日平均气温累计 616.5℃·d

2.（1）评定方法：统计方法、非统计方法。

（2）柱 C40 混凝土实体强度评定合格。

理由：

强度的平均值：$(38.5 + 54.5 + 47)/3 = 46.67 \text{N/mm}^2 > 1.15 \times 40 = 46 \text{N/mm}^2$

强度的最小值：$38.5 \text{N/mm}^2 > 0.95 \times 40 = 38 \text{N/mm}^2$

### 9.2.4 结构实体混凝土回弹-取芯法强度检验

结构实体混凝土回弹-取芯法强度检验，《混凝土结构工程施工质量验收规范》GB 50204—2015 附录 D 规定：

D.0.2 每个构件应选取不少于 5 个测区进行回弹检测及回弹值计算。楼板构件的回弹应在板底进行。

D.0.3 对同一强度等级的构件，应按每个构件 5 个测区中的最小测区平均回弹值进行排序，并在其最小的 3 个测区各钻取 1 个芯样试件。

D.0.7 对同一强度等级的构件，当符合下列规定时，结构实体混凝土强度可判为合格：

1 三个芯样的抗压强度算术平均值不小于设计要求的混凝土强度等级值的 88%。

2 三个芯样抗压强度的最小值不小于设计要求的混凝土强度等级值的 80%。

【例 9.2-8】（2017 年真题）某新建办公楼工程，总建筑面积为 68000m²，地下 2 层、地上 30 层。在地下室结构实体采用回弹法进行强度检验中，出现个别部位 C35 混凝土强度不合格，项目部质量经理随即安排公司试验室检测人员采用钻芯法对该部位实体混凝土强度进行检验,并将检验结果报监理工程师。监理工程师认为其做法不妥,要求重新检验。整改后,钻芯检验的试样强度分别为 28.5MPa、31MPa、32MPa。

**问题:**

1. 说明混凝土取芯检验的正确做法。
2. 该钻芯检验部位 C35 混凝土实体检验结论是什么?并说明理由。

**答案:**

1. 混凝土取芯检验的正确做法是:监理工程师见证取样;由项目技术负责人组织实施;具有资质的检测机构承担检验。

2. C35 混凝土实体检验结论:不合格。

理由:

平均值:(28.5+31+32)/3 = 30.5MPa < 88%×35 = 30.8MPa,不满足。

最小值:28.5MPa > 80%×35 = 28MPa,满足。

因此,C35 混凝土实体检验结论为不合格。

### 9.2.5 混凝土的外观缺陷与处理

混凝土结构外观缺陷的分类包括露筋、蜂窝、孔洞、夹渣、裂缝、疏松、外表缺陷(如:表面麻面、掉皮、起砂、玷污等)、外形缺陷(如:缺棱掉角、棱角不直、翘起不平等)。

混凝土结构外观缺陷可分为一般缺陷和严重缺陷。其中,严重缺陷是指纵向受力钢筋或者构件主要受力部位有上述缺陷之一;一般缺陷是指其他钢筋或构件其他部位有上述缺陷之一。

混凝土的外观缺陷的处理,《混凝土结构工程施工规范》GB 50666—2011 规定:

> 8.9.3 混凝土结构外观一般缺陷修整应符合下列规定:
>
> 1 对于露筋、蜂窝、孔洞、夹渣、疏松、外表缺陷,应凿除胶结不牢固部分的混凝土,应清理表面,洒水湿润后应用 1:2~1:2.5 水泥砂浆抹平。
>
> 2 应封闭裂缝。
>
> 3 连接部位缺陷、外形缺陷可与面层装饰施工一并处理。
>
> 8.9.4 混凝土结构外观严重缺陷修整应符合下列规定:
>
> 1 对于露筋、蜂窝、孔洞、夹渣、疏松、外表缺陷,应凿除胶结不牢固部分的混凝土至密实部位,清理表面,支设模板,洒水湿润,涂抹混凝土界面剂,应采用比原混凝土强度等级高一级的细石混凝土浇筑密实,养护时间不应少于 7d。
>
> 2 开裂缺陷修整应符合下列规定:
>
> 1)民用建筑的地下室、卫生间、屋面等接触水介质的构件,均应注浆封闭处理。对于民用建筑不接触水介质的构件,可采用注浆封闭、聚合物砂浆粉刷或其他表面封闭材料进行封闭。
>
> 2)无腐蚀介质工业建筑的地下室、屋面、卫生间等接触水介质的构件,以及有腐

蚀介质的所有构件，均应注浆封闭处理。无腐蚀介质工业建筑不接触水介质的构件，可采用注浆封闭、聚合物砂浆粉刷或其他表面封闭材料进行封闭。

　　3　清水混凝土的外形和外表严重缺陷，宜在水泥砂浆或细石混凝土修补后用磨光机械磨平。

8.9.5　混凝土结构尺寸偏差一般缺陷，可采用装饰修整方法修整。

8.9.6　混凝土结构尺寸偏差严重缺陷，应会同设计单位共同制定专项修整方案，结构修整后应重新检查验收。

【例9.2-9】（2023年真题）某新建住宅小区，单位工程分别为地下2层、地上9～12层，总建筑面积为15.5万 $m^2$。

　　地下室混凝土模板拆除后，发现混凝土墙体、楼板面存在有蜂窝、麻面、露筋、裂缝、孔洞和层间错台等质量缺陷。质量缺陷图片资料详见图9.2-5（a）～（f）。项目部按要求制定了质量缺陷处理专项方案，按照"凿除孔洞松散混凝土——……——剔除多余混凝土"的工艺流程进行孔洞质量缺陷治理。

图9.2-5　质量缺陷图片

问题：

1. 写出图9.2-5（a）～（f）显示的质量缺陷名称。（如表示为图（a）—麻面）
2. 补充完整混凝土表面孔洞质量缺陷治理工艺流程内容。

答案：

1. 质量缺陷名称：图（a）—麻面，图（b）—裂缝，图（c）—层间错台，图（d）—露筋，图（e）—孔洞，图（f）—蜂窝。
2. 混凝土表面孔洞质量缺陷治理工艺流程：凿除孔洞松散混凝土→冲洗孔洞→安装

喇叭口模板→洒水湿润→浇灌细石混凝土→养护→拆除模板→剔除多余混凝土。

### 9.2.6 装配式混凝土结构工程

装配式混凝土结构工程施工，见本书第 3 章第 3.4.4 节。

装配式混凝土结构的质量验收，见本书第 3 章第 3.4.4 节。

**【例 9.2-10】**（2024 年真题）某商品住宅项目，地下 2 层、地上 12～18 层，装配式剪力墙结构。

冬期施工方案中规定：① 基础底板采用 C40P6 抗渗混凝土，养护期间按规定进行温度测量；② 预制墙板钢筋套筒灌浆连接采用低温型灌浆料。监理工程师要求项目部密切关注施工环境温度和灌浆部位温度，底板混凝土在达到受冻临界强度后方可停止测温。

问题：

1. 分别答出低温型灌浆料施工开始 24h 内的灌浆部位温度、施工环境温度最低要求值。

2. 答出基础底板抗渗混凝土的最小受冻临界强度值。

答案：

1. 低温型灌浆料施工开始 24h 内的灌浆部位温度不低于 −5℃，灌浆施工过程中施工环境温度不低于 0℃。

2. 基础底板抗渗混凝土的最小受冻临界强度值为 20MPa。

**【例 9.2-11】**（2024 年真题）某施工单位中标新建教学楼工程，建筑面积为 2.46 万 $m^2$，地上 4 层，钢筋混凝土框架−剪力墙结构，部分楼板采用预制钢筋混凝土叠合板，砌体采用空心混凝土砌块。

叠合板预制构件未进行结构性能检验，无驻厂监督生产。进场后，项目部会同监理工程师按规定对叠合板预制构件主要受力钢筋规格等项目进行实体检验，合格后批准使用。

问题：叠合板预制构件进场后的实体检验项目还有哪些？

答案：

叠合板预制构件进场后的实体检验项目还有：主要受力钢筋数量、间距、保护层厚度及混凝土强度等。

**【例 9.2-12】**（2020 年真题）某企业新建研发中心大楼工程，地下 1 层、地上 16 层，总建筑面积为 28000$m^2$，基础为钢筋混凝土预制桩，二层以上为装配式混凝土结构，外墙装饰部分为玻璃幕墙，实行项目总承包管理。

二层装配式叠合构件安装完毕准备浇筑混凝土时，监理工程师发现该部位没有进行隐蔽验收，下达了整改通知单，指出装配式结构叠合构件的钢筋工程必须按质量合格证明书的牌号、规格、数量、位置以及间距等隐蔽工程的内容分别验收合格后，再进行叠合构件的混凝土浇筑。

问题：监理工程师对施工单位发出的整改通知单是否正确？补充叠合构件钢筋工程需进行隐蔽工程验收的内容。

答案：

（1）监理工程师下达的整改通知书正确。

（2）钢筋工程需进行隐蔽工程验收的内容还有：

① 箍筋弯钩角度及平直段长度。

② 钢筋的连接方式、接头数量、接头位置、接头面积的百分比率、搭接长度、锚固方式、锚固长度。

③ 预埋件。

【例9.2-13】（2018年真题）某新建高层住宅工程，建筑面积为16000m$^2$。地下1层、地上12层，二层以下为现浇钢筋混凝土结构，二层以上为装配式混凝土结构，预制墙板钢筋采用套筒灌浆连接施工工艺。

监理工程师在检查第4层外墙板安装质量时发现：钢筋套筒连接灌浆满足规范要求；留置了3组边长为70.7mm的立方体灌浆料标准养护试件；留置了1组边长为70.7mm的立方体坐浆料标准养护试件；施工单位选取第4层外墙板竖缝两侧11m$^2$的部位在现场进行淋水试验。对此要求进行整改。

问题：指出第4层外墙板施工中的不妥之处？并写出正确做法。装配式混凝土构件钢筋套筒连接灌浆质量要求有哪些？

答案：

（1）不妥之处及正确做法：

不妥一：灌浆料留置70.7mm立方体试件。

正确做法：留置40mm×40mm×160mm长方体试件。

不妥二：坐浆料留置1组标准养护试件。

正确做法：坐浆料应在每层留置不少于3组标准养护试件。

不妥三：外墙板竖缝两侧淋水试验位置。

正确做法：相邻两层4块墙板形成的水平和竖向十字接缝区域，面积不得少于10m$^2$。

（2）钢筋套筒连接灌浆质量要求是：灌浆应饱满、密实、所有出口均应出浆。

## 9.3 砌体工程与砌体填充墙

### 9.3.1 砌体工程与填充墙的检验批与砌筑砂浆的强度

**1. 检验批**

《砌体结构工程施工质量验收规范》GB 50203—2011规定：

3.0.20 砌体结构工程检验批的划分应同时符合下列规定：

1 所用材料类型及同类型材料的强度等级相同。

2 不超过250m$^3$砌体。

3 主体结构砌体一个楼层（基础砌体可按一个楼层计）；填充墙砌体量少时可多个楼层合并。

**2. 砌筑砂浆的强度**

砌筑砂浆试块强度代表值的确定，每组取 3 个试块进行抗压强度试验，抗压强度试验结果确定原则：

（1）应以三个试件测值的算术平均值作为该组试件的砂浆立方体试件抗压强度平均值，精确至 0.1MPa。

（2）当三个测值的最大值或最小值中如有一个与中间值的差值超过中间值的 15% 时则把最大值及最小值一并舍去，取中间值作为该组试件的抗压强度值。

（3）当两个测值与中间值的差值均超过中间值的 15% 时，则该组试件的试验结果为无效。

口诀："一超取中、两超无效、无超平均"。

砌筑砂浆强度的检验评定，《砌体结构工程施工质量验收规范》GB 50203—2011 规定：

> 4.0.12 砌筑砂浆试块强度验收时其强度合格标准应符合下列规定：
> 1 同一验收批砂浆试块强度平均值应大于或等于设计强度等级值的 1.10 倍。
> 2 同一验收批砂浆试块抗压强度的最小一组平均值应大于或等于设计强度等级值的 85%。
> 注：1 砌筑砂浆的验收批，同一类型、强度等级的砂浆试块不应少于 3 组；同一验收批砂浆只有 1 组或 2 组试块时，每组试块抗压强度平均值应大于或等于设计强度等级值的 1.10 倍；
> 2 砂浆强度应以标准养护、28d 龄期的试块抗压强度为准；
> 3 制作砂浆试块的砂浆稠度应与配合比设计一致。
>
> 抽检数量：每一检验批且不超过 250m³ 砌体的各类、各强度等级的普通砌筑砂浆，每台搅拌机应至少抽检一次。验收批的预拌砂浆、蒸压加气混凝土砌块专用砂浆，抽检可为 3 组。

【例 9.3-1】（2021 年二级真题）某新建住宅工程，建筑面积为 1.5 万 m²，地下 2 层、地上 11 层，钢筋混凝土剪力墙结构，室内填充墙体采用蒸压加气混凝土砌块，水泥砂浆砌筑。施工单位依据施工工程量等因素，按照一个检验批不超过 300m³ 砌体、单个楼层工程量较少时可多个楼层合并等原则，制定了填充墙砌体工程检验批计划，报监理工程师审批。

问题：检验批划分的考虑因素有哪些？指出砌体工程检验批划分中的不妥之处，写出正确做法。

答案：

（1）检验批划分的考虑因素有工程量、楼层、施工段、变形缝。

（2）不妥之处：按照一个检验批不超过 300m³ 砌体。

正确做法：不超过 250m³ 砌体为一个检验批。

【例 9.3-2】某 6 层砌体结构住宅，采用烧结普通砖 MU15、水泥混合砂浆 M10。第 2 层砌筑时，留置 4 组砌筑砂浆试块，每组 3 个试块，标准养护 28d 后进行砌筑砂浆强度的评定。4组砌筑砂浆试块试验的抗压强度值，见表9.3-1。

砌筑砂浆试块的抗压强度值  表9.3-1

| 试块编号 | 试块的抗压强度值（MPa） | | |
|---|---|---|---|
| 第1组 | 10.2 | 10.5 | 9.8 |
| 第2组 | 10.8 | 10.5 | 10.3 |
| 第3组 | 9.0 | 10.1 | 11.9 |
| 第4组 | 8.5 | 10.2 | 12.1 |

**问题：** 各组砌筑砂浆试块的抗压强度代表值分别是多少？该层砌筑砂浆强度评定是否合格？并说明理由。（保留小数点后一位）

**答案：**

（1）各组砌筑砂浆试块的抗压强度代表值分别是：

第1组：10.5MPa＜10.2×（1＋15%）＝11.7MPa，9.8MPa＞10.2×（1－15%）＝8.7MPa

因此，取3个试块的平均值作为强度代表值＝（10.2＋10.5＋9.8）/3＝10.2MPa

第2组：10.8MPa＜10.5×（1＋15%）＝12.1MPa，10.3MPa＞10.5×（1－15%）＝8.9MPa

因此，取3个试块的平均值作为强度代表值＝（10.8＋10.5＋10.3）/3＝10.5MPa

第3组：11.9MPa＞10.1×（1＋15%）＝11.6MPa，9.0MPa＞10.1×（1－15%）＝8.6MPa

因此，取中间值作为强度代表值＝10.1MPa

第4组：12.1MPa＞10.2×（1＋15%）＝11.73MPa，8.5MPa＜10.2×（1－15%）＝8.67MPa

因此，该组无效。

（2）该层砌筑砂浆强度评定：不合格。

其理由：3组的平均值＝（10.2＋10.5＋10.1）/3＝10.3MPa＜1.10×10＝11.0MPa
最小值＝10.1MPa＞0.85×10＝8.5MPa

因此，该层砌筑砂浆强度评定为不合格。

**【例9.3-3】** 某钢筋混凝土框架结构，地上10层，该结构的填充墙采用蒸压加气混凝土砌块、普通混合砂浆M7.5砌筑。施工到第5层砌筑时，留置2组砌筑砂浆试块，每组3个试块，标准养护28d后进行砌筑砂浆强度的评定。2组砌筑砂浆试块试验的抗压强度值，见表9.3-2。

砌筑砂浆试块的抗压强度值  表9.3-2

| 试块编号 | 试块的抗压强度值（MPa） | | |
|---|---|---|---|
| 第1组 | 8.2 | 8.1 | 9.3 |
| 第2组 | 8.3 | 8.4 | 9.5 |

**问题**：各组砌筑砂浆试块的抗压强度代表值分别是多少？该层砌筑砂浆强度评定是否合格？并说明理由。（保留小数点后一位）

**答案**：

（1）各组砌筑砂浆试块的抗压强度代表值分别是：

第1组：9.3MPa ≤ 8.1×（1+15%）= 9.3MPa，8.2MPa > 8.1×（1-15%）= 6.9MPa

因此，取3个试块的平均值作为强度代表值 =（8.2+8.1+9.3）/3 = 8.5MPa

第2组：9.5MPa < 8.4×（1+15%）= 9.7MPa，8.3MPa > 8.4×（1-15%）= 7.1MPa

（2）该层砌筑砂浆强度评定：合格。

第1组：强度代表值 = 8.5MPa > 1.1×7.5 = 8.3MPa，满足。

第2组：强度代表值 = 8.7MPa > 1.1×7.5 = 8.3MPa，满足。

因此，该层砌筑砂浆强度评定为合格。

### 9.3.2 砌体填充墙

#### 1. 填充墙的构造设计要求

（1）填充墙的构造设计要求：

① 填充墙宜选用轻质块体材料，其强度等级应符合规范规定。

② 填充墙砌筑砂浆的强度等级不宜低于 M5（Mb5、Ms5）。

③ 填充墙墙体墙厚不应小于 90mm。

④ 用于填充墙的夹心复合砌块，其两肢块体之间应有拉结。

（2）填充墙砌体与梁、柱或混凝土墙体结合的界面处（包括内、外墙），宜在粉刷前设置钢丝网片，网片宽度可取 400mm，并沿界面缝两侧各延伸 200mm，或采取其他有效的防裂、盖缝措施。

#### 2. 墙充墙施工

相关内容见本书第3章第3.4.2节。

#### 3. 填充墙施工质量验收

填充墙砌体工程主控项目：

（1）烧结空心砖、小砌块和砌筑砂浆的强度等级应符合设计要求。

（2）填充墙砌体应与主体结构可靠连接，其连接构造应符合设计要求，未经设计同意，不得随意改变连接构造方法。

（3）当填充墙与承重墙、柱、梁的连接钢筋采用化学植筋时，应进行实体检测。

《砌体结构工程施工质量验收规范》GB 50203—2011 规定：

> 9.1.2 砌筑填充墙时，轻骨料混凝土小型空心砌块和蒸压加气混凝土砌块的产品龄期不应小于 28d，蒸压加气混凝土砌块的含水率宜小于 30%。
>
> 9.1.4 吸水率较小的轻骨料混凝土小型空心砌块及采用薄灰砌筑法施工的蒸压加气混凝土砌块，砌筑前不应对其浇（喷）水湿润；在气候干燥炎热的情况下，对吸水率较小的轻骨料混凝土小型空心砌块宜在砌筑前喷水湿润。

9.1.5 采用普通砌筑砂浆砌筑填充墙时，烧结空心砖、吸水率较大的轻骨料混凝土小型空心砌块应提前1~2d浇（喷）水湿润。蒸压加气混凝土砌块采用蒸压加气混凝土砌块砌筑砂浆或普通砌筑砂浆砌筑时，应在砌筑当天对砌块砌筑面喷水湿润。块体湿润程度宜符合下列规定：

1 烧结空心砖的相对含水率60%~70%；

2 吸水率较大的轻骨料混凝土小型空心砌块、蒸压加气混凝土砌块的相对含水率40%~50%。

9.2.1 烧结空心砖、小砌块和砌筑砂浆的强度等级应符合设计要求。

抽检数量：烧结空心砖每10万块为一验收批，小砌块每1万块为一验收批，不足上述数量时按一批计，抽检数量为1组。砂浆试块的抽检数量执行本规范第4.0.12条的有关规定。

9.2.3 填充墙与承重墙、柱、梁的连接钢筋，当采用化学植筋的连接方式时，应进行实体检测。锚固钢筋拉拔试验的轴向受拉非破坏承载力检验值应为6.0kN。抽检钢筋在检验值作用下应基材无裂缝、钢筋无滑移宏观裂损现象；持荷2min期间荷载值降低不大于5%。

9.3.2 填充墙砌体的砂浆饱满度及检验方法应符合表9.3.2的规定。

表9.3.2 填充墙砌体的砂浆饱满度及检验方法

| 砌体分类 | 灰缝 | 饱满度及要求 | 检验方法 |
|---|---|---|---|
| 空心砖砌体 | 水平 | ≥80% | 采用百格网检查块体底面或侧面砂浆的粘结痕迹面积 |
| | 垂直 | 填满砂浆，不得有透明缝、瞎缝、假缝 | |
| 蒸压加气混凝土砌块、轻骨料混凝土小型空心砌块砌体 | 水平 | ≥80% | |
| | 垂直 | ≥80% | |

**4. 墙充墙质量问题防治**

通病现象：填充墙砌筑不当，与主体结构交接处裂缝。框架梁或板底、柱或墙边出现裂缝。

防治措施：

（1）柱或墙边应设置间距不大于500mm的2ϕ6拉结筋。

（2）填充墙与承重主体结构间的空（缝）隙部位施工，应在填充墙砌筑14d后进行。

（3）如为空心砖外墙，里口用半砖斜砌墙。

（4）外窗下为空心砖墙时，若设计无要求，将窗台改为细石混凝土并加配钢筋。

（5）柱与填充墙接触处应设加强网片。

【例9.3-4】（2021年真题）某施工单位承建一高档住宅楼工程，钢筋混凝土剪力墙结构，地下2层、地上26层，建筑面积为36000m²。

二次结构填充墙施工时，为抢工期，项目工程部门安排作业人员将刚生产7d的蒸压加气混凝土砌块用于砌筑作业，要求砌体灰缝厚度、饱满度等质量满足要求。后被监理工程师发现，责令停工整改。

**问题**：蒸压加气混凝土砌块使用时的要求龄期和含水率应是多少？写出水泥砂浆砌筑蒸压加气混凝土砌块的灰缝质量要求。

**答案**：

（1）砌块龄期不应小于28d，含水率宜小于30%。

（2）灰缝饱满度不小于80%，水平厚度和竖向宽度不应超过15mm。

【例9.3-5】（2019年真题）某新建住宅工程，建筑面积为22000m²，地下1层、地上16层，框架-剪力墙结构，抗震设防烈度为7度。

240mm厚灰砂砖填充墙与主体结构连接施工的要求有：填充墙与柱连接钢筋为2$\phi$6@600，伸入墙内500mm；填充墙与结构梁下最后三皮砖空隙部位，在墙体砌筑7d后，采取两边对称斜砌填实；化学植筋连接筋$\phi$6做拉拔试验时，将轴向受拉非破坏承载力检验值设为5.0kN，持荷时间为2min，期间各检测结果符合相关要求，即判定该试样合格。

**问题**：指出填充墙与主体结构连接施工要求中的不妥之处。并写出正确做法。

**答案**：

不妥之处及正确做法如下：

不妥之一：填充墙与柱连接钢筋垂直方向的间距为600mm。

正确做法：填充墙与柱连接钢筋垂直方向的间距为500mm。

不妥之二：填充墙与结构梁下最后三皮砖空隙部位，在墙体砌筑7d后斜砌填实。

正确做法：填充墙与结构梁下最后三皮砖空隙部位，在墙体砌筑14d后斜砌填实。

不妥之三：将轴向受拉非破坏承载力检验值设为5.0kN。

正确做法：将轴向受拉非破坏承载力检验值设为6.0kN。

【例9.3-6】（2022年真题）新建住宅小区，单位工程地下2~3层、地上2~12层，总建筑面积为12.5万m²。

项目部填充墙施工记录中留存有施工放线、墙体砌筑、构造柱施工、卫生间坎台施工等工序内容的图像资料，详见图9.3-1（a）~（d）。

**问题**：分别写出填充墙施工记录中图9.3-1（a）~（d）中的工序内容。写出4张图片的施工顺序，如（a）-（b）-（c）-（d）。

（a）　　　　　　　　　　　（b）

图9.3-1　图像资料

（c） （d）

图 9.3-1 图像资料（续）

**答案：**

图片工序内容：(a)—施工放线；(b)—构造柱施工；(c)—墙体砌筑；(d)—卫生间坎台施工。

施工顺序：(a)-(d)-(c)-(b)。

**【例 9.3-7】**（2024 年真题）某施工单位中标新建教学楼工程，建筑面积为 2.46 万 m²，地上 4 层，钢筋混凝土框架 - 剪力墙结构，部分楼板采用预制钢筋混凝土叠合板，砌体采用空心混凝土砌块。

项目部在自检中发现填充墙与主体结构交接处出现裂缝，技术人员制定了柱边设置间距 500mm 的 2ϕ6 钢筋、里口用半砖斜砌墙等专项防治措施，要求现场严格执行。

**问题：**填充墙与主体结构交接处的裂缝一般出现在哪些部位？其防治措施还有哪些？

**答案：**

填充墙与主体结构交接处的裂缝一般出现在框架梁底、柱边部位。

其防治措施还有：

（1）填充墙梁下口最后 3 皮砖应在下部墙砌筑 14d 后砌筑。

（2）外窗下为空心砖墙时，若设计无要求，将窗台改为细石混凝土并加配钢筋。

（3）柱与填充墙接触处应设加强网片。

# 第 10 章 地下与屋面工程及施工脚手架实务操作题

## 10.1 地下防水工程

地下防水工程构造与施工要求，见本书第 3 章第 3.5.2 节。

【例 10.1-1】（2023 年真题）某新建住宅小区，单位工程分别为地下 2 层、地上 9～12 层，总建筑面积为 15.5 万 m²。

项目部编制的基础底板混凝土施工方案中确定了底板混凝土后浇带留设的位置，明确了后浇带处的基础垫层、卷材防水层、防水加强层、防水找平层、防水保护层、止水钢板、外贴止水带等防水构造要求，如图 10.1-1 所示。

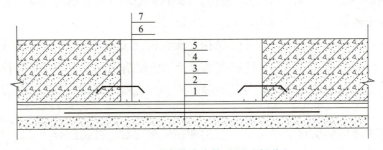

图 10.1-1 后浇带防水构造图（部分）

问题：写出图 10.1-1 中 1～7 防水构造层编号的构造名称。（如表示为 1-基础垫层）

答案：

防水构造层名称为：1—基础垫层，2—防水找平层，3—防水加强层，4—卷材防水层，5—防水保护层，6—外贴止水带，7—止水钢板。

【例 10.1-2】（2017 年真题）某新建别墅群项目，总建筑面积为 45000m²；各幢别墅均为地下 1 层、地上 3 层，砖砌体混合结构。

项目部对地下室 M5 水泥砂浆防水层施工提出了技术要求：采用普通硅酸盐水泥、自来水、中砂、防水剂等材料拌合，中砂含泥量不得大于 3%；防水层施工前应采用强度等级 M5 的普通砂浆将基层表面的孔洞、缝隙堵塞抹平；防水层施工要求一遍成活，铺抹时应压实、表面应提浆压光，并及时进行保湿养护 7d。

问题：写出项目部对地下室水泥砂浆防水层施工技术要求的不妥之处，并分别说明理由。

答案：

项目部对地下室水泥砂浆防水层施工技术要求的不妥之处及理由：

不妥 1：中砂含泥量不得大于 3%。

理由：含泥量不得大于 1%。

不妥 2：采用强度等级 M5 的普通砂浆将基层表面的孔洞、缝隙堵塞抹平。

理由：采用与防水层相同的防水砂浆将基层表面的孔洞、缝隙堵塞抹。

不妥 3：一遍成活。

理由：宜采用多层抹压法施工成活。

不妥 4：保湿养护 7d。

理由：保湿养护不得少于 14d。

## 10.2 屋面工程

### 1. 屋面防水工程施工

屋面防水工程构造与施工要求，见本书第 3 章第 3.5.1 节。

### 2. 屋面保温隔热工程施工

屋面保温隔热工程构造与施工要求，见本书第 3 章第 3.5.1 节。

### 3. 屋面工程质量检查及验收

屋面工程质量检查与验收，见本书第 3 章第 3.5.1 节。

【例 10.2-1】（2021 年真题）项目经理部编制的《屋面工程施工方案》中规定：

（1）工程采用倒置式屋面，屋面构造层包括防水层、保温层、找平层、找坡层、隔离层、结构层和保护层。构造示意图如图 10.2-1 所示。

（2）防水层选用三元乙丙高分子防水卷材。

（3）防水层施工完成后进行雨后观察或淋水、蓄水试验，持续时间应符合规范要求，合格后再进行隔离层施工。

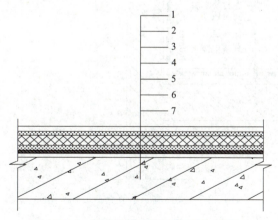

图 10.2-1 倒置式屋面构造示意图（部分）

问题：

1. 常用高分子防水卷材有哪些？（如三元乙丙）

2. 常用屋面隔离层材料有哪些？屋面防水层淋水、蓄水试验持续时间各是多少小时？

3. 写出图 10.2-1 中屋面构造层 1~7 对应的名称。

**答案：**

1. 高分子防水卷材有：三元乙丙、聚氯乙烯、氯化聚乙烯、氯化聚乙烯－橡胶共混、三元丁橡胶防水卷材。

2.（1）隔离层材料：塑料膜、土工布、卷材、低强度等级砂浆。

（2）淋水试验持续时间为 2h，蓄水试验持续时间为 24h。

3. 在图 10.2-1 中：1—保护层，2—保温层，3—隔离层，4—防水层，5—找平层，6—找坡层，7—结构层。

**解析：**

《建筑工程管理与实务》考试用书中倒置式屋面构造没有涉及"隔离层"，答题时，应按题目给定的背景材料进行作答，即："防水层施工完成后进行雨后观察或淋水、蓄水试验，持续时间应符合规范要求，合格后再进行隔离层施工"。

【例 10.2-2】某高层钢筋混凝土结构房屋，地下 1 层、地上 12 层。屋面为现浇钢筋混凝土板，防水等级为Ⅱ级，采用卷材防水。

监理工程师对屋面卷材防水进行了检查，发现屋面女儿墙墙根处等部位的防水做法存在问题（节点施工做法图示如图 10.2-2 所示），责令施工单位整改。

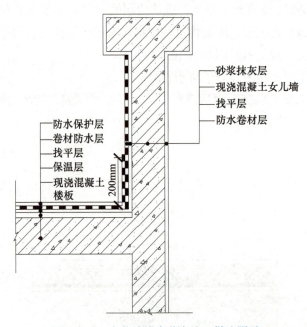

图 10.2-2 女儿墙防水节点施工做法图示

**问题：** 指出防水节点施工做法图示中的错误。

**答案：**

女儿墙防水节点施工做法图示中错误有：

（1）Ⅱ级防水应不少于两道防水。

（2）防水卷材泛水高度不够。

（3）泛水上口未固定。

（4）阴角处未做成钝角（圆弧形）。

（5）转角处未做附加层。

（6）立面卷材应压水平卷材。

（7）立面未做保护层。

## 10.3 民用建筑室内环境污染物控制

民用建筑室内环境污染控制的要求，见本书第 4 章第 4.2.2 节。

【例 10.3-1】（2017 年真题）某新建别墅群项目，总建筑面积为 45000m²；各幢别墅均为地下 1 层、地上 3 层，砖砌体混合结构。

监理工程师对室内装饰装修工程检查验收后，要求在装饰装修完工后第 5 天进行 TVOC 等室内环境污染物浓度检测。项目部对检测时间提出异议。

问题：项目部对检测时间提出异议是否正确？并说明理由。针对本工程，室内环境污染物浓度检测还应包括哪些项目？

答案：

（1）项目经理部提出异议：正确。

其理由：应在工程完工至少 7d 后、工程交付使用前进行。

（2）针对本工程，室内环境污染物浓度检测还应包括的项目是氡、甲醛、氨、苯、甲苯、二甲苯。

【例 10.3-2】（2021 年二级真题）该住宅工程竣工验收前，按照规定对室内环境污染物浓度进行了检测，部分检测项及浓度检测值，见表 10.3-1。

室内环境污染物浓度检测结果统计表  表 10.3-1

| 序号 | 检测项 | 浓度值（mg/m³） |
| --- | --- | --- |
| 1 | 甲醛 | 0.08 |
| 2 | 甲苯 | 0.12 |
| 3 | 二甲苯 | 0.20 |
| 4 | TVOC | 0.40 |

问题：根据控制室内环境污染的不同要求，该住宅建筑属于几类民用建筑工程？表 10.3-1 中符合规范要求的检测项有哪些？还应检测哪些项目？

答案：

（1）住宅建筑属于Ⅰ类民用建筑工程。

（2）表 10.3-1 中符合规范要求的检测项有：甲苯、二甲苯、TVOC。

还应检测的项目包括：氡、氨、苯。

【例 10.3-3】（2022 年真题）某酒店工程，建筑面积为 2.5 万 m²，地下 1 层、地上 12 层。其中标准层为 10 层，每层标准客房为 18 间，35m²/间；裙房设宴会厅 1200m²，层高 9m。施工单位中标后开始组织施工。

竣工交付前，项目部按照每层抽一间，每间取 1 点，共抽取 10 个点，占总数 5.6% 的抽样方案，对标准客房室内环境污染物浓度进行了检测。检测部分结果见表 10.3-2。

标准客房室内环境污染物浓度检测表（部分）　　　　表 10.3-2

| 污染物 | 民用建筑 | |
| --- | --- | --- |
|  | 平均值 | 最大值 |
| TVOC（mg/m³） | 0.46 | 0.52 |
| 苯（mg/m³） | 0.07 | 0.08 |

问题：

1. 写出建筑工程室内环境污染物浓度检测抽检量要求。标准客房抽样数量是否符合要求？

2. 表 10.3-2 中的污染物浓度是否符合要求？应检测的污染物还有哪些？

答案：

1.（1）抽检量要求：抽检时要求同类型房间数量不少于 5%；样板间检测合格抽取比例减半；每个建筑单体不少于 3 间；房间总数少于 3 间时，全数抽检。

（2）抽样数量符合要求。

2.（1）污染物 TVOC 不符合要求，污染物苯符合要求。

（2）应检测的污染物还有：氡、甲醛、氨、甲苯、二甲苯。

解析：

本案例中每个抽检房间仅检测一个点，因此表 10.3-2 中"平均值"是 10 个抽检房间的检测结果的平均值。

【例 10.3–4】（2013 年真题）某教学楼工程，建筑面积为 1.7 万 m²，地下 1 层、地上 6 层，限高 25.2m，主体结构为框架结构，砌筑及抹灰用砂浆采用现场拌制。

工程验收前，相关单位对一间 240m² 的公共教室选取 4 个监测点，进行了室内环境污染物浓度的检测，其中两个主要指标的检测数据见表 10.3-3。

室内环境污染物浓度检测表（部分）　　　　表 10.3-3

| 点位 | 1 | 2 | 3 | 4 |
| --- | --- | --- | --- | --- |
| 甲醛（mg/m³） | 0.08 | 0.06 | 0.05 | 0.05 |
| 氨（mg/m³） | 0.20 | 0.15 | 0.15 | 0.14 |

问题：该房间监测点的选区数量是否合理？说明理由。该房间两个主要指标的报告检测值为多少？分别判断两项检测指标是否合格。

答案：

（1）该房间监测点的选区数量：合理。

其理由：房间建筑面积≥100m², <500m²时，检测点数不少于3个。背景材料选取4个监测点，满足要求。

（2）甲醛：(0.08+0.06+0.05+0.05)/4 = 0.06mg/m³

氨：(0.2+0.15+0.15+0.14)/4 = 0.16mg/m³

（3）学校教室属于Ⅰ类民用建筑：

甲醛浓度检测值= 0.06mg/m³ < 0.07mg/m³，合格。

氨浓度检测值= 0.16mg/m³ > 0.15mg/m³，不合格。

【例10.3-5】（2019年二级真题）某住宅工程，建筑面积为21600m²，基坑开挖深度为6.5m，地下2层、地上12层，筏板基础，现浇钢筋混凝土框架结构。

施工过程中，建设单位要求施工单位在三层进行了样板间施工，并对样板间室内环境污染物浓度进行检测，检测结果合格；工程交付使用前对室内环境污染物浓度检测时，施工单位以样板间已检测合格为由将抽检房间数量减半，共抽检7间，经检测甲醛浓度超标。施工单位查找原因并采取措施后，对原检测的7间房间再次进行检测，检测结果合格，施工单位认为达标。监理单位提出不同意见，要求调整抽检的房间并增加抽检房间数量。

问题：施工单位对室内环境污染物抽检房间数量减半的理由是否成立？并说明理由。请说明再次检测时对抽检房间数量的要求。

答案：

（1）施工单位对室内环境污染物抽检房间数量减半的理由：成立。

理由：民用建筑工程验收中，凡进行了样板间室内环境污染物浓度检测且检测结果合格的，抽检数量减半，并不得少于3间。

（2）再次检测时，对抽检房间的要求：包含同类型房间和原不合格房间。

再次检测时，对抽检房间数量的要求：应增加1倍，共需检测14间房间。

## 10.4 钢结构工程

【例10.4-1】（2015年真题改编）某高层钢结构工程，建筑面积为28000m²，地下1层、地上12层。钢结构安装施工前，监理工程师对现场的施工准备工作进行检查，发现钢构件现场堆放存在问题、现场堆场应具备的基本条件不够完善、劳动力进场情况不符合要求，责令施工单位进行整改。

问题：

1. 高层钢结构安装前的现场检查有哪些工作？

2. 除了堆场的面积满足工程进度需要，采取防止构件变形及表面污染的保护措施外，钢构件现场堆场还应具备哪些基本条件？

答案：

1. 高层钢结构安装前的现场检查有：建筑物的定位轴线、基础轴线和标高、地脚螺栓位置等，并应办理交接验收。

2. 钢结构现场堆场还应具备的基本条件有：满足运输车辆通行要求；场地平整；有

电源、水源，排水通畅。

【例 10.4-2】（2018 年真题改编）某高校图书馆工程，地下 2 层、地上 5 层，建筑面积约 35000m²，现浇钢筋混凝土框架结构，部分屋面为正向抽空四角锥网架结构。

项目部计划采用高空散装法施工屋面网架，监理工程师审查时认为高空散装法施工高空作业多、安全隐患大，建议修改为采用分条安装法施工。

问题：监理工程师的建议是否合理？网架高空散装法、分条安装法各自适用于哪些情况？

答案：
（1）监理工程师的建议：合理。
（2）网架高空散装法适用于全支架拼装的各种空间网格结构。分条安装法适用于分割后结构的刚度和受力状况改变较小的空间网格结构。

## 10.5 施工平面图与临时用电

### 10.5.1 施工平面图

【例 10.5-1】（2018 年真题）一建筑施工场地，东西长 110m、南北宽 70m。拟建建筑物首层平面尺寸为 80m×40m，地下 2 层，地上 6/20 层，檐口高 26/68m，建筑面积约为 48000m²。施工场地部分临时设施平面布置示意图如图 10.5-1 所示。图中布置施工临时设施有：现场办公室，木工加工及堆场，钢筋加工及堆场，油漆库房，塔式起重机，施工电梯，物料提升机，混凝土地泵，大门及围墙，车辆冲洗池（图中未显示的设施均视为符合要求）。

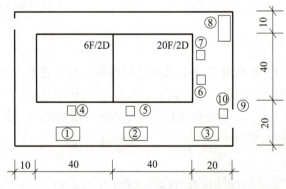

图 10.5-1 部分临时设施平面布置示意图（单位：m）

问题：

1. 写出图 10.5-1 中临时设施编号所处位置最宜布置的临时设施名称（如⑨大门与围墙）。
2. 简单说明布置理由。
3. 施工现场安全文明施工宣传方式有哪些？

答案：

1. 临时设施编号所处位置最宜布置的临时设施名称：① 木工加工及堆场，② 钢筋加工及堆场，③ 现场办公室，④ 物料提升机，⑤ 塔式起重机，⑥ 混凝土地泵，⑦ 施工电梯，⑧ 油漆库房，⑨ 大门及围墙，⑩ 车辆冲洗池。

2. 布置理由：

① 木工加工及堆场、② 钢筋加工及堆场：一般应接近使用地点，其纵向宜与现场临时道路平行；应使材料和构件的运输量最小，垂直运输设备发挥较大的作用，与工作有关联的加工厂适当集中。高层建筑所需的钢筋量大，因此钢筋加工及堆场布置在接近拟建高层建筑旁。

③ 现场办公室：办公用房宜设在工地入口处。

④ 物料提升机：布置在拟建低层建筑旁。

⑤ 塔式起重机：布置在高层，及建筑物长边一侧，邻近主要材料（模板、钢筋）堆场一边。

⑥ 混凝土地泵：应考虑泵管的输送距离、混凝土罐车行走停靠方便，泵车可以现场流动使用。

⑦ 施工电梯：布置在拟建高层建筑旁。

⑧ 油漆库房：存放危险品类的仓库应远离现场单独设置，离在建工程距离不小于15m。

⑨ 大门及围墙：大门位置应考虑周边路网情况、转弯半径和坡度限制，尽可能考虑与加工场地、仓库位置的有效衔接，设置在工地入口，与围墙相连形成一个相对独立的空间。

⑩ 车辆冲洗池：布置在工地入口的大门处。

3. 宣传方式：宣传栏、报刊栏、黑板报、宣传标语、警示标志牌。

【例10.5-2】（2015年真题）某建筑工程，占地面积为8000$m^2$，地下3层、地上30层，框筒结构。

施工现场总平面布置设计中包含如下主要内容：① 材料加工场地布置在场外；② 现场设置一个出入口，出入口处设置办公用房；③ 场地周边设置3.8m宽环形载重单车道主干道（兼消防车道），并进行硬化，转弯半径为10m；④ 在干道外侧开挖400mm×600mm管沟，将临时供电线缆、临时用水管线埋置于管沟内。监理工程师认为总平面布置设计存在多处不妥，责令整改后再验收，并要求补充主干道具体硬化方式和裸露场地文明施工防护措施。

问题：针对施工总平面布置设计的不妥之处，分别写出正确做法。施工现场主干道常用的硬化方式有哪些？裸露场地的文明施工防护通常有哪些措施？

答案：

（1）施工总平面图布置设计的不妥之处及其正确做法：

不妥1：场地周边设置3.8m宽环形载重单车道主干道（兼消防车道）。

正确做法：场地周边设置不小于4m宽环形载重单车道主干道（兼消防车道）。

不妥 2：环形载重单车道，转弯半径为 10m。

正确做法：环形载重单车道，转弯半径不宜小于 15m。

不妥 3：将临时供电线缆、临时用水管线埋置于管沟内。

正确做法：临时用电线路应与临时用水管线分开设置（或者临时用电线路应避免与其他管道设在同一侧）。

（2）主干道硬化方式有：铺设混凝土、钢板、碎石等。

（3）裸露场地的文明施工防护措施有：覆盖、固化、绿化等。

【例 10.5-3】（2021 年真题）某工程项目，地上 15～18 层、地下 2 层，钢筋混凝土剪力墙结构，总建筑面积为 57000m²。施工单位中标后成立项目经理部组织施工。

项目经理部上报了施工组织设计，其中：施工总平面图设计要点包括了设置大门，布置塔式起重机、施工升降机，布置临时房屋、水、电和其他动力设施等。布置施工升降机时，考虑了导轨架的附墙位置和距离等现场条件和因素。公司技术部门在审核时指出施工总平面图设计要点不全，施工升降机布置条件和因素考虑不足，要求补充完善。

问题：施工总平面布置图设计要点还有哪些？布置施工升降机时，应考虑的条件和因素还有哪些？

答案：

（1）施工总平面布置图设计要点还有：布置材料仓库、堆场，布置加工厂，布置场内临时运输道路。

（2）布置施工升降机时，还应考虑：地基承载力、地基平整度、周边排水、楼层平台通道、出入口防护门、周边的防护围栏等。

【例 10.5-4】（2023 年真题）施工单位进场后，技术人员发现土建图纸中缺少了建筑总平面图，要求建设单位补发。按照施工平面管理总体要求：包括满足施工要求、不损害公众利益等内容，绘制了施工平面布置图，满足了施工需要。

问题：建筑工程施工平面管理的总体要求还有哪些？

答案：

总体要求还有：现场文明、安全有序、整洁卫生、不扰民、绿色环保。

## 10.5.2 施工临时用电

【例 10.5-5】（2015 年真题改编）某建筑工程，占地面积为 8000m²，地下 3 层、地上 30 层，框筒结构。

项目经理安排土建技术人员编制了《现场施工用电组织设计》，经相关部门审核、项目技术负责人批准、总监理工程师签认，并组织施工等单位的相关部门和人员共同验收后投入使用。

问题：针对上述背景材料中的不妥之处，分别写出正确做法。临时用电投入使用前，哪些部门与单位应共同验收？

答案：

（1）不妥之处及正确做法：

不妥 1：土建技术人员编制了《现场施工用电组织设计》。

正确做法：应由电气工程技术人员编制。

不妥 2：由项目技术负责人批准。

正确做法：应由企业技术负责人批准。

（2）临时用电投入使用前，共同验收的部门与单位有：施工单位的编制、审核、批准部门和使用单位。

【例 10.5-6】（2023 年真题）某新建学校工程，总建筑面积为 12.5 万 $m^2$，由 12 栋单体建筑组成。

施工单位管理部门在装修阶段对现场施工用电进行的专项检查情况如下：

（1）项目仅按照项目临时用电施工组织设计进行施工用电管理。

（2）现场瓷砖切割机与砂浆搅拌机共用一个开关箱。

（3）主教学楼开关箱使用插座、插头与配电箱连接。

（4）专业电工在断电后对木工加工机械进行检查和清理。

问题：指出装修阶段施工用电专项安全检查中的不妥之处，并写出正确做法。（本小题 3 项不妥，多答不得分）

答案：

不妥 1：项目仅按照项目临时用电施工组织设计进行施工用电管理。

正确做法：项目应补充编制装修专项施工用电方案。

不妥 2：现场瓷砖切割机与砂浆搅拌机共用一个开关箱。

正确做法：每台用电设备必须有各自专用的开关箱。

不妥 3：开关箱使用插座、插头与配电箱连接。

正确做法：开关箱的电源进线端严禁采用插头和插座做活动连接。

【例 10.5-7】（2021 年真题）某住宅工程由 7 栋单体组成，地下 2 层、地上 10～13 层，总建筑面积为 11.5 万 $m^2$。施工总承包单位中标后成立项目经理部组织施工。

项目总工程师编制了《临时用电组织设计》，其内容包括：总配电箱设在用电设备相对集中的区域；电缆直接埋地敷设穿过临建设施时应设置警示标识进行保护；临时用电施工完成后，由编制和使用单位共同验收合格后方可使用；各类用电人员经考试合格后持证上岗工作；发现用电安全隐患，经电工排除后继续使用；维修临时用电设备由电工独立完成；临时用电定期检查按分部、分项工程进行。《临时用电组织设计》报企业技术部门批准后，上报监理单位。监理工程师认为《临时用电组织设计》存在不妥之处，要求修改完善后再报。

问题：写出《临时用电组织设计》内容与管理中不妥之处的正确做法。

答案：

（1）分配电箱设在用电设备相对集中的区域（或总配电箱设在进场电源相近处）。

（2）电缆穿过临建设施时应套钢管保护。

（3）由编制、审核、批准和使用单位共同验收合格后方可使用。

（4）用电安全隐患经电工排除后，经复查验收方可继续使用。

（5）维修临时用电设备由电工完成，并有人监护。

（6）项目电气工程技术人员编制《临时用电组织设计》。

（7）报企业技术负责人批准。

## 10.6 施工现场消防

### 10.6.1 施工现场防火与消防管理

【例 10.6-1】（2017 年真题）某新建办公楼工程，总建筑面积为 68000$m^2$，地下 2 层、地上 30 层。

施工中，木工堆场发生火灾。紧急情况下，值班电工及时断开了总配电箱开关。经查，火灾是因为临时用电布置和刨花堆放不当引起。部分木工堆场临时用电现场布置剖面示意图如图 10.6-1 所示。

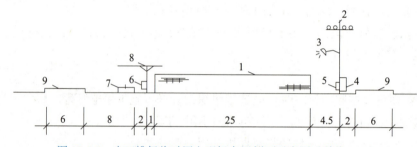

图 10.6-1 木工堆场临时用电现场布置剖面示意图（单位：m）
1—模板堆；2—电杆（高 5m）；3—碘钨灯；4—堆场配电箱；
5—灯开关箱；6—电锯开关箱；7—电锯；8—木工棚；9—场内道路

问题：指出图 10.6-1 中措施做法的不妥之处。正常情况下，现场临时配电系统停电的顺序是什么？

答案：

（1）不妥之处：

不妥 1：分配电箱距离开关箱太远（30.5m）。

不妥 2：开关箱距离胶合板模板堆场太近（1m）。

不妥 3：电杆距离胶合板堆场太近（4.5m）。

不妥 4：使用碘钨灯。

不妥 5：木工棚没有封闭。

（2）正常情况下，现场临时配电系统停电的顺序是：开关箱→分配电箱→总配电箱。

【例 10.6-2】（2013 年真题改编）某教学楼工程，建筑面积为 1.7 万 $m^2$，地下 1 层、地上 6 层，主体为框架结构。

结构施工期间，项目有 150 人参与施工，项目部组建了 10 人的义务消防队，楼层配备了消防立管和消防箱，消防箱内消防水管长度达 20m，在临时搭设的 95$m^2$ 木料间，配备了 2 只 10L 的灭火器。

问题：背景材料中有哪些不妥之处？写出正确做法。

答案：

不妥之处及正确做法：

不妥1：组建10人义务消防队。

正确做法：义务消防队人数不得少于施工总人数的10%，有150人参与施工，应该配备15人及以上的消防队。

不妥2：消防箱内消防水管长度达20m。

正确做法：消防箱内消防水管长度不小于25m。

不妥3：临时搭设的木料间，配备了2只10L的灭火器。

正确做法：临时木料间，其每25m²配备1只灭火器，95m²应该配置4只灭火器。

【例10.6-3】（2014年真题）某办公楼工程，建筑面积为45000m²，地下2层、地上26层，框架－剪力墙结构。监理工程师在消防工作检查时，发现一只手提式灭火器直接挂在工人宿舍外墙的挂钩上，其顶部离地面的高度为1.6m；食堂设置了独立制作间和冷藏设施，燃气罐放置在通风良好的杂物间。

问题：有哪些不妥之处？并说明正确做法。手提式灭火器还有哪些放置方法？

答案：

（1）不妥之处及正确做法

不妥1：设置在挂钩上，手提式灭火器顶部离地面的高度为1.6m。

正确做法：设置在挂钩上，手提式灭火器顶部距离地面高度应小于1.5m，底部离地面高度不宜小于0.15m。

不妥2：燃气罐放在杂物间。

正确做法：燃气罐应单独设置存放间，严禁存放其他杂物。

（2）手提式灭火器还有以下放置方法：① 放在托架上；② 放在消防箱内；③ 在环境干燥、条件较好的场所，可直接放在地面上。

### 10.6.2 在建工程的室内消防

在建工程的室内消防应按照《建筑工程施工现场消防安全技术规范》GB 50720—2011的规定。《建筑工程施工现场消防安全技术规范》GB 50720—2011规定：

> 5.3.10 在建工程室内临时消防竖管的设置应符合下列要求：
> 
> 1 消防竖管的设置位置应便于消防人员操作，其数量不应少于2根，当结构封顶时，应将消防竖管设置成环状。
> 
> 2 消防竖管的管径应根据在建工程临时消防用水量、竖管内水流计算速度进行计算确定，且不应小于DN100。
> 
> 5.3.11 设置室内消防给水系统的在建工程，应设消防水泵接合器。消防水泵接合器应设置在室外便于消防车取水的部位，与室外消火栓或消防水池取水口的距离宜为15～40m。
> 
> 5.3.12 设置临时室内消防给水系统的在建工程，各结构层均应设置室内消火栓接口及

消防软管接口,并应符合下列要求:
　　1　消火栓接口及软管接口应设置在位置明显且易于操作的部位。
　　2　消火栓接口的前端应设置截止阀。
　　3　消火栓接口或软管接口的间距,多层建筑不大于50m,高层建筑不大于30m。
5.3.13　在建工程结构施工完毕的每层楼梯处,应设置消防水枪、水带及软管,且每个设置点不少于2套。
5.3.14　高度超过100m的在建工程,应在适当楼层增设临时中转水池及加压水泵。中转水池的有效容积不应少于10m³,上下两个中转水池的高差不宜超过100m。

【例10.6-4】(2018年真题)一新建工程,地下2层、地上20层,高度为70m,建筑面积为40000m²,标准层平面尺寸为40m×40m。

《在建工程施工防火技术方案》中,对已完成结构施工楼层的消防设施平面布置设计如图10.6-2所示。图中立管设计参数为:消防用水量为15L/s,水流速$i=1.5$m/s;消防箱包括消防水枪、水带与软管。监理工程师按照《建筑工程施工现场消防安全技术规范》GB 50720—2011提出了整改要求。

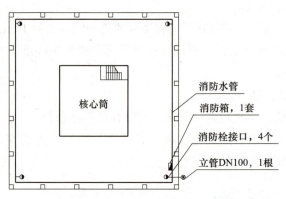

图10.6-2　标准层临时消防设施平面布置示意图
(未显示部分视为符合要求)

**问题:** 指出图10.6-2中的不妥之处,并说明理由。

**答案:**

(1)不妥1:1根消防立管。

　　理由:应不少于2根消防立管。

(2)不妥2:消防栓接口的间距约40m。

　　理由:本题目为高层建筑,消防栓接口的间距不应大于30m。

(3)不妥3:消防箱设置1套。

　　理由:每个设置点设置消防箱不应少于2套。

(4)不妥4:消防箱设置的位置。

　　理由:消防箱应设置在施工完毕的每层楼梯处。

(5)不妥5:消防立管DN100。

理由：消防立管直径 $d = \sqrt{\dfrac{4Q}{\pi \cdot V \cdot 1000}} = 0.113\mathrm{m} = 1113\mathrm{mm} > 100\mathrm{mm}$，应选 DN125。

## 10.7 施工脚手架工程

施工脚手架涉及的规范和标准有：《施工脚手架通用规范》GB 55023—2022、《建筑施工脚手架安全技术统一标准》GB 51210—2016、《建筑施工扣件式钢管脚手架安全技术规范》JGJ 130—2011、《建筑施工承插型盘口式钢管脚手架安全技术规范》JGJ/T 231—2021 和《建筑施工碗扣式钢管脚手架安全技术规范》JGJ 166—2016。

模板工程中的模板与支架应按照《混凝土结构工程施工规范》GB 50666—2011 的规定。

施工脚手架的分类、设计和构造要求，见本书第 3 章第 3.9 节。

施工脚手架的搭设、检查验收和拆除，见本书第 3 章第 3.9 节。

### 10.7.1 作业落地脚手架

【例 10.7-1】（2016 年真题）某新建工程，建筑面积为 15000m²，地下 2 层、地上 5 层，钢筋混凝土框架结构，建筑总高 20m。

外装修施工时，施工单位搭设了扣件式钢管脚手架（图 10.7-1）。架体搭设完成后，进行了验收检查，提出了整改意见。

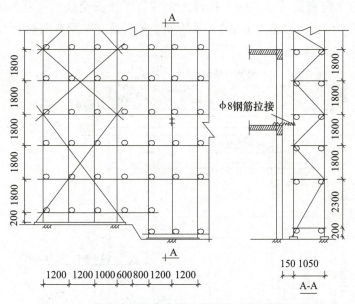

图 10.7-1　脚手架搭设示意图（非作业层）（单位：mm）

问题：指出背景资料中脚手架搭设的错误之处。

答案：

（1）纵向水平杆、横向水平杆的搭设错误。

错误 1：低处脚手架，其局部步距过大，首步为 2300mm，超过 2000mm。

错误 2：横向扫地杆在纵向扫地杆上方。

错误 3：高低处，高处纵向扫地杆向低处延长一跨不够，应延长两跨。

错误 4：横杆不在节点处。

（2）立杆的搭设错误。

错误 5：低处脚手架，一根立杆底部悬空。

错误 6：立杆采用搭接。

（3）连墙件与剪刀撑的搭设错误。

错误 7：连墙件用 φ8 钢筋拉接。

错误 8：首步未设置连墙件。

错误 9：连墙件竖向间距过大。

错误 10：剪刀撑宽度只有 3 跨（或小于 6m）。

**解析：**

本题是依据《建筑施工扣件式钢管脚手架安全技术规范》JGJ 130—2011。

### 10.7.2 模板支架及支撑架

【例 10.7-2】（2011 年真题改编）某公共建筑工程，建筑面积为 22000m²，地下 2 层、地上 5 层，层高 3.2m，钢筋混凝土框架结构。大堂 1～3 层中空，大堂顶板为钢筋混凝土井字梁结构。

施工总承包单位根据《建筑施工扣件式钢管脚手架安全技术规范》JGJ 130—2011，编制了《大堂顶板模板工程施工方案》，并绘制了模板及支架示意图如图 10.7-2 所示。监理工程师审查后要求重新绘制。

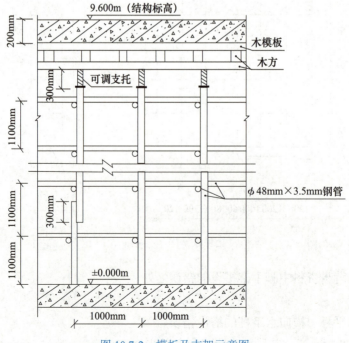

图 10.7-2　模板及支架示意图

问题：指出背景资料中模板及支架示意图中的不妥之处，写出正确做法。

答案：

不妥之处及正确做法：

不妥1：每根立杆底部落在混凝土底板上。

正确做法：每根立杆底部宜设置底座或垫板。

不妥2：立杆底部没有设置纵向、横向扫地杆。

正确做法：立杆底部设置纵向、横向扫地杆，且横向扫地杆应采用直角扣件固定在紧靠纵向扫地杆下方的立杆上。

不妥3：立杆采用搭接接长。

正确做法：满堂支撑架或满堂脚手脚，其立杆必须采用对接接长。

不妥4：立杆采用$\phi 48mm \times 3.5mm$。

正确做法：立杆宜采用$\phi 48.3mm \times 3.6mm$。

不妥5：支架外侧四周和纵向、横向没有设置连续的竖向剪刀撑。

正确做法：支架外侧四周和纵向、横向应设置连续的竖向剪刀撑。

不妥6：支架没有设置连续水平剪刀撑。

正确做法：在竖向剪刀撑的顶部交点平面设置连续水平剪刀撑，本项目支架高度大于8m，还应在扫地杆的设置层设置水平剪刀撑。

解析：

原背景资料是："施工总承包单位根据《建筑施工模板安全技术规范》JGJ 162—2008，编制了《大堂顶板模板工程施工方案》"，现改为：施工总承包单位根据《建筑施工扣件式钢管脚手架安全技术规范》JGJ 130—2011，编制了《大堂顶板模板工程施工方案》。

【例10.7–3】（2020年真题）项目部制定的《大堂顶板模板工程施工方案》中规定有：

（1）模板选用15mm厚木胶合板、木枋格栅、围檩。

（2）水平模板支撑采用碗扣式钢管脚手架，顶部设置可调托撑。

（3）碗扣式脚手架钢管材料为Q235级，高度超过4m，模板支撑架安全等级按Ⅰ级要求设计。

（4）模板及其支架的设计中考虑了下列各项荷载：

① 模板及其支架自重（$G_1$）

② 新浇筑混凝土自重（$G_2$）

③ 钢筋自重（$G_3$）

④ 新浇筑混凝土对模板侧面的压力（$G_4$）

⑤ 施工人员及施工设备产生的荷载（$Q_1$）

⑥ 浇筑和振捣混凝土时产生的荷载（$Q_2$）

⑦ 泵送混凝土或不均匀堆载等附加水平荷载（$Q_3$）

⑧ 风荷载（$Q_4$）

进行各项模板设计时，参与模板及支架承载力计算的荷载项见表10.7-1。

参与模板及支架承载力计算的荷载项（部分）　　　表 10.7-1

| 计算内容 | 参与荷载项 |
|---|---|
| 底面模板承载力 | |
| 支架水平杆及节点承载力 | $G_1$、$G_2$、$G_3$、$Q_1$ |
| 支架立杆承载力 | |
| 支架结构整体稳定 | |

某部位标准层楼板模板支撑架设计剖面示意图如图 10.7-3 所示。

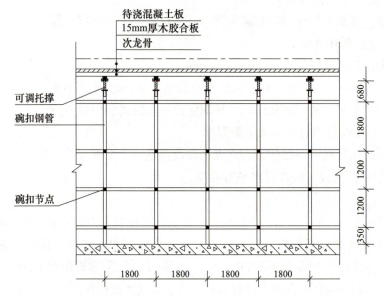

图 10.7-3　某部位标准层楼板模板支撑架设计剖面示意图（单位：mm）

**问题：**

1. 作为混凝土浇筑模板的材料种类都有哪些？（如木材）

2. 写出表 10.7-1 中其他模板与支架承载力计算内容项目的参与荷载项。（如支架水平杆及节点承载力：$G_1$、$G_2$、$G_3$、$Q_1$）

3. 指出图 10.7-3 中模板支撑架设计剖面示意图中的错误之处。

**答案：**

1. 模板的材料种类有：胶合板、钢材、竹、塑料、玻璃钢、铝合金、土、砖、混凝土。

2. 模板与支架承载力计算的荷载有：

底面模板承载力：$G_1$、$G_2$、$G_3$、$Q_1$。

支架立杆承载力：$G_1$、$G_2$、$G_3$、$Q_1$、$Q_4$。

支架结构的整体稳定：$G_1$、$G_2$、$G_3$、$Q_1$、$Q_4$（或 $Q_3$）。

3. 模板支撑架设计剖面示意图中的错误之处有：

错误 1：立杆底部未设置垫板。

错误2：立杆间距（1800mm）过大，规范规定立杆间距≤1500mm。

错误3：立柱间没有斜向撑杆，规范规定应设置斜向撑杆。

错误4：立杆顶层悬臂长度（680mm）较高，规范规定立杆顶层悬臂长度≤650mm。

错误5：最上层水平杆步距（1800mm）过高。

**解析：**

模架承载力计算的荷载是依据《混凝土结构工程施工规范》GB 50666—2011 中模板工程的规定。

模板支撑架设计剖面示意图中的错误之处是依据《建筑施工碗扣式钢管脚手架安全技术规范》JGJ 166—2016 的规定。

# 第4篇

## 案例简答题

# 第 11 章　建筑施工技术简答题

## 11.1　简答题对策

针对简答题的复习备考，对策如下：

（1）每个简单题一般有多个选项知识点，依据历年考试真题中每个简单题的字数统计，每个选项知识点字数一般在 20 字以内，占了 65%。因此，复习时应重视选项知识点字数少的简单题。

（2）每个简单题一般有多个选项知识点，依据历年考试真题简答题的命题规律，一般要求回答不超过 5 个选项。因此，对某个简单题有超过 6 个以上的选项知识点，可以选择 5 个短句的选项知识点进行记忆。例如：起重吊装"十不吊"内容、绿色施工创新技术内容等。

（3）依据历年考试真题的命题规律，简答题（包括二级建造师）在历年真题考过后，通常不会重复再考，再考的概率较小。因此，已经考过的简答题，熟悉而不用记忆，应重点关注没有考过的简答题。已经考过的简答题，在最后标注了其考试时间。

（4）每个简答题的最后，标注了其对应的 2025 年版《建筑工程管理与实务》考试用书的页码，方便查找，同时，考生应在用书上标注题目。

（5）对比记忆。例如：建筑施工期间应进行变形监测的对象、基坑工程应实施监测的对象、建筑物应在施工期间及使用期间进行沉降变形观测的对象。

又如：墙体节能工程中保温隔热材料复验的内容、屋面节能工程中保温隔热材料复验的内容、地面节能工程中保温材料复验的内容。

（6）简答题需要记忆的分为两类：

① 建筑施工技术的简答题：大多数简答题与实际施工密切相连，可以通过看本书中的实体图片和网络上的施工图片，先理解知识点，这样，记忆深刻，也不用死记硬背。这类简答题，属于理解记忆型。

② 智能建造新技术、相关法规标准与管理实务的简答题：该类简答题属于记忆型，需要重复记忆。自己多动脑筋，编顺口溜、利用谐音等进行记忆。

（7）将已经考过的简答题及有对比关系的、有相互关联的简答题等，均标注在自己的《建筑工程管理与实务》考试用书上。

（8）智能建造新技术、相关法规标准与管理实务的简答题，自己要合理安排时间，不要在考前 1 个月才进行记忆，应提前准备，多次重复记忆。

（9）勤动手，将自己记忆的简答题动手写出来，避免生僻字不会正确写出。

## 11.2 施工测量与土石方工程及基础工程施工

1. 建筑施工期间应进行变形监测的对象有哪些？P70
2. 高层和超高层建筑变形监测的内容有哪些？P71
3. 当建筑变形观测过程中发生哪些情况时，必须立即实施安全预案，同时应提高观测频率或增加观测内容？【2016年简答题】P72
4. 浅基坑支护的类型有哪些？P74
5. 深基坑支护结构的类型有哪些？P75
6. 土钉墙可分为哪些类型？P76
7. 土钉墙施工必须遵循的原则有哪些？P77
8. 基坑工程应实施监测的对象包括哪些？P79
9. 基坑工程监测的内容应至少包括哪些？P79
10. 基坑工程监测时，整个施工期巡视检查主要内容有哪些？P79
11. 基坑工程监测时，施工期间巡视检查方法以目测为主，可辅以哪些工具及设备？P79
12. 当基坑工程监测出现哪些情况，必须立即进行危险报警？P80
13. 地下水降水常用的方法有哪些？P80
14. 常用的截水帷幕有哪些？P81
15. 土石方施工前应考虑的因素有哪些，进行土方平衡和调配，怎样确定土方施工方案？P81
16. 土方开挖遵循的原则有哪些？P81
17. 基坑开挖时，应经常复测检查的内容有哪些？P82
18. 深基坑工程的挖土方案有哪些？P82
19. 深基坑的土方开挖中，边坡防护可采用的方法有哪些？P82
20. 基坑验槽具备的资料和条件有哪些？P84
21. 施工验槽时，增强体复合地基应现场检查哪些内容？P84
22. 施工验槽时，基槽内如有旧的房基、洞穴、古井、掩埋的管道和人防设施等，应沿其走向进行追踪，查明其在基槽内的哪些内容？P85
23. 轻型动力触探进行基槽检验时，应检查的内容有哪些？P85
24. 轻型动力触探检验深度及间距的要求有哪些？P85
25. 常见的地基处理方式有哪些？P85
26. 换填地基按回填材料的不同可分为哪些地基？P85
27. 复合地基按照增强体的不同可分为哪些？P86
28. 水泥粉煤灰碎石桩（CFG桩），根据现场条件可选用的施工工艺有哪些？P86
29. 桩基础按照施工工艺分为哪些？P88
30. 钢筋混凝土预制桩采用锤击沉桩法的沉桩顺序有哪些？P88
31. 钢筋混凝土预制桩采用静力压桩法的沉桩施工原则有哪些？P89

32. 钢筋混凝土预制桩采用静力压桩法，其桩接头除了焊接法，其机械快速连接方法还有哪些？P89

33. 钢筋混凝土灌注桩按其施工方法不同可分为哪些？P89

34. 泥浆护壁灌注桩按照成孔工艺不同，其桩机设备可分为哪些？P89

35. 桩基检测时，验收检测的受检桩选择条件有哪些？P91

36. 基础工程施工的后浇带和施工缝侧面宜采用哪些作为侧模？P92

37. 混凝土布料设备主要有哪些？P92

38. 大体积混凝土施工设置水平施工缝时，位置及间歇时间应根据哪些因素确定？P94

## 11.3 主体结构工程施工

1. 钢筋加工包括哪些？P98

2. 除在钢筋冷拉或调直过程中除锈外，钢筋除锈还有哪些方式？P98

3. 在浇筑竖向结构混凝土，混凝土自由倾落高度不满足要求时，应采用哪些装置？P101

4. 在施工缝和后浇带处继续浇筑混凝土时，应符合哪些规定？【2018年简答题】P101

5. 混凝土的养护方式应根据哪些因素确定？P102

6. 预应力锚具、夹具按锚固方式可分为哪些？P102

7. 预应力张拉用液压千斤顶分为哪些？P102

8. 砖砌体的砌筑方法有哪几种？P105

9. 钢结构构件的连接方法有哪些？P107

10. 钢结构焊接接头包括哪些？P108

11. 钢结构长焊缝宜采用哪些焊接方法？P108

12. 钢结构构件的制孔方法有哪些？P110

13. 钢结构构件摩擦面的处理方法有哪些？

14. 钢结构安装时，哪些起重设备，应编制专项方案，并应经评审后再组织实施？P110

15. 大跨度空间钢结构安装方法有哪些？【2018年简答题】P111

16. 钢结构的油漆防腐涂装可采用的方法有哪些？P112

17. 装配式混凝土结构施工的专项方案内容宜包括哪些？P113

18. 预制墙板、柱等竖向构件安装后，应校核和调整的内容有哪些？P114

19. 水平构件安装后，应对相邻预制构件进行校核与调整的内容有哪些？P114

20. 预制构件钢筋可以采用的连接方式有哪些？P115

21. 钢筋套筒灌浆连接、钢筋浆锚搭接连接的预制构件就位前，应检查的内容有哪些？P115

22. 预制构件后浇混凝土的施工要求有哪些？P116

（注意对比，施工缝和后浇带处继续浇筑混凝土的规定内容）

23. 钢－混凝土组合结构隐蔽工序验收应符合哪些规定？P117

## 11.4 屋面与防水及装饰工程施工

1. 屋面隔热通常采取的措施有哪些？P123
2. 屋面块状材料保温层施工时，铺贴方法有哪些？P124
3. 地下工程应进行防水设计，除了经济合理外，还应做到哪些？P127
4. 地下工程现浇混凝土结构后浇带除预埋注浆管外，还可以采用哪些防水措施？P128
5. 地下防水的水平施工缝浇筑混凝土前，应做的施工事项是哪些？P129
6. 地下防水卷材及其胶粘剂应具有哪些良好的性质？P130
7. 地下防水卷材的品种规格和层数，应根据哪些因素确定？P130
8. 饰面板工程中，墙、柱面石材安装施工方法包括哪些？P142
9. 石材幕墙中，石材面板与骨架连接，通常有哪三种？P145
10. 冬期施工混凝土养护方法有哪些？【2019年简答题】P151

## 11.5 智能建造新技术

1. 绿色施工技术包括哪些？P146
2. 施工现场水收集综合利用技术包括哪些？P146
3. 施工现场回收雨水可直接用于哪些地方？P146
4. 可回收的建筑垃圾主要有哪些？P147
5. 建筑垃圾减量化与资源化利用主要措施有哪些？P147
6. 施工现场太阳能、空气能利用技术还有哪些？【2024年简答题】P147
7. 施工现场太阳能光伏发电照明技术适用于施工现场临时照明，具体有哪些地方？P147
8. 工具式定型化临时设施包括哪些？P147
9. 垃圾运输管道主要由哪些主要构件组成？P148
10. 施工BIM模型包括哪些？P148
11. 智慧工地信息技术包括哪些？P149
12. 电子商务采购平台功能主要包括哪些？P149
13. 建筑垃圾监管技术对施工现场建筑垃圾的哪些环节进行信息化管理？P150

# 第 12 章 项目管理实务简答题

## 12.1 相关法规与标准

1. 建设单位、监理单位应根据城建档案管理机构的要求，对归档文件哪些方面进行审查？P158

2. 工程总承包单位的工程总承包综合管理能力包括哪些？P160

3. 脚手架的验收应包括哪些内容？P162

4. 基坑工程有哪些情形应判定为重大事故隐患？P163

5. 模板工程有哪些情形应判定为重大事故隐患？P163

6. 脚手架工程有哪些情形应判定为重大事故隐患？P163

7. 施工临时用电，哪些特殊作业环境照明未按规定使用安全电压的，应判定为重大事故隐患？P163

8. 危大工程专项施工方案的主要内容有哪些？【2024 年二建简答题】P165

9. 危大工程监测方案的主要内容有哪些？P166

10. 施工现场建筑垃圾的减量化工作应遵循的总体原则有哪些？【新】P166

11. 现场建筑垃圾的减量化，在源头减量中，宜采用建筑垃圾再生利用产品砌筑有哪些？【新】P168

12. 现场建筑垃圾的减量化现场管理，宜采用重复利用率高的标准化临时设施有哪些？【新】P168

13. 哪些产品品种实施工业产品生产许可证管理，由省级工业产品生产许可证主管部门负责实施？【新】P170

14. 依据《房屋建筑和市政基础设施工程危及生产安全施工工艺、设备和材料淘汰目录（第一批）》的规定，禁止使用的施工工艺有哪些？【新】P170

15. 施工过程中应建立质量管理标准化制度，制定质量管理标准化文件，文件中应明确哪些要求？P175

16. 检验批施工质量验收划分的根据有哪些？P177
    分项工程施工质量验收划分的根据有哪些？P177
    分部工程施工质量验收划分的根据有哪些？P177

17. 需要规范控制的室内环境污染物包括哪些？P179

18. 哪些建筑物应在施工期间及使用期间进行沉降变形观测？P183
    （注意对比，建筑施工期间应进行变形监测的对象）

19. 工程防水应遵循的原则有哪些？P184

20. 基坑支护结构选型时，应综合考虑哪些因素？P188

21. 钢结构承重构件所用的钢材应具有哪些合格保证？P193
22. 钢结构中，焊缝质量等级应根据哪些因素进行确定？P194
23. 装配式混凝土结构叠合构件浇筑混凝土前，应进行钢筋隐蔽工程验收的内容有哪些？【2020年简答题】P195
24. 叠合板预制构件进场后的实体检验项目包括哪些？【2024年简答题】P195
25. 装配式建筑外围护部品隐蔽项目的现场验收有哪些？P195
26. 装配式建筑外围护系统应根据工程实际情况进行哪些现场试验和测试？P196
27. 门窗（包括天窗）节能工程施工采用的材料、构件和设备进场时，核查的资料有哪些？P203
28. 门窗（包括天窗）节能工程施工采用的材料、构件和设备进场时，应复验的内容有哪些？P203
29. 墙体节能工程中，复合保温板等墙体节能定型产品的复验内容有哪些？P204
30. 墙体节能工程中，保温隔热材料复验的内容有哪些？【2020年简答题】P204
31. 屋面节能工程中，保温隔热材料复验的内容有哪些？P205
32. 地面节能工程中，保温材料复验的内容有哪些？P205
33. 屋面节能工程应对哪些部位进行隐蔽工程验收？205
34. 地面节能工程应对哪些部位进行隐蔽工程验收？P205
35. 绿色建筑评价中，"健康舒适"指标的评分项包括哪些？P207
36. 绿色建筑评价中，"生活便利"指标的评分项包括哪些？【2020年简答题】P207
37. 绿色建筑评价中，"资源节约"指标的评分项包括哪些？P207
38. 绿色建造宜结合实际需求，有效采用哪些技术整体提升建造手段信息化？P208
39. 积极推广使用建筑机器人进行哪些工作？P209
40. 建筑运行阶段碳排放计算范围应包括哪些？P210
41. 施工现场常用的传统能源有哪些？【2024年简答题】P210
（即考：建造阶段碳排放的关键在于确定施工阶段哪些能源的消耗量？）

## 12.2 企业资质与施工组织

1. 项目经理具有的权限有哪些？P215
2. 项目特殊工种操作人员应取得专业特殊工种操作证，操作证有哪些？P215
3. 项目管理绩效评价过程包括哪些？【2024年简答题】P216
4. 项目管理绩效评价的指标包括哪些？【2024年简答题】P216
5. 项目管理绩效评价的范围包括哪些？P216
6. 项目管理绩效评价的内容包括哪些？P216
7. 施工组织设计按编制对象可分为哪几个层次？P217
8. 施工组织设计内容有哪些？P217
9. 施工组织设计应及时修改或补充的情况有哪些？P217
10. 落地脚手架专项施工方案的计算书包括哪些？设计图纸包括哪些？【2024年简答

题】P221

11. 基坑工程专项施工方案的施工图纸包括哪些？P220

12. 模板支撑体系工程专项施工方案的计算书包括哪些？施工图纸包括哪些？P220

13. 施工总平面布置图内容有哪些？P222

14. 施工总平面图设计原则有哪些？P222

15. 施工总平面图设计要点有哪些？【2021年简答题】P222

16. 布置施工升降机时，应考虑的条件和因素有哪些？【2021年简答题】P223

17. 布置塔式起重机时，应考虑的条件和因素有哪些？P222

18. 施工总平面图大门的设置要求有哪些？P222

19. 施工总平面图绘制的要求有哪些？P223

20. 施工总平面图标明的内容有哪些？P223

21. 施工平面管理的目的有哪些？P223

22. "五牌一图"内容有哪些？【2017年简答题】P224

23. 施工现场的主要道路及材料加工地面硬化处理方式有哪些？【2015年简答题】P224

24. 裸露的场地和堆放的土方应采取的措施有哪些？【2015年简答题】P224

25. 工程施工可能对环境造成的影响有哪些？P224

26. 施工现场，哪些设备进行清理、检查、维修时，必须将其开关箱分闸断电，呈现可见电源分断点，并关门上锁？P226

27. 施工临时用水包括哪些用水量？P227

28. 施工临时用水的供水系统包括哪些？227

29. 供水管网布置的原则有哪些？P227

30. 施工检测试验计划包括的内容有哪些？【2024年简答题】P228

31. 土方回填中，土工击实试验，其主要检测试验参数有哪些？P228

32. 混凝土的性能检测试验，其主要检测试验参数有哪些？P229

33. 检测试验管理制度包括哪些内容？P230

34. 施工现场检测试验技术管理按照哪些程序进行？P230

35. 现场试验站的仪器设备一般应配备哪些？P230

36. 施工检测试验的试样应有唯一性标识，试样标识内容宜包括哪些？P231

37. 施工现场应按照单位工程分别建立试样台账，试样台账有哪些？P231

38. 见证人员应当制作见证记录，记录的内容包括哪些情况？【新】P231

39. 项目部技术负责人负责组织编制《项目工程资料管理方案》，其内容应包括哪些？P231

40. 项目工程资料形成中，技术、质量、工程部门负责的工程资料有哪些？【2024年简答题】P232

41. 工程资料可分为哪几类？P233

42. 施工资料可分为哪几类？P233

43. 工程竣工文件可分为哪几类？P233

## 12.3 工程招标投标与合同管理

1. 施工总承包投标时，投标文件应对招标文件要求的哪些内容做出实质性响应？【2024年简答题】P236

2. 投标人在投标报价中填写的工程量清单的哪些内容必须与招标人招标文件中提供的一致？P236

3. 《建设项目工程总承包合同（示范文本）》GF—2020—0216中的合同协议书主要包括哪些内容？P239

《建设工程施工合同（示范文本）》GF—2017—0201中的合同协议书主要包括哪些内容？P240

4. 工程总承包签约合同价的价格清单构成包括哪些？P239

5. 工程总承包合同管理包括哪些？P240

6. 工程总承包合同管理的原则包括哪些？【2018年简答题】P240

7. 施工总承包合同管理的原则包括哪些？P242

8. 合同管理人员应对合同文件定义范围内的哪些文件与资料及时进行收集、整理和归档？P242

9. 合同管理人员应做好合同文件的哪些工作？P242

10. 工程分包合同包括哪些合同？P242

11. 承包单位违法分包的行为包括哪些？【2024年简答题】P243

12. 物资采购合同主要条款包括哪些？【2019年简答题】P244

13. 设备供应合同签订时尚须注意的问题有哪些？P245

14. 设备供应合同签订时，设备数量除列明设备名称、数量外，还应明确规定哪些内容？P245

15. 工程定额的编制方法有哪些？P245

16. 建设工程定额按照生产要素分类，可分为哪些？P245

17. 建设工程定额按定额编制程序和用途分类，可分为哪些？P245

18. 措施项目包括哪些？P246

19. 一般措施项目包括哪些？P246

20. 其他项目清单包括哪些？P246

21. 工程量清单计价应用特点包括哪些？【2022年补考简答题】P248

22. 招标人和投标人在工程量清单计价管理中应遵守的强制性规定有哪些？【2024年简答题】P248

23. 建设工程造价由哪些部分构成？P249

24. 建设工程造价的特点有哪些？P249

25. 根据工程项目不同的建设阶段，建设工程造价可以分为哪几类？【2014年简答题】P249

26. 建筑安装工程费按照费用构成要素划分，其中人工费包括哪些？P249
27. 建筑安装工程费按照费用构成要素划分，其中材料费包括哪些？P249
28. 合同价款的调整因素有哪些？【2022年补考简答题】P251
29. 合同价款的调整因素中，工程变更类有哪些？P251
30. 合同价款的调整因素中，工程索赔类有哪些？P251
31. 常用的工程造价调整方法有哪些？P255
32. 索赔的基本条件有哪些？P258
33. 按索赔的起因分类，可分为哪些？P258
34. 按索赔的起因分类时，工程环境变化包括哪些？P258
35. 索赔证据的基本要求包括哪些？P259

## 12.4 施工成本管理

1. 施工成本管理内容有哪些？P301
2. 施工项目成本计划应依据哪些原则进行编制？P301
3. 施工项目成本计划编制的主要依据有哪些？【2016年简答题】P301
4. 按项目目标成本责任，施工成本按照施工项目成本划分为哪些成本？P302
5. 建筑工程成本分析方法中，基本分析方法包括哪些？P302
6. 建筑工程成本分析方法中，综合分析方法包括哪些？P302
7. 建筑工程成本分析方法中，专项施工成本分析方法包括哪些？P303
8. 施工成本管理绩效评价指标有哪些？P310
9. 对项目管理机构成本考核的主要指标有哪些？P310
10. 项目成本考核内容有哪些？P310

## 12.5 施工进度管理

1. 工程施工组织实施的方式有哪几种？【2021年简答题】P262
2. 网络计划的应用程序是什么？P267
3. 常用的工程网络计划类型包括哪些？P267
4. 按优化目标的不同，网络计划的优化分为哪几种？P267
5. 工期优化对象应考虑的因素有哪些？【2024年二建简答题】P267
6. 施工进度计划按编制对象的不同可分为哪几种？P270
7. 施工总进度计划的内容应包括哪些？【2015年简答题】P270
8. 施工总进度计划编制说明的内容包括哪些？【2020年简答题】P271
9. 单位工程进度计划的编制步骤有哪些？【2018年简答题】P271
10. 单位工程进度计划的内容除了工程设计情况外，还有哪些？P271
11. 施工进度计划实施监测的方法有哪些？【2019年简答题】P272
12. 项目进度报告的内容主要包括哪些？P272
13. 施工进度计划调整的内容包括哪些？P272

14. 调整施工进度计划的步骤包括哪些？P272

15. 进度计划的调整方法有哪些？【2022年补考简答题】P272

## 12.6 施工质量管理

1. 项目质量计划编制依据有哪些？【新】P274

2. 项目质量计划编制要求有哪些？【新】P274

3. 项目质量计划的内容有哪些？【新】P274

4. 施工质量管理记录包括哪些？【2019年简答题】P275

5. 现场质量检查内容包括哪些？P275

6. 现场质量检查的方法主要有哪些？P275

7. 现场质量检查的方法中，目测法的手段可概括为哪几个字？P275

8. 现场质量检查的方法中，实测法的手段可概括为哪几个字？P275

9. 现场质量通过必要的试验手段对质量进行判断的检查方法主要包括哪些？【2024年简答题】P276

10. 土方回填中，应检查哪些内容？【新】P276

11. 灰土、砂和砂石地基工程，施工过程中应检查哪些内容？P276

12. 强夯地基工程，施工前应检查哪些内容？P276

13. 强夯地基工程，施工中应检查哪些内容？P276

14. 打（压）预制桩工程，施工质量检验时，哪些必须符合设计要求和规范规定？P277

15. 模板分项工程质量控制包括哪些？P277

16. 钢筋分项工程质量控制包括哪些？P277

17. 钢筋分项工程施工过程重点检查哪些？P277

18. 钢筋隐蔽工程验收，其内容包括哪些？【2024年二建简答题】P277

19. 预应力混凝土工程，预留孔道主要检查哪些内容？P278

20. 砌体结构工程质量检查时，灰缝包括哪些？P279

21. 装饰装修工程的施工质量管理中，设计交底工作有哪些？P281

22. 边坡塌方的原因有哪些？P282

23. 泥浆护壁灌注桩坍孔的原因有哪些？283

24. 钢筋错位的原因有哪些？P283

25. 混凝土强度等级达不到设计要求，其防治措施中混凝土拌合物的加料顺序有哪些？P284

26. 混凝土构件尺寸、轴线位置偏差大的原因有哪些？P285

27. 混凝土收缩裂缝，其收缩现象有哪些？【2021年简答题】P285

28. 混凝土收缩裂缝产生的原因有哪些？【2021年简答题】P285

29. 砌体填充墙砌筑时，与主体结构交接处裂缝的防治措施有哪些？【2024年简答题】P286

30. 地下防水混凝土施工缝渗漏水的原因有哪些？P286
31. 地下防水混凝土施工缝渗漏水的防治措施有哪些？P287
32. 地下管道穿墙（地）部位渗漏水的防治措施有哪些？P287
33. 卷材屋面开裂的原因有哪些？P287
34. 卷材屋面为中等流淌时，可采用的治理方法有哪些？P288
35. 卷材屋面为中等流淌时，切割法的正确做法有哪些？P288
36. 卷材屋面为中等流淌时，局部切除法的正确做法有哪些？P288
37. 卷材屋面为中等流淌时，钉钉子法的正确做法有哪些？【2023年简答题】P288
38. 建筑装饰装修工程常见的质量问题有哪些？P289
39. 地基与基础工程主要包括哪些子分部工程？P293
40. 土方子分部工程包括哪些分项工程？P293
41. 边坡子分部工程包括哪些分项工程？P293
42. 建设工程地基与基础工程验收的程序有哪些？【2022年补考简答题】P295
43. 主体结构主要包括哪些子分部工程？P295
44. 主体结构混凝土子分部工程包含哪些分项工程？【2020年简答题】P295
45. 砌体结构子分部工程包括哪些分项工程？P295
46. 木结构子分部工程包括哪些分项工程？P296
47. 钢管混凝土结构子分部工程包括哪些分项工程？P295
48. 型钢混凝土结构子分部工程包括哪些分项工程？P296
49. 装饰装修工程主要隐蔽验收项目有哪些？P297
50. 建筑装饰装修工程包括哪些子分部工程？P297
51. 门窗子分部工程包括哪些分项工程？【2019年简答题】P297
52. 轻质隔墙子分部工程包括哪些分项工程？P297
53. 饰面板子分部工程包括哪些分项工程？P297
54. 幕墙子分部工程包括哪些分项工程？P297
55. 装饰装修工程有关安全和功能检测，门窗工程的检测项目有哪些？【2019年简答题】P298
56. 装饰装修工程有关安全和功能检测，饰面砖工程的检测项目有哪些？P298
57. 装饰装修工程有关安全和功能检测，幕墙工程的检测项目有哪些？【2024年简答题】P298
58. 建筑节能分部工程有哪些子分部工程？P298
59. 围护结构节能工程子分部工程包括哪些分项工程？【2024年简答题】P298
60. 建筑围护结构节能工程施工完成后，应对哪些内容进行现场实体检验？P289
61. 单位工程质量验收合格标准有哪些？【2022年简答题】P300

## 12.7 施工安全管理

1. 建筑施工安全管理的目标包括哪些？P311

2. 施工企业安全生产管理制度包括哪些内容?【2022年简答题】P311

3. 安全教育和培训的类型应包括哪些? P311

4. 安全生产教育培训的对象应包括哪些? P311

5. 施工企业新上岗操作工人必须进行岗前教育培训,教育培训应包括哪些内容? P312

6. 施工企业每年应按规定对所有从业人员进行安全生产继续教育,教育培训应包括哪些内容? P312

7. 施工企业安全生产费用应当用于哪些支出? P312

8. 施工企业安全生产费用用于完善、改造和维护安全防护设施设备支出,其内容包括哪些? P312

9. 施工企业对分包单位的安全生产管理应符合哪些要求? P313

10. 施工企业对分包单位的安全生产的检查和考核应包括哪些? P313

11. 项目专职安全生产管理人员的主要安全生产职责有哪些? P313

12. 施工企业的应急救援管理应包括哪些内容? P313

13. 危险源辨识的常用方法有哪些? P314

14. 重大危险源控制系统包括哪些? P315

15. 建筑工程施工安全检查主要内容包括哪些?【2024年简答题】P316

16. 建筑工程施工安全检查现场投入使用的设备设施有哪些? P316

17. 建筑工程安全检查方法中,"听"取基层管理人员或施工现场安全员汇报哪些内容? P317

18. 建筑工程安全检查方法中,"看"是指查看和巡视,其包括哪些内容? P317

19. 建筑工程安全检查方法中,"量"是指实测实量,其包括哪些内容? P317

20. 《建筑施工安全检查评分汇总表》的10个分项的内容有哪些? P318

21. "安全管理"分项检查评分表:保证项目有哪些?一般项目有哪些?【2024年二建简答题】P318

22. "满堂脚手架"分项检查评分表:保证项目有哪些?一般项目有哪些?【2022年简答题】P318

23. "文明施工"分项检查评分表:保证项目有哪些?一般项目有哪些? P318

24. "扣件式钢管脚手架"分项检查评分表:保证项目有哪些?一般项目有哪些? P318

25. "承插型盘扣式钢管脚手架"分项检查评分表:保证项目有哪些?一般项目有哪些? P318

26. "悬挑式脚手架"分项检查评分表:保证项目有哪些?一般项目有哪些? P318

27. "附着式升降脚手架"分项检查评分表:保证项目有哪些?一般项目有哪些? P318

28. "基坑工程"分项检查评分表:保证项目有哪些?一般项目有哪些? P319

29. "模板支架"分项检查评分表:保证项目有哪些?一般项目有哪些? P319

30. "施工用电"分项检查评分表：保证项目有哪些？一般项目有哪些？P319
31. "施工升降机"分项检查评分表：保证项目有哪些？一般项目有哪些？P319
32. "塔式起重机"分项检查评分表：保证项目有哪些？一般项目有哪些？P319
33. 基础工程施工容易发生的生产安全事故类型有哪些？P320
34. 基础工程施工安全控制的主要内容有哪些？【2024年简答题】P321
35. 在基坑开挖过程中，一旦出现了渗水或漏水，对其应急处理的方法有哪些？P322
36. 如果水泥土墙等重力式支护结构位移超过设计控制值时，应采用哪些处理方法？P322
37. 如果悬臂式支护结构位移超过设计值时，应采取哪些处理方法？P322
38. 如果支撑式支护结构发生墙背土体沉陷，应采取哪些处理方法？P322
39. 对于基坑周围管线保护的应急措施有哪些？P323
40. 钢管脚手架的地基应符合哪些规定？P324
41. 脚手架搭设过程中，应在哪些阶段进行检查？【2014年简答题】P325
42. 主体工程施工容易发生的安全事故类型有哪些？【2022年补考简答题】P326（注意对比，基础工程容易发生的生产安全事故类型）
43. 现浇混凝土工程安全控制的主要内容有哪些？【2022年补考简答题】P327
44. 装配式混凝土工程安全控制的主要内容有哪些？P327
45. 钢结构工程安全控制的主要内容有哪些？P327
46. 起重吊装"十不吊"包括哪些？P331
47. 哪些应在施工组织设计中制定高处作业安全技术措施？【2018年简答题】P333
48. 安全防护设施验收的主要内容包括哪些？P333
49. 塔机的拆装，具有建筑施工特种作业操作资格证书的特种作业人员有哪些？【2014年简答题】P327
50. 塔式起重机起吊重物时突然停电，写出其正确做法。P338
51. 建筑业最常发生的五种事故有哪些？【2024年简答题】P342
52. 施工安全事故预防措施，应在哪些位置设置安全警示标识？【新】P343
53. 高处坠落事故预防管理中，在建工程哪些孔洞处应采取安全防护措施？【新】P343
54. 高处坠落事故预防管理中，在建工程无围护设施或围护设施高度低于1.2m的哪些边沿应采取安全防护措施？【新】P343
55. 机械伤害预防管理，当进行清洁、保养、维修机械时，应采取的正确做法有哪些？P344

## 12.8 绿色建造与施工现场环境管理

1. 施工项目信息按内容属性分为哪些管理信息？P345
2. 施工项目信息按照管理目标分为哪些管理信息？P345
3. 施工项目信息按照生产要素分为哪些管理信息？P345

4. 项目对外宣传网页可显示本工程相关的哪些方面的信息？P345
5. 项目管理信息系统通常包括哪些子系统？P345
6. 建筑工程施工现场监管信息系统对施工现场的哪些状况实施监督管理？P346
7. 建筑工程施工现场监管信息系统由哪些层组成？P346
8. 建筑工程施工现场监管信息系统包括哪些子系统？P347
9. 建筑工程施工现场监管信息系统中，从业人员实名制监管数据应包括哪些内容？P347
10. 建筑深基坑工程监测中，周边环境的被保护对象包括哪些？P347
11. 建筑深基坑工程监测中，监测预警值应满足哪些要求？P348
12. 建筑基坑工程监测中，受施工影响的周边建筑的监测项目包括哪些？P349
13. 大型复杂结构施工安全性监测中，高层及高耸结构的施工期间监测项目有哪些？P349
14. 大型复杂结构施工安全性监测中，高层及高耸结构的使用期间监测项目有哪些？P349
15. 大型复杂结构施工安全性监测中，大跨空间结构的施工期间监测项目有哪些？P349
16. 大型复杂结构施工安全性监测中，大跨空间结构的使用期间监测项目有哪些？P349
17. 工程项目绿色施工应符合哪些规定？【新】P353
18. 绿色施工评价的框架体系由哪些评价及评价等级划分构成？【新】P353
19. 绿色施工评价的顺序有哪些？【新】P353
20. 现场哪些用水，优先采用非传统水源，尽量不使用市政自来水？P354
21. 节能与能源利用管理中，应分别对哪些方面用电设定控制指标？并定期采取哪些措施？【2018年简答题】P355
22. 绿色施工创新技术包括哪些？【新】P355
23. 施工现场生活区，应制定哪些突发疾病的应急预案？【新】P355
24. 施工现场，严禁将哪些物质、物品等向城市排水管道或地表水体排放？【新】P356
25. 电焊工、气割工应配备的劳动防护用品有哪些？【新】P357
26. 防水工、油漆工应配备的劳动防护用品有哪些？【新】P357
27. 现场文明施工管理的主要内容包括哪些？【2014年简答题】P357
28. 施工现场应当做到"文明施工六化"，写出其内容。P357
29. 为营造良好的施工作业环境，施工作业的正确做法包括哪些？P357
30. 项目经理部应按照哪些要求，进行所负责区域的施工平面图的规划、设计、布置等？P357
31. 安全文明施工，施工现场应设置的临时设施具体有哪些？【2021年简答题】P357
32. 施工现场应设置哪些加强安全文明施工宣传的设施？【2018年简答题】P358

33. 工程竣工前成品保护措施主要有哪些？P358

34. 根据施工现场防火要求，施工现场应明确划分哪些区域？P359

35. 施工现场消防管理的内容包括哪些？【2024年二建简答题】P359

36. 施工现场哪些场所不得使用明露高热的强光源？P359

37. 电焊工、气焊工从事电、气焊切割作业时，按照消防管理规定，写出其正确做法。P359

38. 大型临时设施总面积超过1200m² 时，消防器材的配备应有哪些？P360

39. 灭火器应设置在明显的位置，写出正确的设置部位。【2024年二建简答题】P360

## 12.9 施工资源管理

1. 按照计划的用途划分，材料计划分为哪几类？P363

2. 按照计划的期限划分，材料计划分为哪几类？P363

3. 项目常用的材料计划有哪些？363

4. 主要材料月度需用计划中的每项材料描述，主要有哪些内容？P363

5. 周转料具需用计划，依据施工组织设计，按哪些要求编制？P363

6. 材料采购计划应确定哪些内容？P363

7. 材料计划调整的常见因素有哪些？P364

8. 不合格材料（半成品）要报请监理工程师见证退场，填写不合格材料（半成品）退场记录，退场记录内容包括哪些？P364

9. 工程采用的哪些材料设备应进行进场检验？P365

10. 涉及哪些方面的重要材料、产品应按各专业相关规定进行复验，并应经监理工程师检查认可？P365

11. 涉及哪些方面的试块、试件及材料，应按规定进行见证检验？P365

12. 钢筋复试内容有哪些？P366

13. 水泥复试内容有哪些？P366

14. 石子复试内容有哪些？P366

15. 砂复试内容有哪些？P366

16. 预拌混凝土复试内容有哪些？P366

17. 建筑材料质量控制的四个环节有哪些？P366

18. 各省市及地方建设行政管理部门对哪些材料实行备案证明管理？P366

19. 材料进场时，质量验证包括哪些？【2020年简答题】P367

20. 施工项目机械设备的供应渠道有哪些？【2021年简答题】P367

21. 施工机械设备选择的原则有哪些？【2023年简答题】P367

22. 施工机械设备选择的方法有哪些？【2018年简答题】P367

23. 机械设备使用的成本费用中固定费用包括哪些？【2021年简答题】P368

24. 机械设备使用的成本费用中可变费用包括哪些？P368

25. 大型施工机械设备使用管理制度有哪些？P368

26. 大型施工机械设备使用管理制度中,"三定"制度是指哪些？P368

27. 塔机安装位置的选择应考虑所有影响其安全操作的因素,特别注意哪几点？【新】P370

28. 组装式塔式起重机根据上部结构特征分类,按水平臂（含平头式）划分时,除了小车变幅塔式起重机,还包括哪些变幅塔式起重机？【新】P370

29. 确定劳动效率必须考虑哪些具体情况？【2017年简答题】P371

30. 劳动力配置计划的编制方法有哪些？P372

31. 劳务用工企业必须依法与工人签订劳动合同,合同中应明确哪些内容？P372

32. 项目部应当以劳务班组为单位,建立建筑劳务用工档案,按月归集哪些资料？P373

33. 对劳务分包单位资格预审内容有哪些？【2022年补考简答题】P373

34. 对劳务分包单位进行实地考察时,考察在施工程的内容有哪些？P373

35. 实名制采用"建筑企业实名制管理卡",该卡具有哪些功能？P374